혼자서도 할 수 있다!!

CATIA CAD/CAM

머시닝센터 2.5D에서 3D까지

권대규·추원철·설상석 공저

한국산업인력
관리공단주관
국가기술자격시험 대비
(기능사, 산업기사, 기능장)

B.C.Info

머·리·말 PREFACE

이렇게 지면을 빌려 처음 CAD(컴퓨터응용설계)/CAM(컴퓨터응용가공 또는 제조)에 입문하시는 분들과 만나게 되어 대단히 반갑습니다. 여러 말씀을 드리고 싶지만 무엇보다도 먼저 CAD/CAM이 쉽다는 것을 말씀드리고자 합니다. 인터넷뿐만 아니라 유튜브를 비롯한 영상매체의 급격한 발달 덕분에 정보에 접근하는 게 쉬워졌음에도 불구하고, 처음 CAD/CAM을 배우는 입문자들이 이를 여전히 어려워하는 것이 사실입니다. 그래서 CAD/CAM에 쉽게 접근할 수 있는 교재를 만들어 보면 좋겠다는 생각을 예전부터 줄곧 해 왔습니다.

현대에는 사람이 CAD로 형상을 모델링하면 CAM에서 복잡한 가공 데이터를 컴퓨터가 스스로 생산하여 사람이 직접 NC 코드를 만들지 않아도 복잡한 형상의 가공이 이루어지고 있습니다. 직접 코드를 작성하는 것보다 생성이 쉽고 복잡한 형상도 빠르게 작성되어 나옵니다. 이러한 기술의 발전은 이미 CAD/CAM으로 공작기계를 운용하는 것이 첨단기술이 아닌 보편적인 것으로 만들었으며 따라서 일부 기술자만 알아야 되는 것이 아니게 되었습니다. 대부분의 CAD 소프트웨어는 CATIA, UG NX 또는 솔리드웍스와 같이 자신에게 CAM과 CAE(컴퓨터응용해석 및 시뮬레이션)에 관련된 모듈이 전체 또는 일부가 있거나 인벤터와 같이 제품군에 의해 지원을 하고 있습니다.

이 책에서는 학교와 현장에서 가장 많이 쓰이는 CATIA V5 버전으로 CAD와 CAM 작업을 예시하였고, 많은 자료를 넣어 내용을 풍부하게 만들었습니다. 그러나 처음 입문하는 데 쓸데없는 어려움을 만들 우려가 있는 내용은 과감히 삭제하여 쉽고 편하게 배울 수 있도록 여러 번 살펴보고 수정하였습니다.

이 책을 통하여 앞에서 설명한 내용을 직접 경험해보고 자신만의 것으로 만들면 현장에서 3D CAD와 CAM 작업을 수행하는 데 필요한 중요한 지식을 얻을 수 있을 것입니다. 또한 이 책의 내용은 현재 기준으로 한국산업인력공단에서 수행하는 모든 국가기술자격 기계가공 실기시험에 대응하고 있습니다.

마지막으로 이 책을 구매해주셔서 대단히 감사드리며, 출판 후 받은 피드백으로 부족한 내용을 계속 보완하여 개정할 것을 약속드립니다.

2023년 8월
저자 일동

목 · 차 CONTENTS

01

CATIA의 기초 — 1

STEP 01 | CATIA의 소개 — 2

STEP 02 | CATIA의 사용법 — 7

02

머시닝센터 2.5D CAD/CAM — 15

STEP 03 | 머시닝센터 2.5D 모델링 작업(기능사 공개문제 1번) — 16

STEP 04 | 머시닝센터 2.5D 모델링 공개도면(기능사 1~30번) — 62

STEP 05 | 머시닝센터 2.5D CAM 작업(기능사) — 92

03

머시닝센터 3D CAD/CAM — 141

STEP 06 | 머시닝센터 3D 모델링 작업(산업기사/기능장 공개문제 1번) — 142

STEP 07 | 머시닝센터 3D 모델링 공개도면(산업기사 1~20번) — 170

STEP 08 | 머시닝센터 3D CAM 작업(산업기사/기능장) — 190

04
머시닝센터 CAD/CAM 실무 225

STEP 09 | 머시닝센터 실무 모델링 작업(구 산업기사/기능장) 226
STEP 10 | 머시닝센터 실무 CAM 작업(구 산업기사/기능장) 263
STEP 11 | 머시닝센터 실무 도면 작업 310
STEP 12 | 머시닝센터 실무 도면 320

05
머시닝센터/GV CNC 검증 333

STEP 13 | 시뮬레이터로 검증하기 334

참고문헌 343

01

CATIA의 기초

STEP 01 | CATIA의 소개

STEP 02 | CATIA의 사용법

STEP 01

CATIA의 소개

1. CATIA란 무엇인가?

CATIA는 프랑스 다쏘시스템이 개발한 3차원 CAD(컴퓨터응용설계) 프로그램으로, CAM(컴퓨터응용가공 또는 제조), CAE(컴퓨터응용해석 및 시뮬레이션), PLM(제품수명주기) 등을 수행하는 멀티 플랫폼 소프트웨어 제품군이다. 프랑스의 DASSAULT AVIATION사에서 항공기 설계를 위한 목적으로 개발하여 1969년에 처음 세상에 등장하였다.

제품의 모델을 설계개념에서 제품생산까지 전 과정에 걸쳐 제작, 수정, 관리할 수 있도록 해주는 제품생명주기 관리인 PLM(Product Lifecycle Management)을 구현하고 지식 기반 설계를 의미하는 Knowledge를 적용하여 제품 생산기술의 노하우를 직접 제품에 적용할 수 있는 최고의 CAD/CAM/CAE 통합 소프트웨어이다. 항공, 자동차, 조선, 기계, 건설, 에너지, 방송장비, 영화 등 다양한 분야에서 사용되고 있으며, 전 세계적으로 매년 생산되는 자동차의 2/3 이상이 CATIA로 설계되고 있다.

우리나라에서는 현대자동차(1982년)가 국내에 처음 도입하였고 현재는 KAI, 현대기아자동차, 르노코리아자동차, 로템, 현대위아, 대한항공, 두산중공업, 현대중공업, 두산인프라코어, 한화에어로스페이스 등 대기업 및 관련 중소 협력업체 등에 사용되고 있으며 앞으로 더욱더 사용범위가 확장되어갈 것이다.

2. CATIA의 주요 기능

1) Part & Assembly Design

Part & Assembly Design(부품 및 조립품 디자인)은 파트(부품, 단품) 설계에서 복잡한 구조의 어셈블리(조립품) 형상까지 모든 설계과정을 효율적으로 수행하도록 지원한다. Part Design은 CATIA의 강력한 Feature 기반의 Hybrid 모델링 엔진을 사용하여 Solid 및 Surface 형상이 통합된 최적의 방법으로 설계를 할 수 있으며, 유연한 포스트 디자인 Parametric 기법을 이용하여 원하는 형상에만 필요한 구속 조건을 부여할 수 있으므로 설계 변경이 용이하다. 또한 모든 기능들이 윈도우 NT의 표준 사용자 환경과 같으므로 손쉽게 작업을 할 수 있다. Assembly

Design은 제품의 조립 구조에서 Part 설계를 수행하는 하향식(Top-Down) 방법과 반대로 Part를 조립하여 제품을 완성하는 상향식(Bottom-Up) 방법 모두 가능하다. 이를 통해 제품설계에 참여하는 여러 분야의 설계인원이 Part 설계와 Assembly 설계를 동시에 진행하는 Concurrent Engineering(CE : 동시공학)을 수행할 수 있으며, 이 기능들은 모두 부품 디자인과 통합되어 있어 하나의 창에서 모든 작업이 가능하다.

2) Generative Drafting

Generative Drafting(도면 생성)은 3차원으로 설계된 단품 및 조립 설계된 제품에서 2차원 도면을 자동으로 생성한다. 이 모듈은 View Creation Wizard, 미리 보기 기능 등을 제공하여 도면 생성 작업의 생산성을 향상했으며, 3차원 형상과 연관되어 있어 모델을 수정한 후 도면을 Update(갱신)하면 3차원 형상에 이 변경사항이 적용된다. 또한 1각법, 3각법 및 ISO, ANSI, JIS와 같은 여러 표준들을 지원하여 사용자가 원하는 형식의 도면을 쉽게 만들 수 있으며 하나의 파일에 여러 개의 도면을 모아서 저장할 수 있다. 이러한 도면정보 파일(*.CATDrawing)로 저장되며 A0에서 B5용지까지 지원한다.

3) Smart Shape Designer

Smart Shape Designer(지능형 형상 디자이너)는 고품질의 Surface(곡면)를 생성하고 수정할 수 있는 모듈로 CATIA 고유의 Bezier 기술과 NURBS 기술을 접목하여 고품질을 유지하면서 원하는 형상대로 수정하는 강력한 기능을 제공한다. 또 작업 중 실시간으로 원하는 곡선이나 Surface의 곡률, 반사곡선 등을 확인할 수 있다. 여기서 만들어진 곡선과 Surface는 모두 Part Design 제품과 동일한 Hybrid Modeling Engine을 사용하므로 Solid 작업 시 다양하게 이용할 수 있다.

4) DMU Navigator

DMU Navigator는 Part Design 작업을 통해 설계된 3차원 모델을 CATIA 시스템 안에서 가상으로 조립한 Digital Mock-up을 이용하여 외형검사(DMU Navigator), 조립성 검사(DMU Fitting), 간섭검사 및 단면 검사(DMU Space Analysis), 운동성 검사(DMU kinematics)를 수행하여 설계 품질을 향상하고 실제의 Mock-up을 제작하지 않고 필요한 검사를 수행하여 설계비용과 개발기간을 단축할 수 있다. 또한 결과를 바로 CATIA 모델이나 일반 Text 또는 HTML 문서로 저장하여 설계자에게 제공할 수 있다.

5) Knowledge Advisor

Knowledge Advisor(지식 데이터 뱅크)는 설계자의 지식이나 기술을 데이터화한다. 이를 위해 설계에 필요한 파라미터나 수식을 저장하며, 간단한 스크립트로 만들어진 규칙을 저장하거나 적용할 수 있다. 이를 통해 설계를 처음 시작하는 사람도 이미 정의된 규칙과 매개변수를 이용하여 복잡한 설계를 수행할 수 있으며 설계오류를 자동으로 정정하고 이를 반영할 수 있다. 일반적으로 설계를 수행할 때에 제품의 사양으로부터 설계자의 경험 또는 지식을 응용하여 작업을 수행한다. 이 모듈은 설계자의 지식을 함수로 저장할 수 있으며 수식으로 표현되지 못하는 정보에 대해서는 IF/THEN/ELSE를 이용한 룰(Rule)로서 정의할 수 있다. 또한 모델이 항상 사내의 규칙이나 표준에 맞게 설계되고 있는지 Check 기능을 이용하여 확인해 볼 수 있다.

6) Generative Part Structural Analysis

Generative Part Structural Analysis(부품 구조 해석)는 설계자가 3차원으로 설계한 부품의 내부응력, 변위 및 진동을 쉽게 할 수 있는 모듈이다. 실제의 정밀한 해석은 전문가가 전문해석 소프트웨어를 사용하여 수행하는 것이 일반적이지만, 설계자가 설계한 단품에 대해 필요한 간단한 해석을 직접 수행한다면 제품의 설계의 정밀도가 더욱 향상될 것이다.

설계가 완성된 단품에 재질을 부여하고 PSA작업장을 시작한다. Mesh를 생성하고 여기서 경계조건과 하중 등을 솔리드의 면이나 모서리에 부여한 후 계산을 수행하면 결과를 보여준다.

이상의 작업은 3차원형상과 연관되어 있어 형상의 변형이 일어나면 해석 결과 역시 다시 계산만 해주면 된다. 해석 결과는 *.CATAnalysis의 형식으로 저장된다. 따라서 구조의 강도가 중요한 제품 설계 시 생산성을 향상할 수 있다.

> **※ 참고**
>
> **Modeling** : 설계하고자 하는 기하학적 형상을 Computer를 사용하여 전산 Data의 형태로 표현하는 기법을 통칭한다.

3. CATIA의 Mechanical Design 모듈

우리는 이 책을 통해 Mechanical Design에 대해 배우게 된다. Mechanical Design 안에도 여러 Product로 나뉜다. 여기서는 Sketcher, Part Design, Wireframe & Surface Design, Assembly, Drafting을 배운다. 각각의 Product가 어떤 역할을 하는지 설명하고 예제 문제를 보고 직접 모델링을 해보도록 한다. 다음은 이 책에서 다루게 될 Mechanical Design의 각 워크벤치들이다.

1) CATIA–Sketcher

Sketcher는 CATIA 모델링에 가장 기본 Base가 되는 툴로서, 기준면에 대해서 2차원 단면 Profile 또는 Guide 형상을 그리는 워크벤치(작업장, 작업대)이다.

이러한 Sketcher에서의 2차원 형상은 그 자체만으로 완료하는 경우는 별로 없고 나중에 3차원 Solid 또는 Surface 형상을 만드는데 사용된다. 즉, Sketch가 선행되어야 그것을 기반으로 모델링을 할 수 있다.

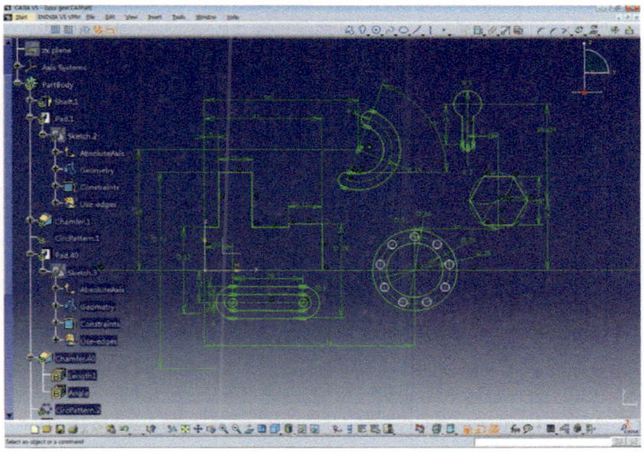

2) CATIA–Part Design

단품으로 구성된 3차원 Solid 형상을 만드는데 사용하는 워크벤치다. Sketcher에서 작업한 단면 스케치를 이용하여 Solid 형상을 생성 및 편집 가능하며 제품 디자인에 있어 가장 기반이 되는 워크벤치다.

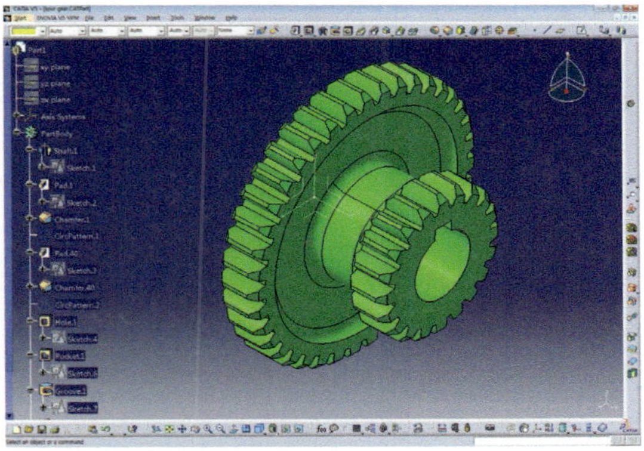

3) CATIA–Wireframe & Surface Design

Part Design의 작업을 더욱 풍요롭게 해주는 워크벤치로, 일반적인 Wireframe이나 Surface로 형상을 만든다. Solid 형상에 비해 표현 능력이 우수하며, 모델 완성 후 Part Design 워크벤치로 이동하여 Surface 형상을 Solid로 만들어 주는 작업을 하기도 한다.

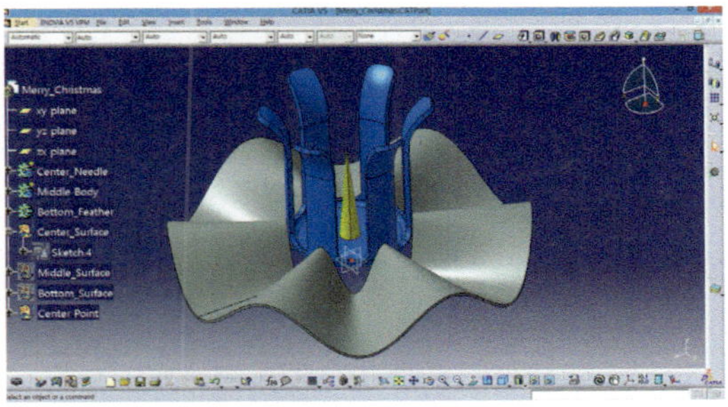

4) CATIA-Assembly Design

CATIA에서 여러 Part 도큐먼트(CATIA 문서형식) 또는 Sub Assembly들을 하나의 Product로 조립하는 작업을 하는 워크벤치다. 작업된 단품들을 상향식, 하향식으로 조립하여 간섭체크, 단면 확인, 무게중심 등 다양한 기능이 제공된다.

Assembly Design 워크벤치를 기반으로 나중에 DMU나 Analysis와 같은 고수준의 작업을 펼치게 된다.

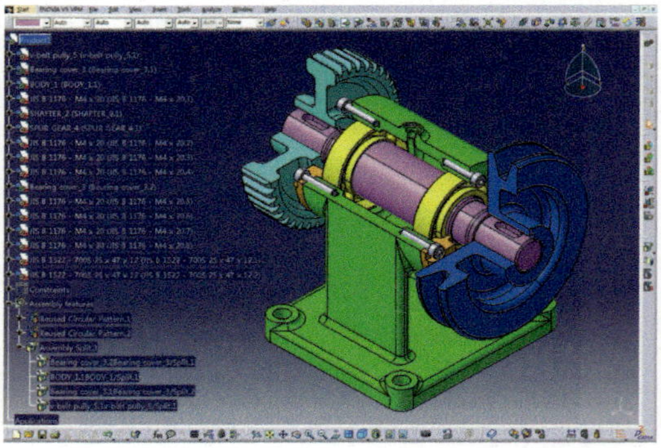

5) CATIA-Drafting

작업된 단품 및 조립품을 도면화하는 워크벤치로 Part 도큐먼트, Product 도큐먼트와 연계하여 도면을 손쉽고 빠르게 만들어 낸다. 단품이나 조립체가 수정되면 도면에 자동 반영되어 업데이트된다.

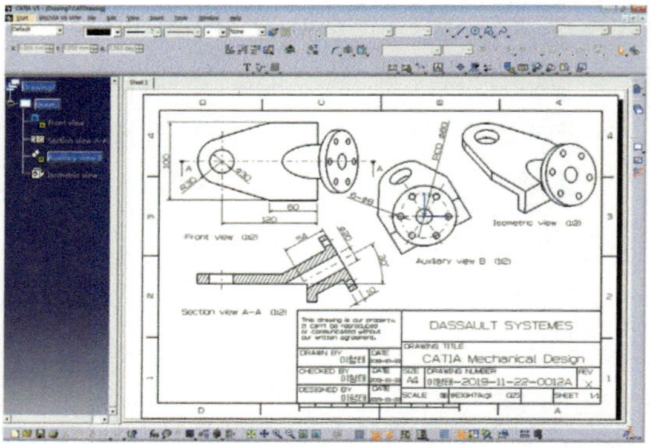

STEP 02

CATIA의 사용법

1. CATIA 실행하기

CATIA가 설치된 컴퓨터에서는 다음과 같이 바탕화면의 아이콘을 실행하거나, 시작 메뉴에서 CATIA 폴더의 실행 아이콘을 찾아 실행할 수 있다. 바탕화면의 CATIA 아이콘을 더블 클릭하거나(아래 좌측 그림) 또는 시작메뉴 - CATIA 아이콘을 더블 클릭(아래 우측 그림)한다.

또는

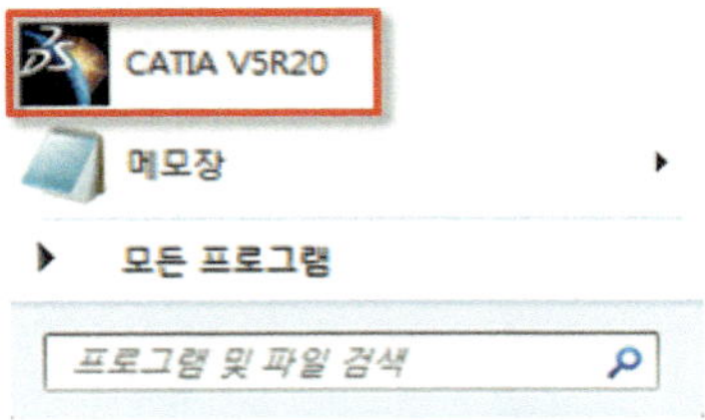

CATIA는 처음 시작할 때 다른 프로그램에 비해 늦게 화면창이 나타난다. 중간에 아이콘을 여러 번 클릭하면 나중에 한꺼번에 많은 창이 갑자기 나타난다. 아래와 같은 초기화면이 나타난다.

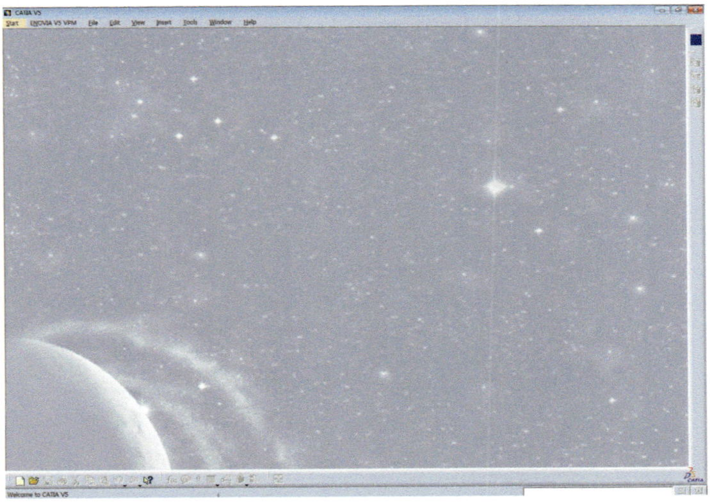

2. Mechanical Design의 Part Design 경로(아래 그림 참조)

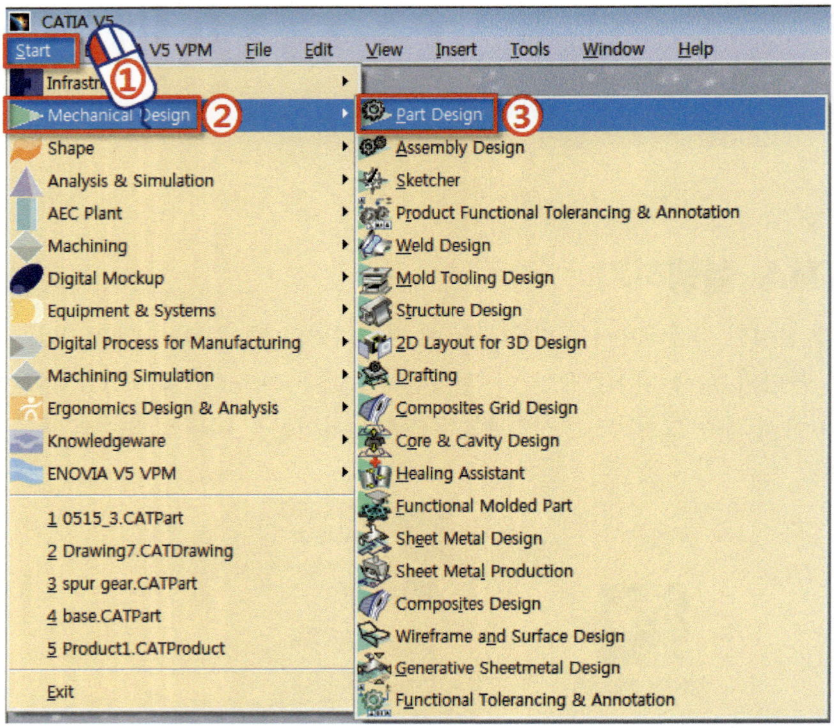

New Part 창이 나타나면 Part name 입력 후, **OK**를 클릭한다. Part name은 반드시 영어로 입력해야 하며 품번과 품명을 적어서 입력하는 것이 좋다. 이러한 습관을 들이자.

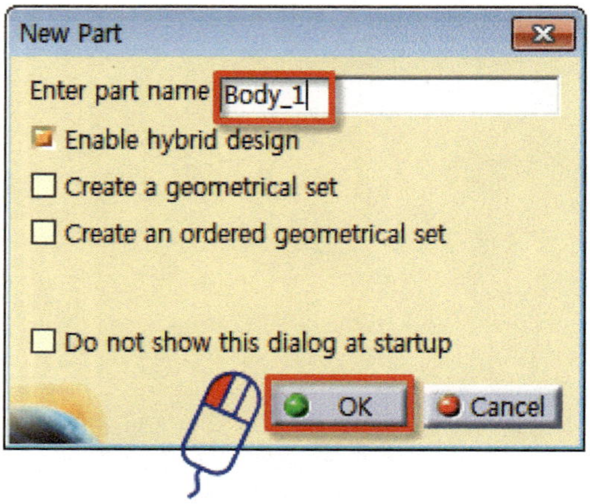

3. CATIA V5 화면 구성

새로운 Part Design 작업을 실행 시 열리는 기본화면이다.

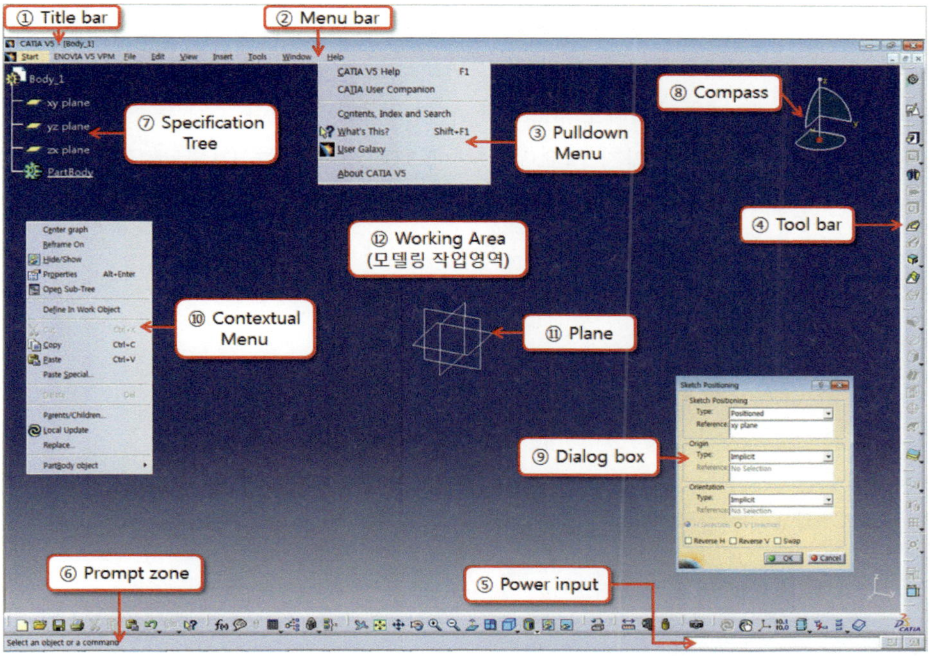

위의 그림에서 각 부위에 대한 설명은 다음과 같다.

① **Title bar** : 현재 작업중인 Part name을 표시한다.

② **Menu bar** : Workbench의 실행, File 관리, CATIA의 환경설정 등을 제공한다.

③ **Pulldown Menu** : 메뉴 표시줄에서 선택한 메뉴에 대한 하위메뉴를 표시한다.

④ **Workbench Toolbar** : 작업 툴에서 작업하는 명령 아이콘을 모아 놓은 곳이다.

⑤ **Power Input** : 명령어나 Data값 등을 입력하는 곳이다.

⑥ **Prompt Zone** : 작업자가 앞으로 해야 할 메시지를 나타내어 준다.

⑦ **Specifications Tree** : 작업효율을 높이기 위해 작업한 순서나 명령 등을 나열한 순서도이다.

⑧ **Compass** : Working Area의 방향표시 및 조정을 할 수 있다.

⑨ **Dialog Box** : 명령을 실행하면 나타나는 대화상자를 말한다.

⑩ **Contextual Menu** : 마우스 오른쪽 버튼을 클릭하면 나타나는 메뉴를 말한다.

⑪ **Plane** : XY Plane, YZ Plane, ZX Plane을 나타낸다.

⑫ **Working Area** : 실제 모델링이 이루어지는 영역을 나타낸다.

4. Toolbar 관리와 사용법

CATIA의 Toolbar들은 명령에 접근하기 위해 같은 부류의 명령들끼리 모아져 있다. 또한 이러한 Toolbar들은 항상 제 위치에 고정된 것이 아니고 사용자의 편의에 따라 위치를 자유롭게 이동시킬 수 있다. Toolbar들 중에 현재 체크되지 않은 것은 화면에 출력되지 않는다. Toolbar의 명령들은 Toolbar를 이용하지 않고 Menu bar에서 직접 선택할 수도 있으며 화면에 표시되지 않은 Toolbar라 하더라도 Menu bar에는 나타나 있다.

Toolbar들은 위치가 고정적이지 않으며 동시에 화면에 필요한 Toolbar 일부분만을 보이게 하고 나머지는 선택적으로 감추어 둘 수도 있다. 즉, 화면에 모든 Toolbar가 나타나는 것이 아니다. Toolbar는 현재 자신이 들어온 워크벤치의 것만 나타나고, 다른 워크벤치의 Toolbar는 해당 워크벤치로 이동하였을 경우에만 나타난다.

1) Toolbars 사용 예시

Menu bar의 ① View → ② Toolbars → ③ View 순으로 선택

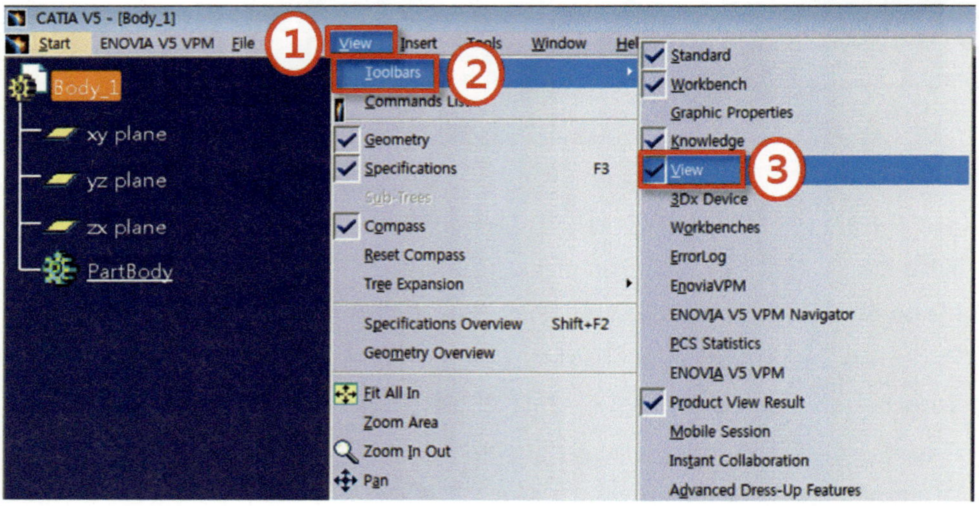

④ Separator 표시 마우스로 클릭 후, 이동 및 세로정렬

⑤ Toolbars 숨기기

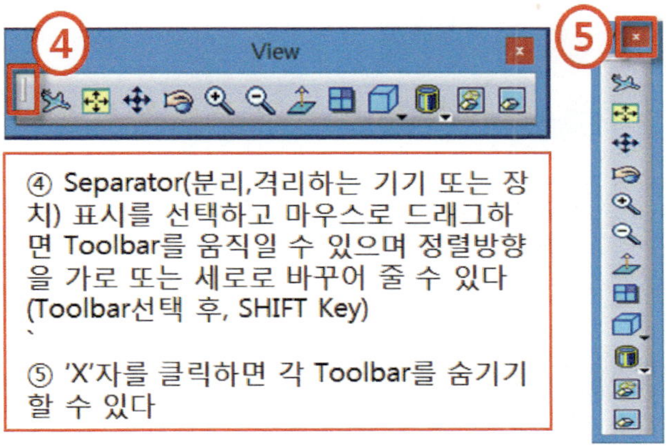

2) 숨겨진 Toolbars

아래 그림에서 이중 화살표가 있는 부분에는 Toolbar가 숨겨져 있다. 마우스로 클릭해서 드래그하면 숨겨진 Toolbar를 밖으로 빼낼 수 있다.

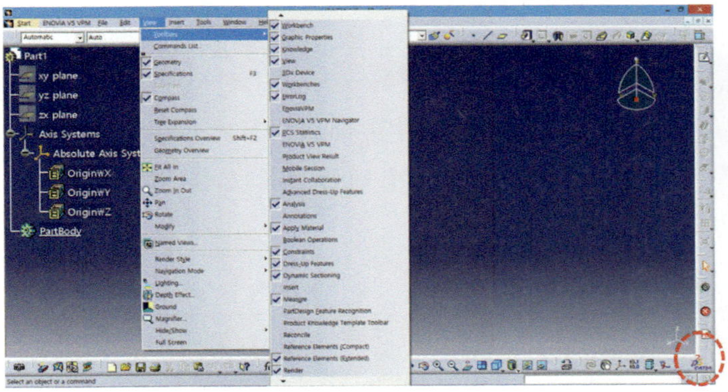

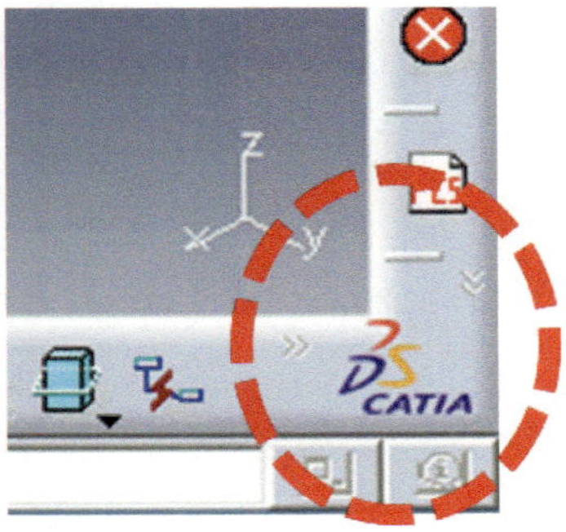

3) Toolbar 관리 주의사항

CATIA에서는 모든 작업툴에서 Toolbar들을 자유자재로 이동 가능하며 가로배열 혹은 세로배열이 가능하다. Toolbar는 본인이 작업을 할 때 가장 편리한 위치에 배치시키면 작업의 효율성이 높아지지만 반대로 배열이 엉망으로 되어버리는 경우도 있다. 그러므로 작업자들마다 사용 편의성에 따라 Toolbar 위치가 각각 다를 수 있다.

4) Toolbar의 Sub Toolbar

Toolbar를 구성하는 명령은 현재 Toolbar에 나타난 것이 전부가 아니고 세부적인 Sub Toolbar를 더 가지고 있다. Toolbar들에서 검은색 화살표(Arrow, ▼)가 있는 부분에는 항상 그 하위 Sub Toolbar가 있으며 화살표를 클릭하면 그 Sub Toolbar가 따라 나오게 된다.

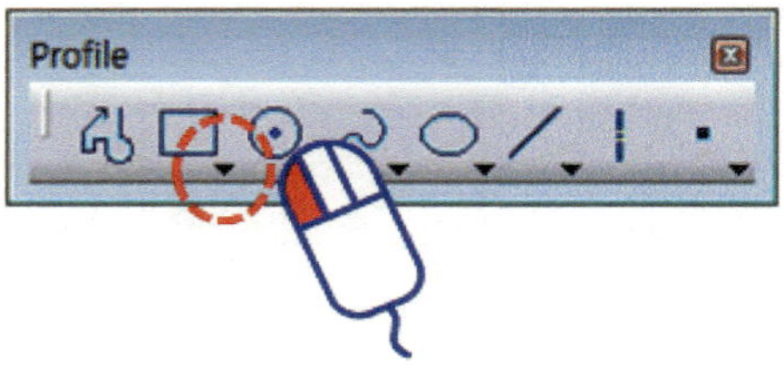

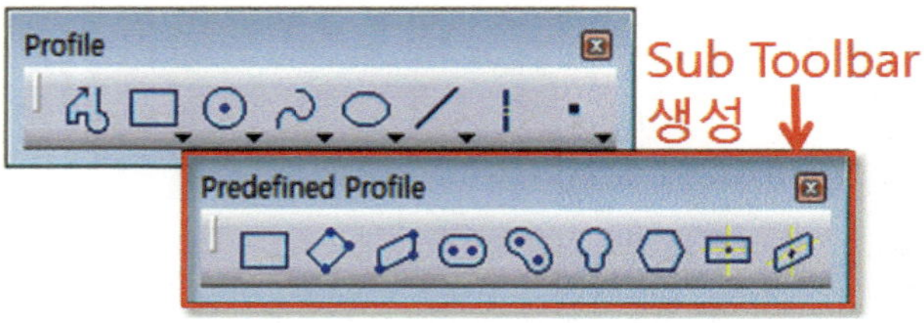

5. 마우스 사용법

CATIA에서 마우스 사용법은 중요하다. 마우스를 잘 다루어야 모델링 시 이동, 확대, 축소, 회전 기능을 사용하여 신속하고 정확한 모델링을 할 수 있기 때문이다. CATIA는 마우스의 중앙 버튼을 많이 사용하기 때문에 사실상 3버튼 마우스가 필요하다. 요즘은 중앙 버튼에 휠이 들어있는 휠 마우스가 대부분인데 기능은 동일하다.

①	MB1 또는 LMB	▪ 요소 선택 시(대상물과 Icon 선택) ▪ Ctrl + MB1 = Geometry 다중선택 ▪ Drag = 영역을 지정할 때 드래그
②	MB2 또는 MLB	▪ Pan = 대상물을 상하좌우 이동 시 ▪ MB2 + MB1(MB3) = 대상물 회전 시 (Rotate 기능) ▪ MB2 + MB1 누른 후 다시 MB1을 뗀 후 + 마우스를 상/하 움직임 = Zoom In/Out
③	MB3 또는 RMB	▪ 팝업메뉴(Contextual Menu) 표시 역할 ▪ MB3 + MB2 = 대상물 이동 역할

6. CATIA의 사용법을 마치며

아직 사용법의 10분의 1도 배우지 못하였다. 더 많은 내용을 배워야 CATIA를 마음대로 쓸 수 있을 것이다. 하지만 처음 배우는 분들에게 너무 많은 내용을 알려드리면 보고 이해하기 힘들 것이다. 이미 CATIA로 모델링하고 NC 코드를 생성하기 위한 최소한의 기초지식은 얻었으니 더 자세한 내용은 CATIA의 모델링과 어셈블리에 대하여 다루는 책들을 참고하시길 바라며 이 책에서는 이만 줄이기로 한다.

02

머시닝센터 2.5D CAD/CAM

STEP 03 | 머시닝센터 2.5D 모델링 작업

STEP 04 | 머시닝센터 2.5D 모델링 공개도면

STEP 05 | 머시닝센터 2.5D CAM 작업

STEP 03

머시닝센터 2.5D 모델링 작업 (기능사 공개문제 1번)

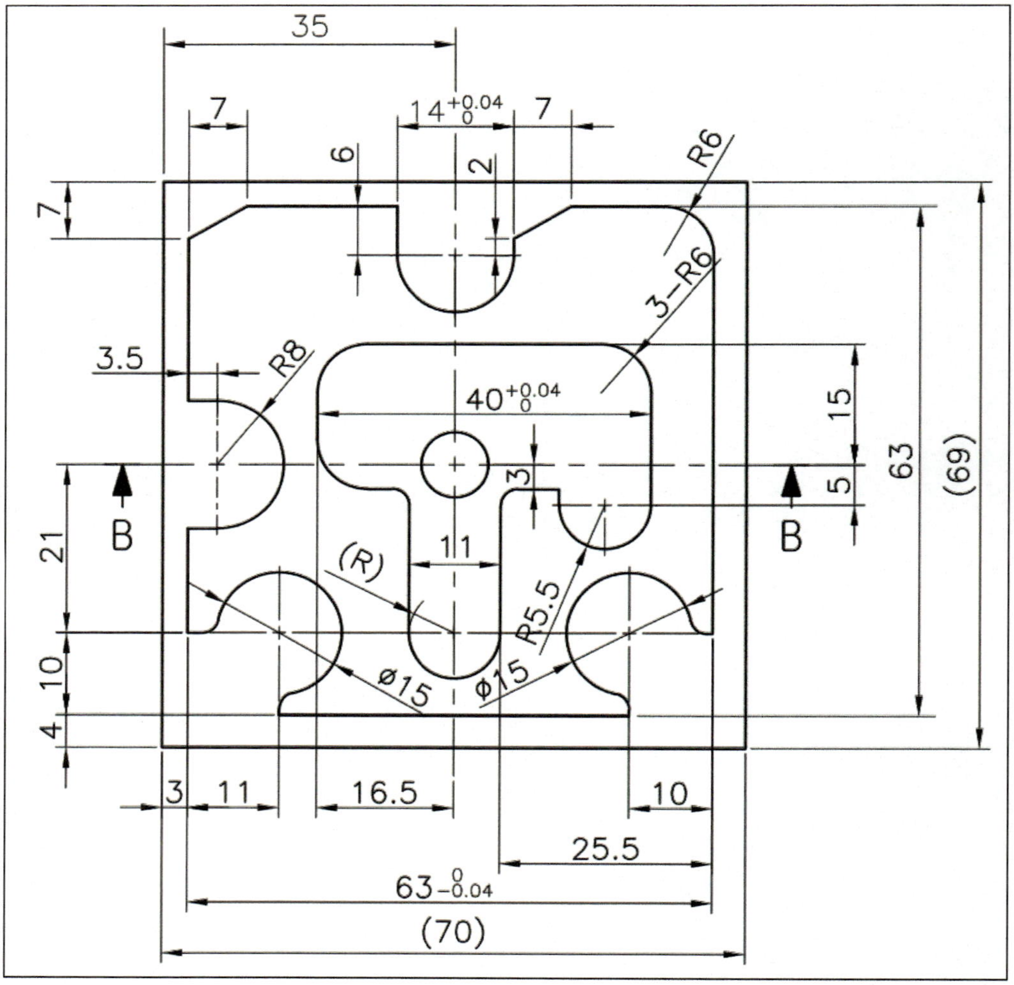

0. 들어가기에 앞서

기능사에서 작성해야 하는 부품을 3D CAD로 만드는 작업, 즉 모델링 작업은 여러 가지 툴을 사용할 수 있다. 아래의 첫 번째 그림은 가장 대중적으로 사용되는 AutoCAD의 3D 기능을 사용하여 모델링 작업한 것이고 이것을 CATIA에서 CAM 작업을 위해 불러들인 것이 그 아래에 있는 그림이다.

CATIA를 사용하여 모형을 만들면 이미 만들어진 도형의 치수변경이 필요할 경우에 빠르게 할 수 있는 장점이 있지만 처음 배울 때 파라메트릭 모델링의 특징을 이해하는 과정이 필요하다. 이 책을 통하여 빠르게 익힐 수 있기를 바란다.

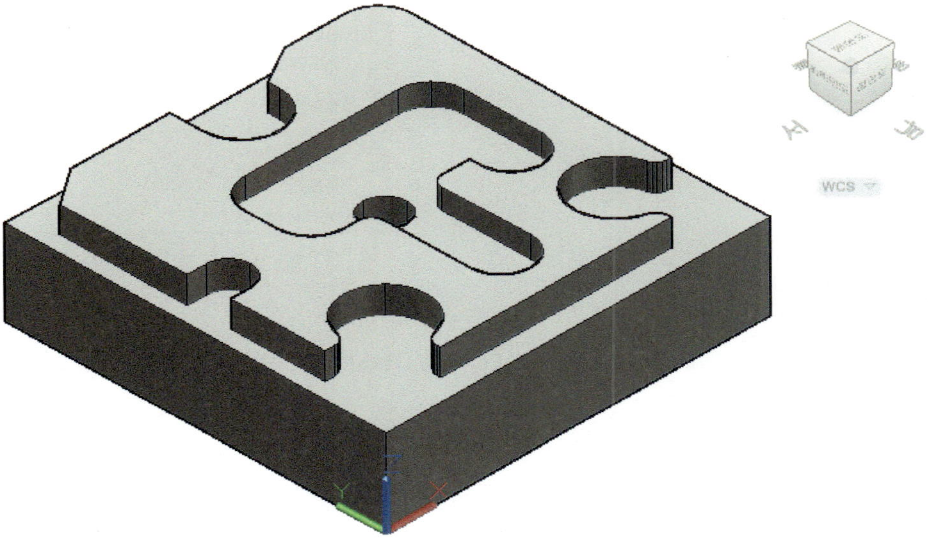

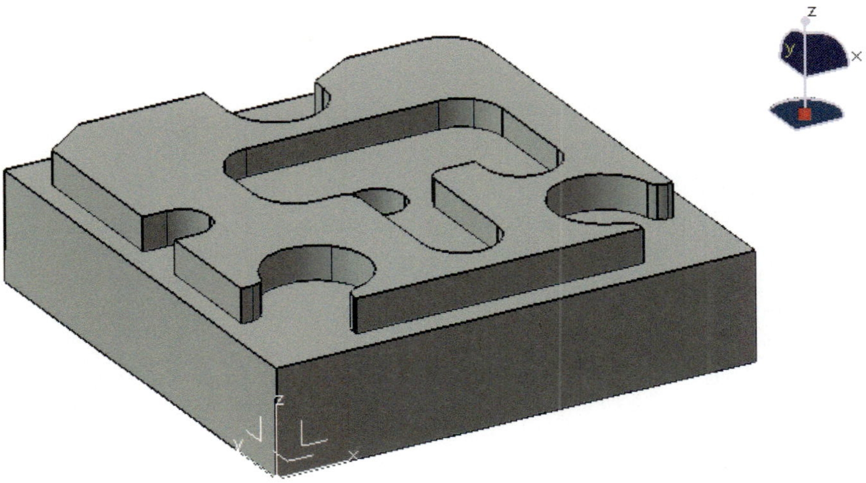

[01] Menu Bar(메뉴 바)의 **Tools 〉 Options...**에 들어가면 Options 대화상자가 생성된다.

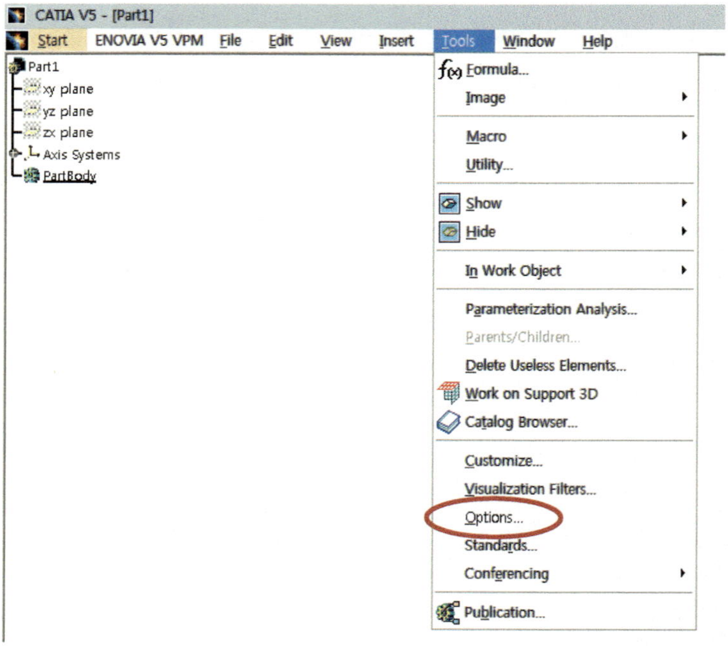

[02] **Infrastructure 〉 Part Infrastructure**의 **Part Document 탭**에서 **Create an axis system**을 선택한다.

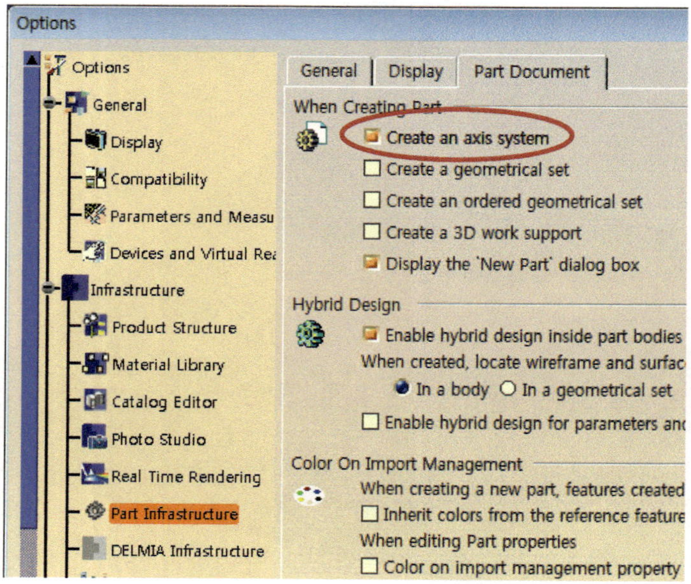

[03] Display 탭에서 Axis system display size(in mm)의 크기를 조정한다(20~25 정도).

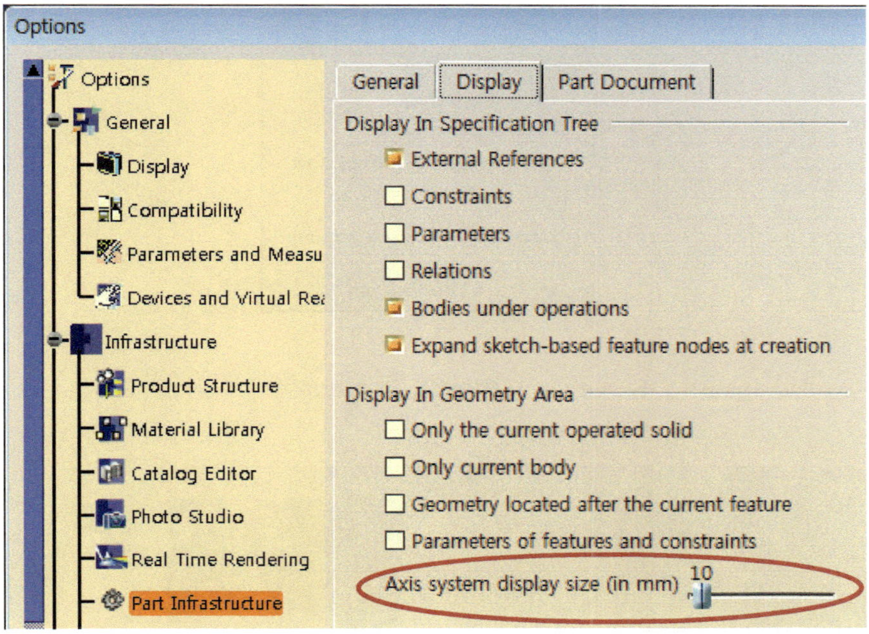

[04] CATIA를 시작하면 열려있는 Assembly Design Workbench(워크벤치)를 닫는다.

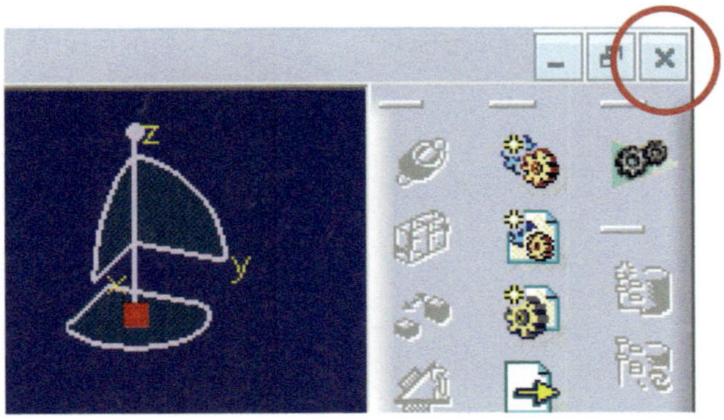

[05] 메뉴 바의 **Start 〉 Mechanical Design 〉 Part Design**를 선택하면 Part Design 워크벤치에 들어가게 된다.

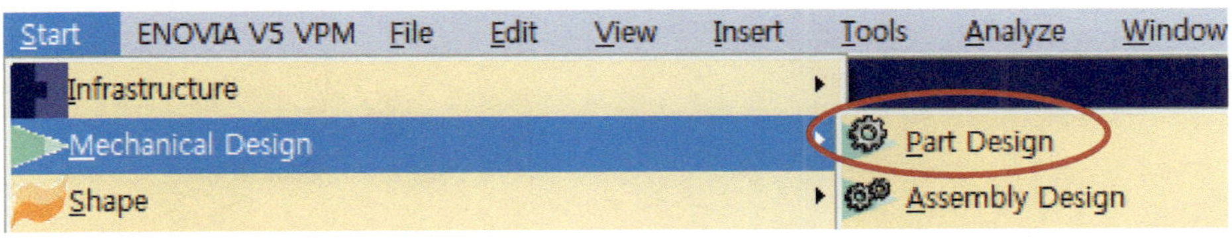

[06] 다음과 같이 선택되어 있는지 확인하고 **OK**를 누른다.

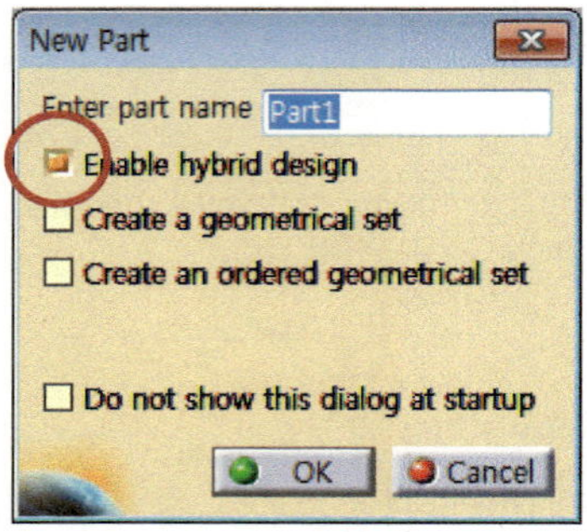

[07] 메뉴 바의 **Insert 〉 Sketcher 〉 Sketch**를 선택하거나 Sketch 아이콘을 누른다.

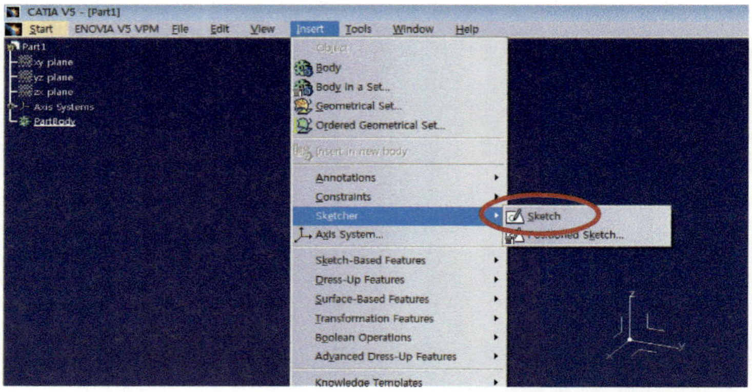

또는

[08] 스케치 작업을 위한 평면을 정하기 위해 아래 두 화살표가 가리키는 원 부분 중 하나를 마우스 왼쪽 버튼으로 선택하여 Sketcher 워크벤치로 들어간다.

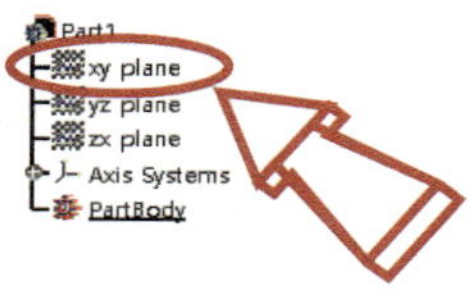

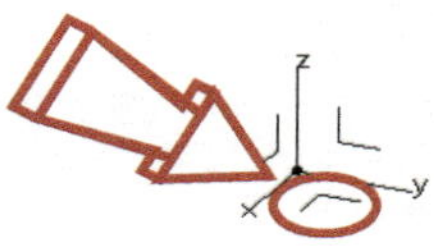

[09] Sketcher 워크벤치의 메뉴 바에서 **Insert 〉 Profile 〉 Predefined Profile 〉 Centered Rectangle**을 선택하거나 Centered Rectangle 아이콘을 누른다.

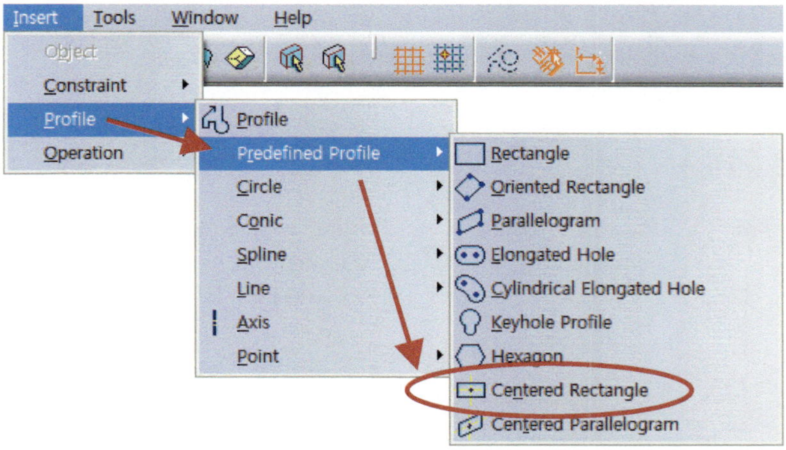

또는

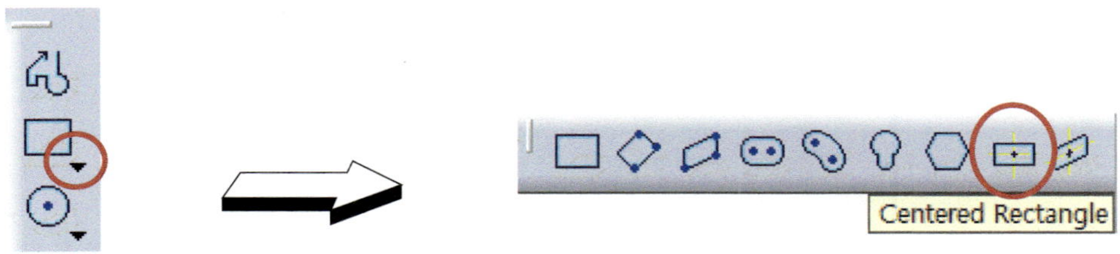

[10] 가운데 있는 원점(큰 붉은 원으로 표시)을 클릭한 뒤 마우스를 오른쪽 위로 가져가 한 번 더 클릭하여(작은 원으로 표시) 사각형을 그린다.

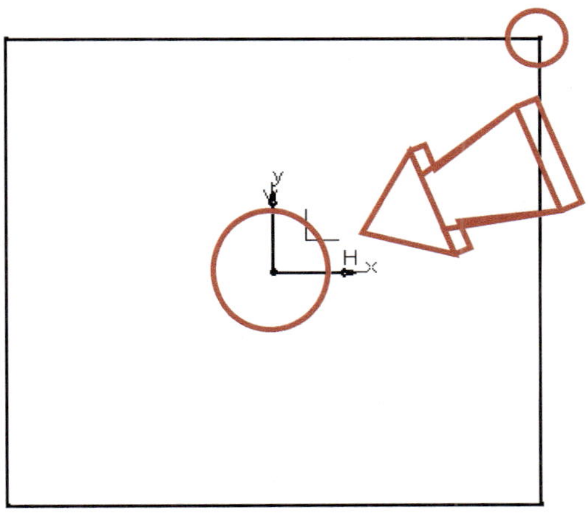

[11] 윗면과 우측면에 다음과 같이 Constraint로 윗선과 오른쪽 선을 클릭하여 가로 **70**, 세로 **69**의 치수조건을 준다. 해당 치수를 더블 클릭하면 수정할 수 있다. CATIA에서 구속되면 선이 녹색으로 표시된다. 뒤에 있는 16번에 자세히 설명하였으니 참고하자.

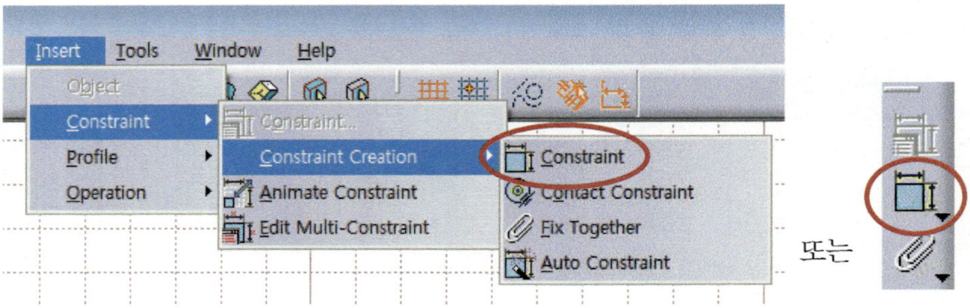

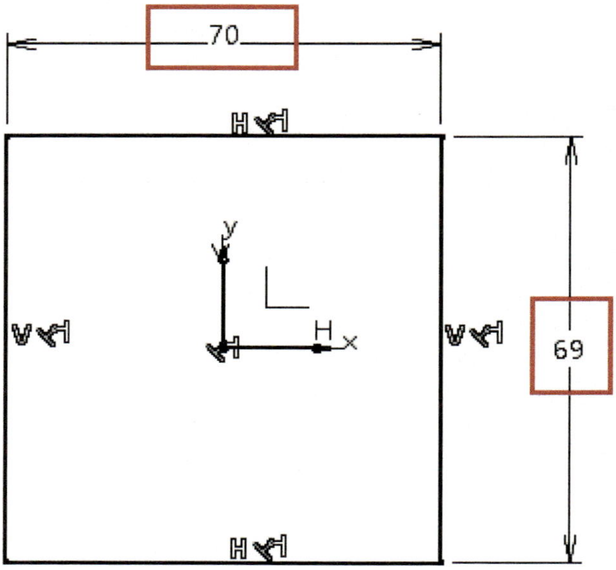

[12] Exit workbench 아이콘을 누르고 Part Design으로 돌아간다.

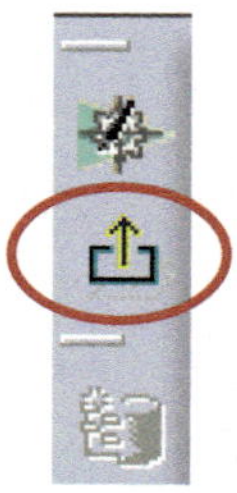

[13] 나오면 이전에 작성한 스케치가 이미 선택되어 주황색으로 보인다. 메뉴 바의 **Insert 〉 Sketch-Based Features 〉 Pad**를 선택하거나 Pad 아이콘을 클릭하고 Length에 **16**을 입력하여 높이 16mm의 육면체를 만든다.

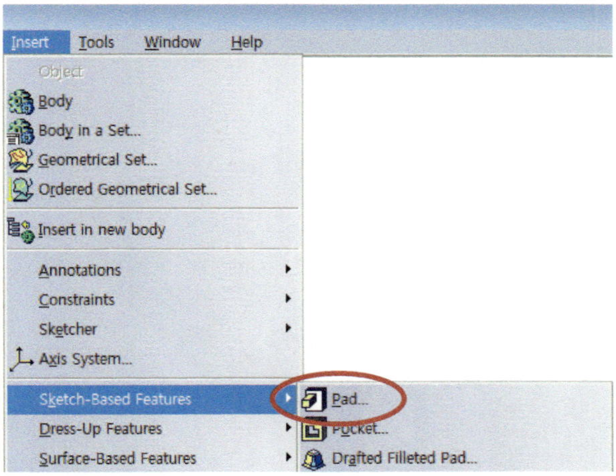

또는

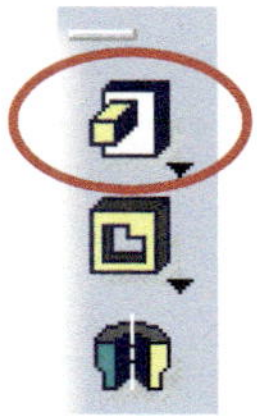

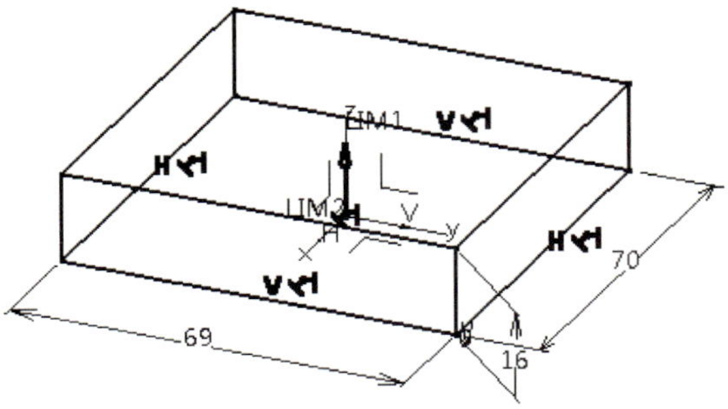

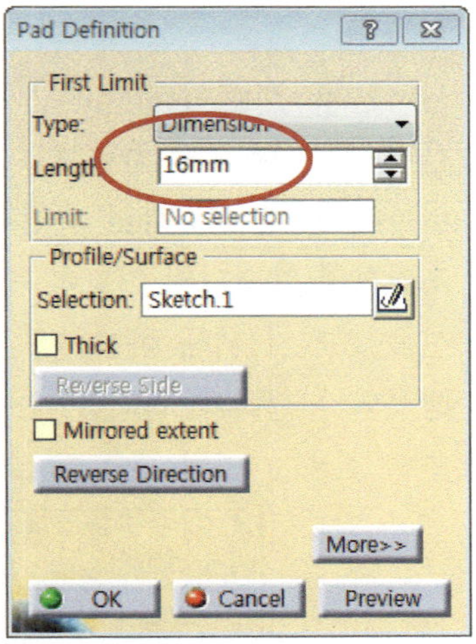

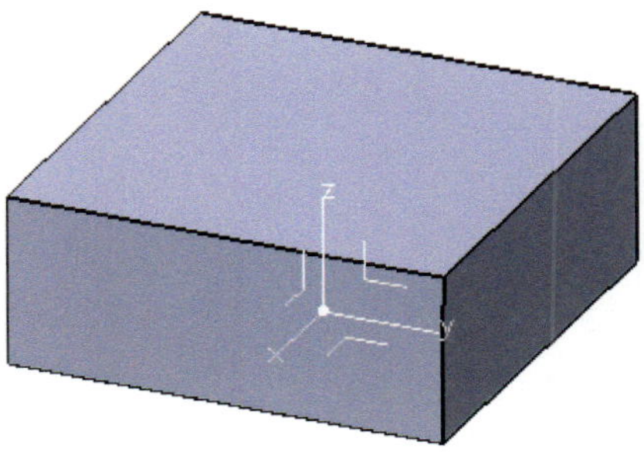

[14] 13번에서 생성된 육면체의 윗부분에 스케치 작업을 하기 위해 앞의 7번에서와 같이 메뉴 바의 **Insert 〉 Sketcher 〉 Sketch**를 선택하거나 Sketch 아이콘()을 누른다.

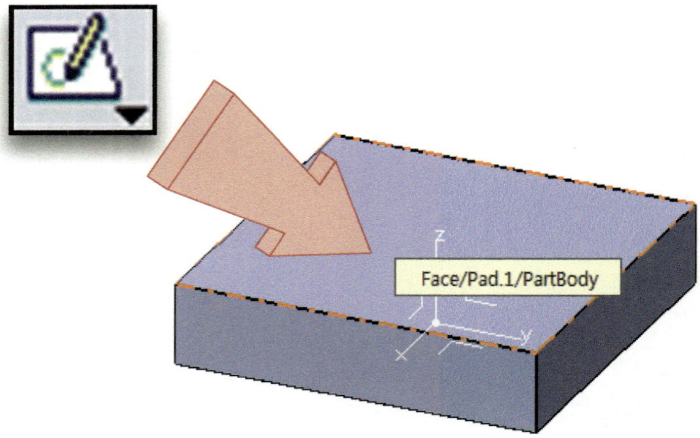

[15] 메뉴 바의 **Insert 〉 Profile 〉 Line 〉 Line**을 선택하거나 Profile 툴바의 Line 아이콘을 클릭한다. 선을 아래와 같이 4개를 그리는데 각 선에 수평(H)과 수직(V)의 조건이 붙어야 한다. 우선 한 곳을 클릭하고 선을 움직여보면 이 조건에 해당되는 순간, 선이 파란색으로 변한다. 이때 클릭하면 수평과 수직의 조건이 생긴다. 주의할 점은 수평과 수직 이외의 조건까지 설정되지 않도록 주의하면서 두 번째 위치를 클릭해야 한다는 것이다. 4개의 선을 그리기 위해 아이콘을 4번 눌러서 그리게 되는데 더블 클릭하면 연속으로 계속 생성되어 편하게 작업할 수 있다.

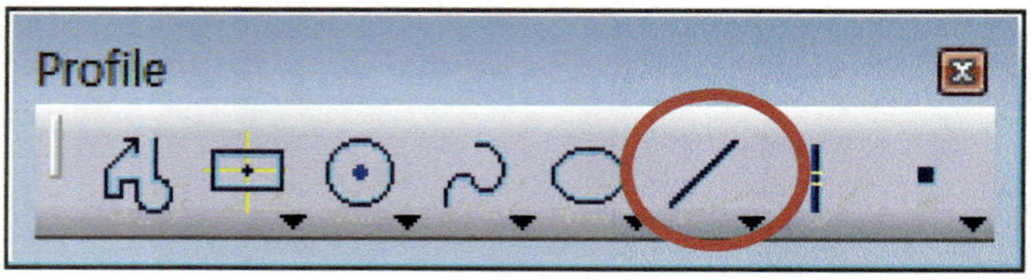

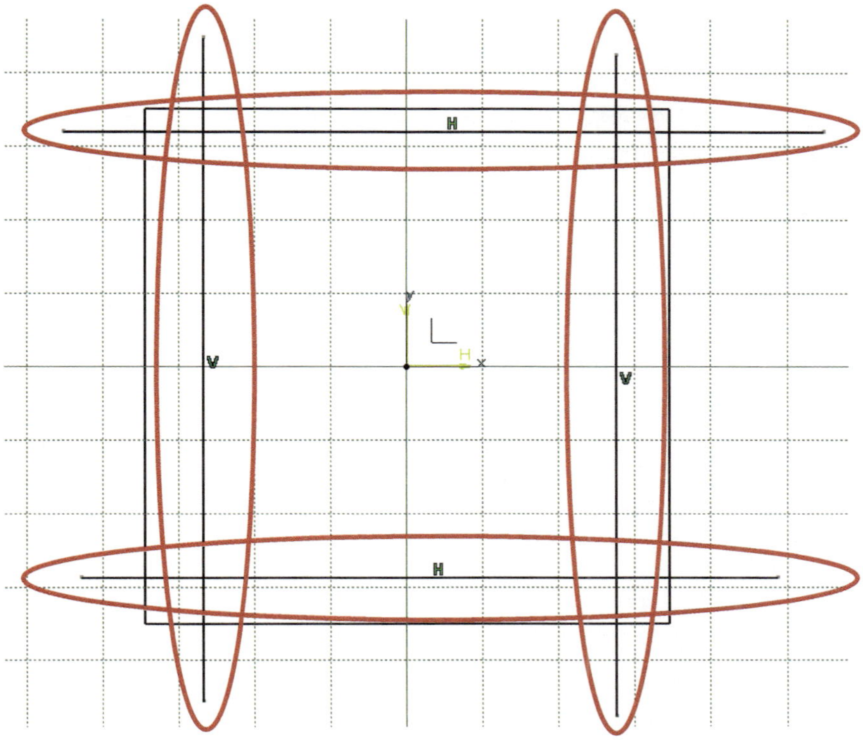
H
V
H
V
H

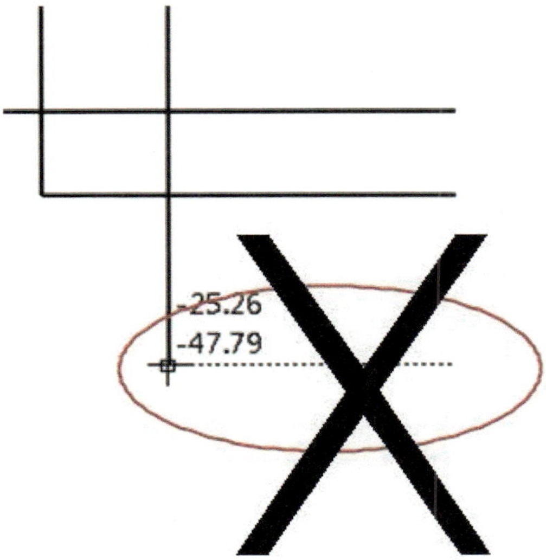
-25.26
-47.79

[16] 메뉴 바의 **Insert 〉 Constraint 〉 Constraint Creation 〉 Constraint**를 선택하거나 Constraint 툴바의 Constraint 아이콘을 클릭하고 다음과 같이 치수를 기입한다. 선과 앞서 13번에서 생성한 육면체의 외곽을 선택하여 치수조건을 부여한다. 치수를 바꾸려면 해당 치수를 더블 클릭한다. 15번과 같이 아이콘을 더블 클릭하면 연속으로 계속 생성되어 편하게 작업할 수 있다.

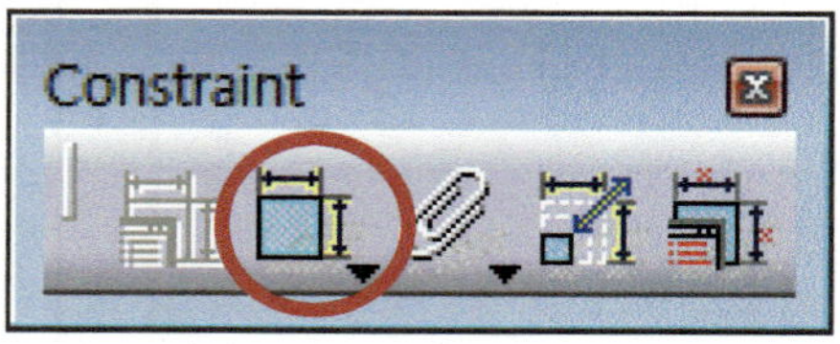

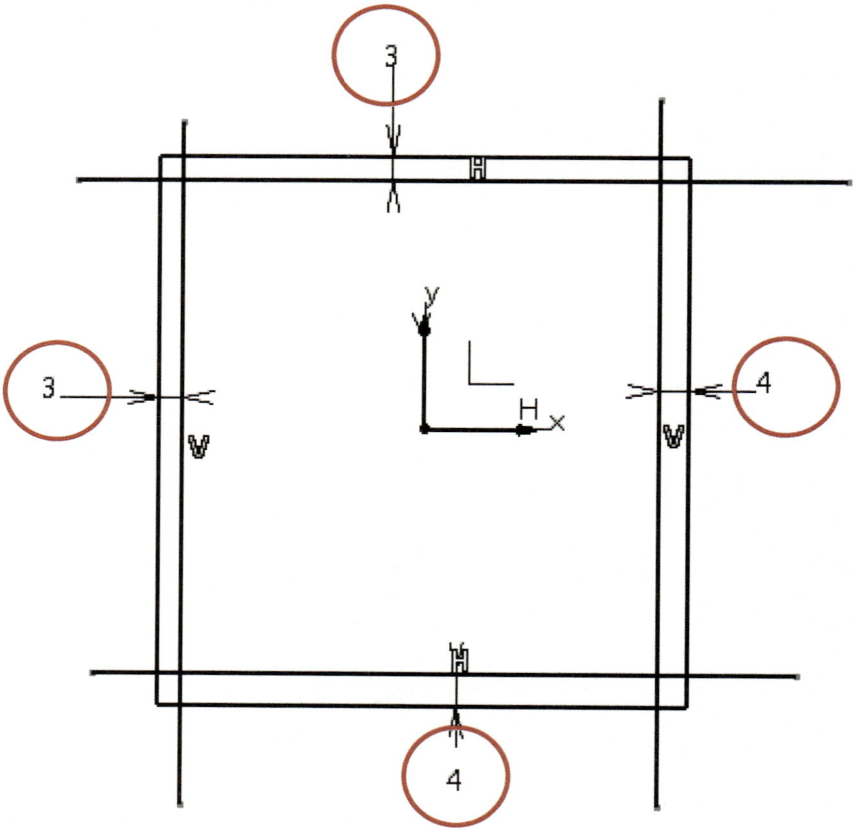

[17] 좌측 상단에 다음과 같이 선을 그린다(15번 참조). 항상 선을 그릴 때는 의도하지 않는 구속조건이 생성되지 않도록 조심한다. 파란색의 점선이 생기거나 선이 파란색으로 변하면 해당 조건의 구속조건도 같이 생성된다는 뜻이다.

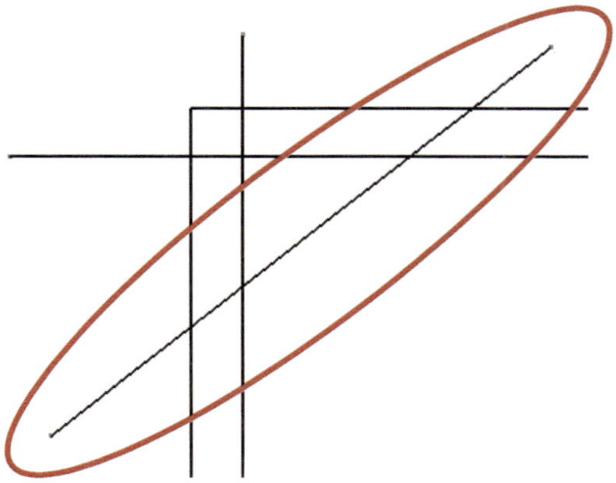

[18] 메뉴 바의 **Insert 〉 Operation 〉 Relimitations 〉 Quick trim**을 선택하거나 Operation 툴바의 Quick Trim(▼을 사용하여 찾아야 한다) 아이콘을 사용하여 좌측 상단에 스케치로 그린 선을 좌측 그림의 순서와 같이 정리하여 우측 그림처럼 만든다. 6번 작업이 필요하다. 여기서도 아이콘을 더블 클릭하면 연속으로 계속 생성되어 편하게 작업할 수 있다.

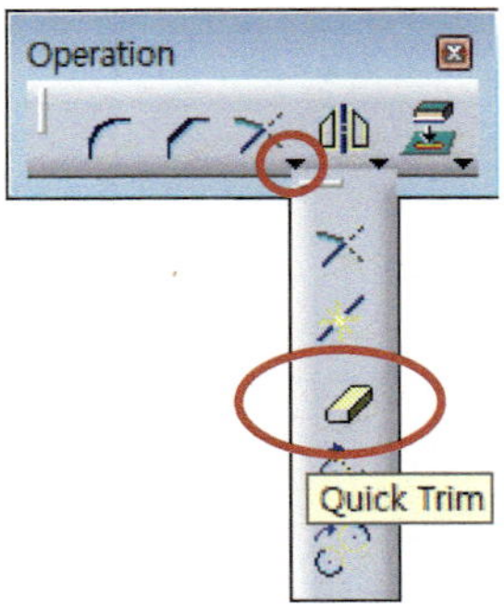

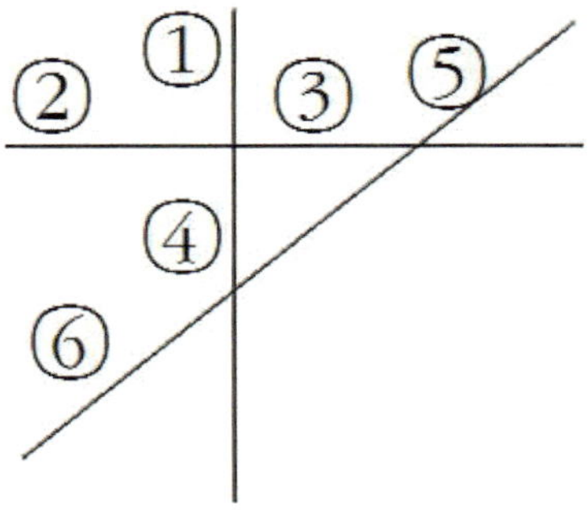

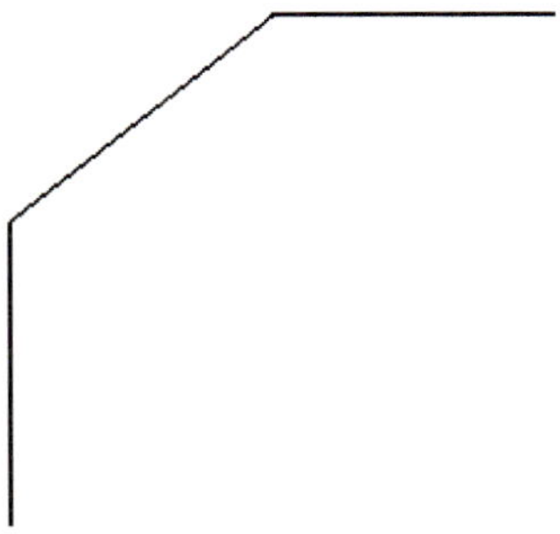

[19] 17번과 18번에 의해 생성된 선에 치수를 주기 위해 그려서 만든 선의 양 모서리에 11번과 16번을 참고하여 메뉴 바의 **Insert 〉 Constraint 〉 Constraint Creation 〉 Constraint**를 선택하거나 Constraint 툴바의 Constraint 아이콘을 클릭하고 다음과 같이 치수를 다음과 같이 넣어준다. 치수를 줄 때 모서리를 먼저 선택하고 작업하면 쉽다.

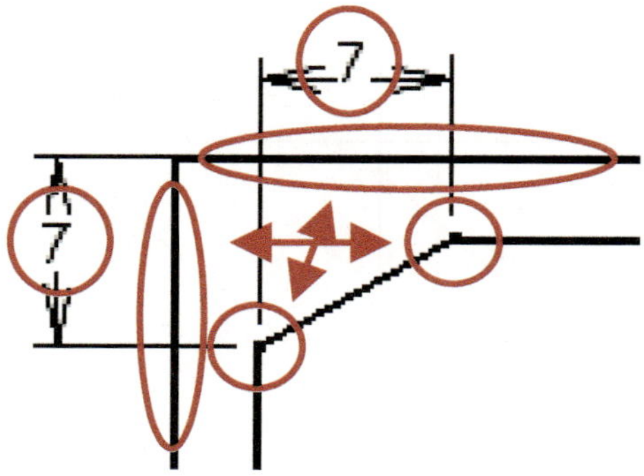

[20] 메뉴 바의 **Insert 〉 Operation 〉 Corner**을 선택하거나 Operation 툴바의 Corner 아이콘을 사용하여 우측 상단에 두 선을 클릭하여 도면과 같이 R6의 모깎기를 만든다. 모깎기의 치수는 해당 치수를 더블 클릭하여 **R6**으로 수정한다.

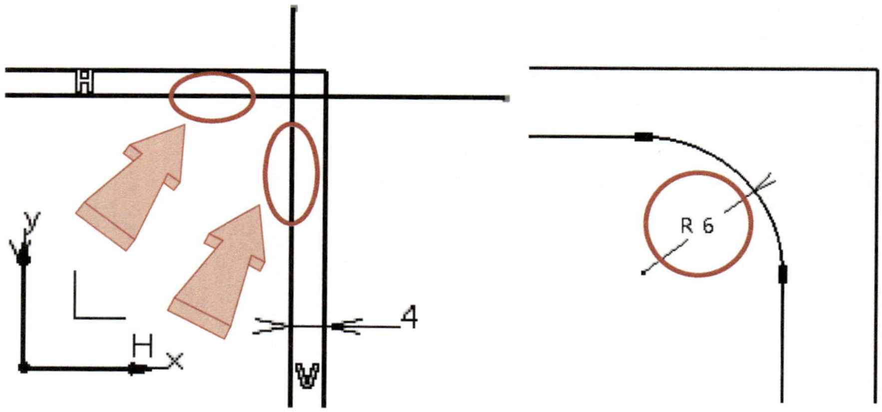

[21] 15번의 선 그리기를 참고하여 16번에서 그린 4각 스케치의 윗부분에 두 개의 수직선 (그리는 도중 선이 파란색으로 변하며 두 곳을 찍어 선 그리기가 완료되면 선에 V 표시가 생긴다)을 아래와 같이 그린다.

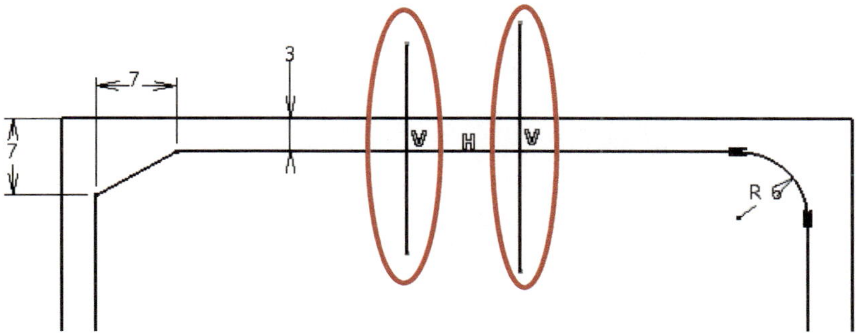

[22] 21번의 두 선은 스케치의 중심점으로부터 7만큼 떨어져 있다. 아래와 같이 구속조건을 준다. 구속조건은 11번과 16번을 참고하여 아래와 같이 준다.

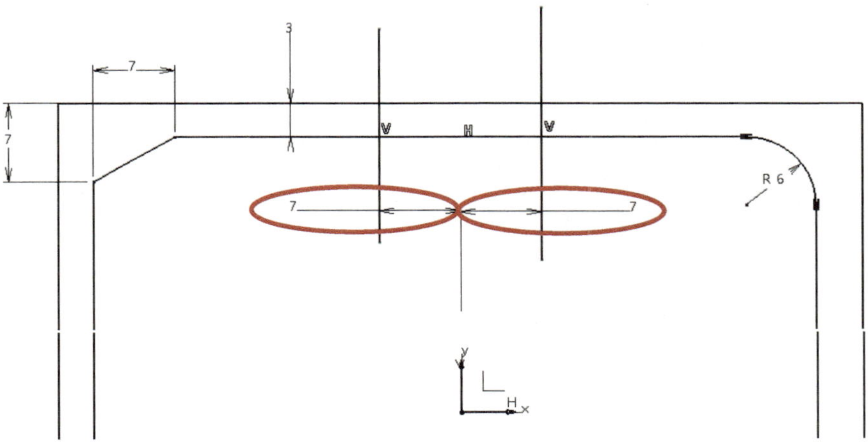

[23] 메뉴 바의 **Insert 〉 Profile 〉 Circle 〉 Circle**을 선택하거나 Profile 툴바의 Circle 아이콘을 클릭한다. 두 번을 클릭해야 원이 만들어진다. 첫 번째로 원의 중심을 클릭해야 하는데 y축과 일치하게 구속조건( )을 잡은 뒤 클릭하고(좌측 그림), 두 번째 클릭은 양쪽의 어느 한 선에 붙여 접선 구속조건인 상태로 클릭한다(우측 그림). 선에 붙여 접선 상태가 되면 그 선이 주황색이 되기 때문에 쉽게 알 수 있다.

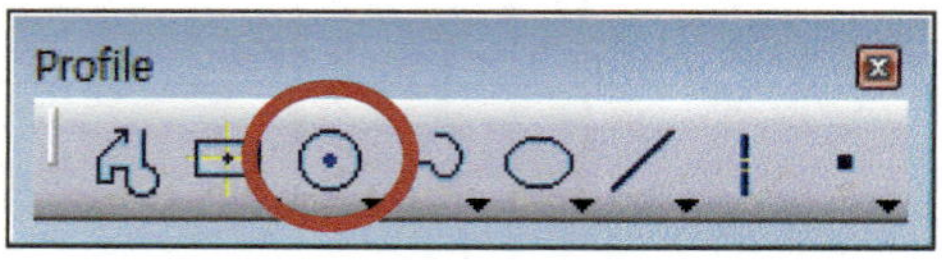

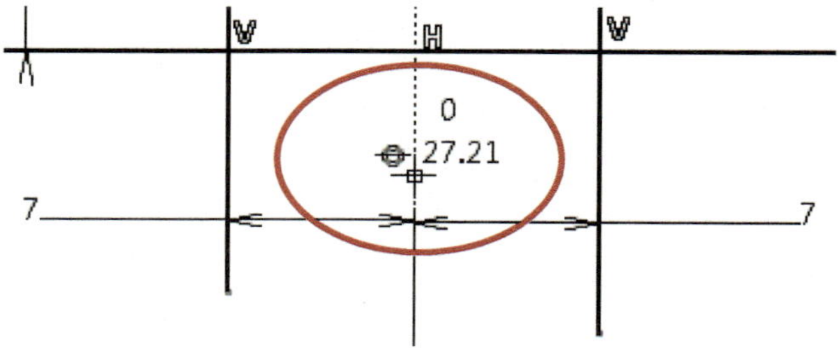

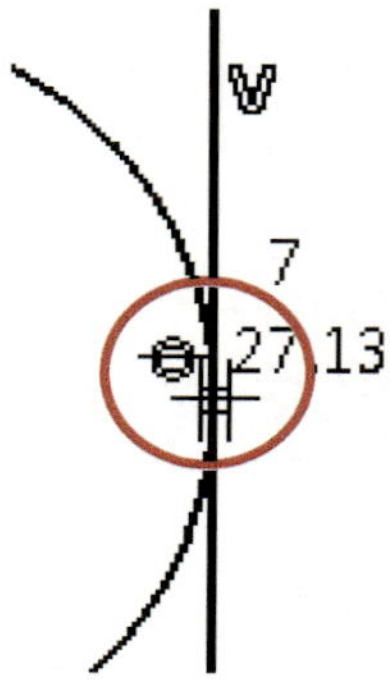

[24] 18번을 참고해서 Quick Trim을 사용하여 좌측 그림의 스케치를 우측 그림과 같이 만든다.

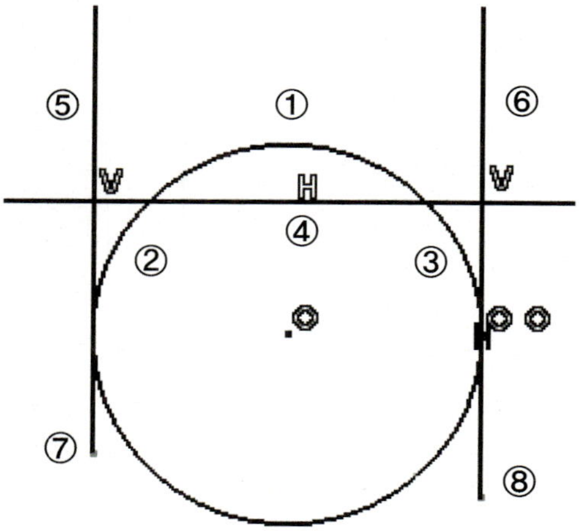

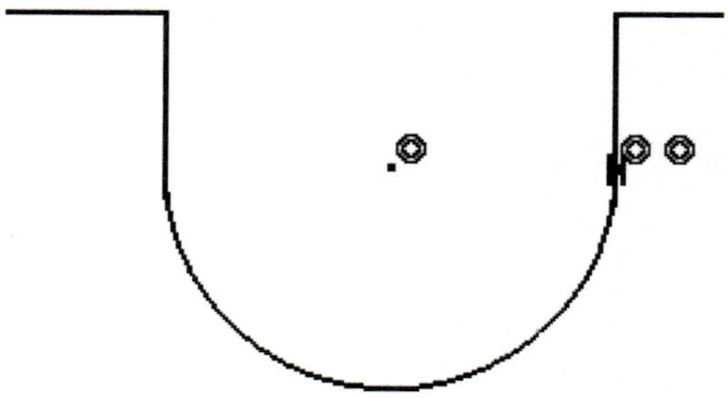

[25] 24번에 그린 그림의 우측에 아래 그림과 같이 15번을 참고하여 선을 그린다. 15번에서 설명한 바와 같이 이때 하늘색이나 주황색의 구속조건이 설정되도록 그리지 않게 주의하여야 한다. 화면을 어느 정도 크게 확대해서 주변의 스케치가 안 보이게 하는 것도 한 방법이다.

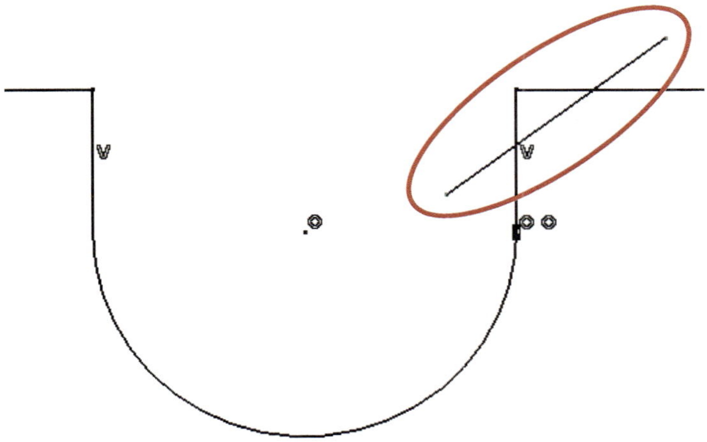

[26] 18번을 참고해서 Quick Trim을 사용하여 25번의 그림을 우측 아래와 같이 만든다.

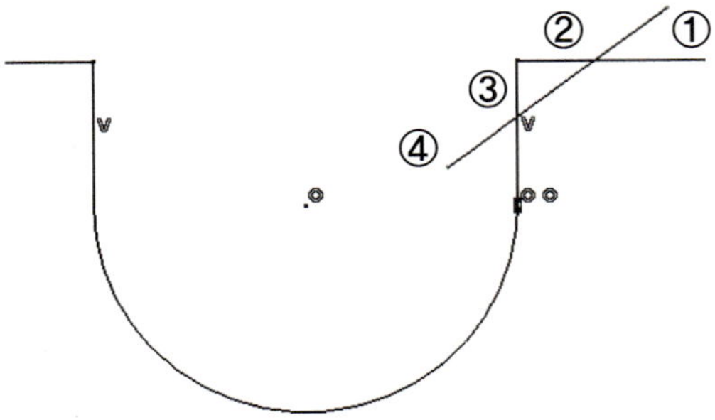

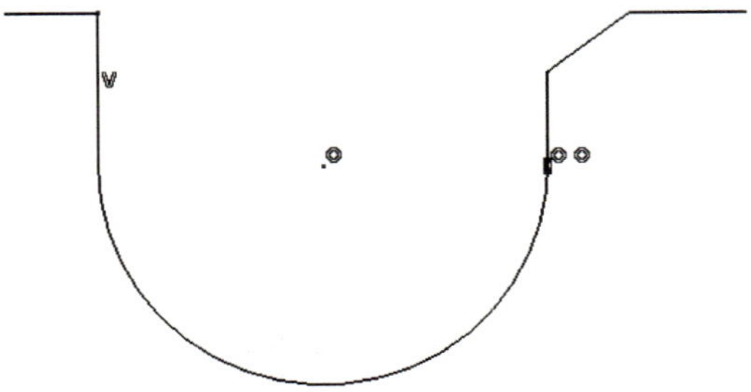

[27] 11번과 16번 및 19번을 참고하여 공개도면의 치수와 같이 스케치의 세 곳에 기입한다. 참고로 여기서 치수 7은 오른쪽 선과 모서리를 클릭하여 치수를 생성하고 치수 2는 오른쪽 선만 클릭하면 된다. 치수 6은 왼쪽 선을 클릭하면 생성된다. 치수가 생성되면 그 생성된 숫자를 더블 클릭하면 치수 숫자를 수정할 수 있다.

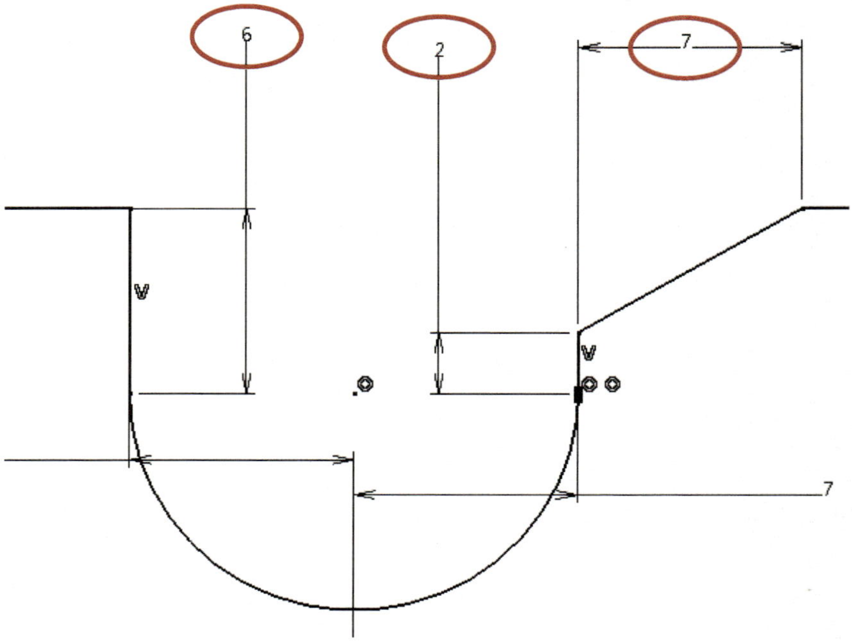

[28] 21번에서 27번까지를 참고하여 도형의 좌측에 다음과 같이 스케치를 만든다.

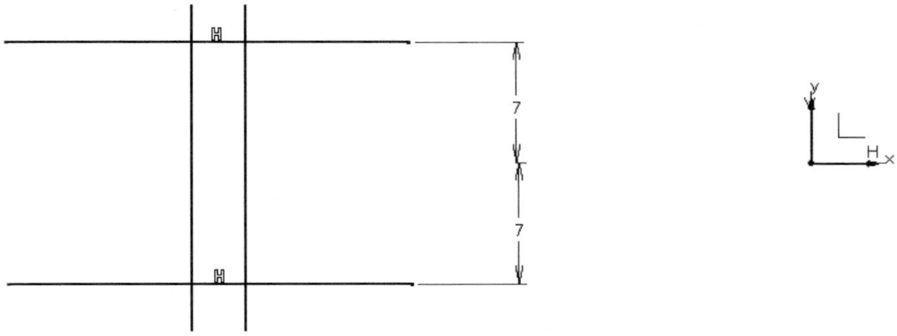
7
7

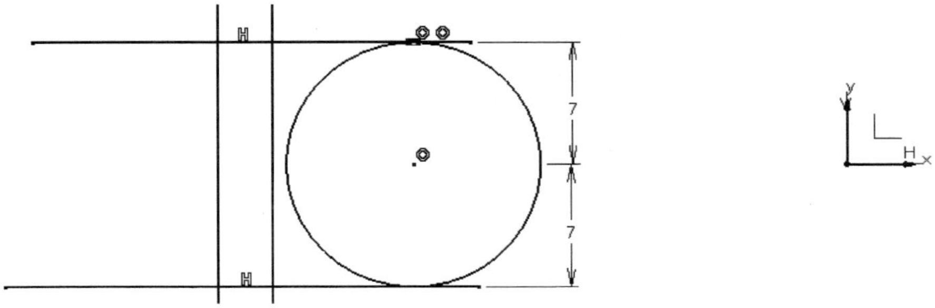
7
7

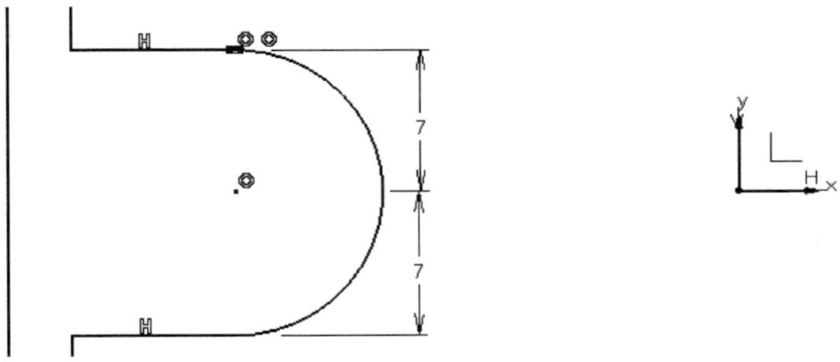
7
7

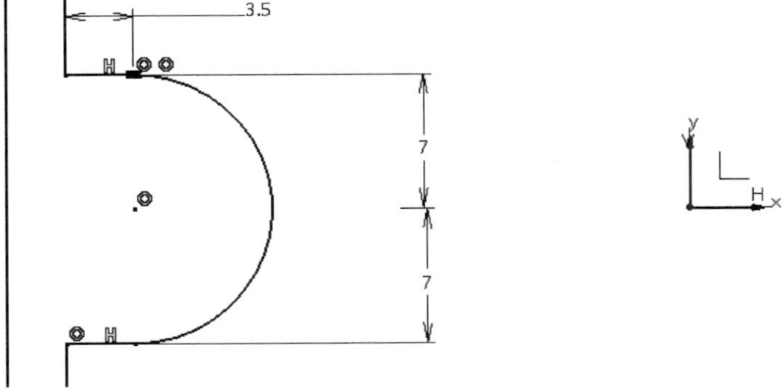
3.5
7
7

[29] 좌측 아래에 23번을 참고하여 원을 생성하고, 11번과 16번을 참고하여 아래와 같이 치수조건을 준다.

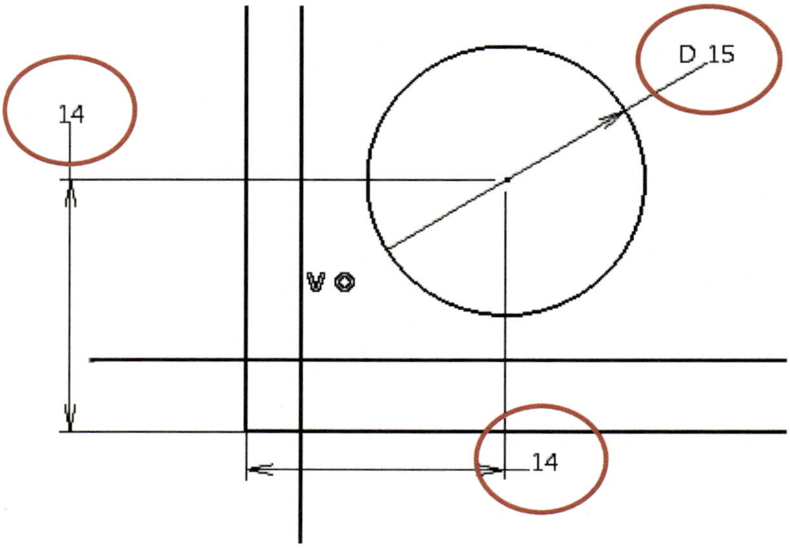

[30] 29번에서 생성한 원의 중심을 시작점으로 왼쪽과 아래로 수평선과 수직선을 그린다. 수평선과 수직선의 조건이 되면 두 번째 클릭을 하기 전에 선이 파란색이 되므로 쉽게 알 수 있다.

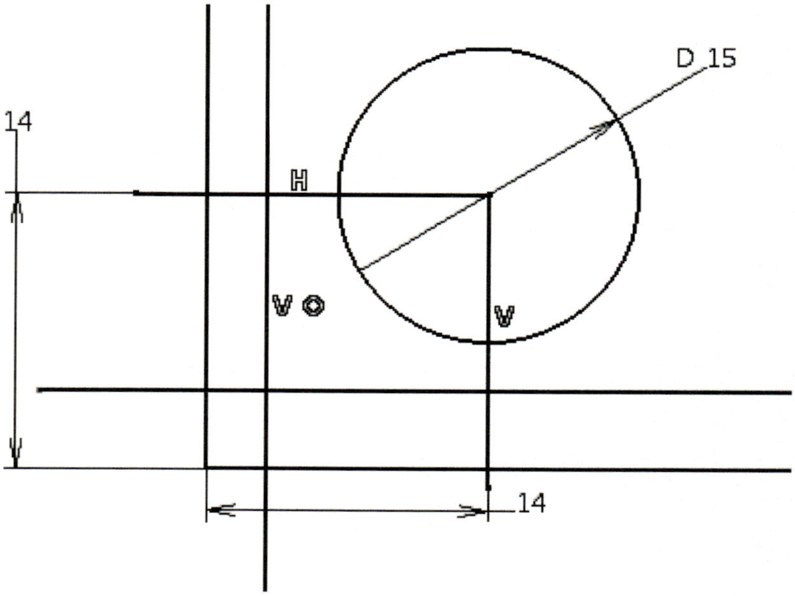

[31] 18번을 참고하여 Quick Trim을 사용하여 아래와 같이 만든다.

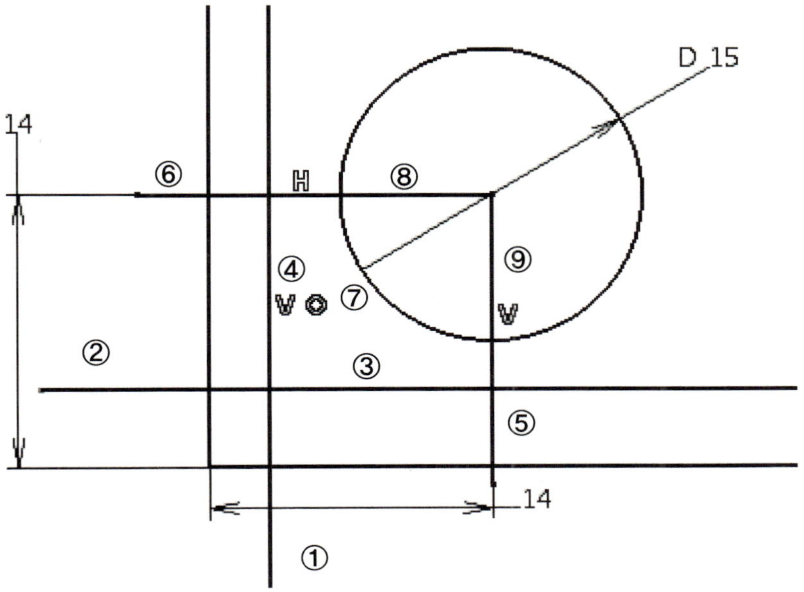

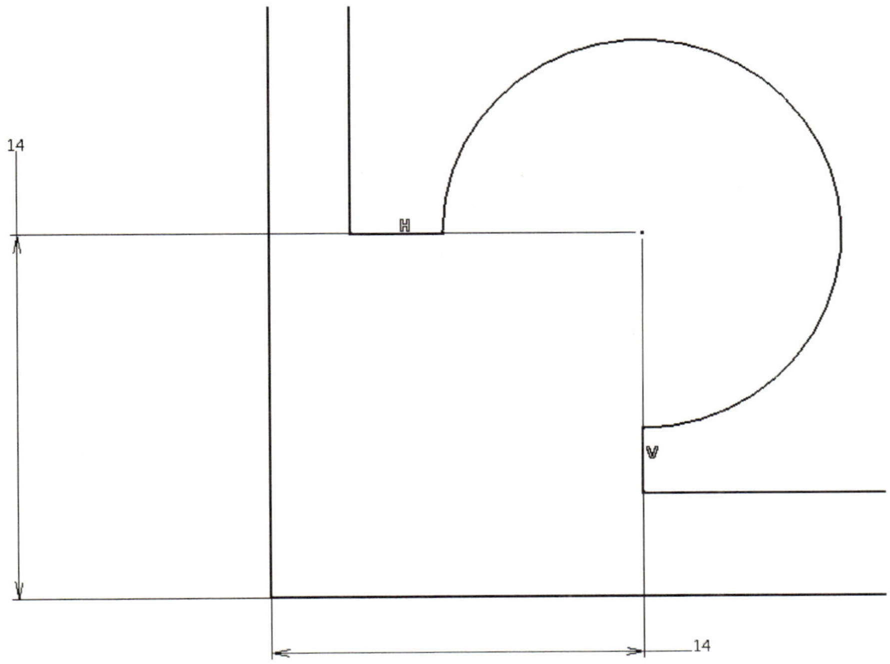

[32] 31번의 작업을 마치고 나면 30번의 작업에서 생성한 두 선의 구속조건 중의 일부가 사라져 흰색이 되어 있다. 원의 중심과 흰 선이 된 선들 중 하나를 Ctrl 키를 누르면서 선택하여 둘을 같이 선택한 다음 일치조건을 주는 방법도 있지만(메뉴 바의 Insert 〉 Constraint 〉 Constraint...에 들어가 Coincidence 선택) 여기서는 처음 하시는 분들을 위해 치수 값 14를 흰색 두 선에 기입하는 걸로 한다. 11번과 16번을 참고한다. 이때 다른 치수의 치수선을 클릭하면 치수선택이 안 되므로 다른 치수의 치수보조선이 어디에 있는지 자세히 확인해야 한다. 치수보조선도 녹색 선이므로 자세히 보면 금방 알 수 있으니 피해서 스케치나 도형 외곽을 클릭한다.

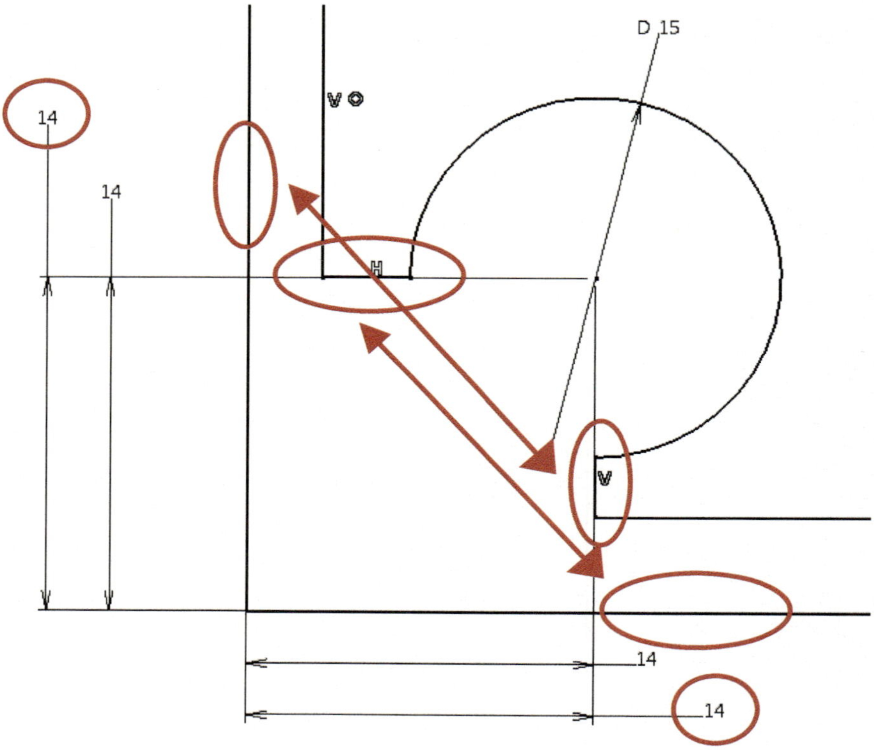

[33] 29번부터 32번까지를 참고하여 우측 아래에도 다음과 같이 스케치를 수정한다. 앞에서도 계속 언급했지만 스케치 작업을 할 때 쓸데없는 구속조건을 만들지 않도록 주의하여 스케치나 도형의 외곽 선택시 다른 치수의 치수보조선을 피해서 클릭해야 한다.

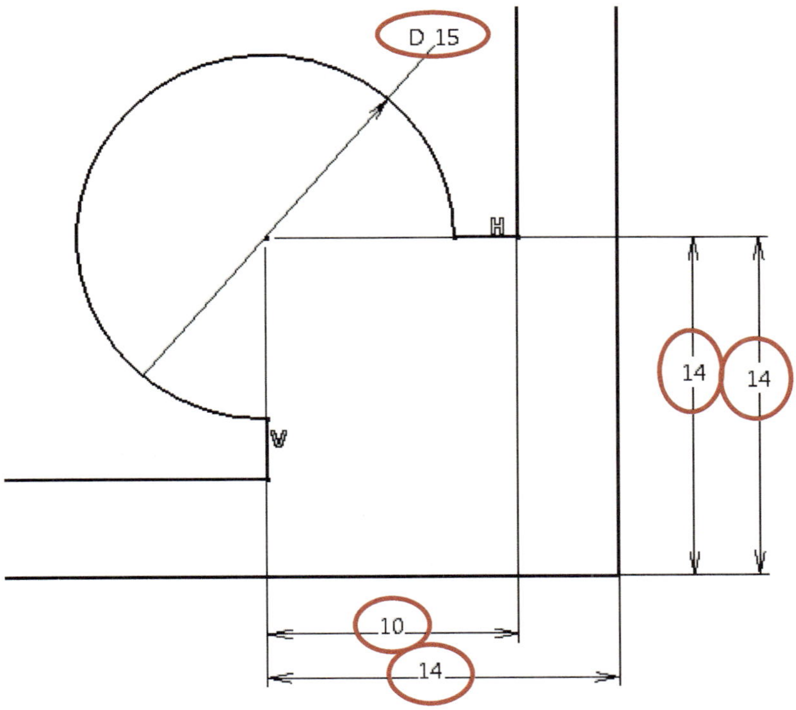

[34] 20번을 참고하여 메뉴 바의 **Insert 〉 Operation 〉 Corner**를 선택하거나 Operation 툴바의 Corner 아이콘을 사용하여 29번부터 33번까지 작업한 아래쪽 두 원호에 4군데 모깎기 작업을 한다. Corner 작업은 한 번 작업에 두 선을 선택해야 된다.

Corner 아이콘을 더블 클릭하고 아래와 같이 8번 클릭한다.

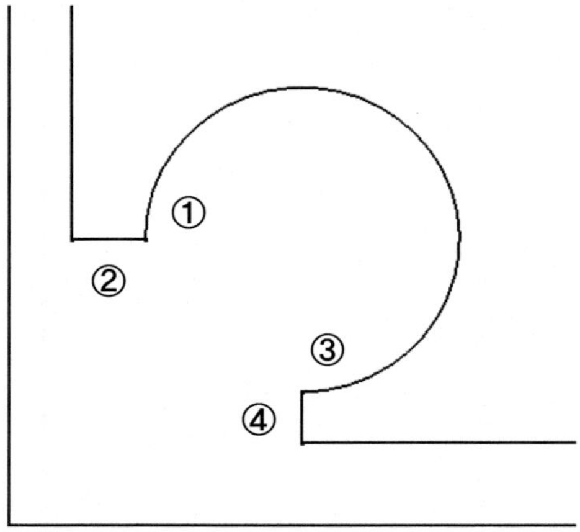

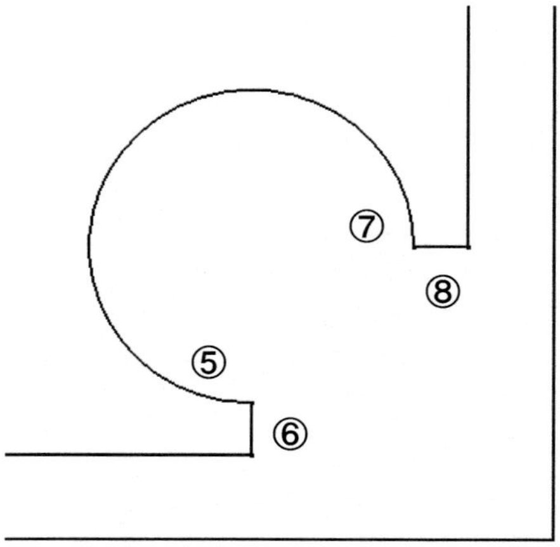

[35] 32번에서 생성된 4개의 모깎기에 생성된 치수를 도면의 값인 2로 맞추기 위해 더블 클릭하여 치수를 2로 변경한 뒤 아래와 같이 만든다.

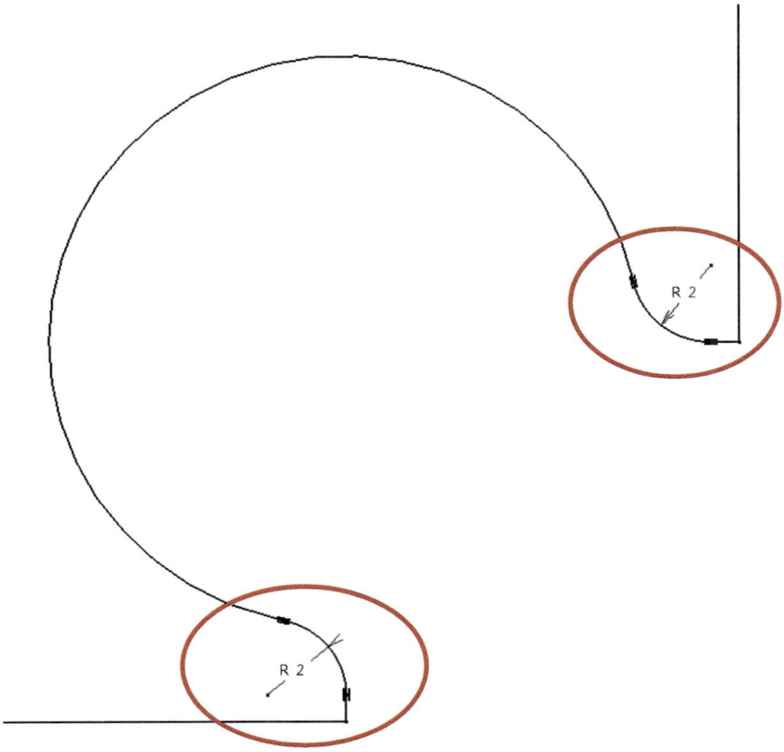

[36] 지금까지의 작업이 모두 끝났으면 스케치 화면에 생성된 선들이 구속조건이 들어간 초록색인지 확인한다. 만약 흰 선이 있으면 빠진 조건을 찾아 기입하고 이제 스케치 워크벤치에서 빠져 나간다. 12번과 동일한 작업이다.

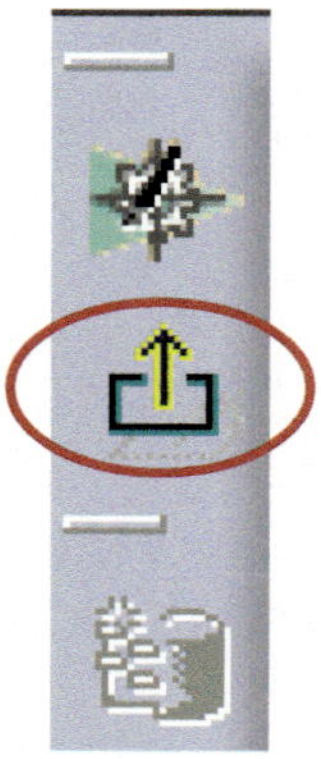

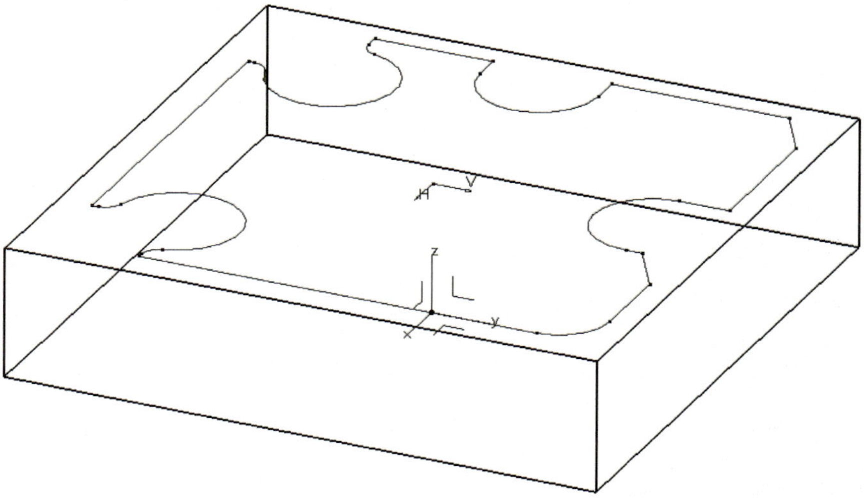

[37] 13번과 같이 메뉴 바의 **Insert 〉 Sketch-Based Features 〉 Pad**를 선택하거나 Pad 아이콘을 클릭한다. 이번에는 스케치가 선택되어 있지 않으므로 우선 앞에서 그린 스케치를 클릭해야 한다. Length에 **5**을 입력한다.

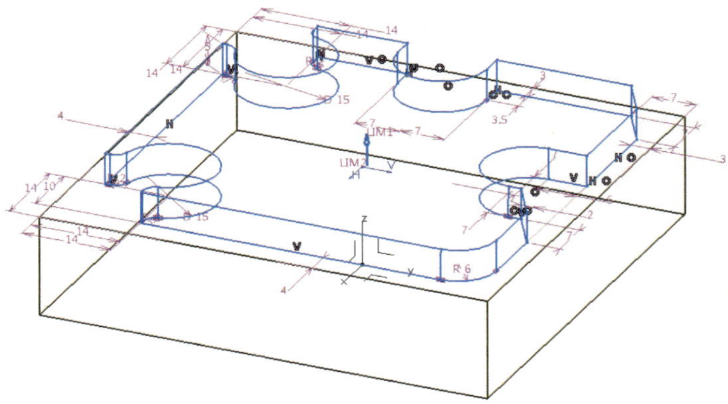

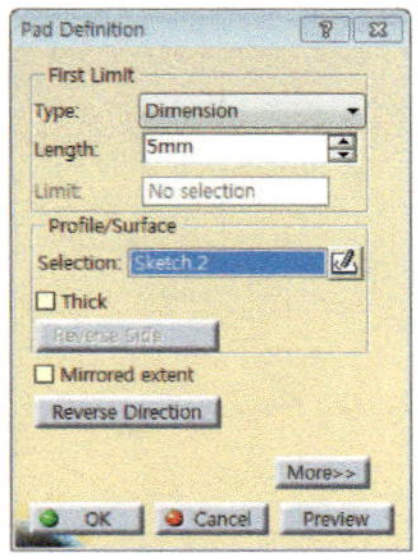

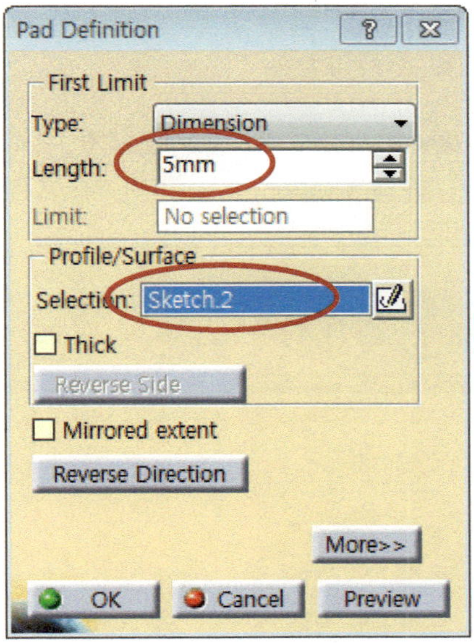

[38] 내부에 움푹 파인 포켓을 생성하기 위해 7번과 14번을 참고하여 스케치 아이콘을 클릭하고 35번에서 생성한 도형의 윗면을 클릭한다.

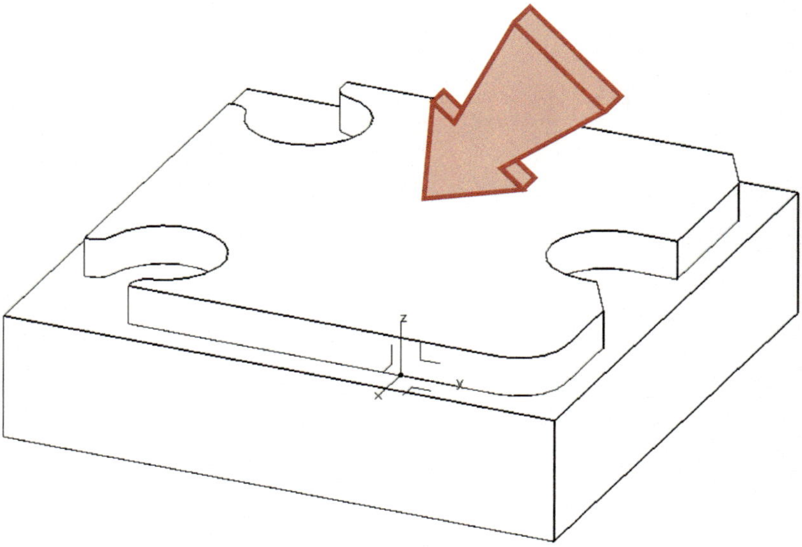

[39] 9번을 참고하여 Rectangle을 선택하고 아래와 같이 그린다. 원하지 않는 구속조건이 생기지 않도록 주황색과 파란색 선을 항상 피해야 한다.

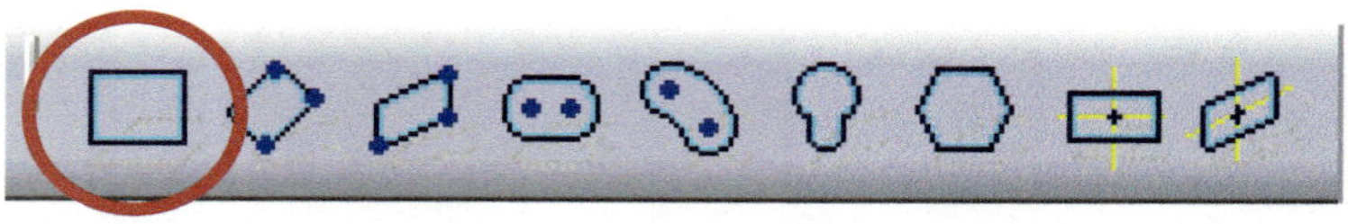

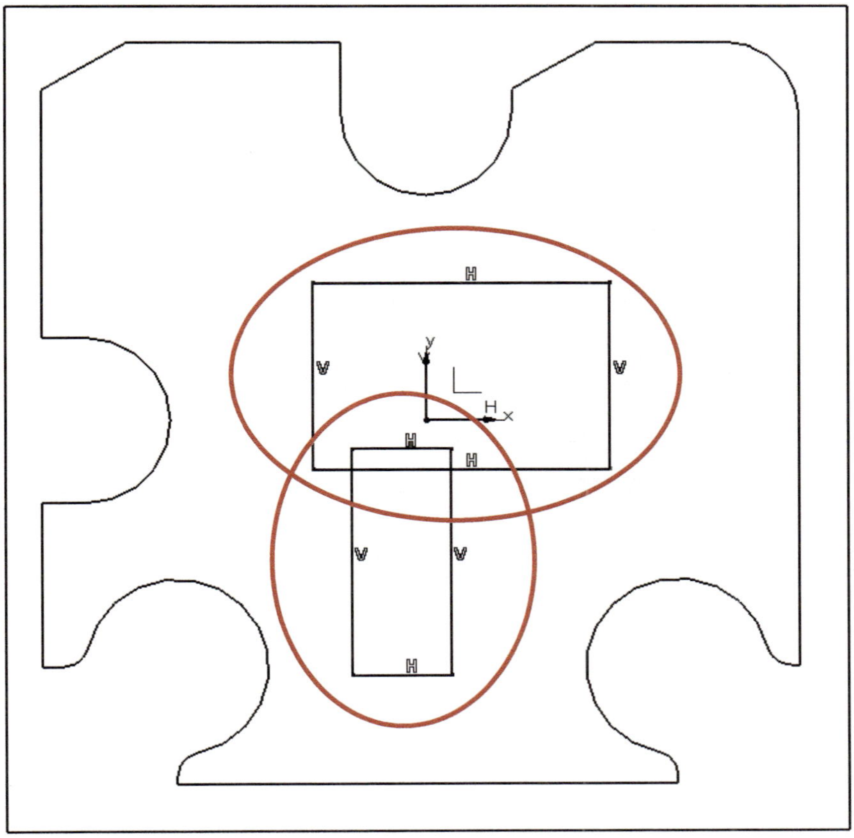
H
V
V
y
H
x
H
H
V
V
H

[40] 18번을 참고해서 Quick Trim을 사용하여 5군데의 선을 삭제한다.

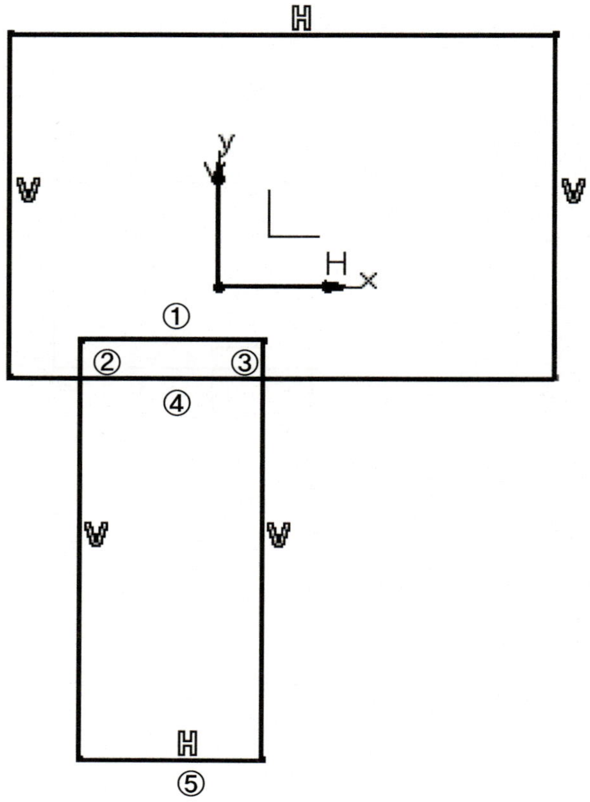

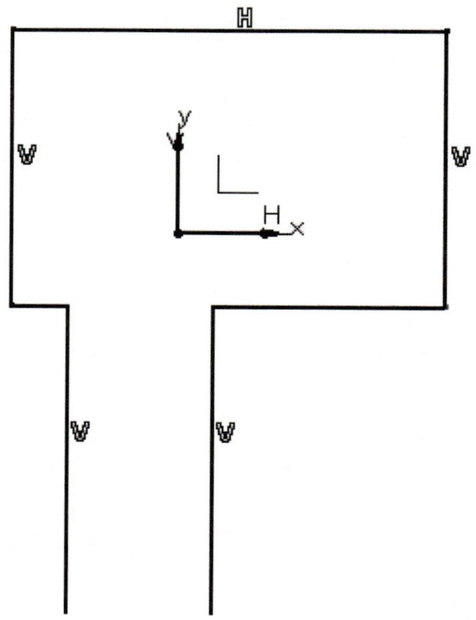

[41] 11번과 16번을 참고하여 공개도면에 있는 치수를 아래와 같이 기입한다. 치수가 기입되기 전의 하얀색 선은 마우스 왼쪽 버튼으로 클릭한 상태로 움직이면 이동이 가능하므로 필요하면 사용하여 아래의 그림과 같이 치수가 기입될 수 있는 위치로 옮긴다.

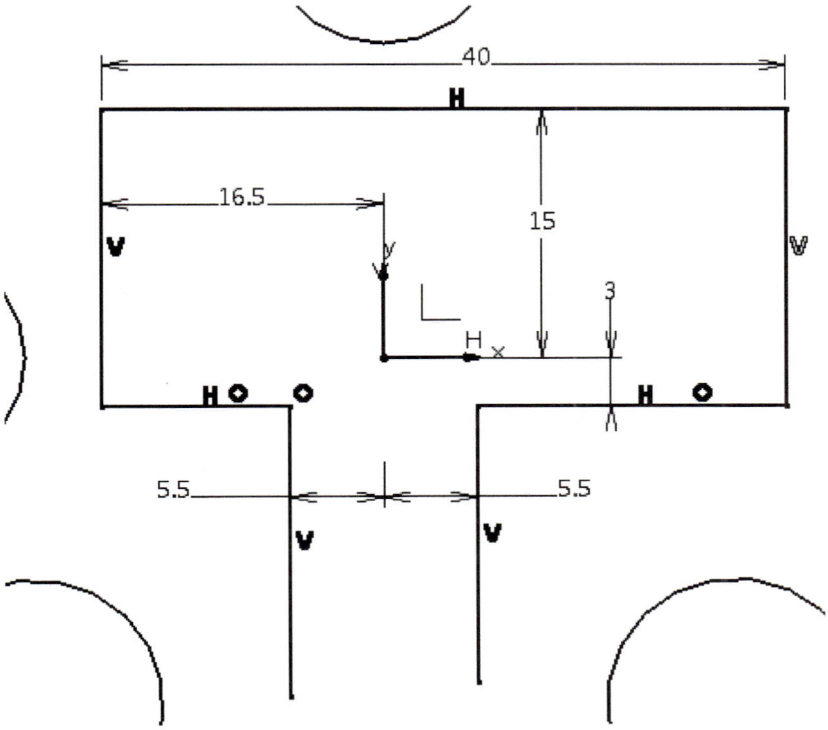

[42] 도면의 3-R6의 둥근 모서리 작업을 위해 아래 그림의 R6이 있는 세 군데에 34번을 참고하여 Corner 아이콘을 사용한다. 사용 중에 경고창이 나오는데 **예(Yes)**를 누르면 된다. 생성되는 치수는 6과는 다른 값이고 이 치수를 더블 클릭하면 수정할 수 있다. 이렇게 6으로 변경하는 과정을 3번 한다.

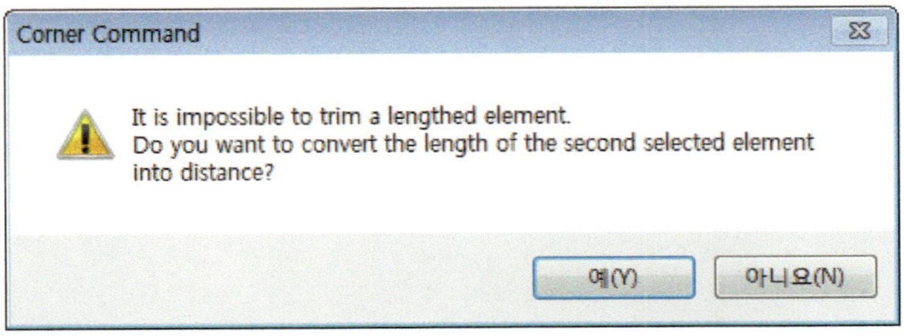

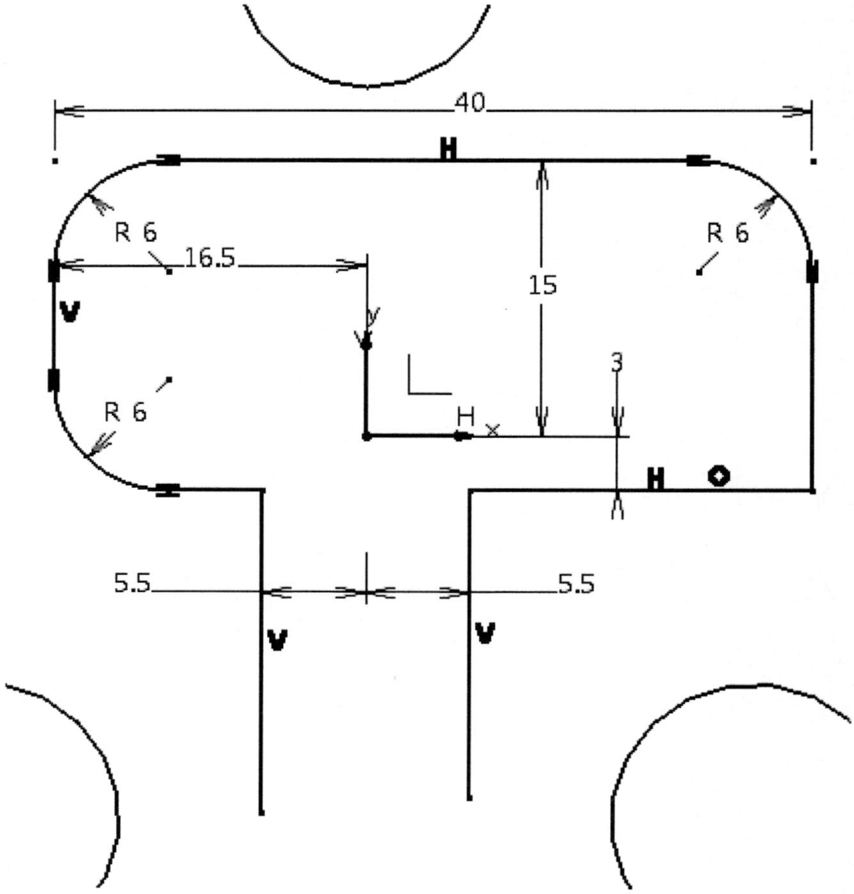
40
H
R 6
16.5
R 6
V
15
3
R 6
H
H
5.5
5.5
V
V

[43] 15번을 참고하여 우측 아래에 수직선을 그리고 11번과 16번을 참고해서 Quick Trim을 사용하여 아래 그림처럼 우측 아래 선을 자른다.

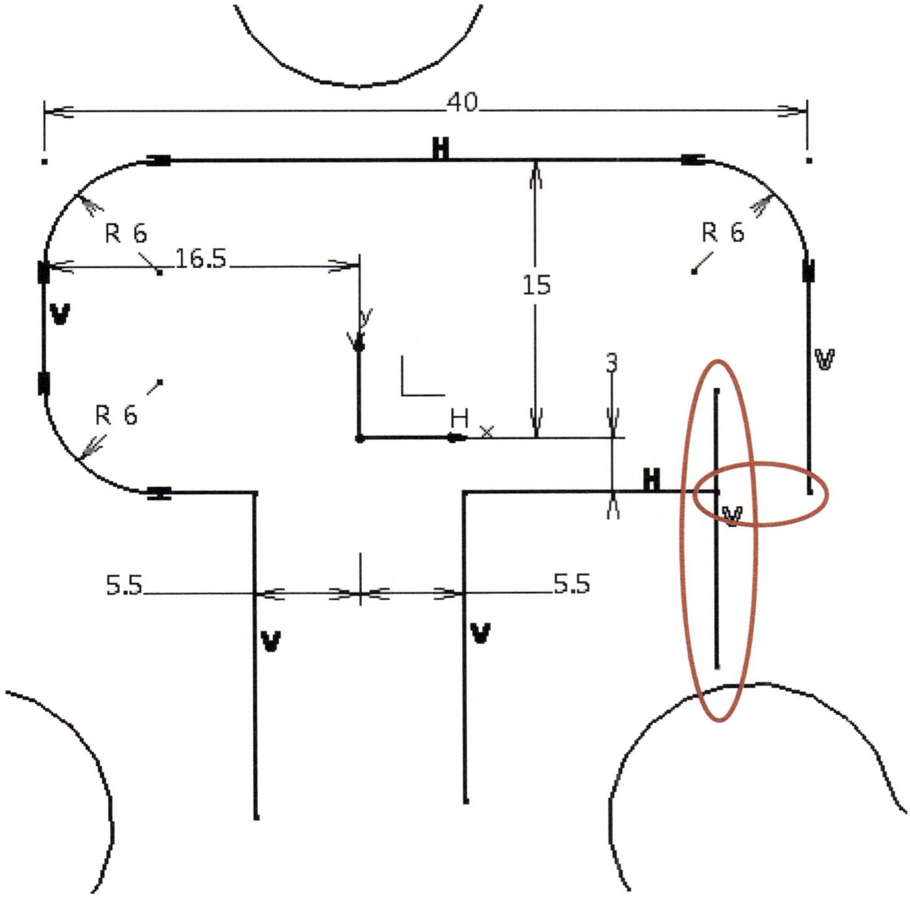

[44] 41번에서 자른 곳의 오른쪽 선을 밑으로 늘리기 위해 아래 그림에 표시된 선 끝의 점을 클릭하여 밑으로 내린다.

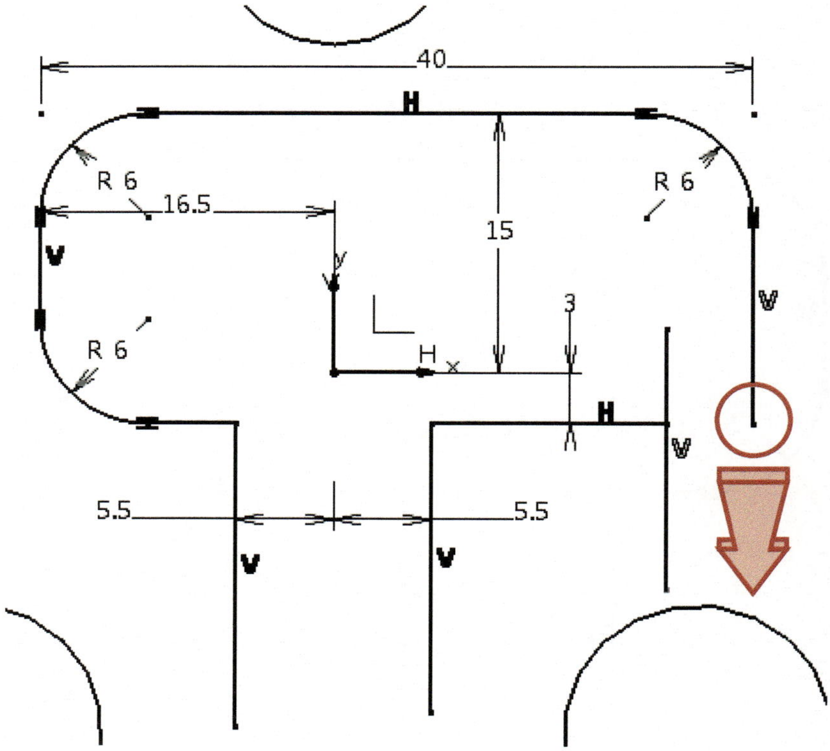

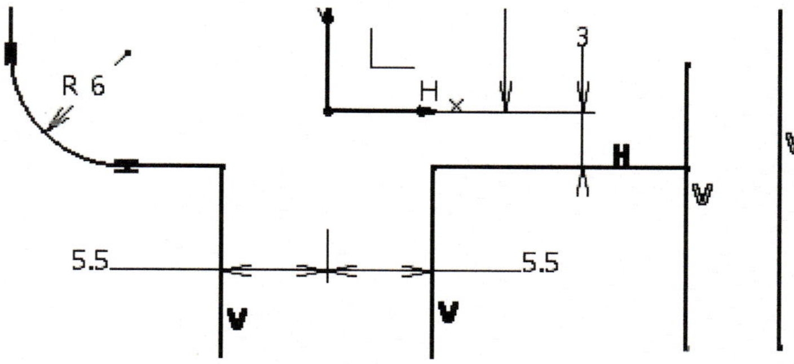

[45] 41번에서 생성한 수직선과 42번에서 내린 선 사이에 공개도면의 R5.5를 넣기 위해 34번을 참고하여 Corner 아이콘을 클릭하고 이 두 선을 클릭한다. 그러면 둥근 원호가 나오는데 아래 또는 위로 움직이다 보면 공개도면과 같은 원호방향이 나온다. 이때 클릭하여 명령을 종료한다. 그리고 R값을 공개도면에 있는 5.5로 R값 치수를 더블 클릭하여 수정한다. 23번과 27번에서도 지금과 같은 방법으로 호를 생성할 수도 있다.

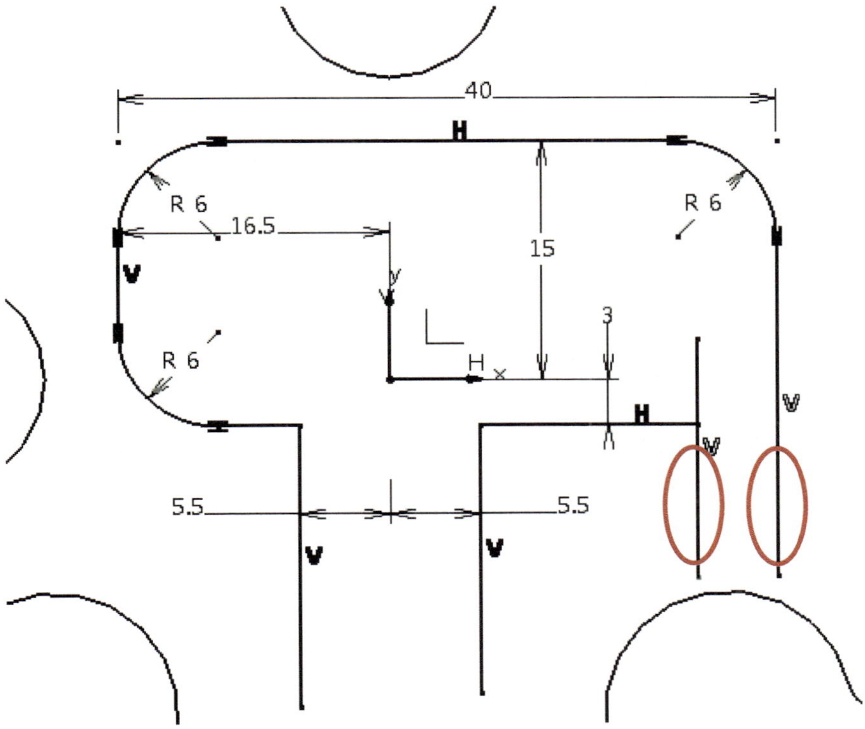

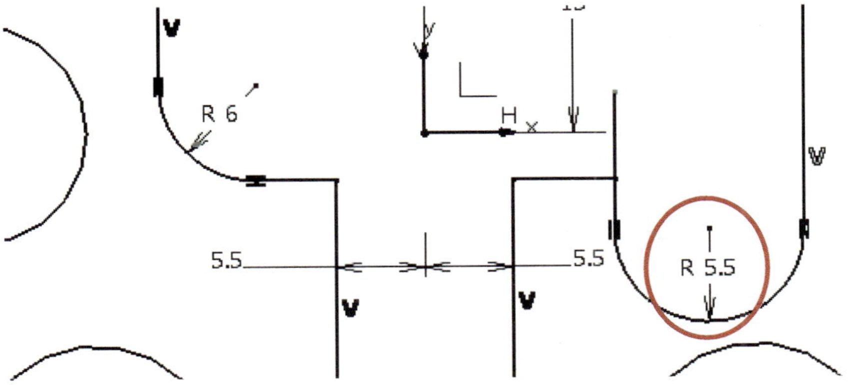

[46] 11번과 16번을 참고하여 Quick Trim을 사용하여 아래 그림처럼 우측 아래 선을 자른다.

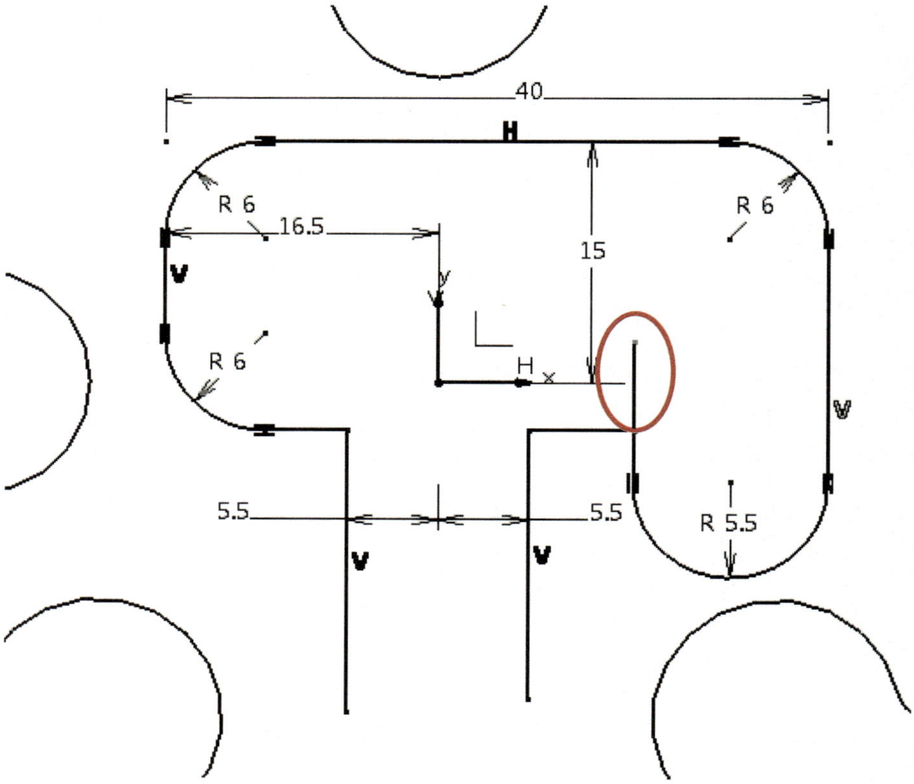

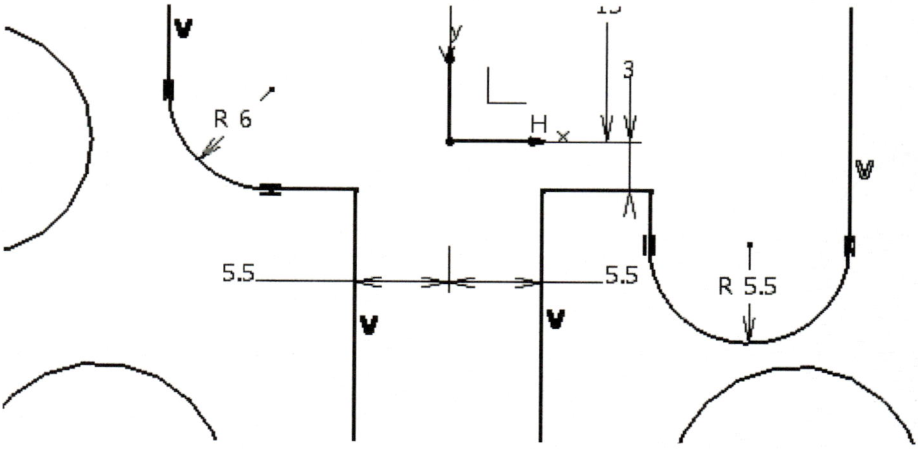

[47] 공개도면의 폭 11인 곳에도 43번을 참고하여 호를 생성한다. 이때 과구속(분홍색)이 발생한다. 이를 해결하기 위해서는 과도한 구속을 일으키는 분홍색 치수 중 일정 부분을 지워야 한다. 여기서는 5.5 치수 중 오른쪽 치수를 클릭하고 Delete 키(Delete)를 눌러 지웠다.

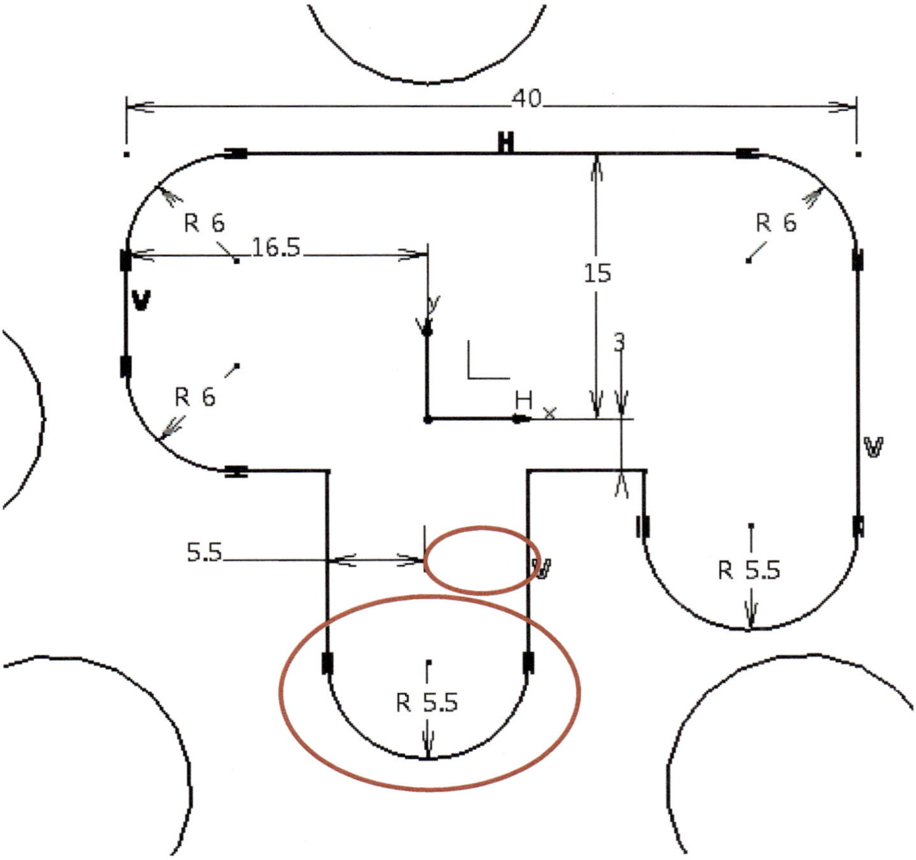

[48] 공개도면의 치수 3과 21을 넣어준다. 치수 3은 선과 원호가 시작되는 점 사이의 거리이고 21은 X축과 R 5.5 원호가 시작되는 점 사이의 거리이다.

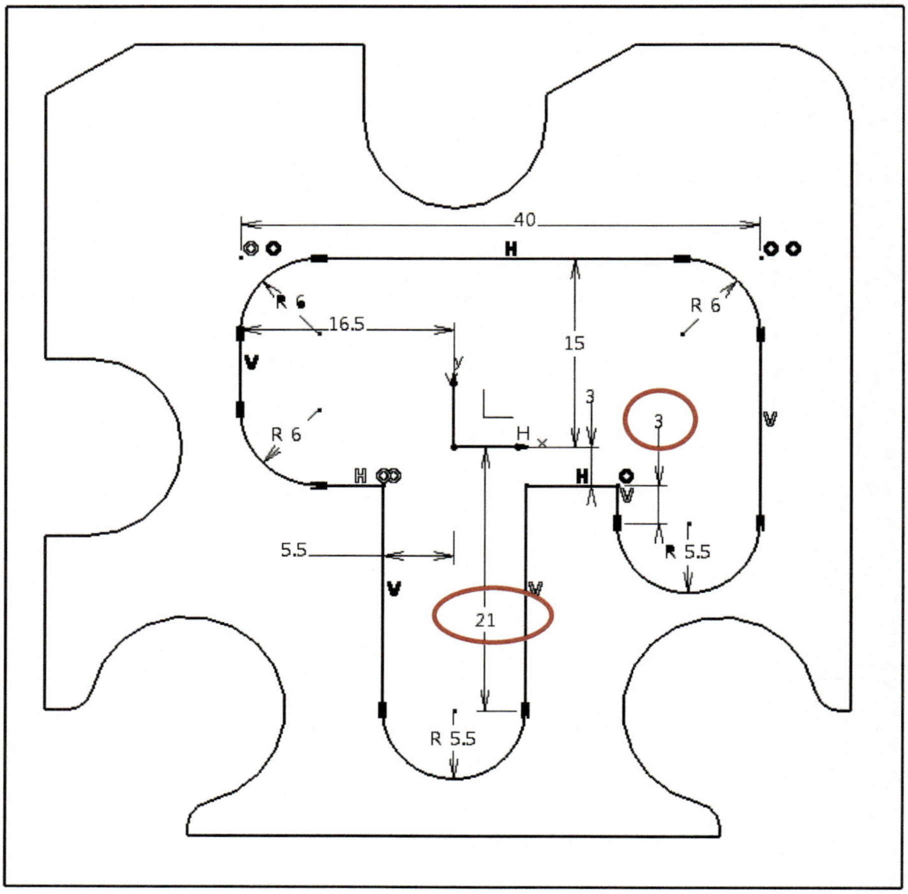

[49] 34번을 참고하여 Corner 아이콘을 클릭하고 R2인 두 곳의 둥근 모서리를 만든다. 이로서 스케치가 마무리되었으며 모든 선이 초록색으로 되어 구속조건이 걸려있다. 아직 하얀 선이 있으면 앞에서 같이 한 과정을 살펴보면서 적절한 구속조건을 넣어준다.

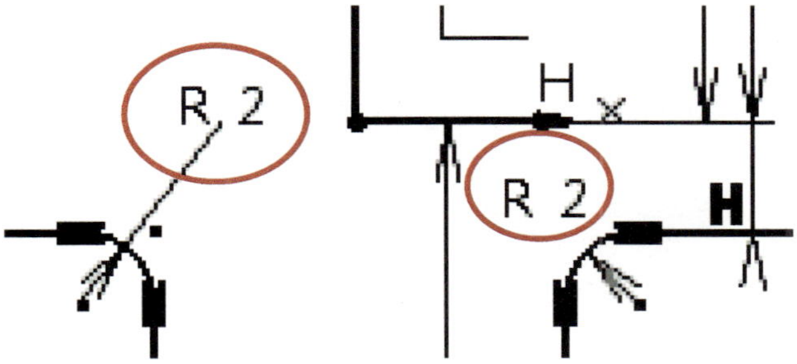

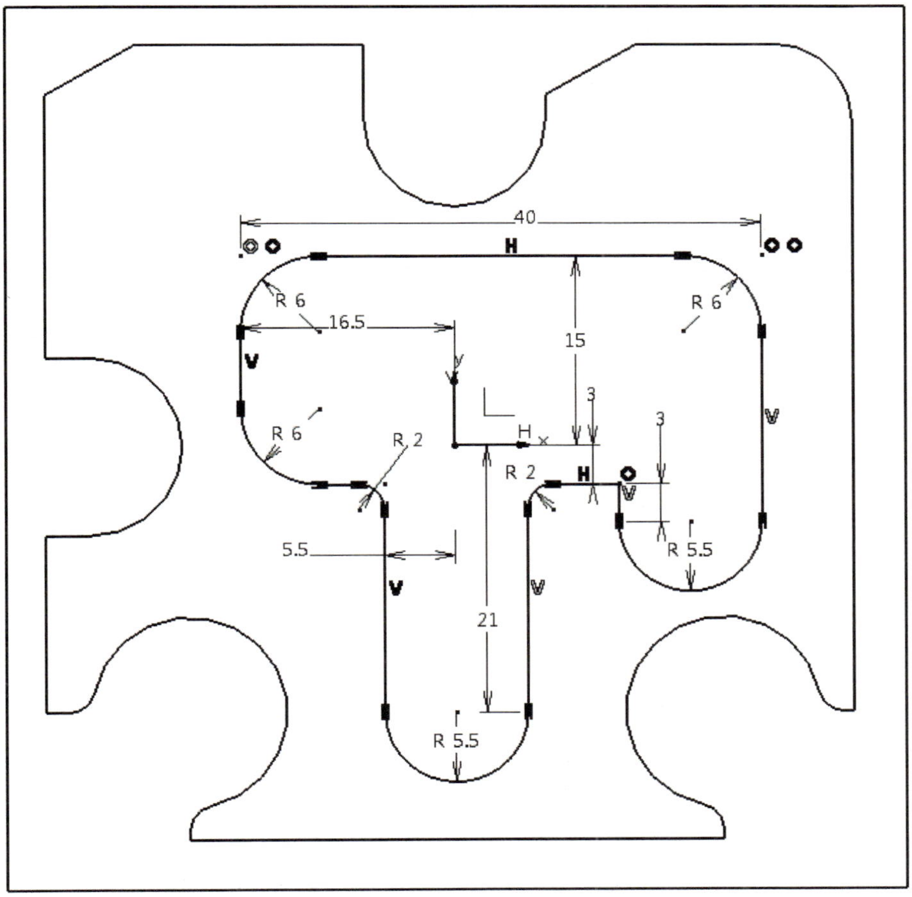

[50] 지금까지의 작업이 모두 끝났으면 스케치 화면에 생성된 선들이 구속조건이 들어간 초록색인지 확인한다. 만약 흰 선이 있으면 빠진 조건을 찾아 기입하고 이제 스케치 워크벤치에서 빠져 나간다. 12번 및 34번과 동일한 작업이다.

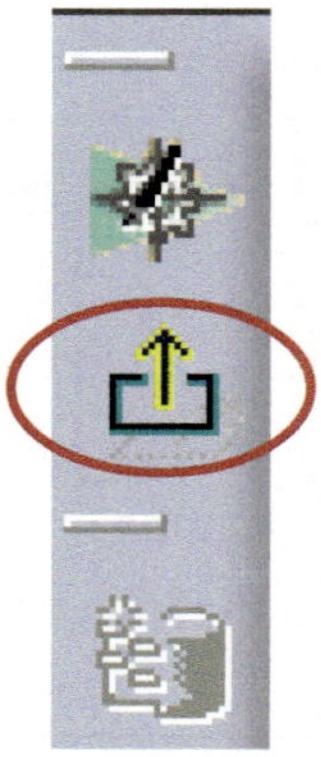

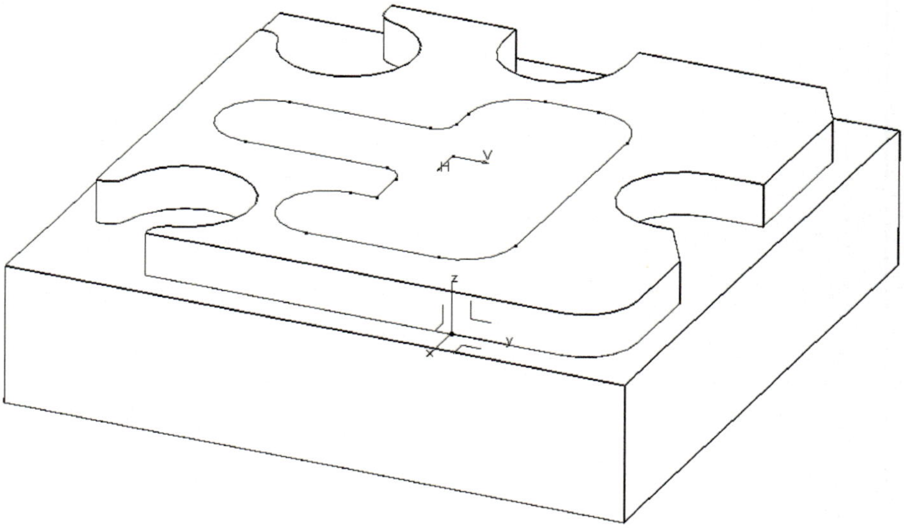

[51] 메뉴 바의 **Insert 〉 Sketch-Based Features 〉 Pocket**을 선택하거나 Sketch-Based Features 툴바의 Pocket 아이콘을 클릭하고 앞에서 그린 스케치가 선택되어 있는지 확인한다. 안 되어 있으면 스케치를 클릭한 다음 Length에 **4**을 입력하고 **OK**를 클릭한다.

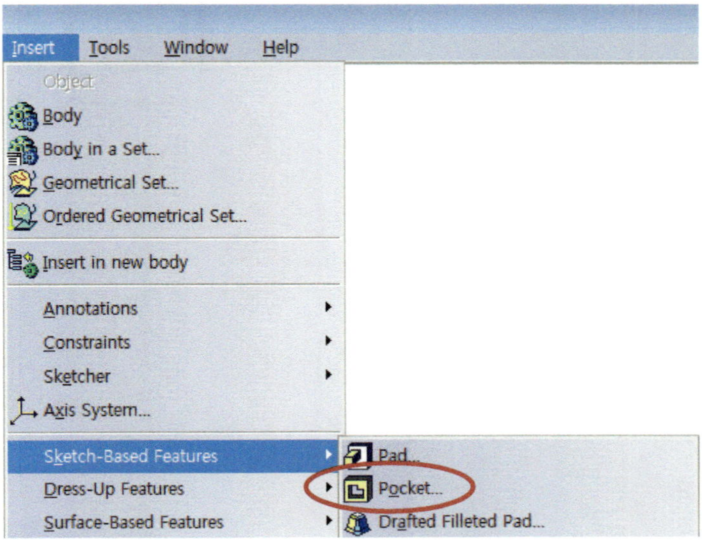

또는

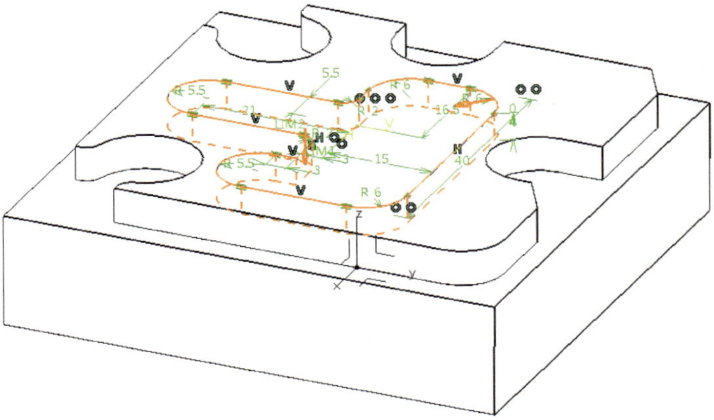

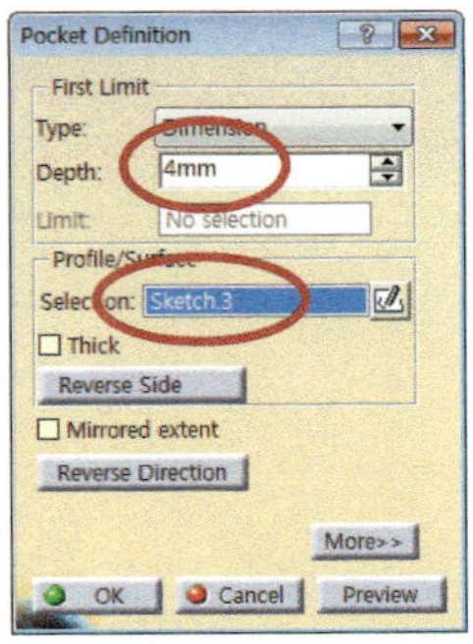

[52] 직경 8의 드릴구멍을 뚫기 위해 7번과 14번을 참고하여 생성한 도형의 윗면을 메뉴 바의 **Insert 〉 Sketcher 〉 Sketch**를 선택하거나 Sketch 아이콘( )을 누른다.

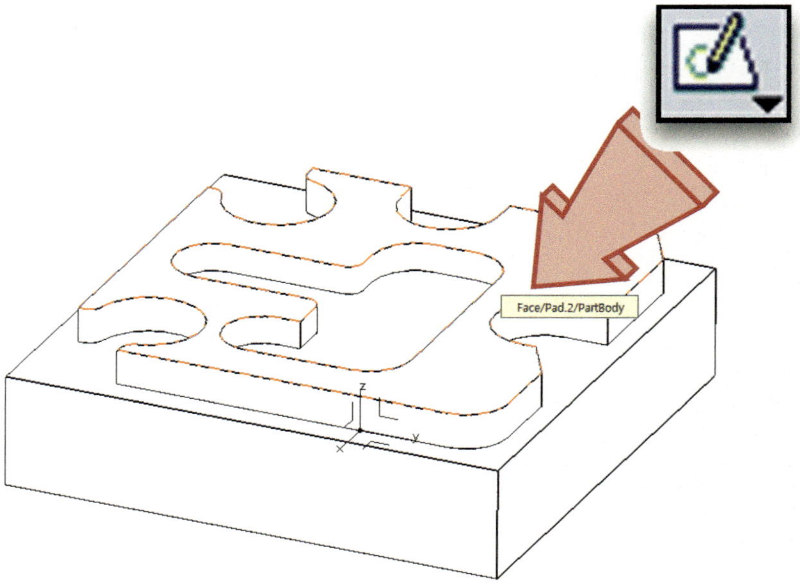

[53] 23번을 참고하여 메뉴 바의 **Insert 〉 Profile 〉 Circle 〉 Circle**을 선택하거나 Profile 툴바의 Circle 아이콘을 클릭한다. 두 번을 클릭해야 원이 만들어진다. 첫 번째로 원의 중심을 클릭해야 하는데 화면의 원점(X축과 Y축이 만나는 곳)을 선택하고 두 번째 클릭은 임의의 적절한 위치에 잡는다.

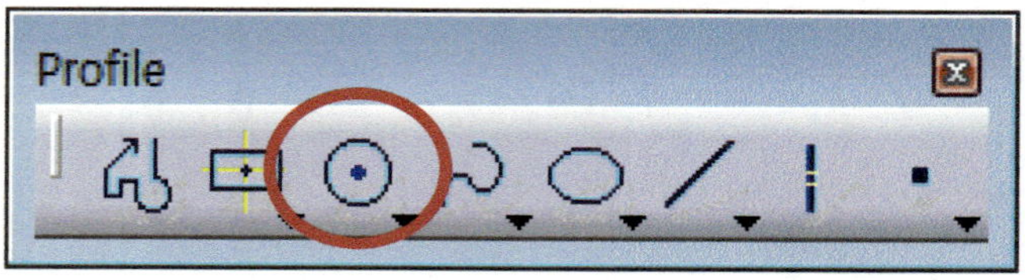

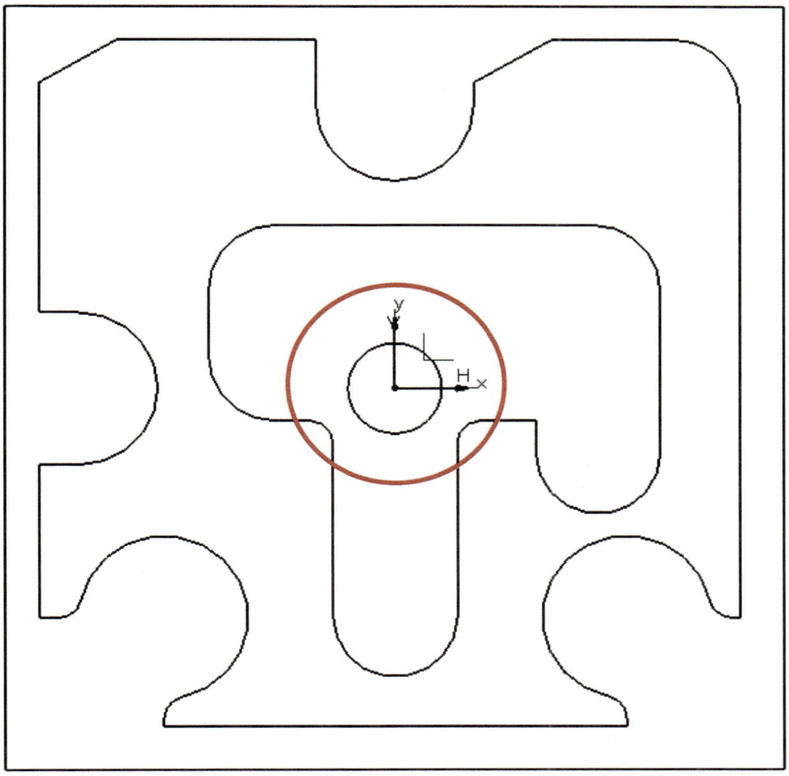
y
H
x

[54] 16번을 참고하여 메뉴 바의 **Insert 〉 Constraint 〉 Constraint Creation 〉 Constraint**를 선택하거나 Constraint 툴바의 Constraint 아이콘을 클릭하고 다음과 같이 치수를 기입한다. 생성한 치수를 **8**로 바꾸려면 해당 치수를 더블 클릭한다.

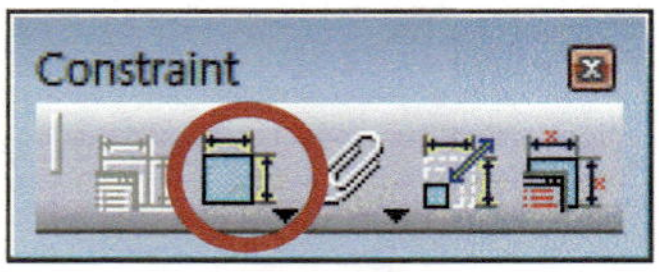

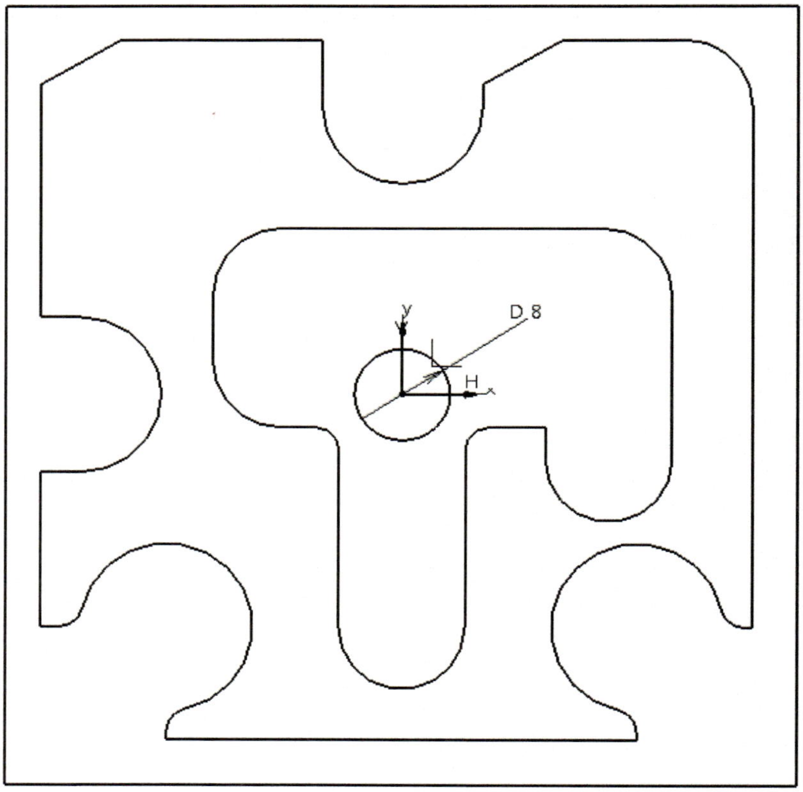

[55] 이제 스케치 워크벤치에서 빠져 나간다.

[56] 메뉴 바의 **Insert 〉 Sketch-Based Features 〉 Pocket**을 선택하거나 Sketch-Based Features 툴바의 Pocket 아이콘을 클릭하고 앞에서 그린 스케치가 선택되어 있는지 확인한다. 안 되어 있으면 스케치를 클릭한 다음 Type:의 [Dimension ▼]이라고 되어있는 부분을 클릭하여 [Up to last ▼]로 변경하고 **OK**를 클릭한다.

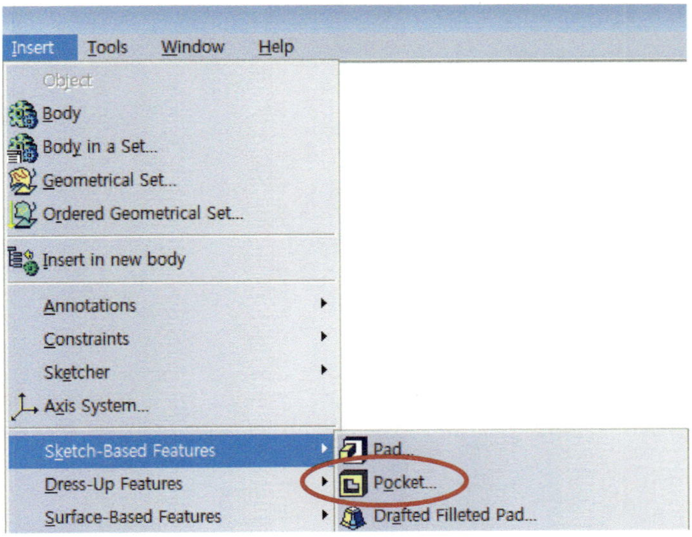

또는

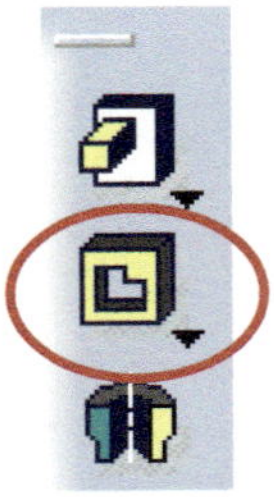

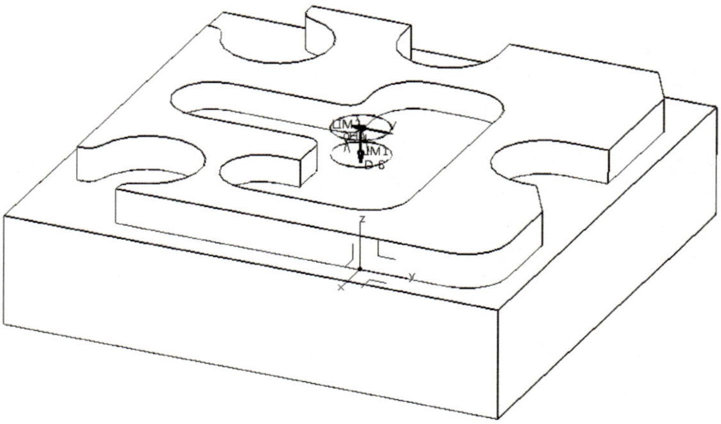

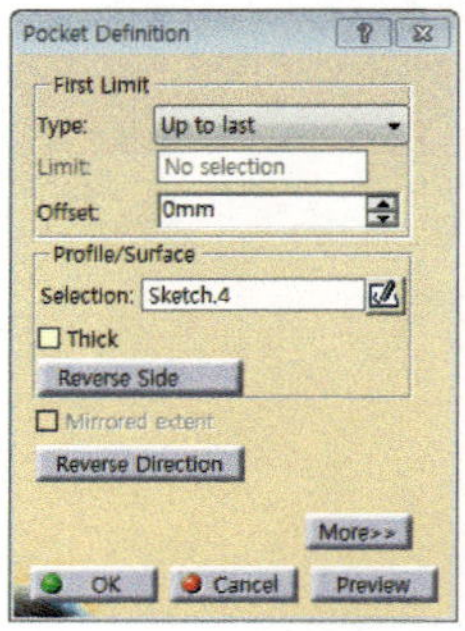
Pocket Definition
First Limit
Type: Up to last
Limit: No selection
Offset: 0mm
Profile/Surface
Selection: Sketch.4
Thick
Reverse Side
Mirrored extent
Reverse Direction
More>>
OK
Cancel
Preview

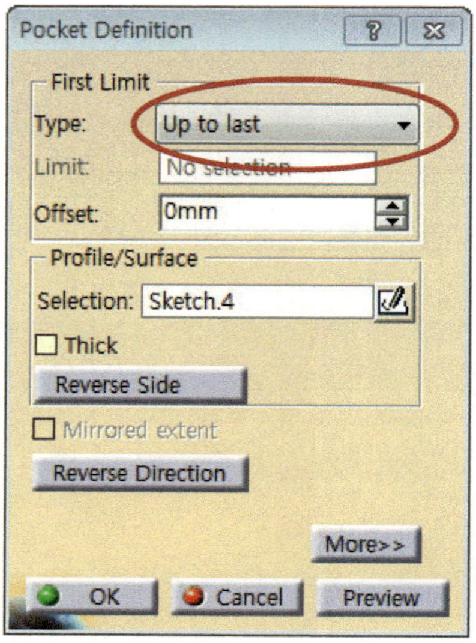
Pocket Definition
First Limit
Type: Up to last
Limit: No selection
Offset: 0mm
Profile/Surface
Selection: Sketch.4
Thick
Reverse Side
Mirrored extent
Reverse Direction
More>>
OK
Cancel
Preview

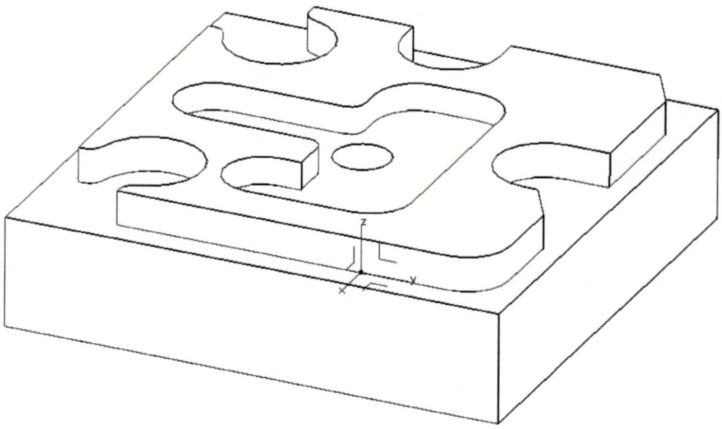

[57] 마지막으로 Menu Bar(메뉴 바)의 **File 〉 Save** 또는 Standard 툴바의 Save 버튼을 누르거나 **Ctrl + S**를 입력하면 Save 창이 생성된다. 참고로 처음으로 Save(파일 저장)을 하면 파일명과 파일위치를 선택할 수 있게 Save As가 나온다. 원하는 곳에 폴더를 만들고 파일을 저장한다. 여기서는 예시로 바탕화면에 GN-01이라는 폴더를 만들고 GN-01이라는 CATIA파트 파일(확장자가 CATPart)을 만들어 저장하였다.

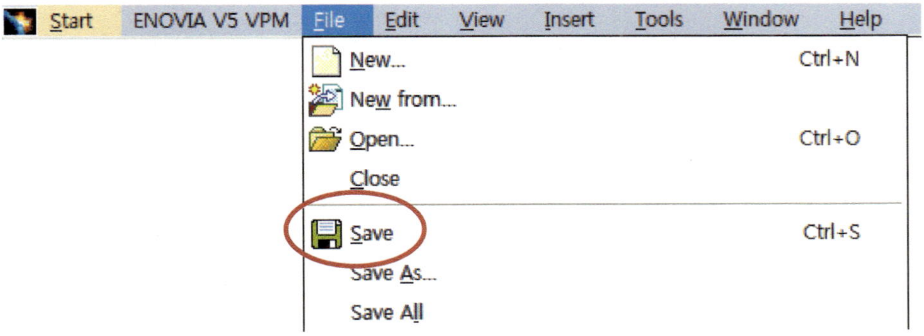

또는

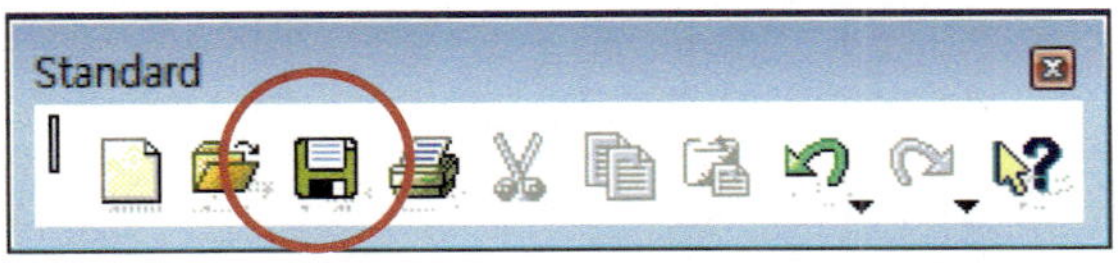

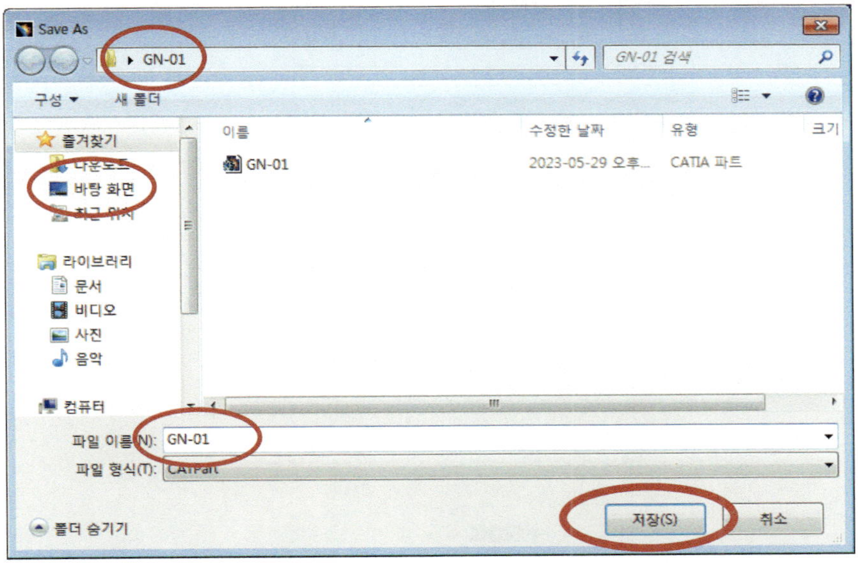

STEP 04

머시닝센터 2.5D 모델링 공개도면 (기능사 1~30번)

[공개]

①

4. 도 면(머시닝센터가공)

자격종목	컴퓨터응용밀링기능사	과제명	밀링가공작업	척도	N S

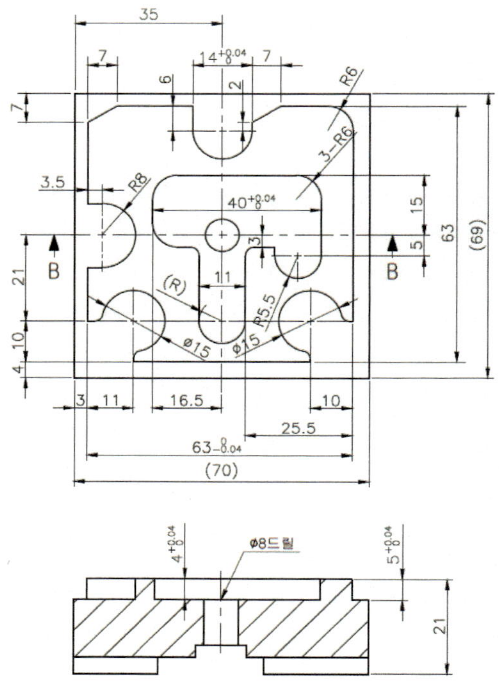

단면 B-B

※도시되고 지시없는 R은 R2

HRDK 6 − 6

[공개]

②

4. 도 면(머시닝센터가공)

자격종목	컴퓨터응용밀링기능사	과제명	밀링가공작업	척도	N S

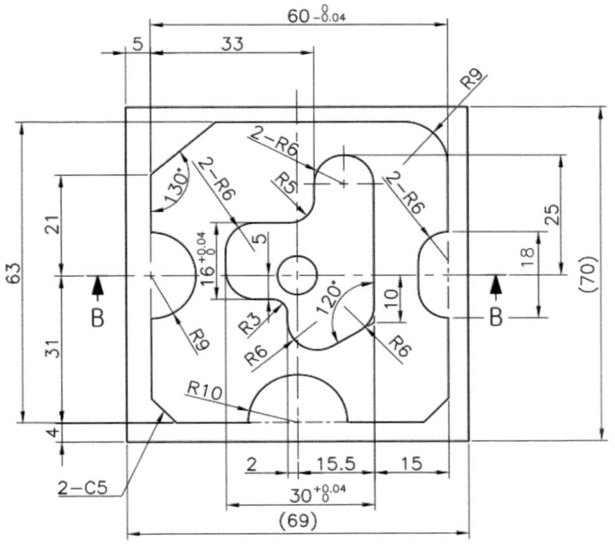

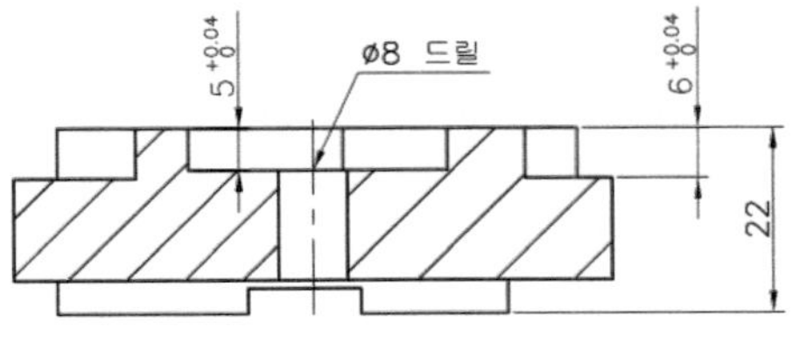

단면 B-B

HRDK 6 - 6

[공개]

③

4. 도 면(머시닝센터가공)

자격종목	컴퓨터응용밀링기능사	과제명	밀링가공작업	척도	N S

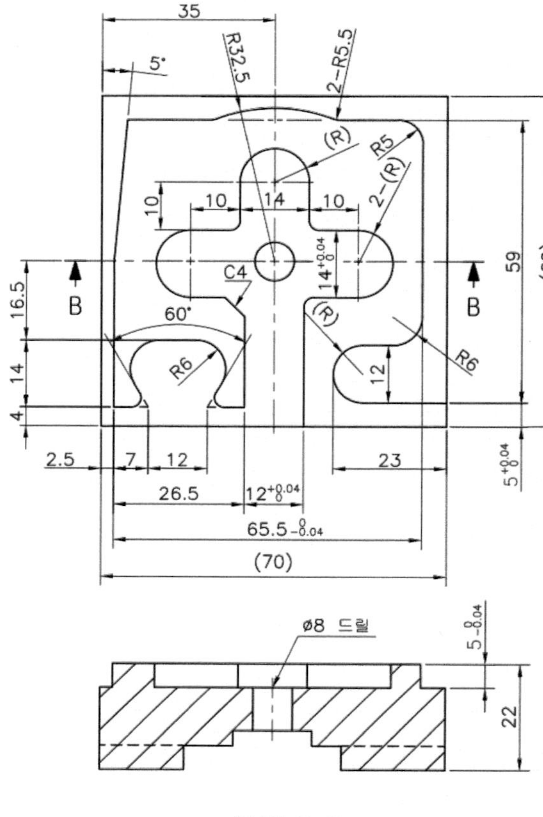

단면 B-B

※도시되고 지시없는 R은 R2

HRDK 6 – 6

[공개]

4. 도 면(머시닝센터가공)

④

자격종목	컴퓨터응용밀링기능사	과제명	밀링가공작업	척도	N S

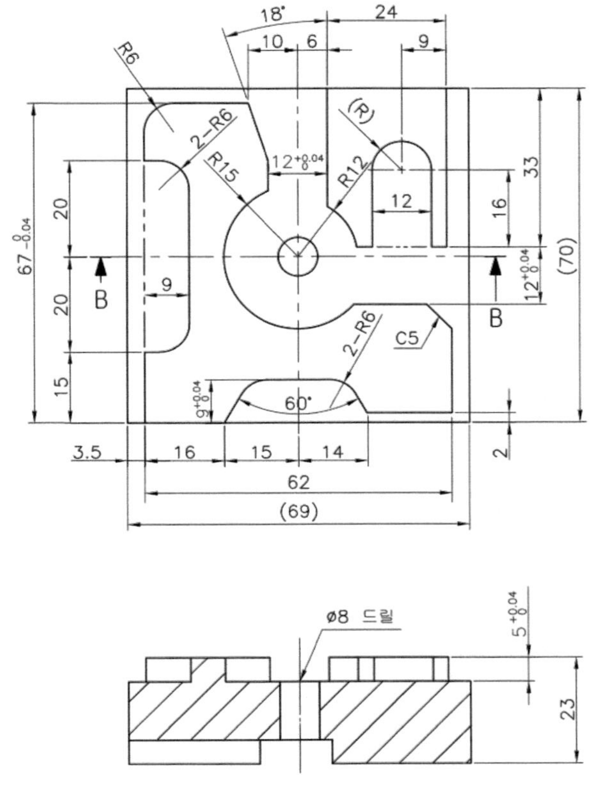

단면 B-B

HRDK 6 - 6

[공개]

5

4. 도 면(머시닝센터가공)

자격종목	컴퓨터응용밀링기능사	과제명	밀링가공작업	척도	N S

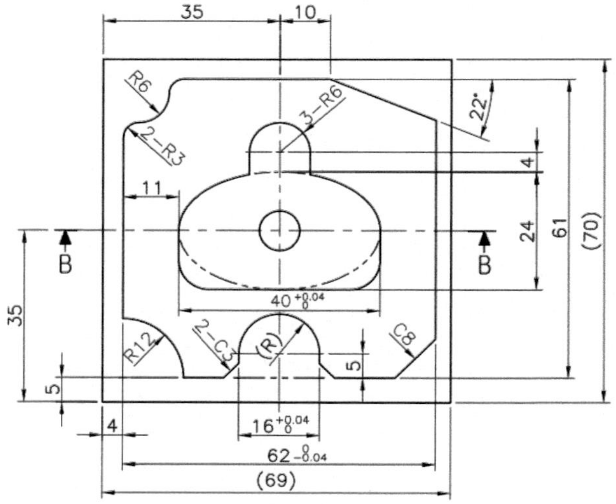

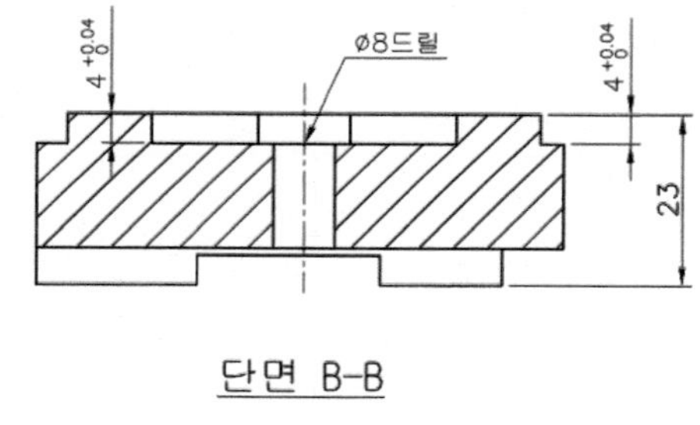

단면 B-B

[공개]

4. 도 면(머시닝센터가공)

⑥

자격종목	컴퓨터응용밀링기능사	과제명	밀링가공작업	척도	N S

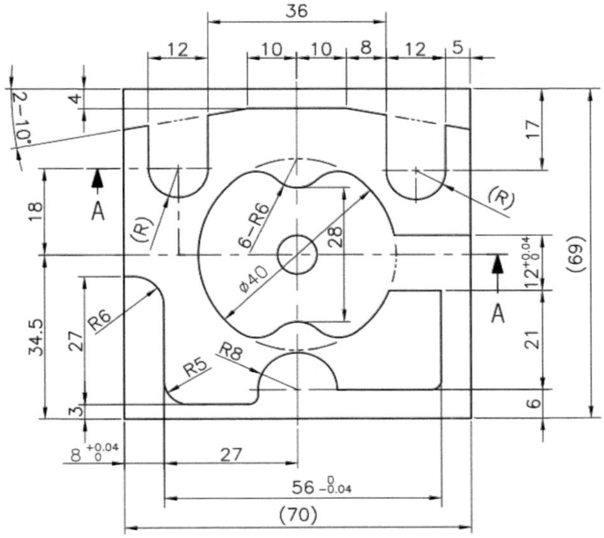

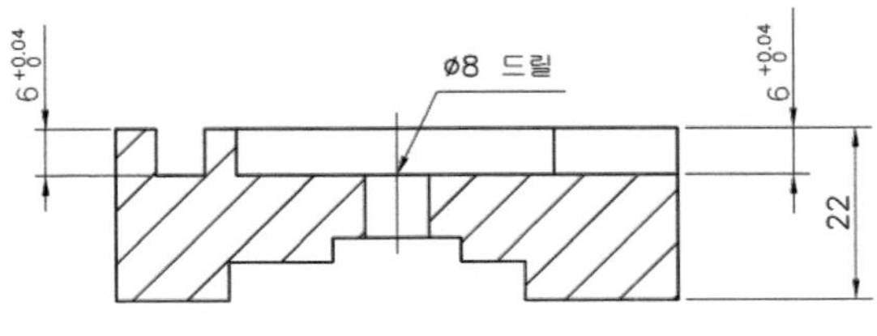

단면 A-A

※도시되고 지시없는 R은 R2

HRDK 6 - 6

[공개]

⑦

4. 도 면(머시닝센터가공)

자격종목	컴퓨터응용밀링기능사	과제명	밀링가공작업	척도	N S

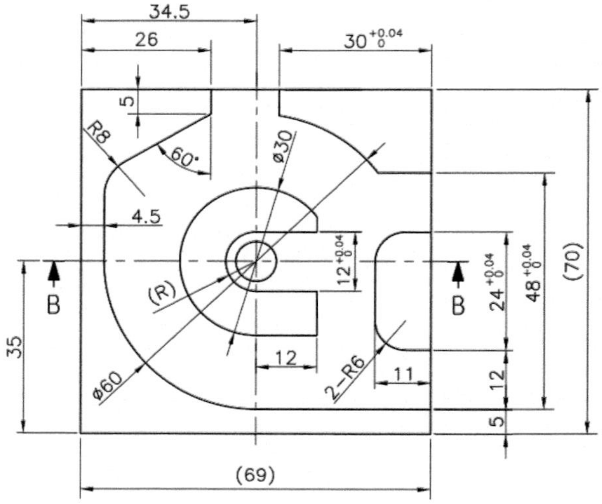

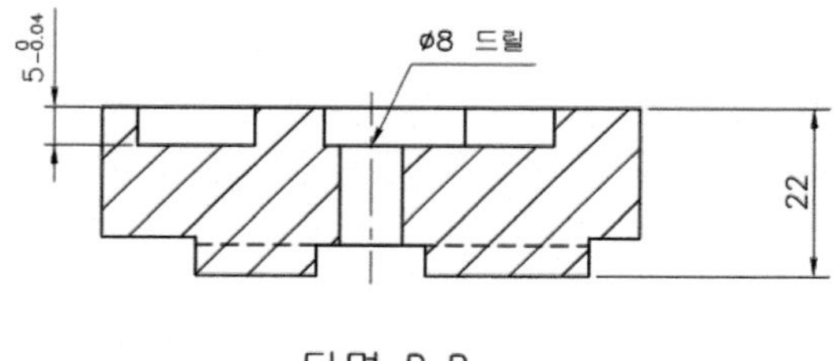

단면 B-B

HRDK 6 - 6

[공개]

4. 도 면(머시닝센터가공)

자격종목	컴퓨터응용밀링기능사	과제명	밀링가공작업	척도	N S

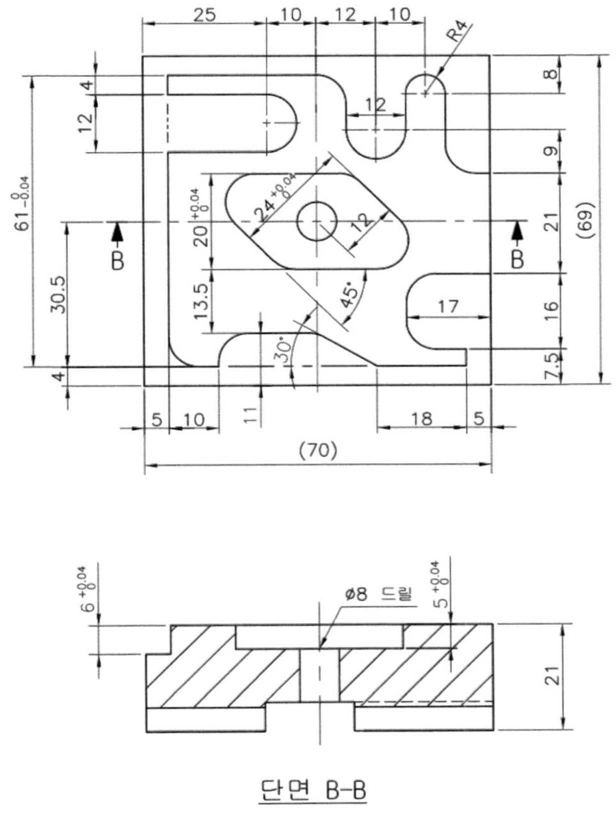

※도시되고 지시없는 R은 R6

HRDK 6 - 6

[공개]

9

4. 도 면(머시닝센터가공)

자격종목	컴퓨터응용밀링기능사	과제명	밀링가공작업	척도	N S

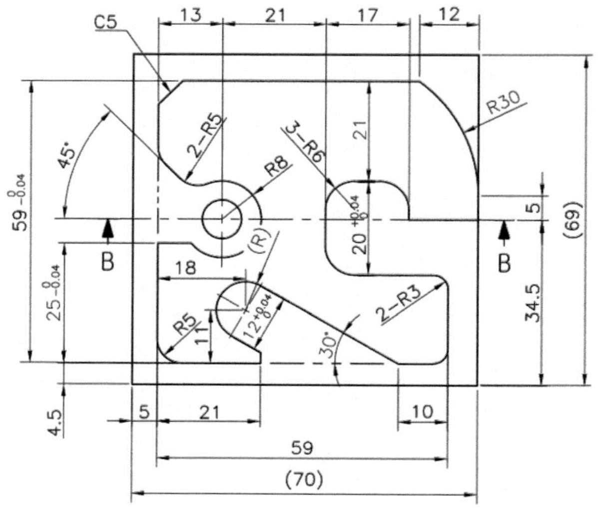

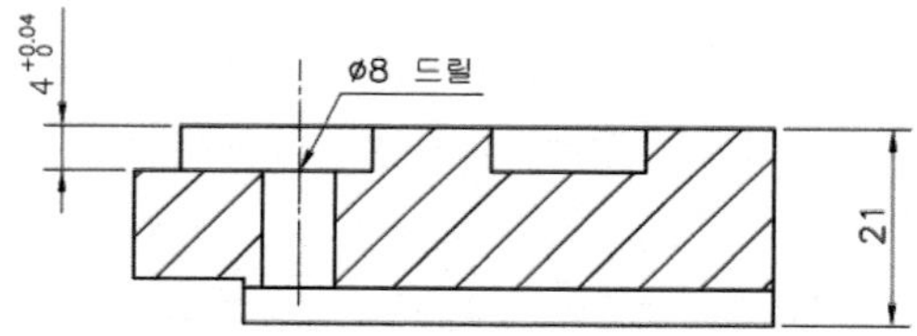

단면 B-B

HRDK 6 - 6

[공개]

(10)

4. 도 면(머시닝센터가공)

자격종목	컴퓨터응용밀링기능사	과제명	밀링가공작업	척도	N S

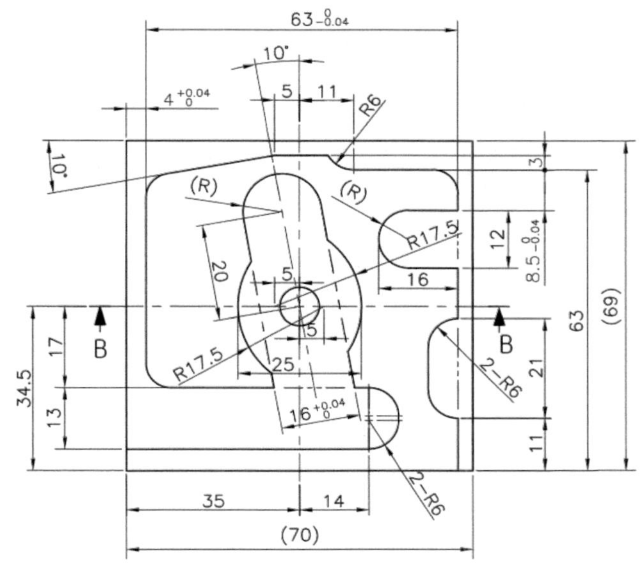

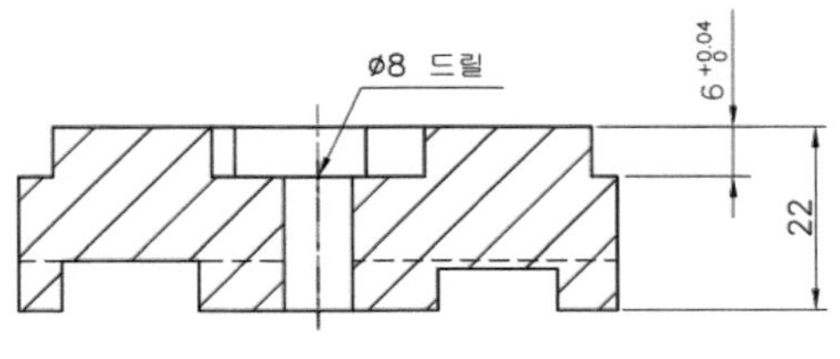

단면 B-B

※도시되고 지시없는 R은 R5

HRDK 6 - 6

[공개]

11

4. 도 면(머시닝센터가공)

자격종목	컴퓨터응용밀링기능사	과제명	밀링가공작업	척도	N S

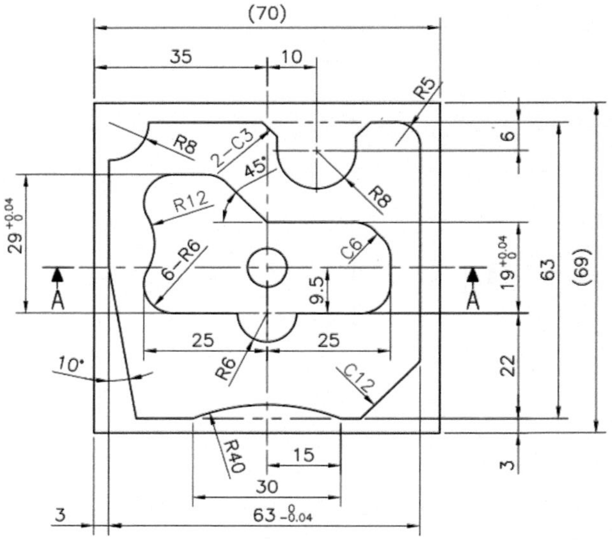

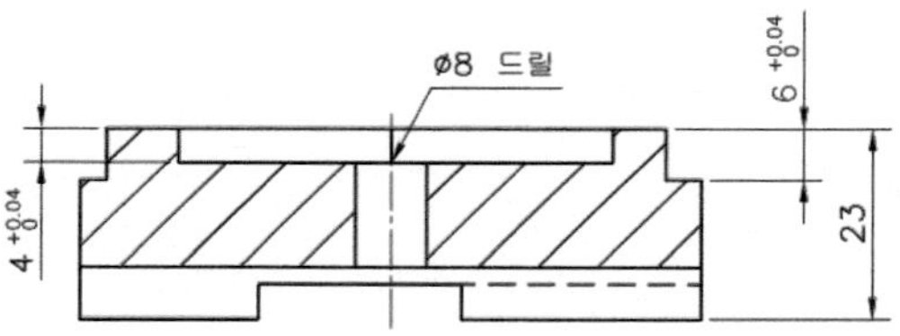

단면 A-A

HRDK 6 - 6

[공개]

(12)

4. 도 면(머시닝센터가공)

자격종목	컴퓨터응용밀링기능사	과제명	밀링가공작업	척도	N S

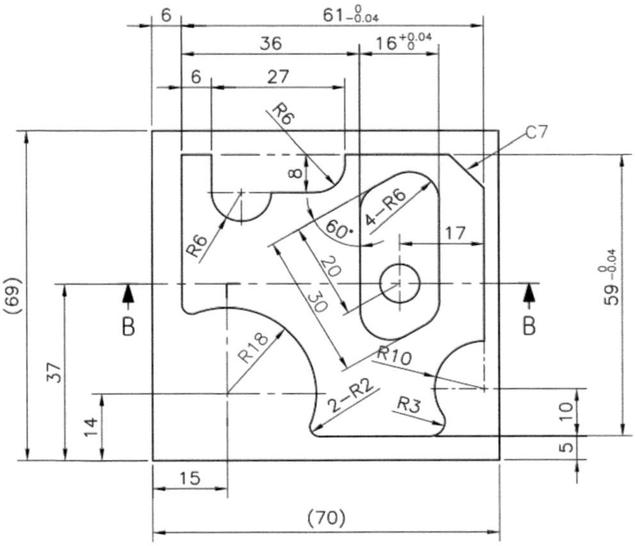

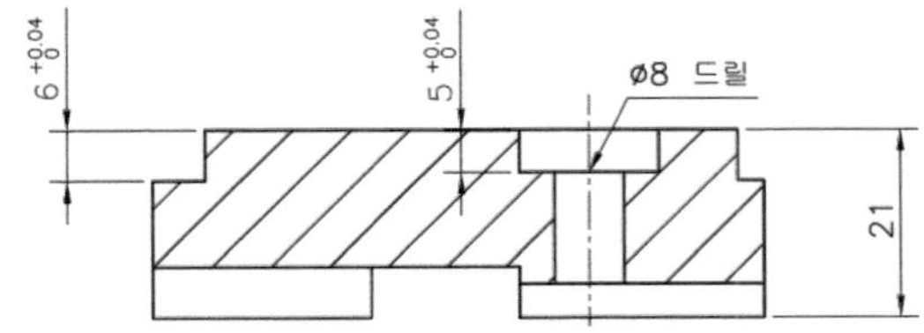

단면 B-B

HRDK 6 - 6

[공개]

4. 도 면(머시닝센터가공)

13

자격종목	컴퓨터응용밀링기능사	과제명	밀링가공작업	척도	N S

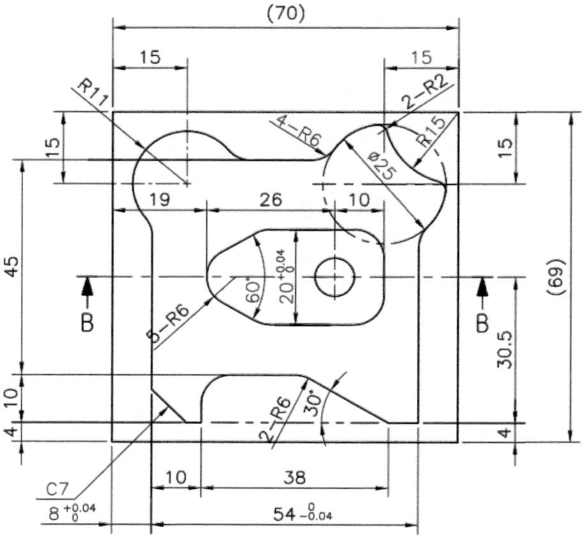

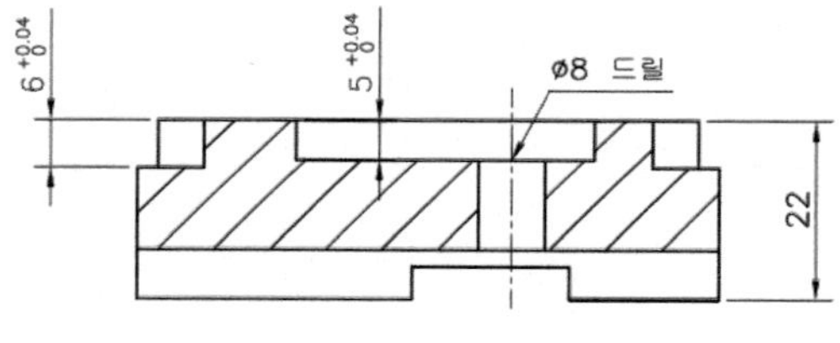

단면 B-B

HRDK 6 - 6

[공개]

4. 도 면(머시닝센터가공)

14

자격종목	컴퓨터응용밀링기능사	과제명	밀링가공작업	척도	N S

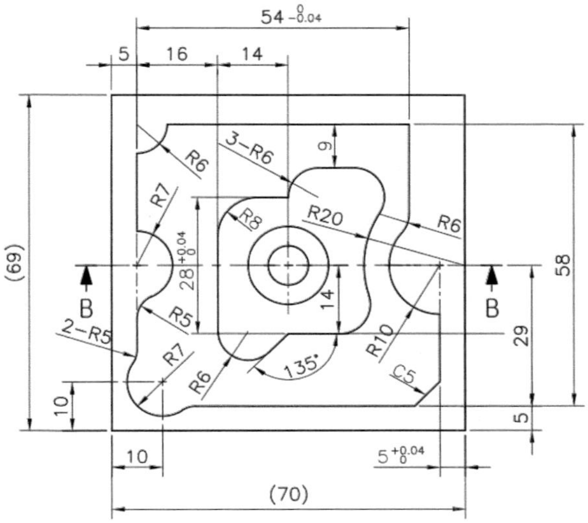

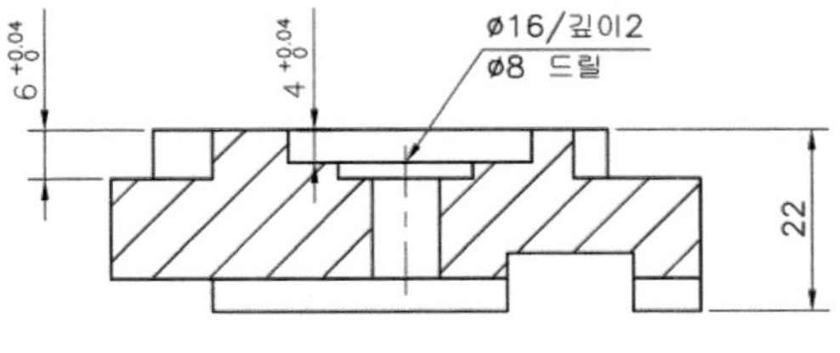

단면 B-B

HRDK 6 - 6

[공개]

15

4. 도 면(머시닝센터가공)

자격종목	컴퓨터응용밀링기능사	과제명	밀링가공작업	척도	N S

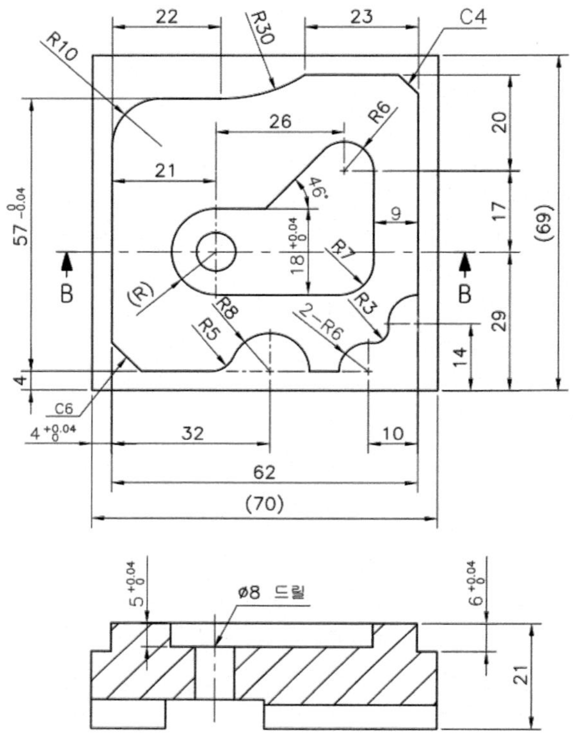

단면 B-B

HRDK 6 - 6

[공개]

4. 도 면(머시닝센터가공)

16

자격종목	컴퓨터응용밀링기능사	과제명	밀링가공작업	척도	N S

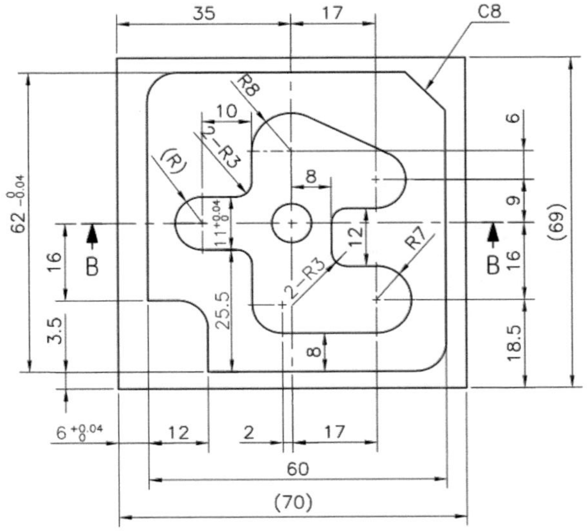

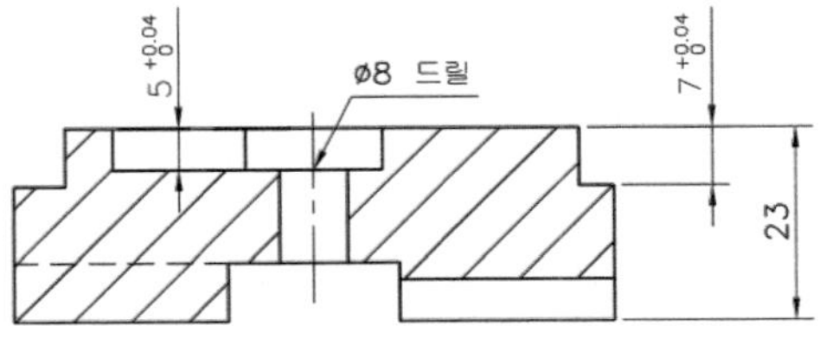

단면 B-B

※도시되고 지시없는 R은 R6

HRDK 6 - 6

[공개]

17

4. 도 면(머시닝센터가공)

자격종목	컴퓨터응용밀링기능사	과제명	밀링가공작업	척도	N S

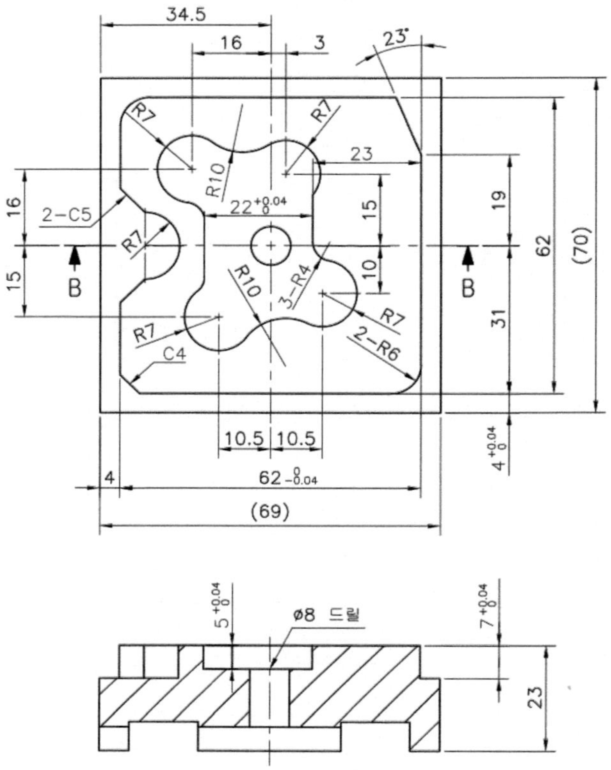

단면 B-B

HRDK 6 - 6

[공개]

(18)

4. 도 면(머시닝센터가공)

자격종목	컴퓨터응용밀링기능사	과제명	밀링가공작업	척도	N S

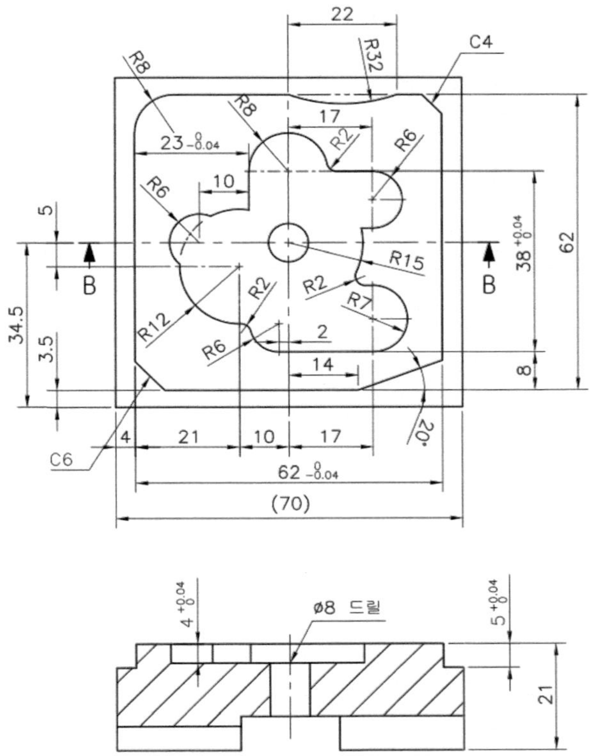

단면 B-B

HRDK 6 - 6

[공개]

4. 도 면(머시닝센터가공)

19

자격종목	컴퓨터응용밀링기능사	과제명	밀링가공작업	척도	N S

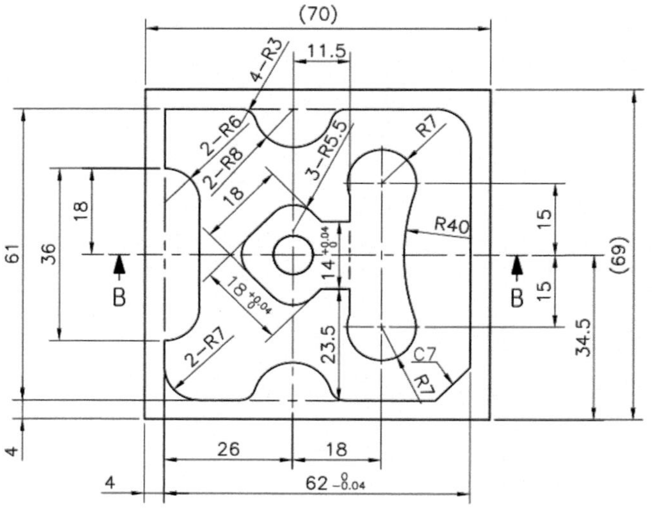

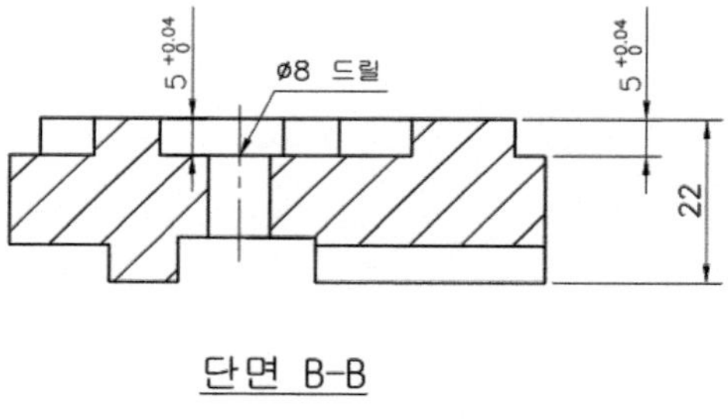

단면 B-B

HRDK 6 - 6

[공개]

(20)

4. 도 면(머시닝센터가공)

자격종목	컴퓨터응용밀링기능사	과제명	밀링가공작업	척도	N S

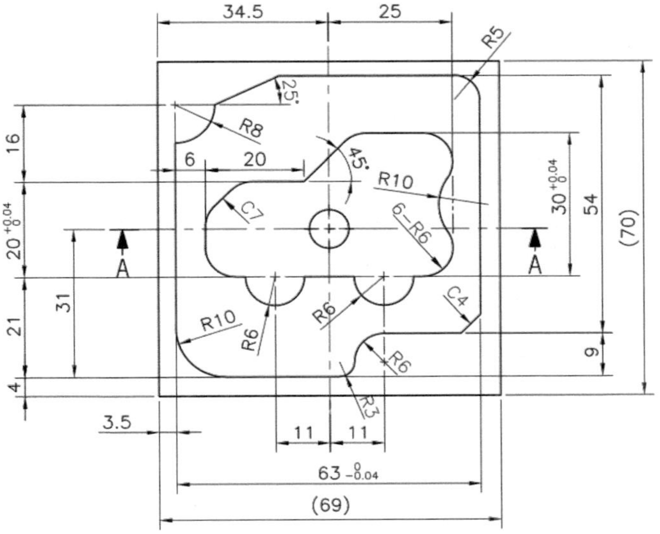

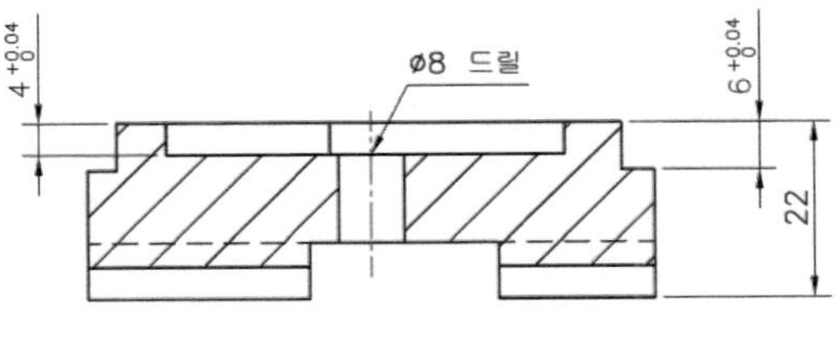

단면 A-A

HRDK 6 - 6

[공개]

21

4. 도 면(머시닝센터가공)

자격종목	컴퓨터응용밀링기능사	과제명	밀링가공작업	척도	N S

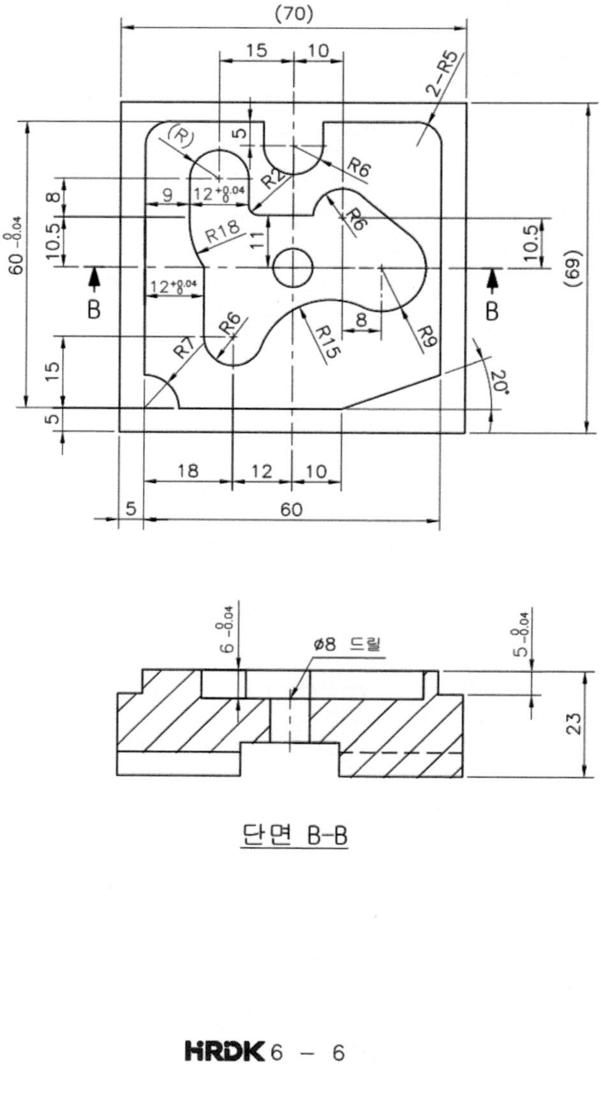

HRDK 6 - 6

[공개]

(22)

4. 도 면(머시닝센터가공)

자격종목	컴퓨터응용밀링기능사	과제명	밀링가공작업	척도	N S

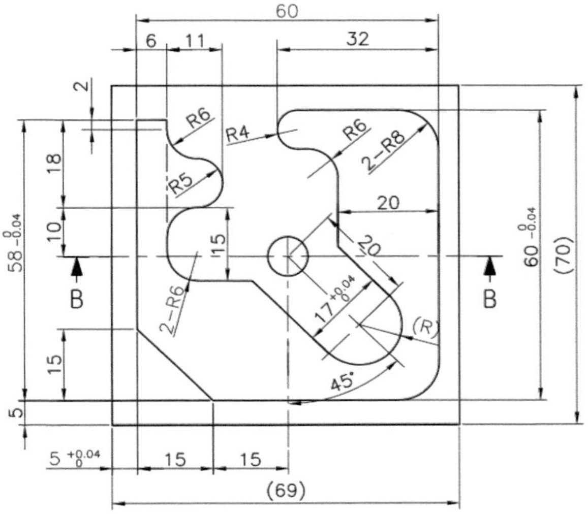

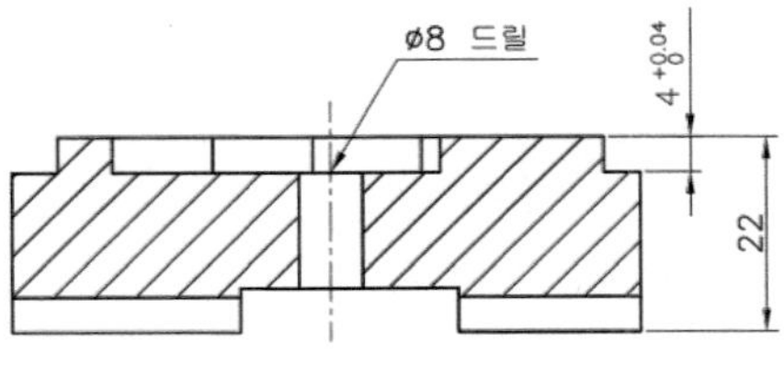

단면 B-B

HRDK 6 - 6

[공개]

(23)

4. 도 면(머시닝센터가공)

자격종목	컴퓨터응용밀링기능사	과제명	밀링가공작업	척도	N S

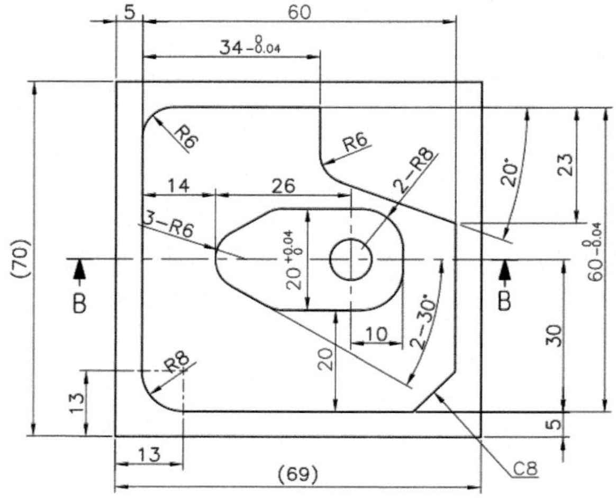

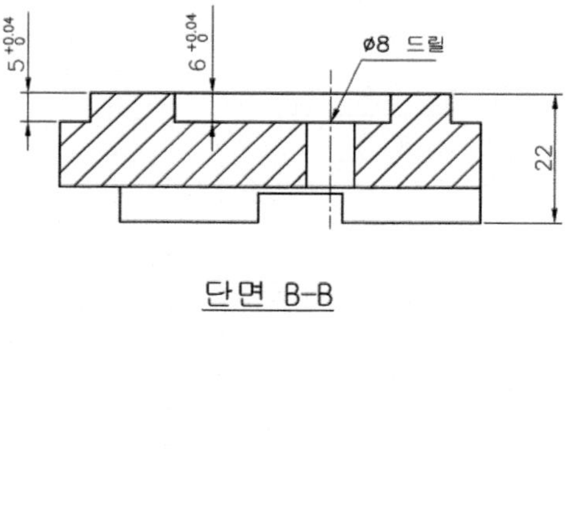

단면 B-B

HRDK 6 - 6

[공개]

(24)

4. 도 면(머시닝센터가공)

자격종목	컴퓨터응용밀링기능사	과제명	밀링가공작업	척도	N S

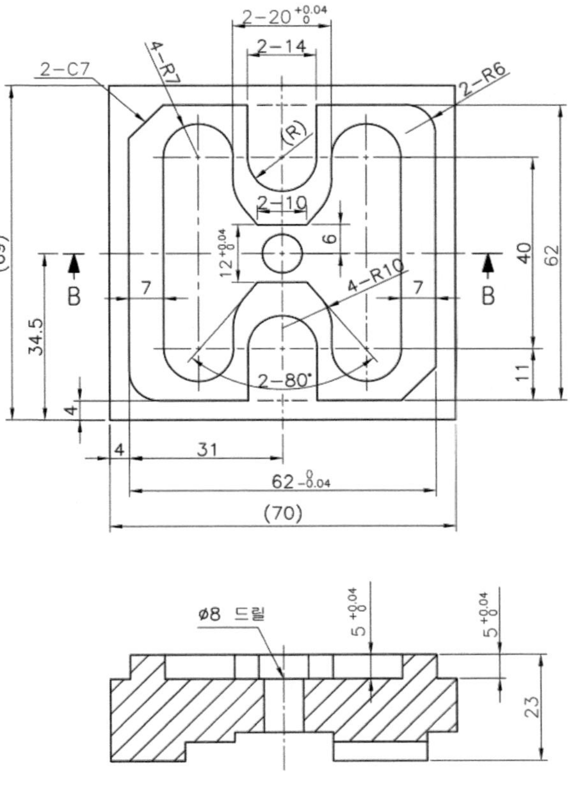

단면 B-B

HRDK 6 - 6

[공개]

(25)

4. 도 면(머시닝센터가공)

자격종목	컴퓨터응용밀링기능사	과제명	밀링가공작업	척도	N S

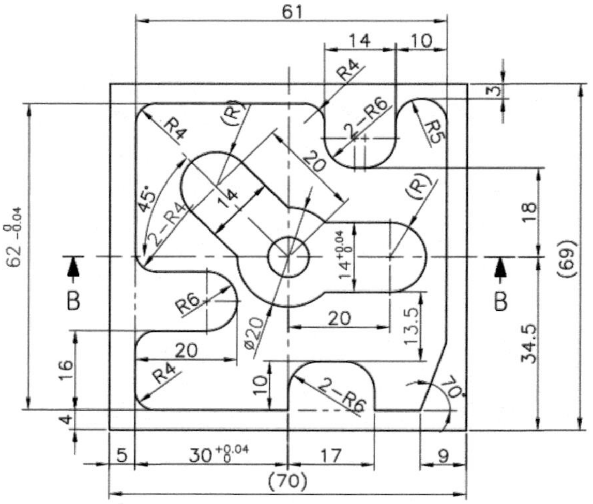

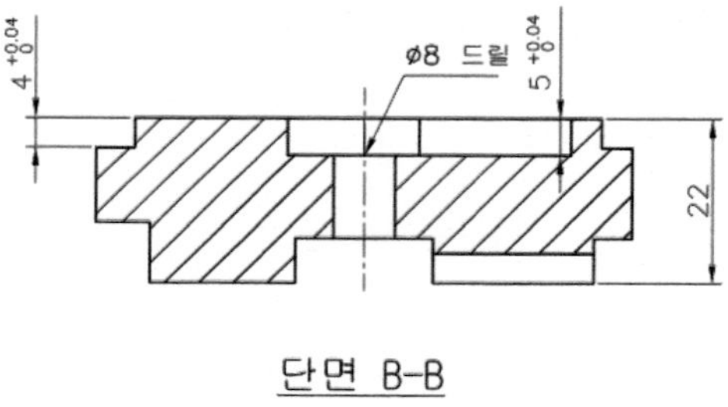

단면 B-B

[공개]

4. 도 면(머시닝센터가공)

(26)

자격종목	컴퓨터응용밀링기능사	과제명	밀링가공작업	척도	N S

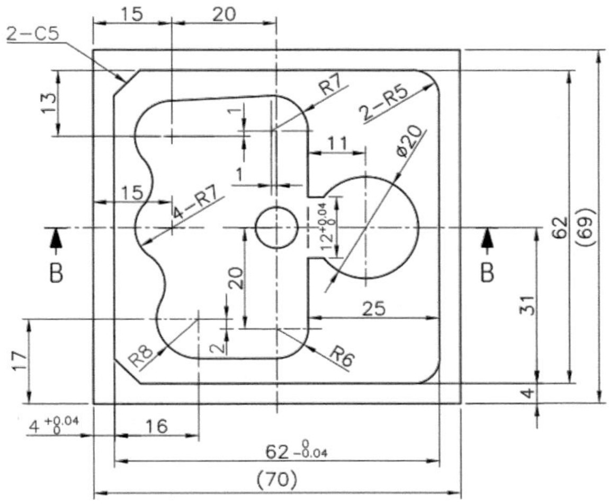

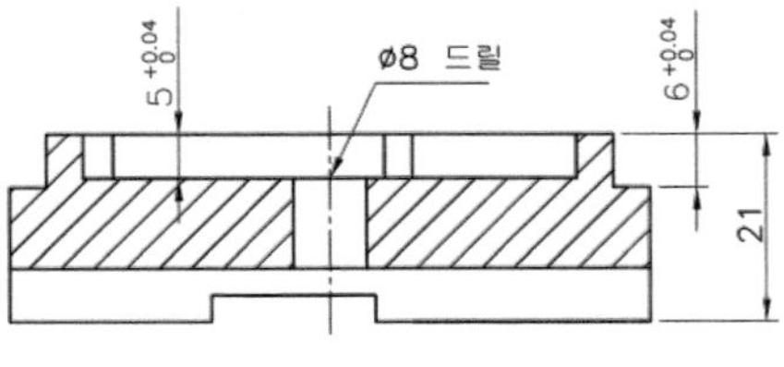

단면 B-B

HRDK 6 - 6

[공개]

27

4. 도 면(머시닝센터가공)

자격종목	컴퓨터응용밀링기능사	과제명	밀링가공작업	척도	N S

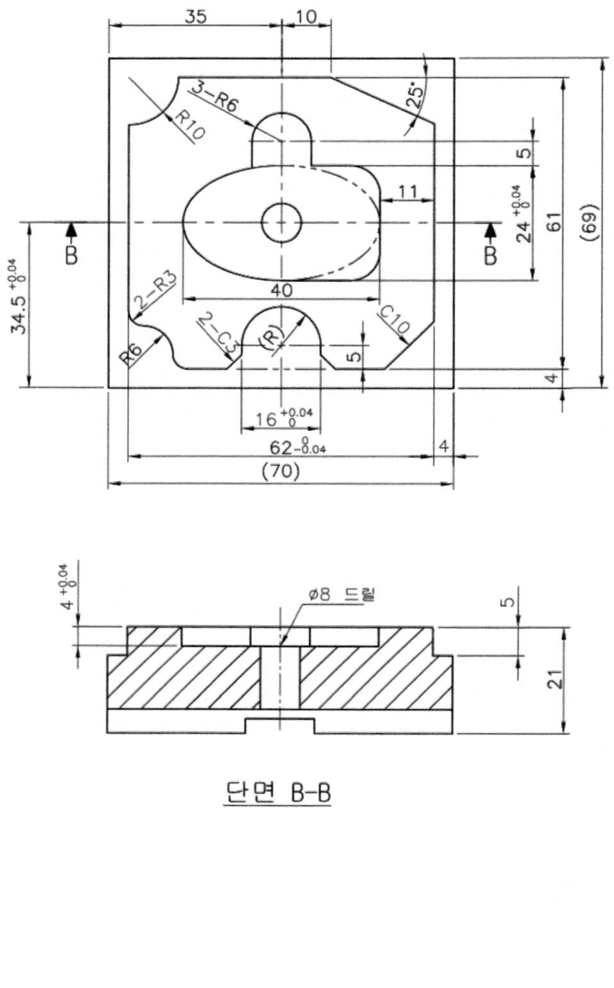

단면 B-B

HRDK 6 - 6

[공개]

28

4. 도 면(머시닝센터가공)

자격종목	컴퓨터응용밀링기능사	과제명	밀링가공작업	척도	N S

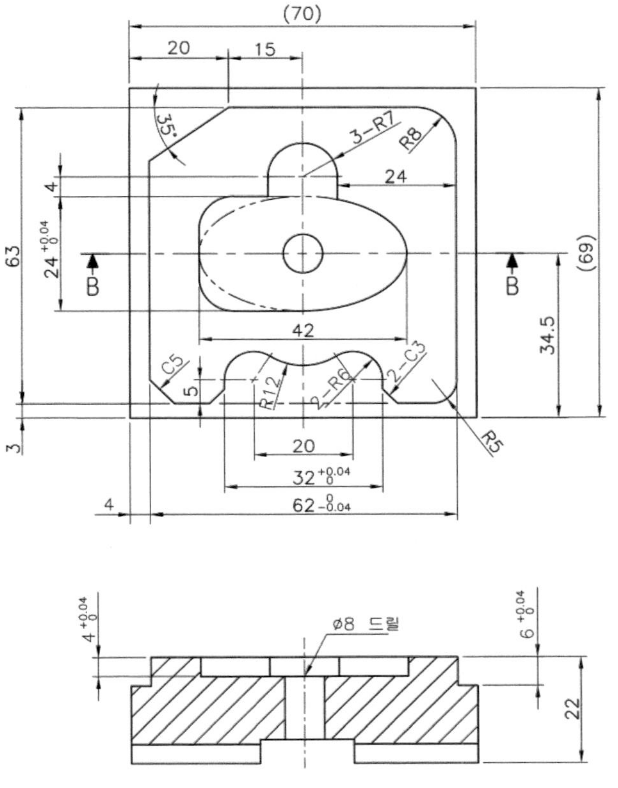

단면 B-B

HRDK 6 - 6

[공개]

4. 도 면(머시닝센터가공)

(29)

자격종목	컴퓨터응용밀링기능사	작품명	밀링가공작업	척도	N S

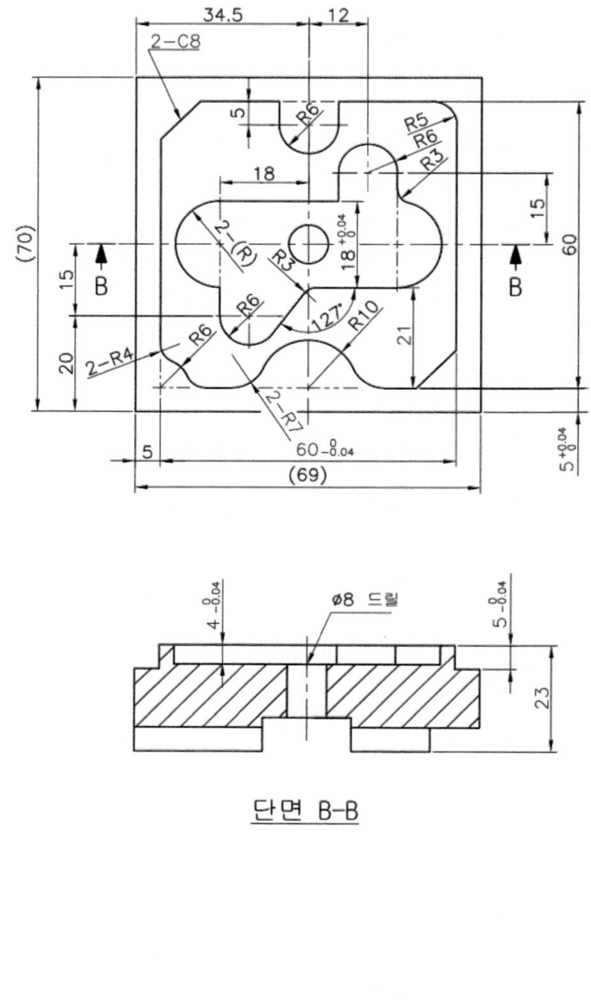

단면 B-B

[공개]

30

4. 도 면(머시닝센터가공)

자격종목	컴퓨터응용밀링기능사	과제명	밀링가공작업	척도	N S

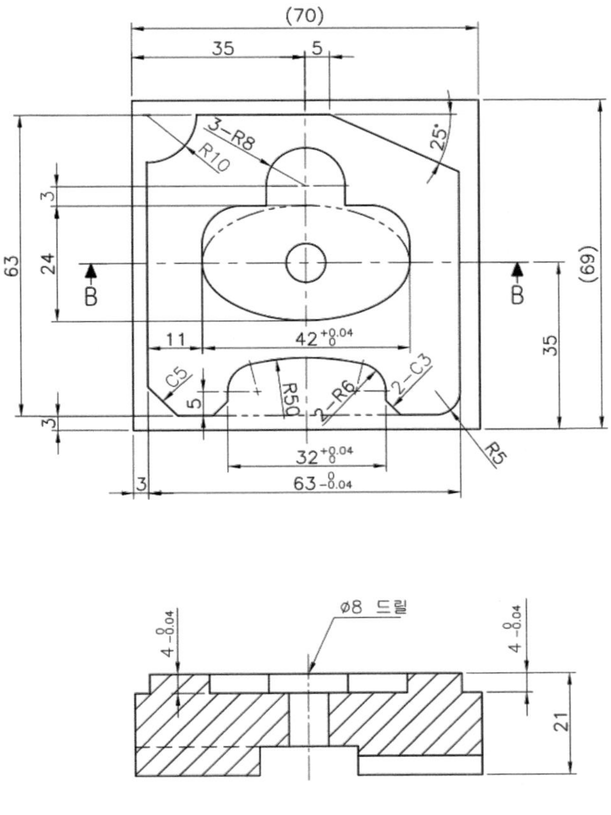

단면 B-B

STEP 05

머시닝센터 2.5D CAM 작업 (기능사)

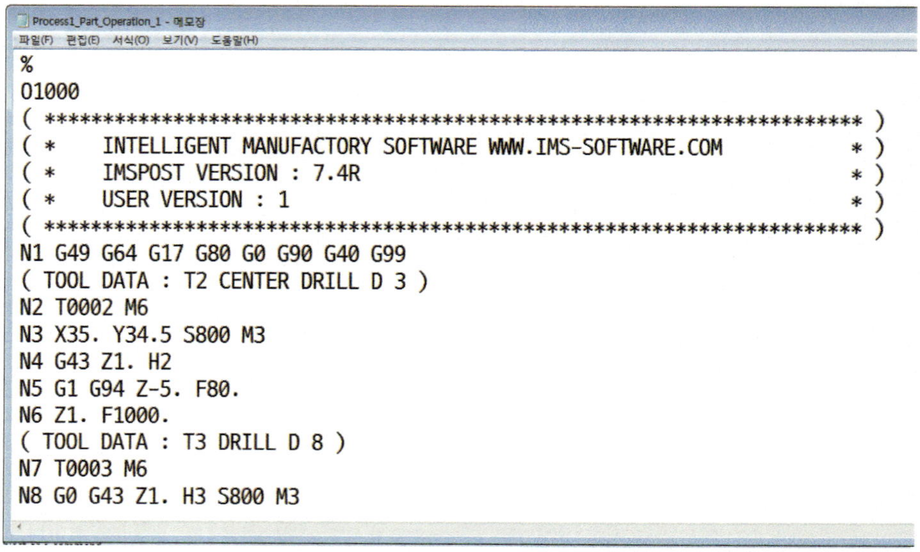


```
%
O1000
( ************************************************************************ )
( *    INTELLIGENT MANUFACTORY SOFTWARE WWW.IMS-SOFTWARE.COM            * )
( *    IMSPOST VERSION : 7.4R                                            * )
( *    USER VERSION : 1                                                  * )
( ************************************************************************ )
N1 G49 G64 G17 G80 G0 G90 G40 G99
( TOOL DATA : T2 CENTER DRILL D 3 )
N2 T0002 M6
N3 X35. Y34.5 S800 M3
N4 G43 Z1. H2
N5 G1 G94 Z-5. F80.
N6 Z1. F1000.
( TOOL DATA : T3 DRILL D 8 )
N7 T0003 M6
N8 G0 G43 Z1. H3 S800 M3
```

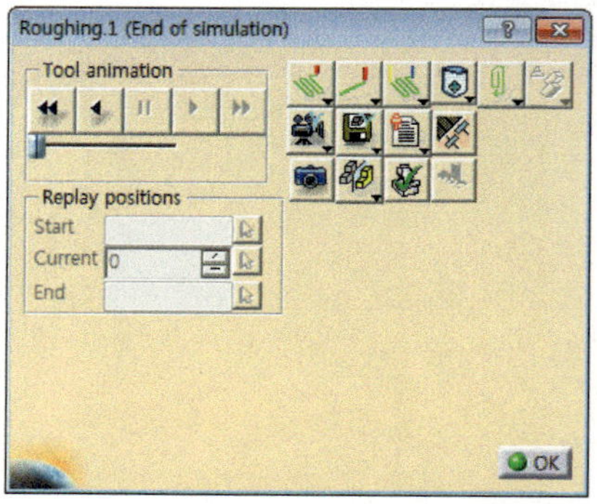

공구번호	공구설명	공구상세	F(피드/피치)	S(주속/회전수)
T01	엔드밀(End mill)	Ø 10 mm	F100	S2000
T02	센터드릴(Center Drill)	Ø 3 mm	F80	S800
T03	드릴(Drill)	Ø 8 mm	F80	S800

[01] 앞에서 만든 Part 파일이 열린 상태에서 Menu Bar(메뉴 바)의 **Tools 〉 Options...**에 들어가면 Options 창이 생성된다.

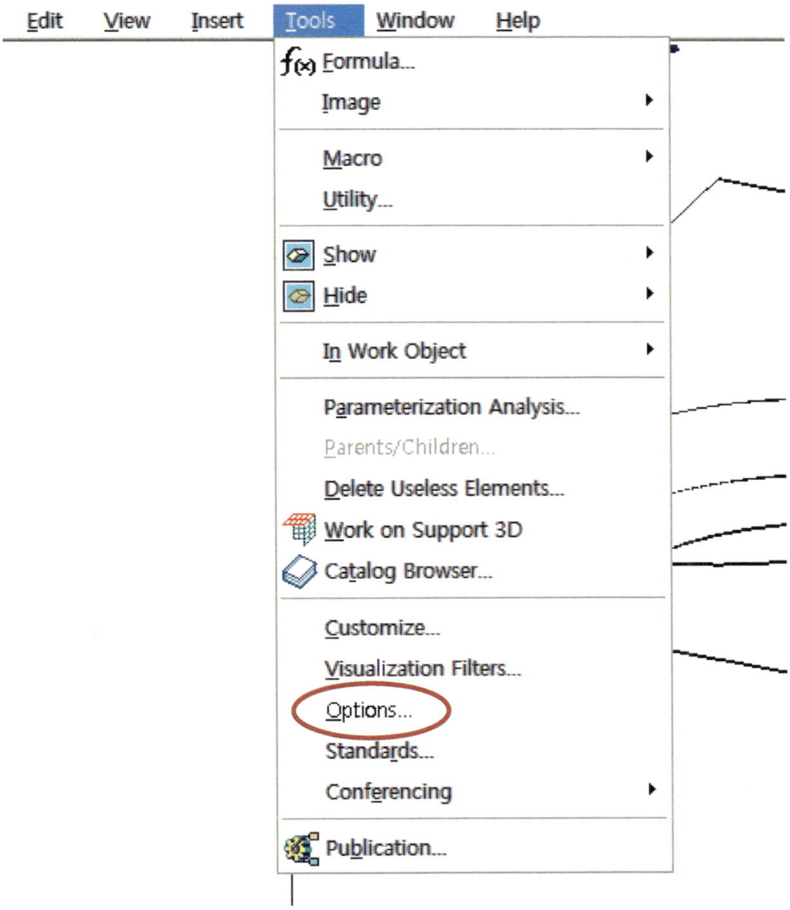

[02] 좌측 Options의 트리에서 **Machining**을 선택하고 위쪽에 있는 **Output 탭**을 선택하면 아래의 그림과 같은 화면이 나타난다. Post Processor and Controller Emulator Folder에서 **IMS®**을 선택하고 우측 스크롤바를 아래로 내린다.

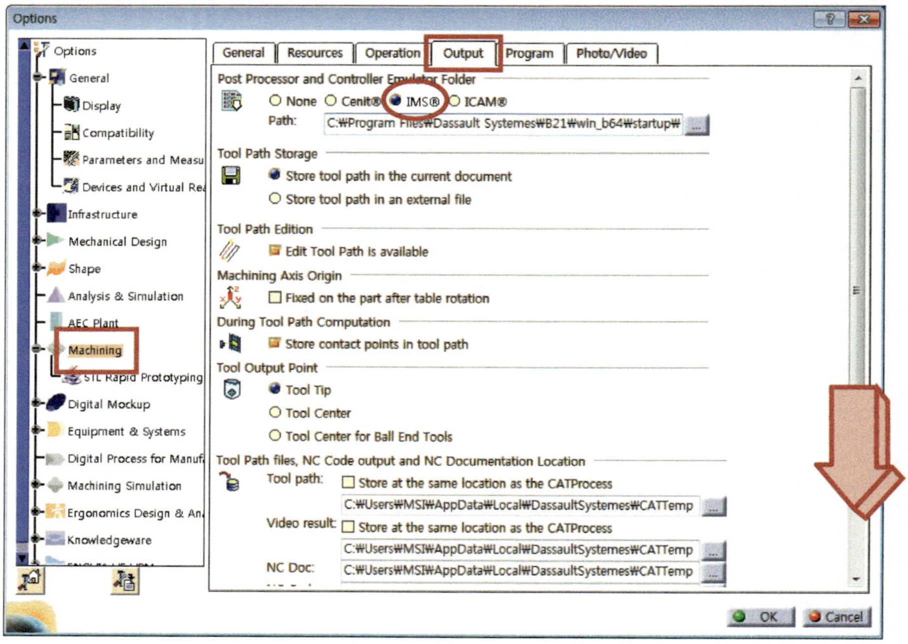

[03] Tool Path files, NC Code output and NC Documentation Location에서 Extension(확장자)를 **NC**로 변경하고 Options 대화상자의 우측 아래에 있는 [OK] 버튼을 클릭한다.

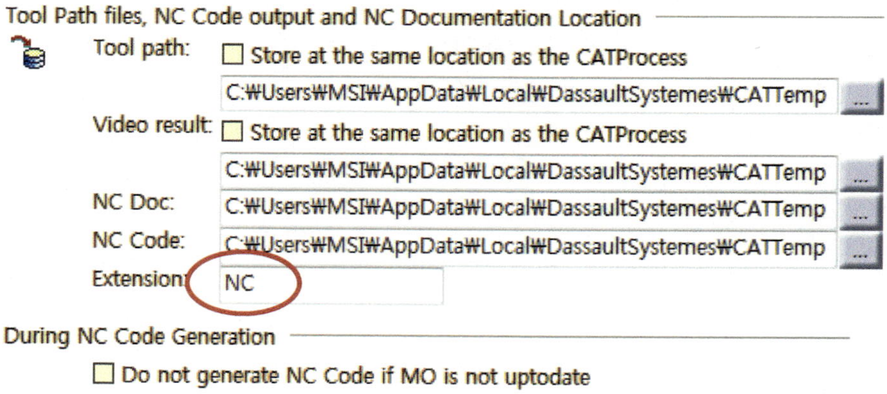

[04] CAM 가공 및 NC 데이터의 생성을 위하여 Menu Bar(메뉴 바)의 **Start 〉 Machining 〉 Surface Machining**을 선택하면 Surface Machining 워크벤치로 들어가게 된다.

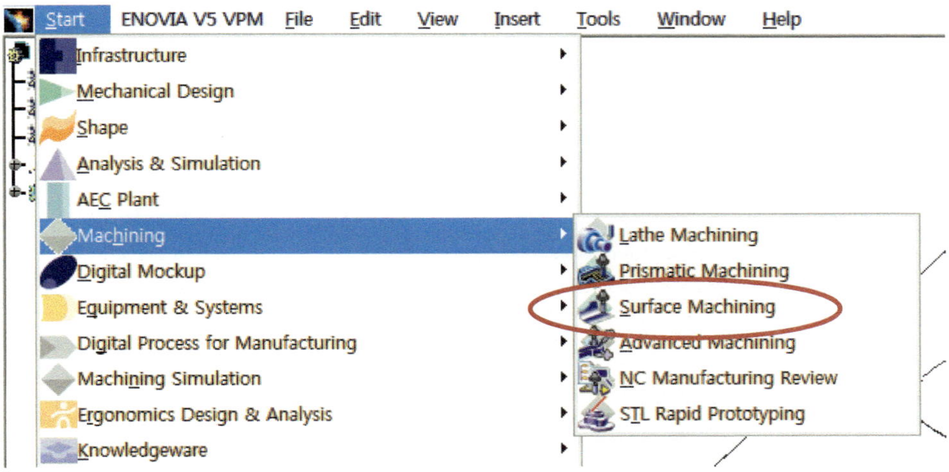

[05] 좌측에 있는 트리의 가장 윗부분이 P.P.R.(product, process, and resource model)로 변경된 것을 확인할 수 있다.

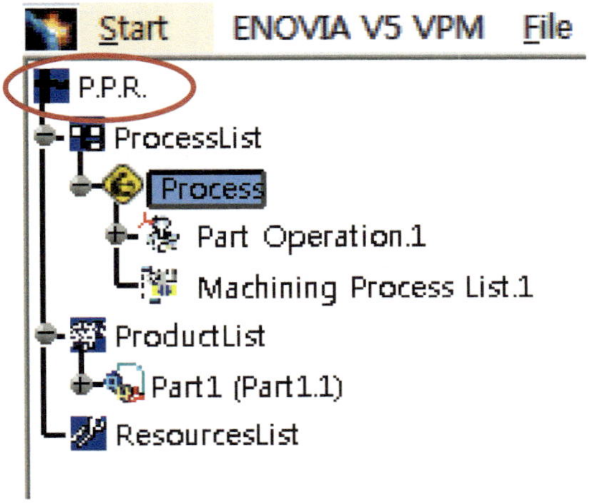

[06] 오른쪽 아래에 노란색 글상자가 생성되는데 글상자를 벗어나 작업한 도형이 있는 작업영역(working area)을 두 번 클릭하면 사라진다.

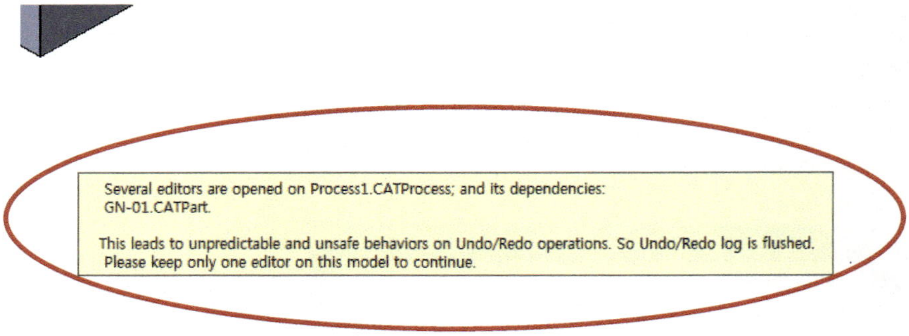

[07] Geometry Management 툴바(toolbar, 도구막대)의 Creates rough stock 아이콘을 선택하여 소재(素材 : 어떤 것을 만드는 데 바탕이 되는 재료)를 생성한다.

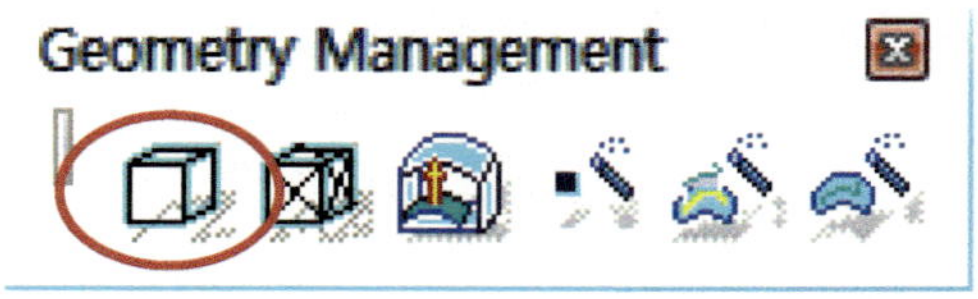

[08] Destination의 **No Selection**이라고 적힌 곳을 클릭하고 앞에 만든 부품을 클릭하면 아래와 같은 경고 창(Warning)이 나온다. **예**(또는 **Yes(Y)**)를 선택한다. 참고로 8번과 9번의 순서는 바뀌어도 상관없다.

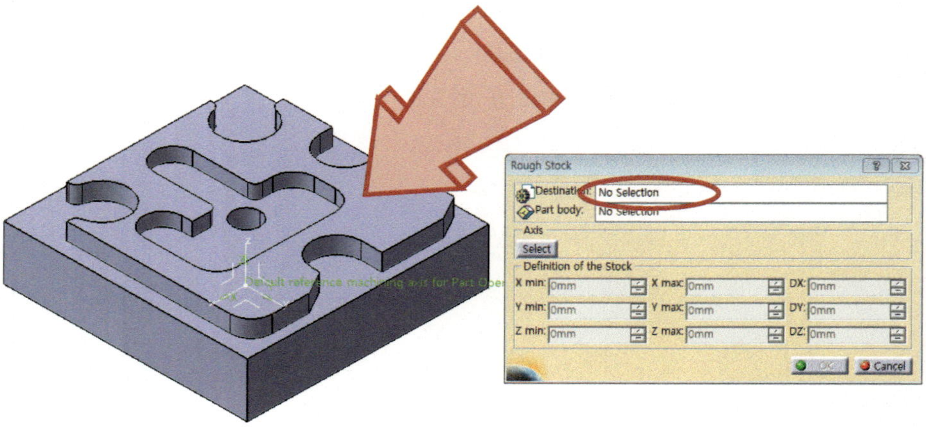

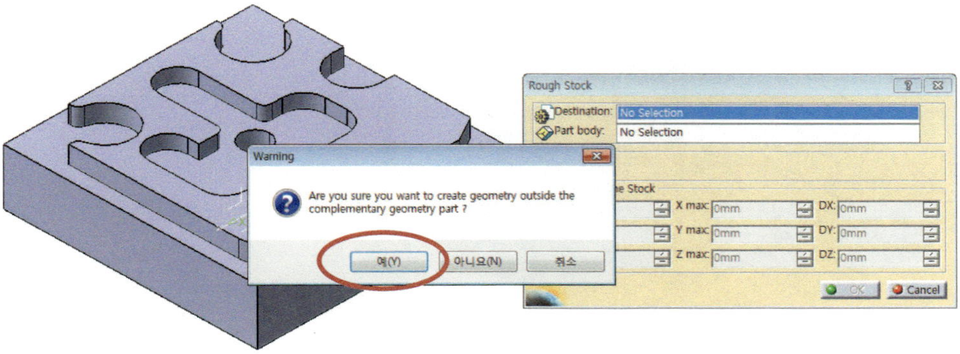

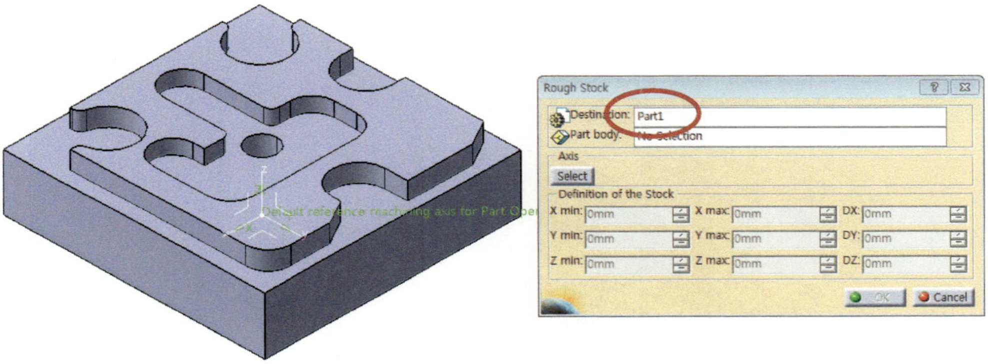

[09] Rough Stock 대화상자(Dialog box)이 생성되면 Part body의 **No Selection**이라고 적힌 곳을 클릭하여 선택하고 앞에 만든 부품을 클릭하면 아래와 같이 변경된다. 참고로 8번과 9번의 순서는 바뀌어도 상관없다.

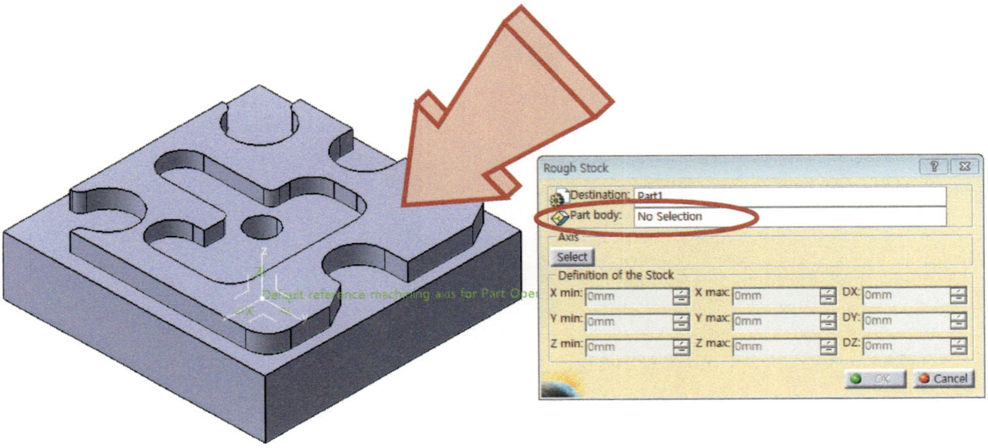

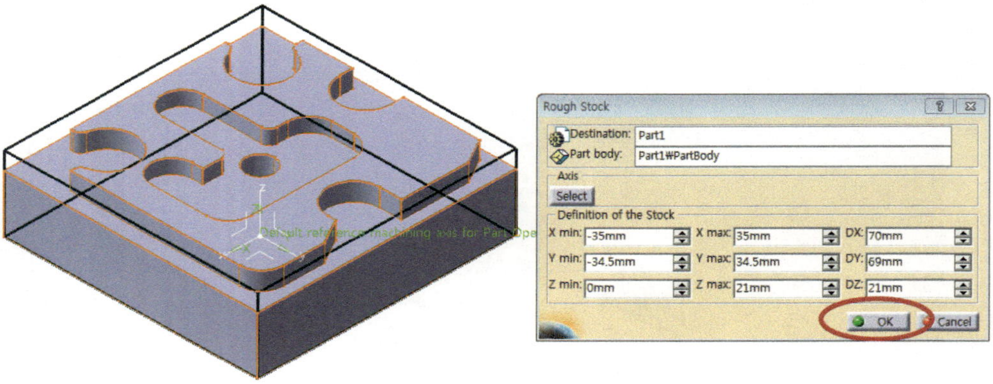

[10] 아래와 같이 소재(노란색으로 표시됨)가 생성된다.

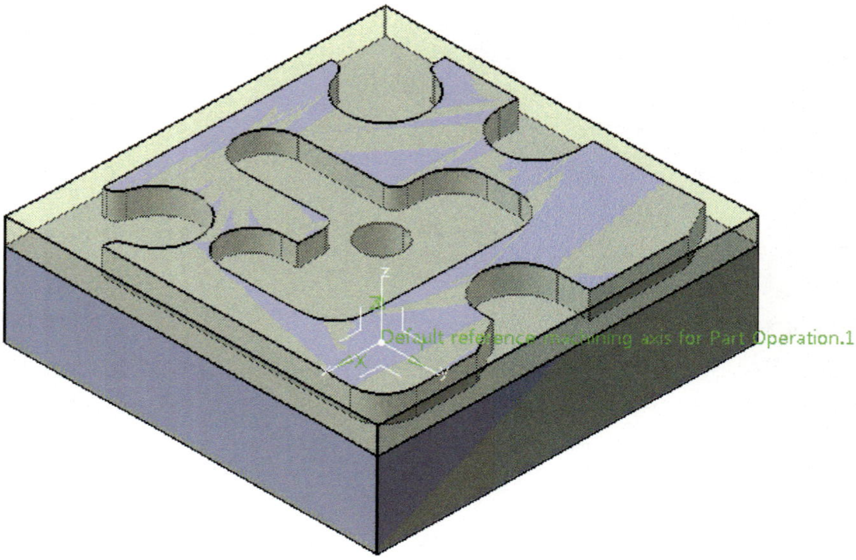

[11] 좌측의 트리에서 ProductList의 Part1(Part1.1)의 ⊕를 눌러 부품의 생성을 확인해 보면 Rough stock.1이 생성된 것을 확인할 수 있다. 참고로 트리에 있는 ⊕와 ⊖를 사용하여 세부목록을 펼치거나 줄일 수 있다.

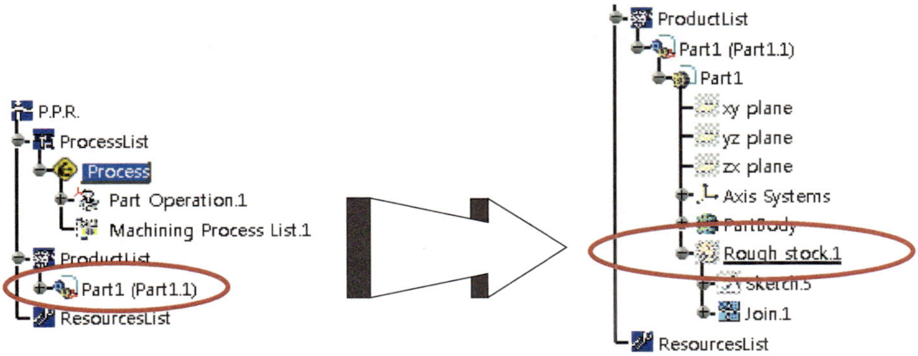

[12] 좌측 트리에서 P.P.R. - ProductList - Part1(Part1.1)의 **Part1**을 더블 클릭한다.

[13] Reference elements 툴바의 Plane 아이콘을 선택하고 Plane Definition 대화상자가 열리면 반드시 작업한 부품의 윗면을 선택하고 Offset에 **50**을 입력한 뒤 **OK**를 누른다.

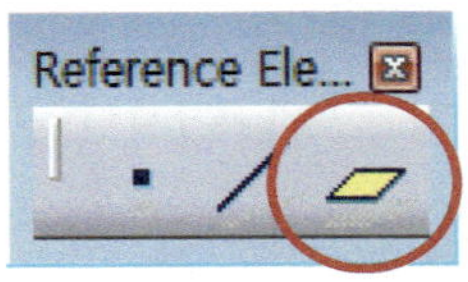

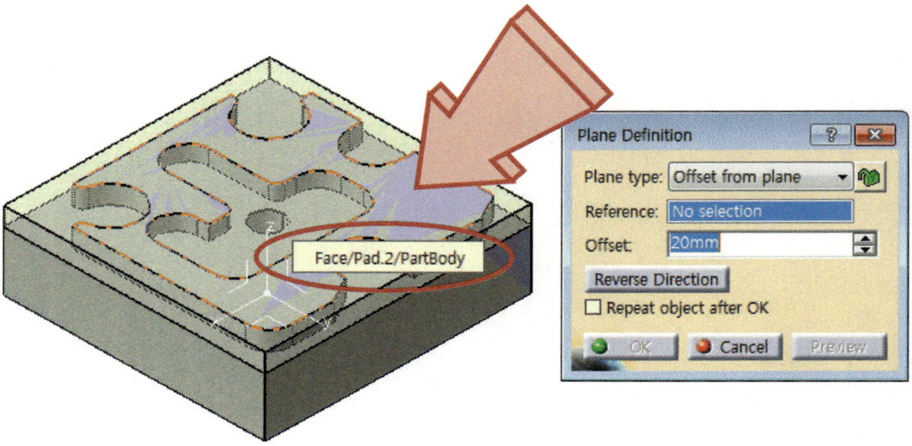

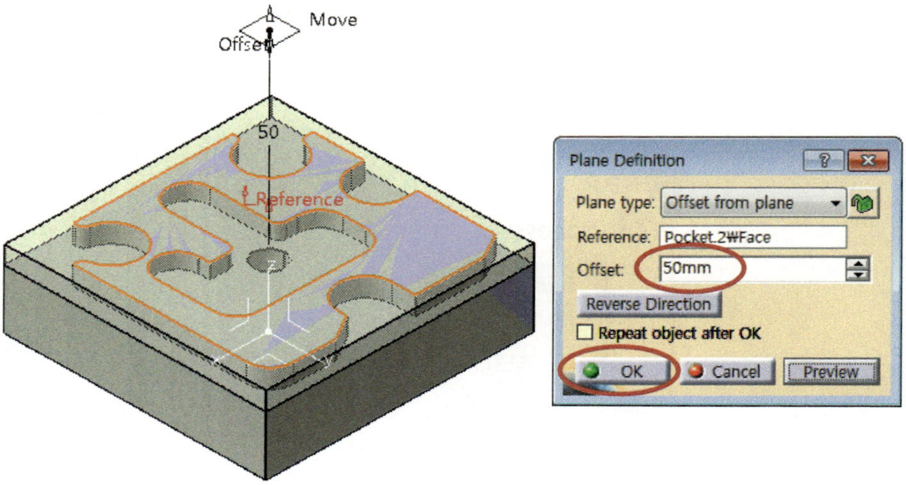

[14] 좌측의 트리에서 P.P.R. - ProcessList에서 **Process**를 더블 클릭한다. 트리에 있는 ⊕와 ⊖를 사용하여 세부목록을 펼치거나 줄일 수 있다.

[15] 좌측의 트리에서 P.P.R. - ProcessList - Process의 **Part Operation.1**을 더블 클릭한다.

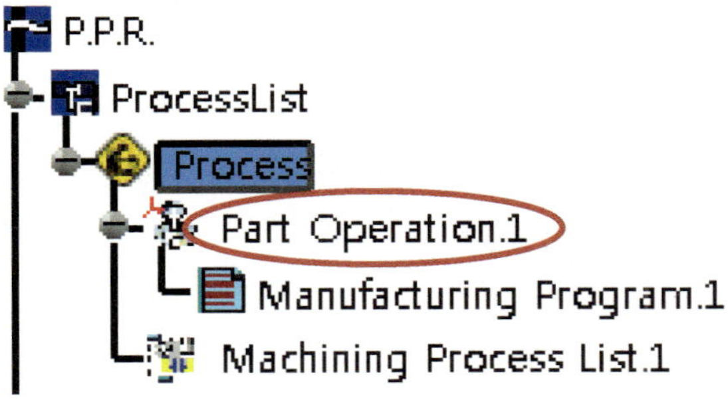

[16] Part Operation 대화상자가 생성된다.

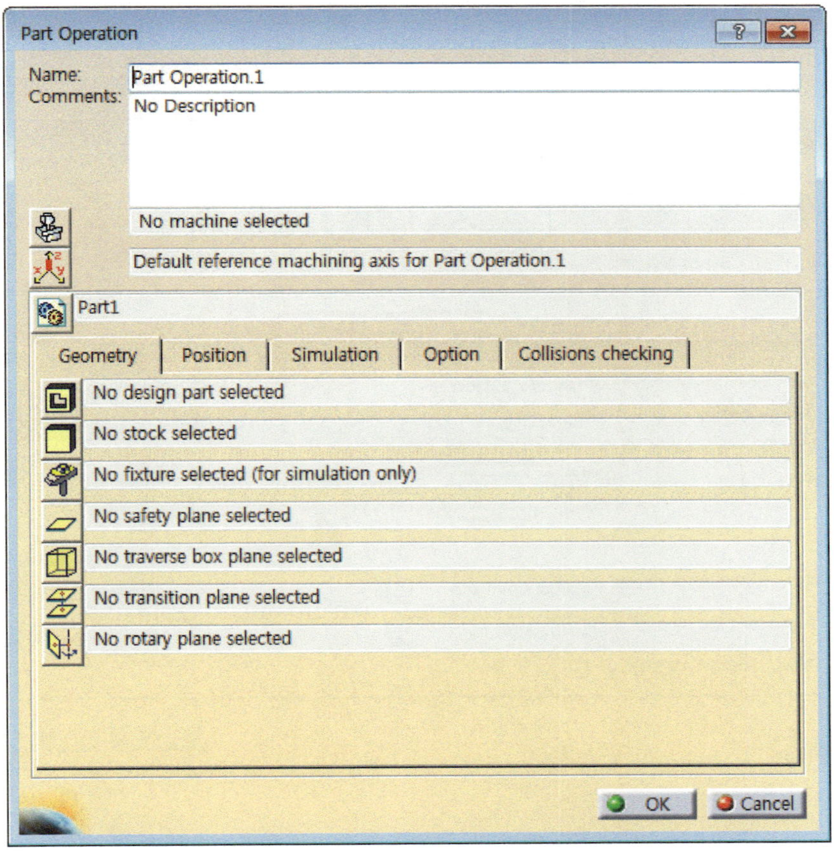

[17] Part Operation 대화상자에서 Machine 아이콘을 클릭한다.

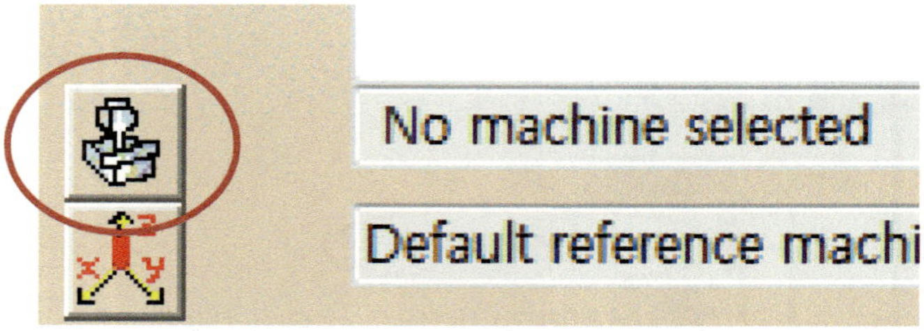

[18] 기본으로 3축 가공(3-axis Machining.1)이 선택되어 있다. 아래와 같이 수정한다. ① **Numerical Control 탭**을 선택한다. ② Controller Emulator 선택창 우측의 역삼각형(▼)을 눌러서 나오는 목록 중 **fanuc5x_abtable.ce**를 선택한다. ③ Post Processor에서 **fanuc0.lib**를 선택한다. ④ NC data type에서 **ISO**로 선택한다. 이상의 작업을 마치면 대화상자의 우측 아래에 있는 [OK] 버튼을 클릭한다.

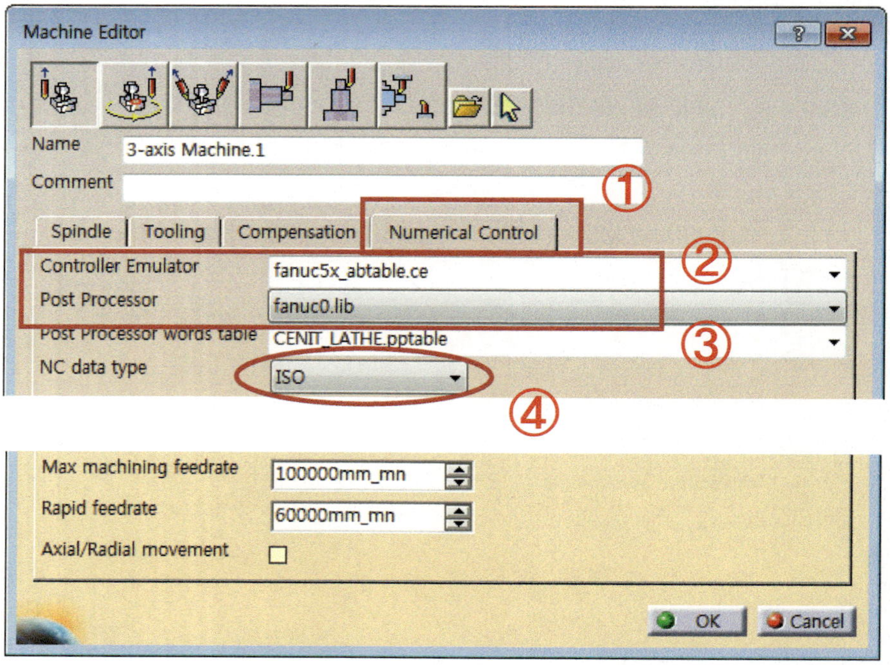

[19] Part Operation 대화상자에서 Reference machining axis system 아이콘을 클릭한다.

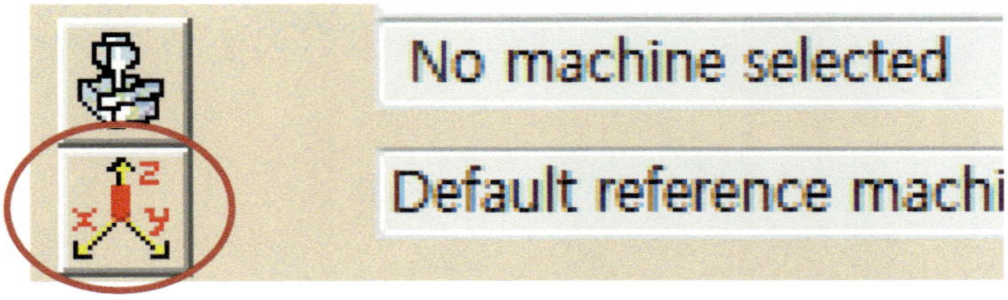

[20] 아래의 대화상자가 생성되며 여기서 가운데 붉은 점을 선택하면 소재의 해당 위치를 선정하기 위해 대화상자가 잠시 사라진다.

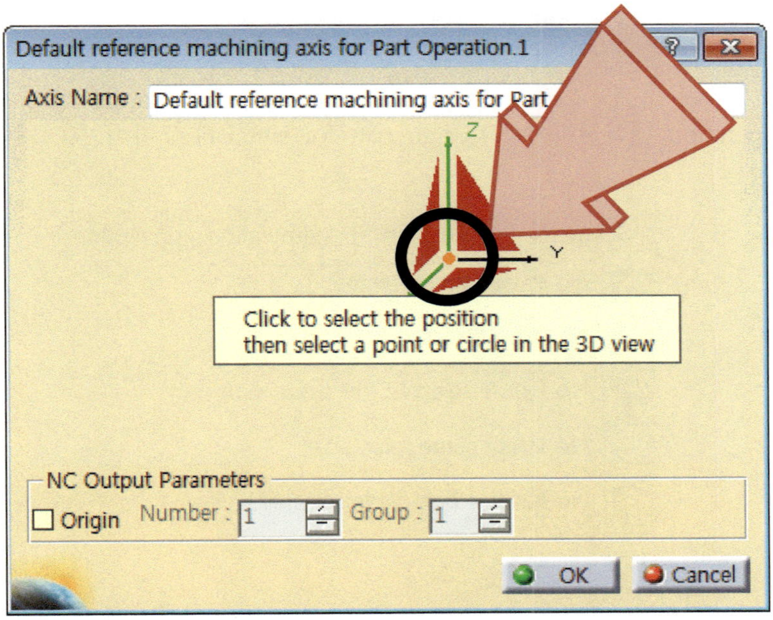

[21] 소재의 윗면에서 아래 그림에 해당하는 모서리를 클릭하고 대화상자로 돌아오면 OK 버튼을 클릭한다.

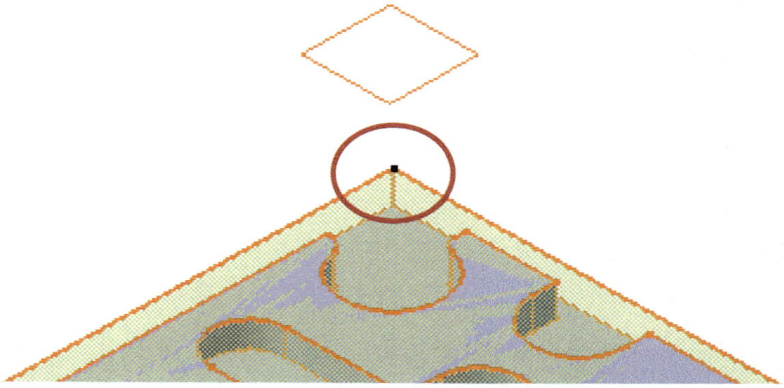

[22] Part Operation 대화상자에서 Design part for simulation 아이콘을 클릭한다.

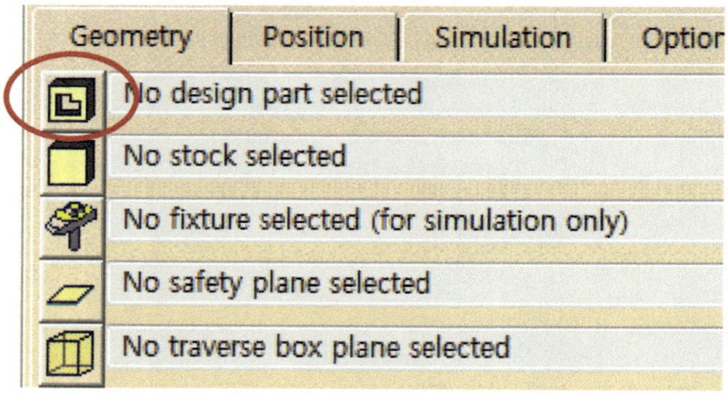

[23] 왼쪽 트리의 P.P.R. - ProductList – Part1(Part1.1) - Part1의 **PartBody**를 더블 클릭한다. 트리에 있는 ⊕와 ⊖를 사용하여 세부목록을 펼치거나 줄일 수 있다.

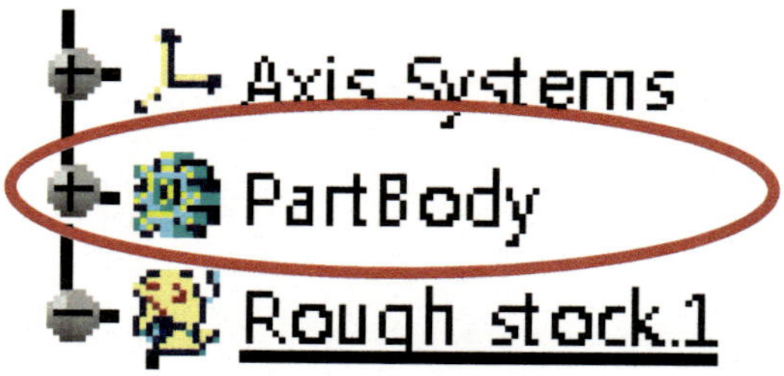

[24] Part Operation 대화상자에서 Stock 아이콘을 클릭한다.

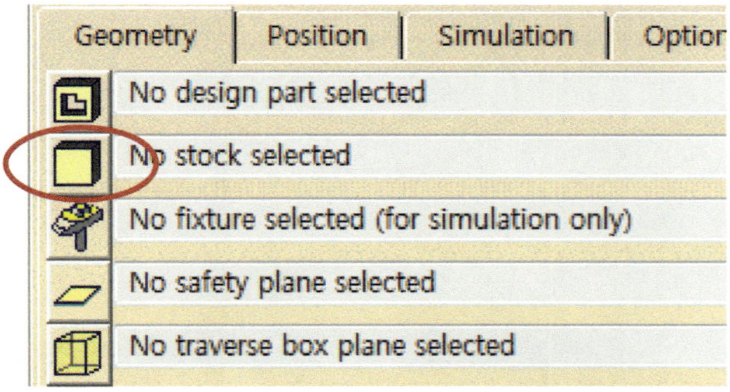

[25] 왼쪽 트리의 P.P.R. - ProductList - Part1(Part1.1) - Part1의 Rough stock.1을 더블 클릭한다.

[26] Part Operation 대화상자에서 Safety plane 아이콘을 클릭한다.

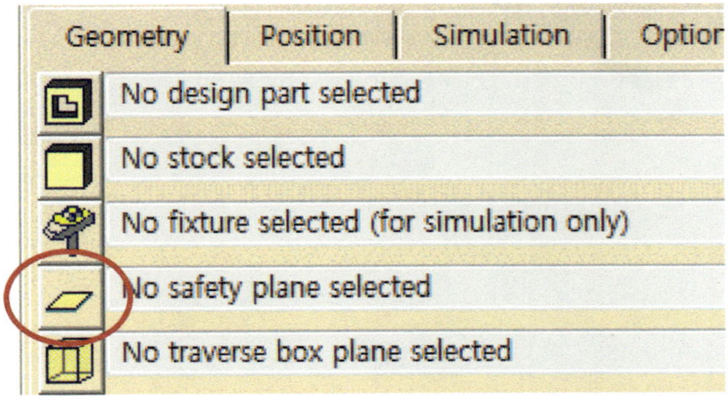

[27] 앞의 14QJS에서 생성한 작업평면을 클릭한다.

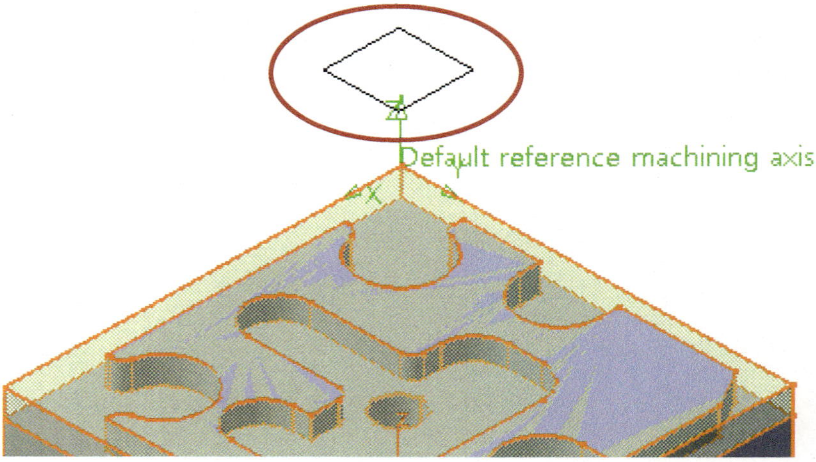

[28] 18번부터 27번까지의 작업을 완료하면 Part Operation 대화상자가 아래와 같이 된다. 이상의 작업을 마치면 대화상자의 우측 아래에 있는 [OK] 버튼을 클릭한다.

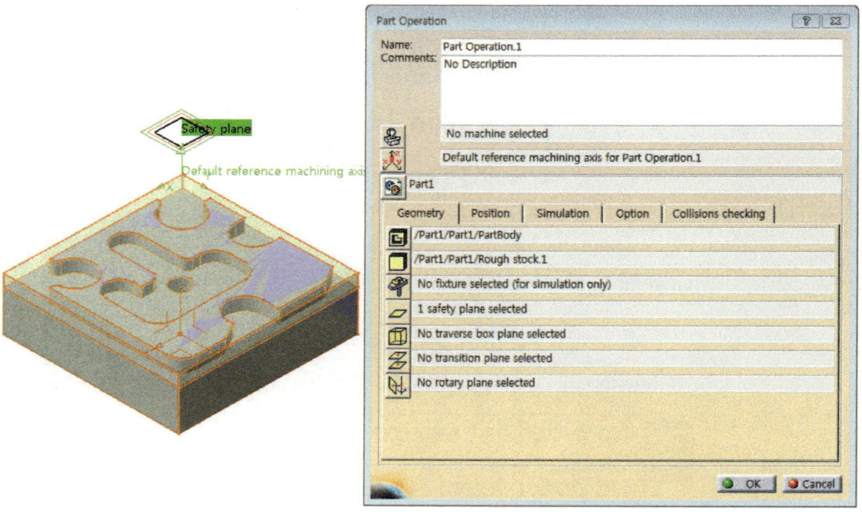

[29] 첫 번째로 드릴로 구멍(Hole)을 뚫는 작업을 하기 전에 스폿 드릴이나 센터 드릴로 작은 구멍을 만드는 스폿 드릴(Spot drilling) 작업을 해야 한다. 이때 Spot Drilling 아이콘으로 작업하는 것이 일반적이지만 통상의 드릴 작업을 선택해도 별다른 문제가 없기 때문에 시험에 자주 쓰이기도 한다. 여기서는 처음으로 CAM 작업을 하는 초보자가 정석대로 경험해 볼 수 있도록 메뉴 바의 **Insert 〉 Machining Operations 〉 Axial Machining Operations 〉 Spot Drilling**을 클릭하여 Spot Drilling 대화상자를 연다.

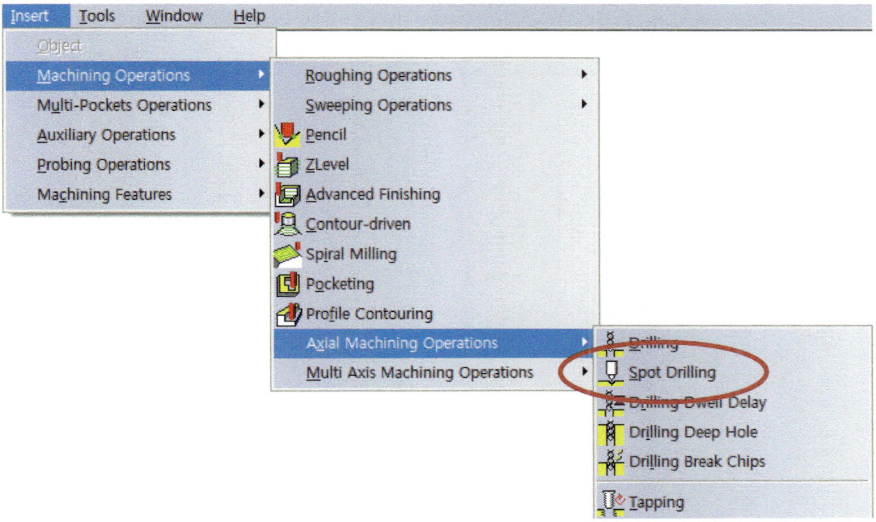

또는 툴바의 Spot Drilling 아이콘을 클릭한다. Machining Operation 툴바에서 Spot Drilling 아이콘을 선택하기 위해 가장 오른쪽에 있는 아이콘(icon)의 오른쪽 아래에 역삼각형 모양(▼)을 클릭해야 한다.

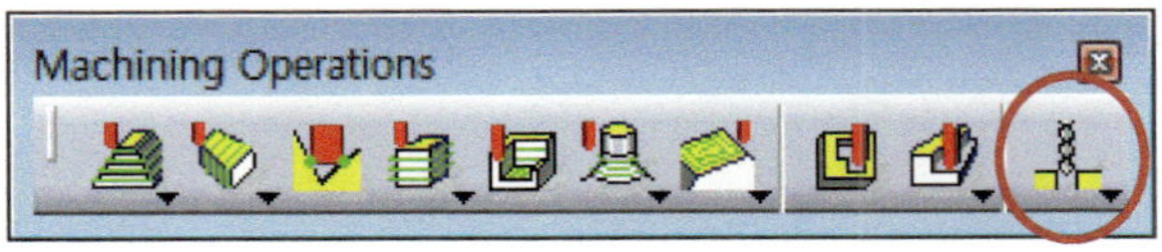

툴 바(Tool Bar)의 아이콘(icon)은 오른쪽 아래에 역삼각형 모양(▼)을 가진 것이 있는데 이 역삼각형을 누르면 그 위치에 다양한 아이콘 중 하나를 선택할 수 있다. 이것은 CATIA를 사용하는 데 매우 중요하다. 역삼각형 모양(▼)을 가진 아이콘이 나오면 항상 찾아봐야 한다. 위의 아이콘 밑에 있는 역삼각형 모양(▼)을 클릭하면 다음 페이지와 같이 한 페이지를 가득 채울 정도의 아이콘들이 같이 들어가 있다. 여기서 Spot Drilling 아이콘을 선택한다.

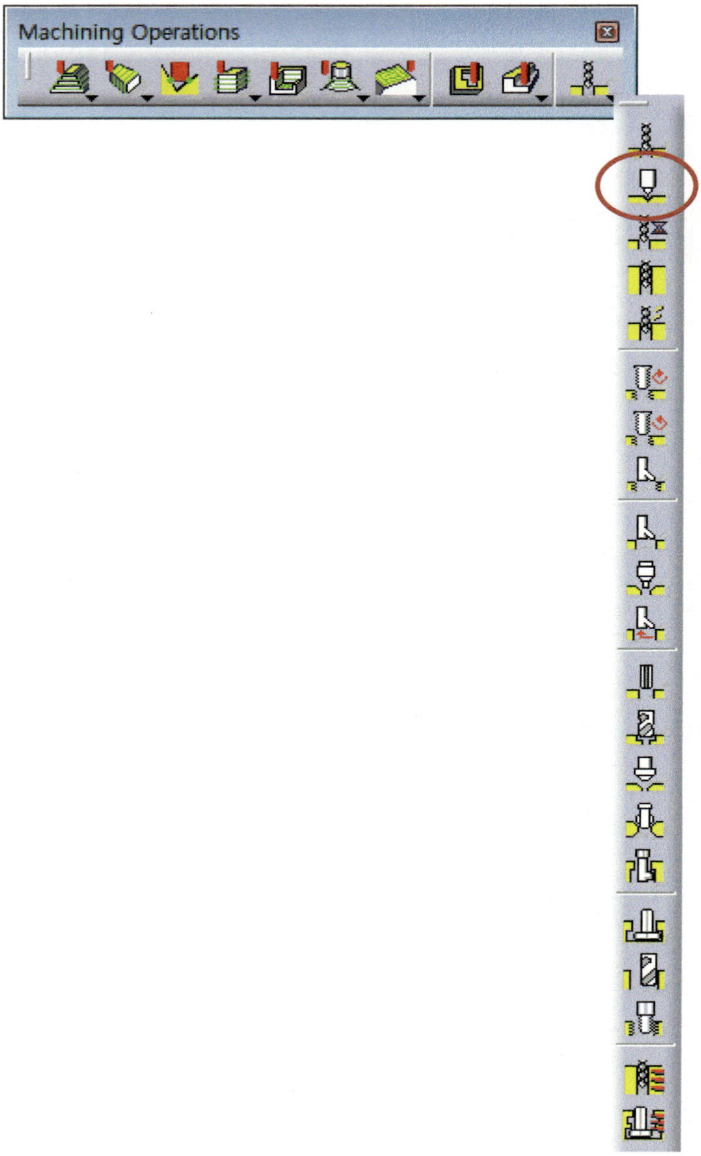

[30] 화면의 부품(도형)을 클릭하거나 좌측 트리의 P.P.R. - ProcessList - Process - Part Operation.1 – Manufacturing Program.1을 클릭하면 Drilling Deep Hole 대화상자가 나타난다.

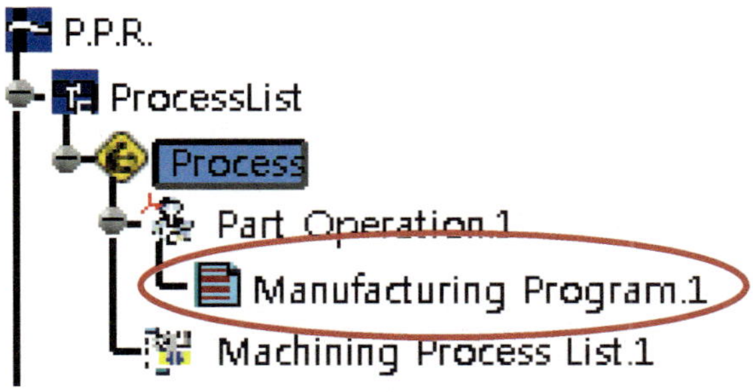

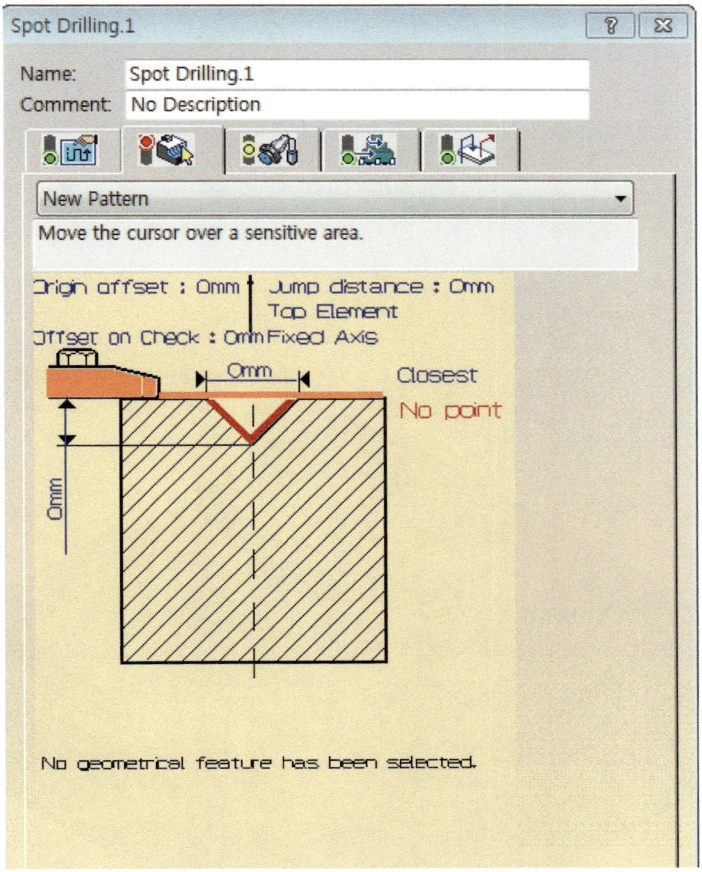

[31] 투명한 노란색으로 표시되는 Rough stock을 숨기기 위해 왼쪽 트리의 Rough stock.1에 마우스로 포인터를 가져가서 우측 버튼 클릭(MB3, 우클릭)을 하고 **Hide/Show**를 선택하여 보이는 것을 숨긴다. 뒤에 드릴로 구멍을 뚫기 위해 구멍의 모서리를 선택해야 하는데 이 작업을 하지 않으면 선택할 수 없다. 다만 이때 앞에 생성한 안전평면도 사라지기 때문에 이 점에 유의해야 한다. 매번 선택할 때마다 보이고 사라지기를 반복한다.

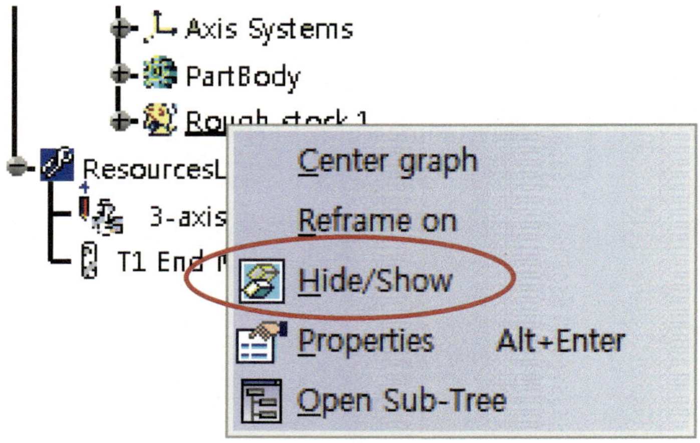

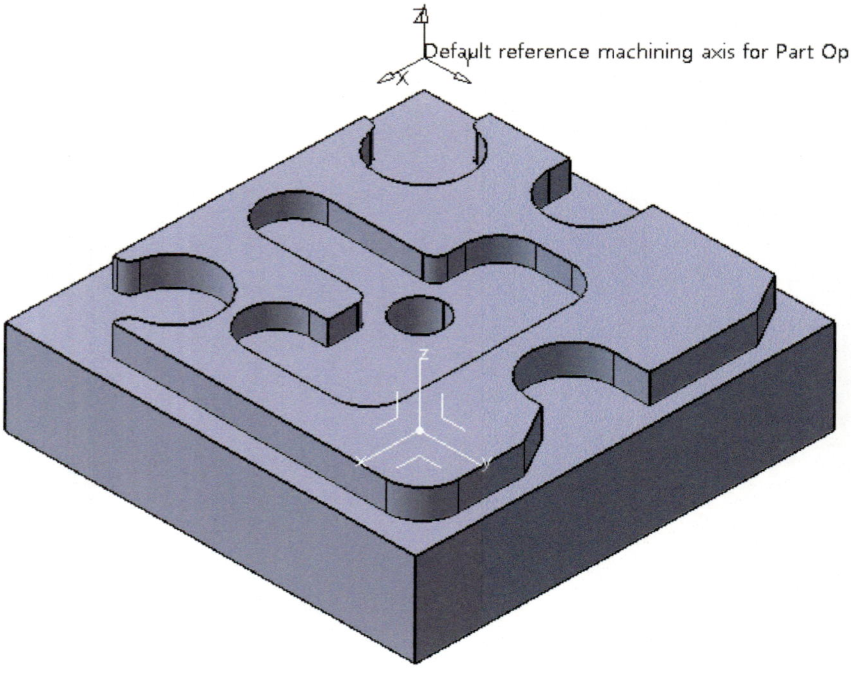

[32] 대화상자는 처음 열렸을 때 Geometric components 탭()에 위치하고 있으며 아래에 나타내는 그림을 통하여 필요한 부분을 CATIA에 알려주어야 한다. 우선 부품의 윗면을 나타내는 주황색 수평선을 선택하고 모델링한 부품의 윗면을 선택해서 더블 클릭해야 한다. 올바르게 선택되면 녹색으로 선의 색깔이 바뀐다.

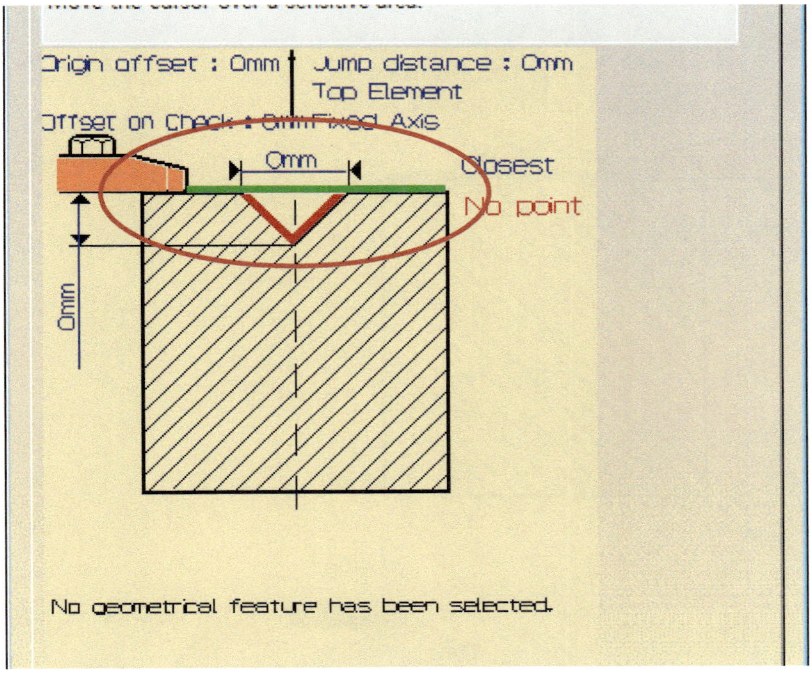

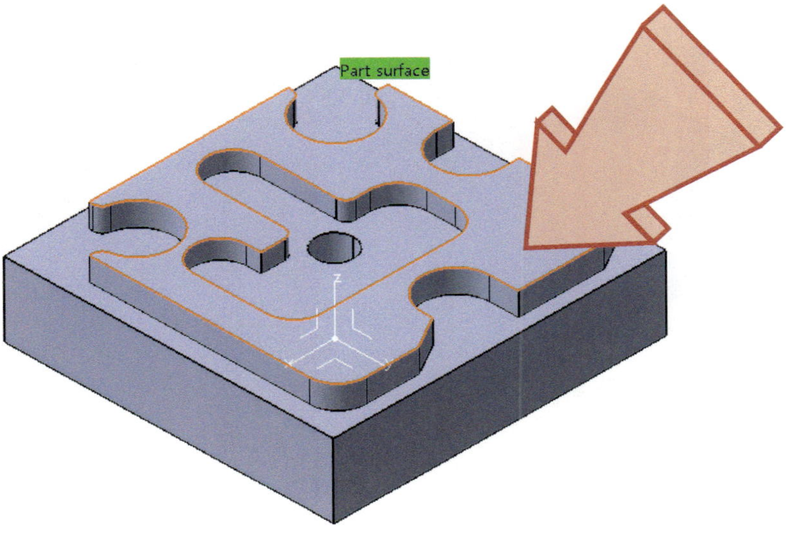

[33] 두 번째로 드릴의 중심을 알려주기 위해 수평선 밑에 있는 V 모양의 선을 클릭하고 모형(모델링 작업물)의 구멍 입구인 원 모서리를 클릭하고 모형이 없는 빈 작업공간에 더블 클릭을 한다. 이렇게 하면 아래 그림의 우측 No point가 **1 Point**로 바뀐다. 정상적으로 선택되면 선이 녹색으로 바뀐다.

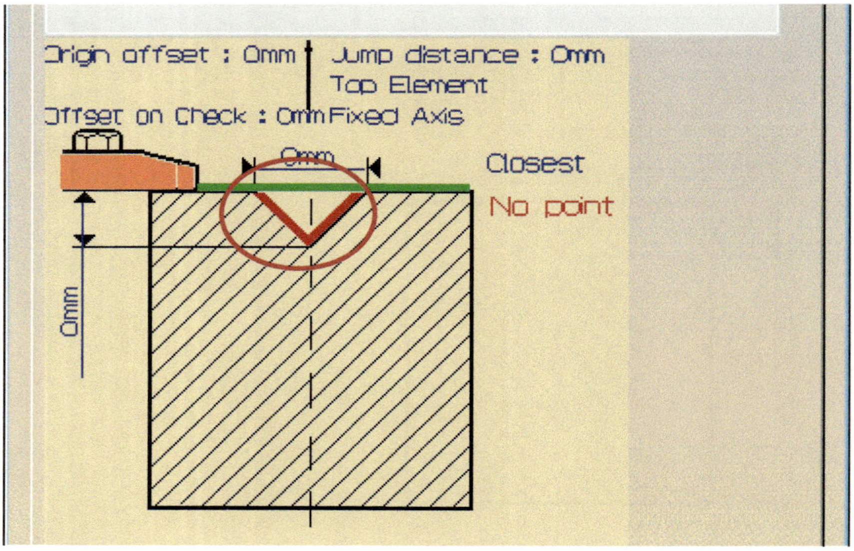

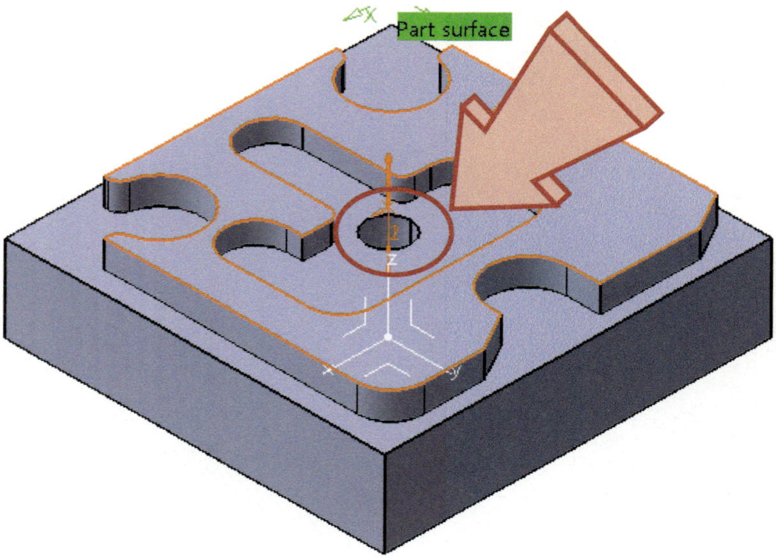

[34] 가공깊이를 더블 클릭하여 5를 입력한다. Geometric components 탭의 좌측 붉은 등이 파란 등으로 바뀌었음을 확인할 수 있다.

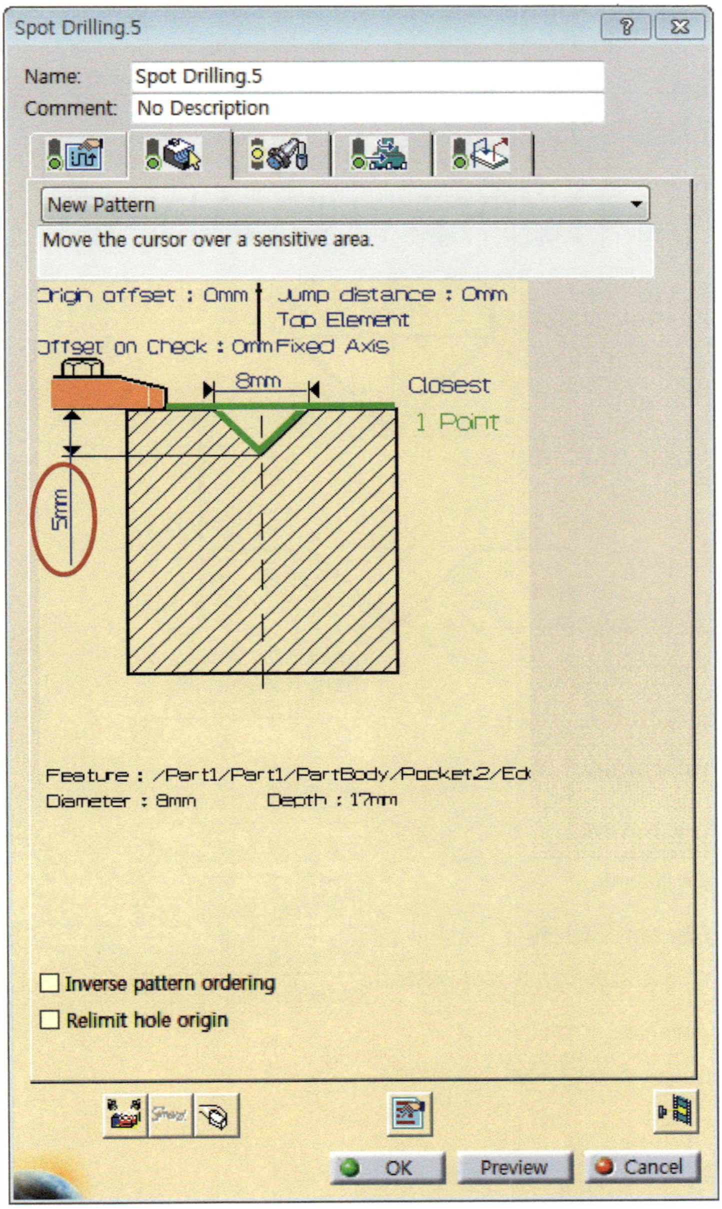

[35] Machining strategy 탭( )으로 이동하여 Approach clearance (A) :에 **10**의 값을 주고 Output CYCLE syntax에 체크되어 있으면 체크를 해제한다. 이 작업은 스폿드릴과 다음 공정인 드릴 딥 홀에 모두 적용하여야 한다.

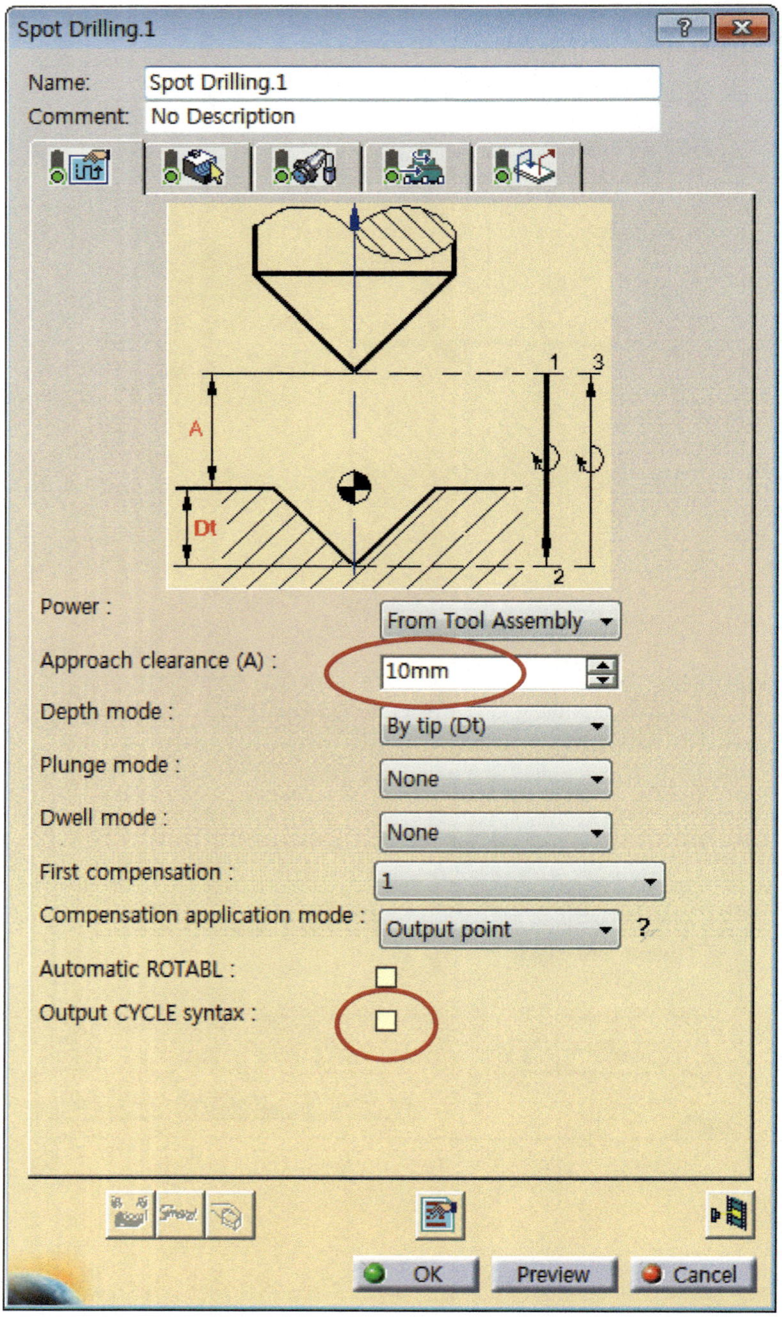

[36] Tool 탭으로 이동하여 스폿드릴에 사용할 공구를 설정한다. 공구의 종류를 시험장에서 많이 쓰는 센터드릴로 선택하고 기본적으로 들어가 있는 이름인 T1 Spot Drill D 15을 여기서는 T2 Spot Drill D 3으로 변경하였다. 다른 공구의 이름도 이와 유사하게 만드는 것이 나중에 찾아보기 쉽다. 공구 이름을 변경하고 키보드의 Tab 키(⭾)를 누르면 Tool number를 수정할 수 있다. Tool number(공구번호)를 가공할 때 사용할 머시닝센터에 세팅되어 있는 해당 번호를 입력한다(여기서는 2로 가정하였음). 그리고 센터드릴의 끝부분 직경(여기가 센터드릴의 규격 직경임)을 더블 클릭하여 3으로 변경한다.

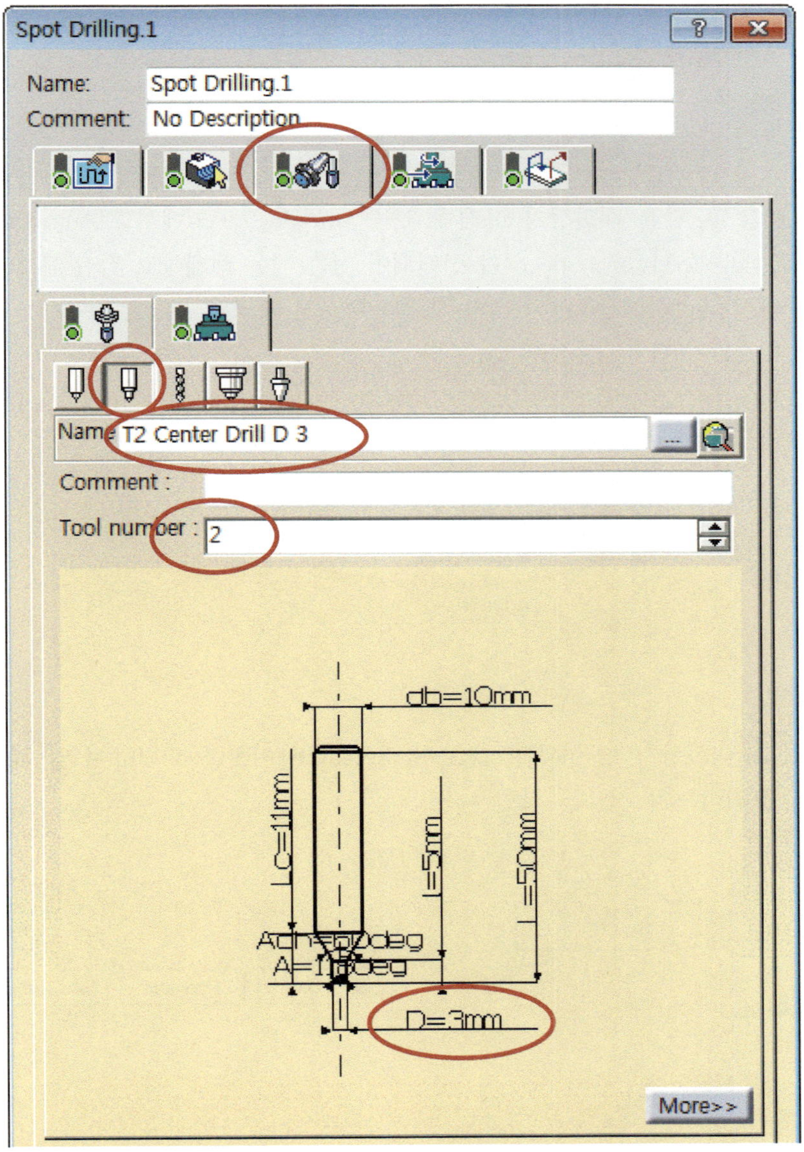

[37] Feeds and speeds 탭에서 Feedrate의 Automatic compute from tooling Feeds and Speeds가 선택되어 있는 것을 해제하고 Machining에 **80**을 넣어준다.

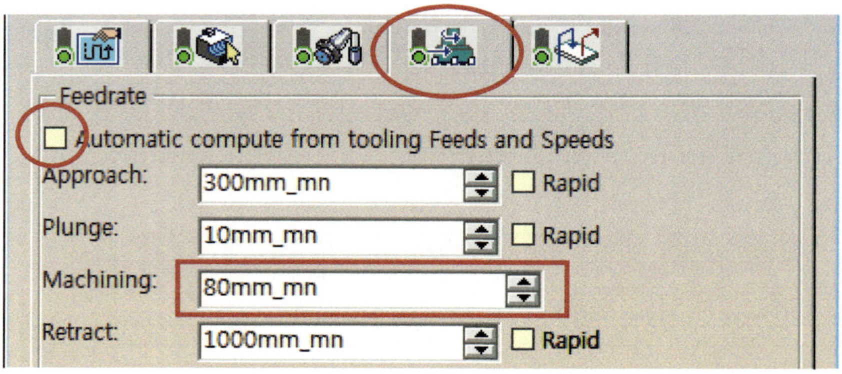

[38] 37번 작업 후 같은 대화상자 아래에 있는 Spindle Speed에서도 Automatic compute from tooling Feeds and Speeds가 선택되어 있는 것을 해제하고 직접 아래와 같이 값을 넣어준다. Spindle output이 아래의 그림과 다르게 체크되지 않은 경우에는 값을 입력할 수 없으므로 그림과 같이 체크해준다.

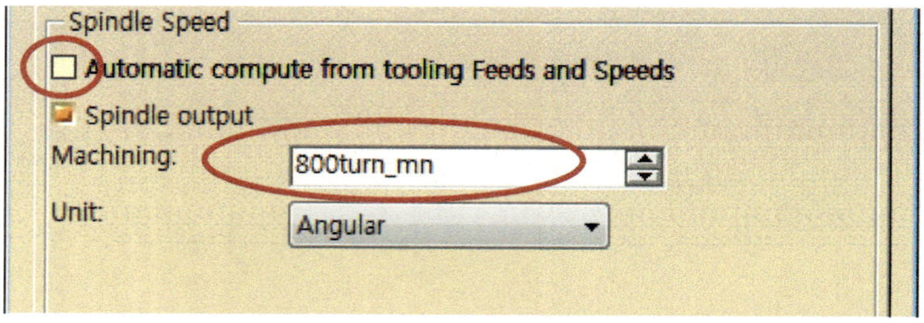

[39] Roughing 대화상자 맨 아래 Tool Path Replay 아이콘을 클릭하여 입력한 값에 따라 공구가 움직이는지 경로를 확인한다.

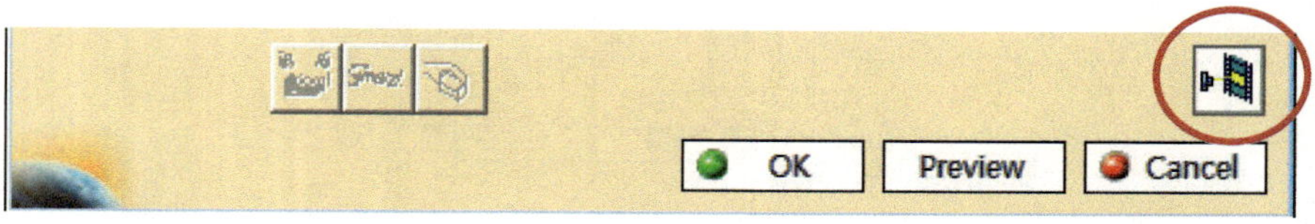

[40] 전체 공구 경로를 확인할 수 있으며 실제 가공을 시뮬레이션해보기 위해 Video from last saved result 아이콘()을 클릭한다.

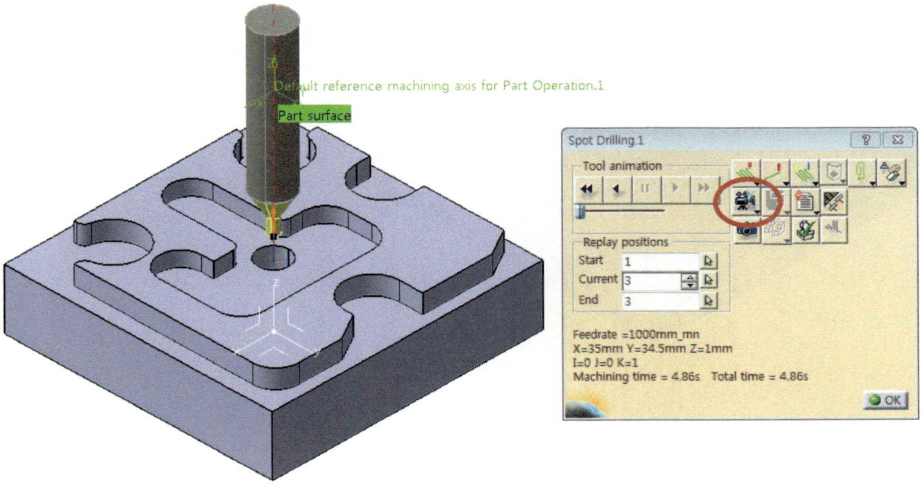

[41] Forward replay 아이콘()을 눌러 가공되는 과정을 확인한다.

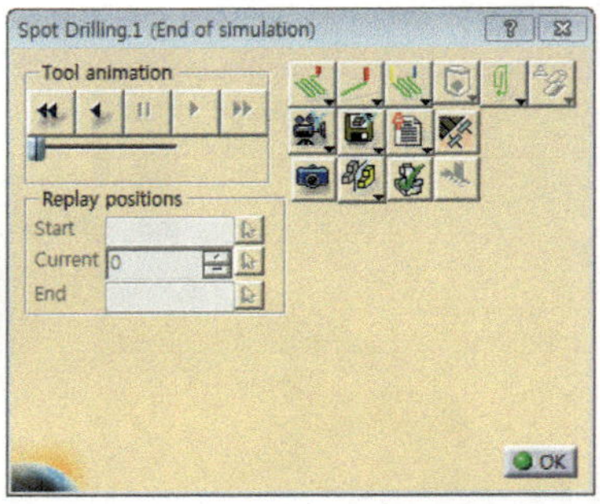

[42] 오른쪽 아래 OK 버튼을 클릭한다.

[43] 대화상자를 닫기 위해 OK 버튼을 클릭한다. 여기까지 하면 스폿 드릴 공정이 완료된다.

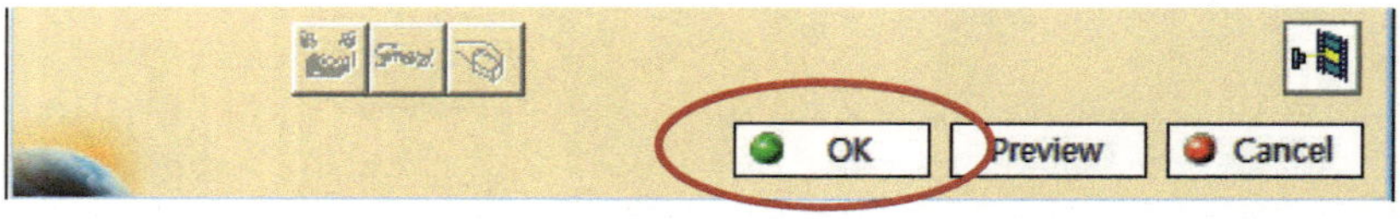

[44] 두 번째 드릴가공을 시작하기 위해 메뉴 바의 **Insert 〉 Machining Operations 〉 Axial Machining Operations 〉 Spot Drilling**을 클릭하거나 Machining Operations 툴바의 Drilling Deep Hole 아이콘을 클릭하고 왼쪽 트리에서 Spot Drilling.1(Computed)를 클릭하면 Drilling Deep Hole 대화상자가 나타난다.

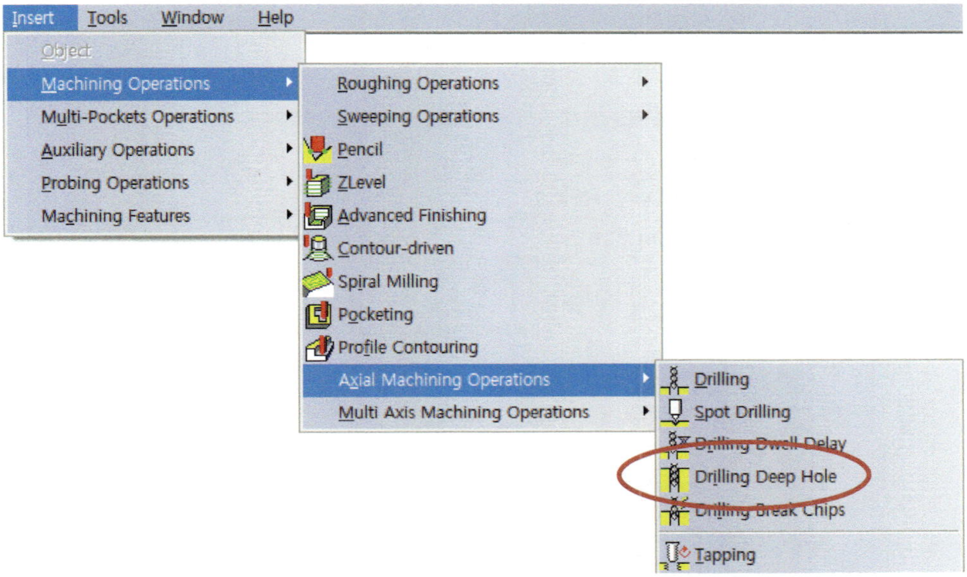

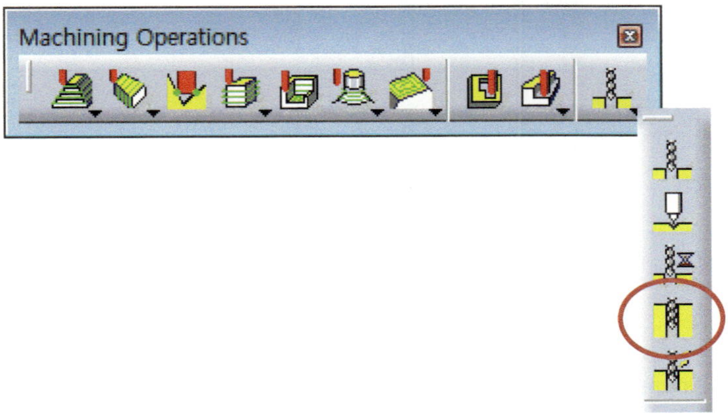

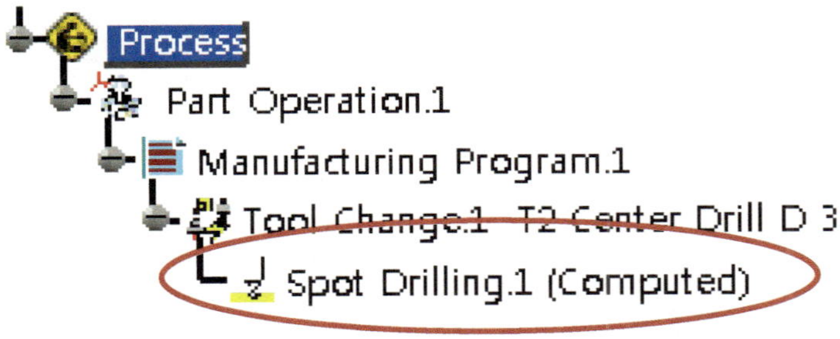

[45] 33번과 34번을 참고하여 Geometric components 탭( )에서 부품의 윗면을 나타내는 주황색 수평선을 선택하고 모델링한 부품의 윗면을 선택해서 더블 클릭해야 한다. 올바르게 선택되면 녹색으로 선의 색깔이 바뀐다. 두 번째로 드릴의 중심을 알려주기 위해서 34번과는 달리 두 수직선 중 하나를 클릭하고 모형의 원 모서리를 클릭한 뒤 모형이 없는 빈 작업공간에 더블 클릭을 한다. 이렇게 하면 아래 그림의 우측 No point가 **1 Point**로 바뀐다. 정상적으로 선택되면 선이 녹색으로 바뀐다.

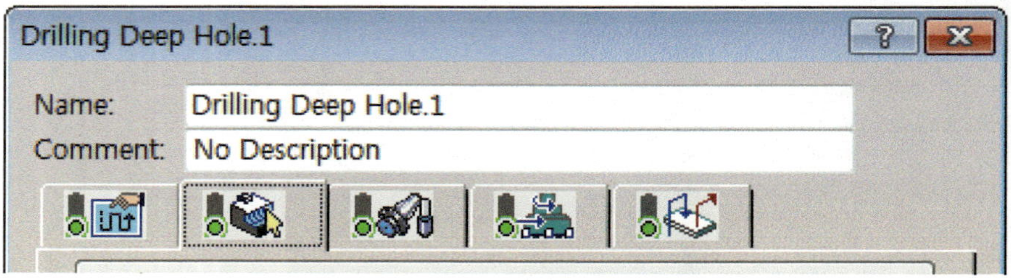

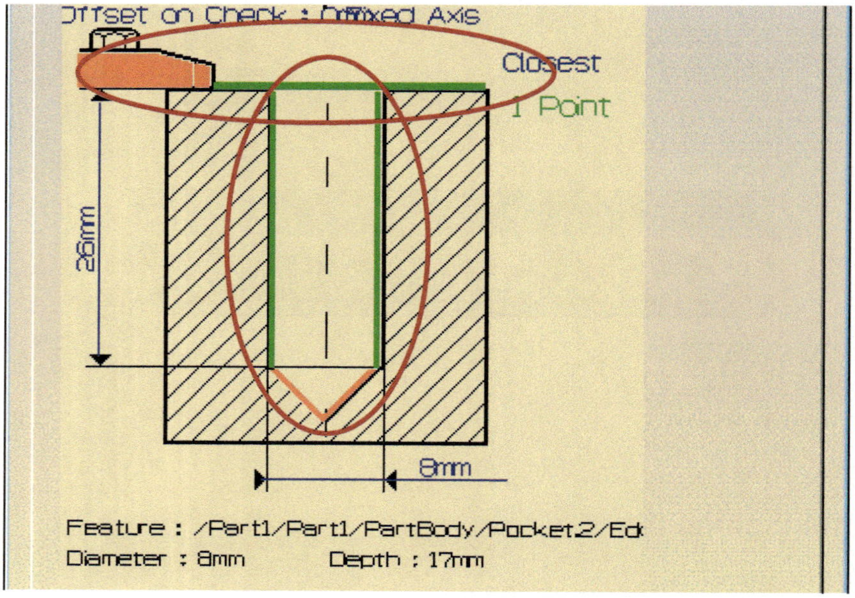

[46] 35번을 참고하여 가공깊이를 더블 클릭하여 소재의 두께 21mm에 5mm를 더해 **26**을 입력한다.

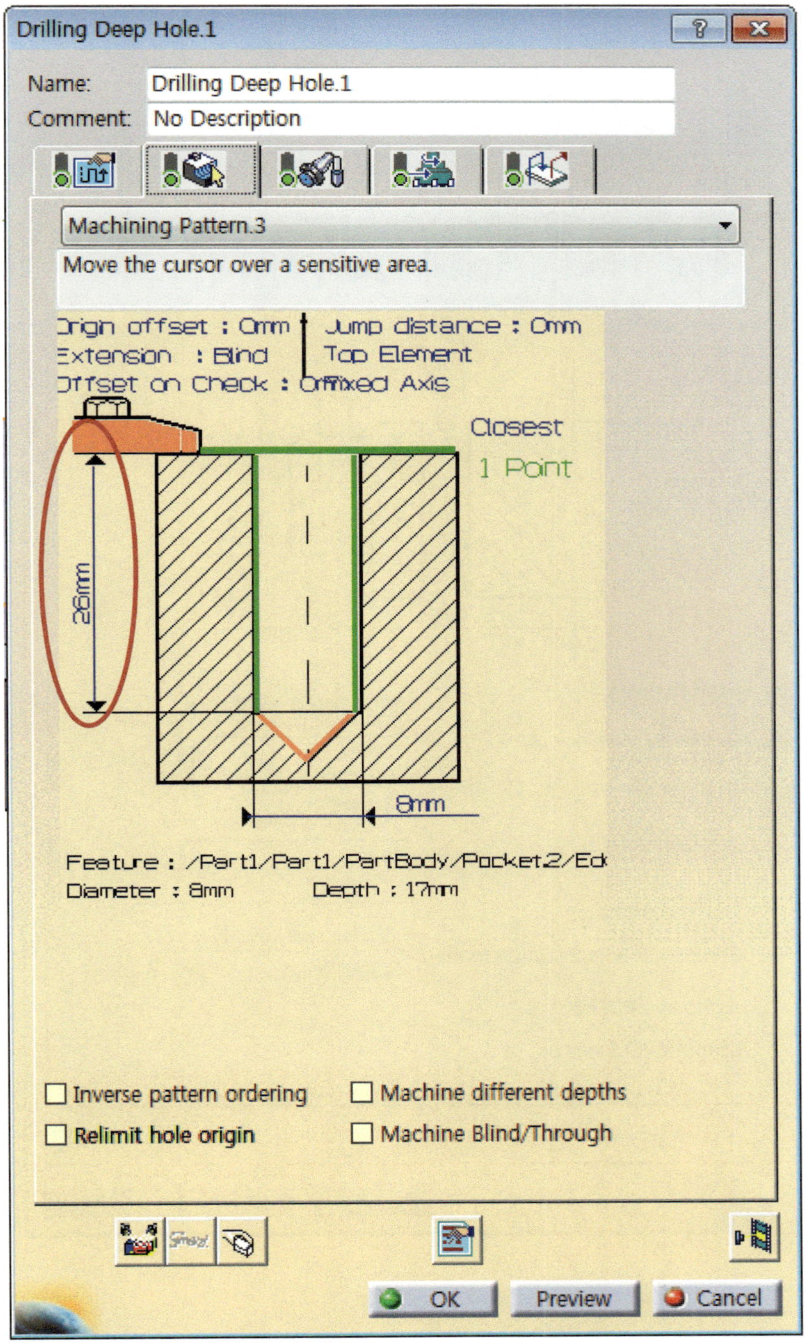

[47] 36번을 참고하여 Machining strategy 탭( )으로 이동하여 Approach clearance (A) : 에 **10**의 값을 주고 스크롤바를 밑으로 내려 Output CYCLE syntax에 체크되어 있으면 체크를 해제한다. 이 작업은 스폿드릴과 다음 공정인 드릴 딥 홀에 모두 적용하여야 한다.

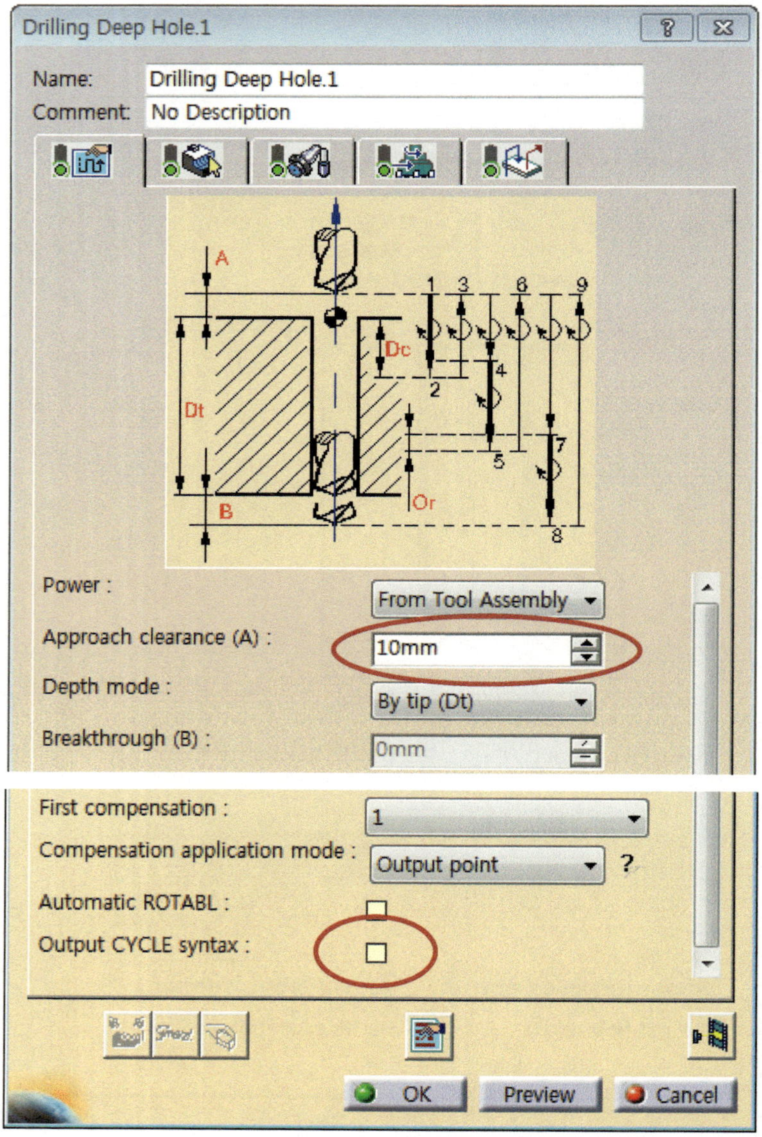

[48] Tool 탭으로 이동하여 드릴가공에 사용할 공구를 설정한다. 우선 작업할 공구로 드릴을 선택하고 이름을 적절하게 입력하는데 여기서는 **T3 Drill D 8**으로 하였다. 다른 공구의 이름도 이와 유사하게 만드는 것이 나중에 찾아보기 쉽다. 공구 이름을 변경하고 키보드의 Tab 키(⇆)를 누르면 Tool number를 수정할 수 있다. Tool number(공구번호)를 가공할 때 사용할 머시닝센터에 세팅되어 있는 해당 번호를 입력한다(여기서는 3로 가정하였음). 그리고 드릴의 직경을 더블 클릭하여 **8**로 변경한다.

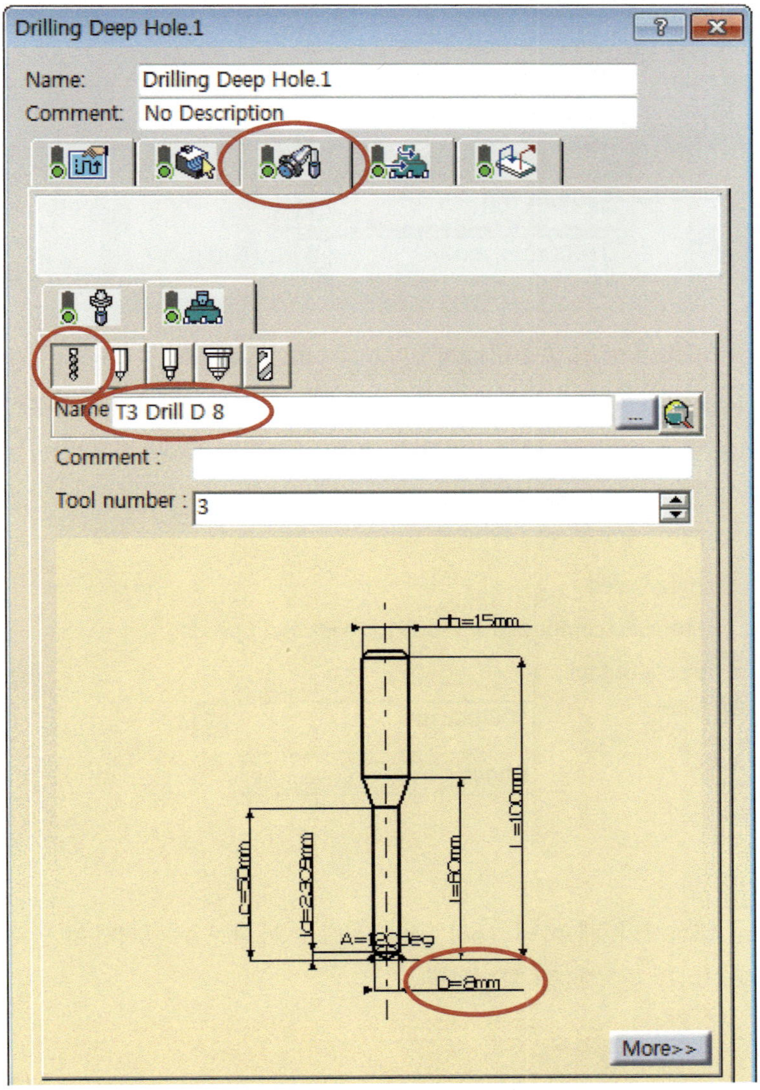

[49] Feeds and speeds 탭에서 Feedrate의 Automatic compute from tooling Feeds and Speeds 가 선택되어 있는 것을 해제하고 Plunge에 **500**, Machining에 **80**을 넣어준다.

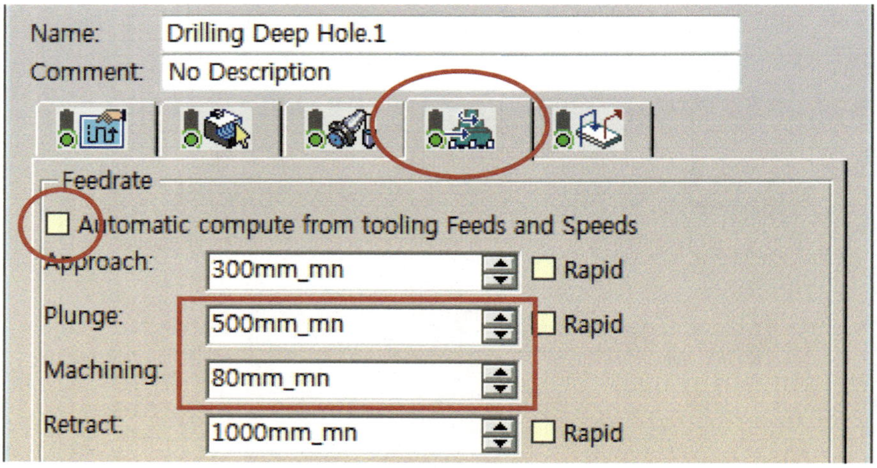

[50] 49번 작업 후 같은 대화상자 아래에 있는 Spindle Speed에서도 Automatic compute from tooling Feeds and Speeds가 선택되어 있는 것을 해제하고 직접 아래와 같이 값을 넣어준다. Spindle output이 아래의 그림과 다르게 체크되지 않은 경우에는 값을 입력할 수 없으므로 그림과 같이 체크해준다.

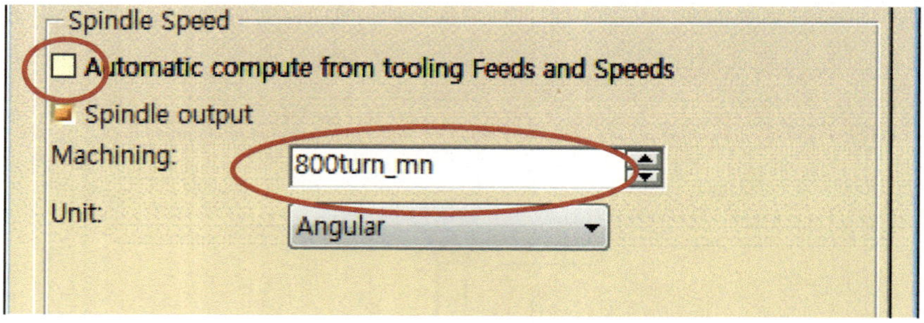

[51] Roughing 대화상자 맨 아래 Tool Path Replay 아이콘을 클릭하여 입력한 값에 따라 공구가 움직이는지 경로를 확인한다.

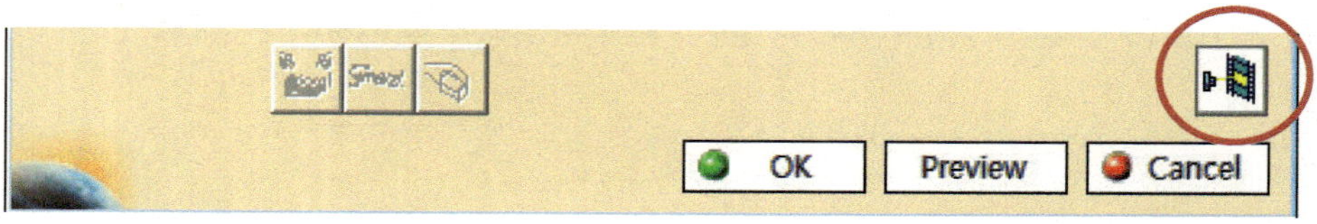

[52] 전체 공구 경로를 확인할 수 있으며 실제 가공을 시뮬레이션 보기 위해 Video from last saved result 아이콘()을 클릭한다.

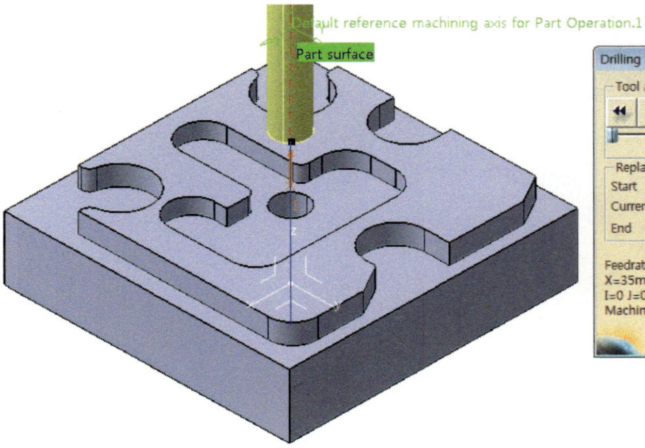

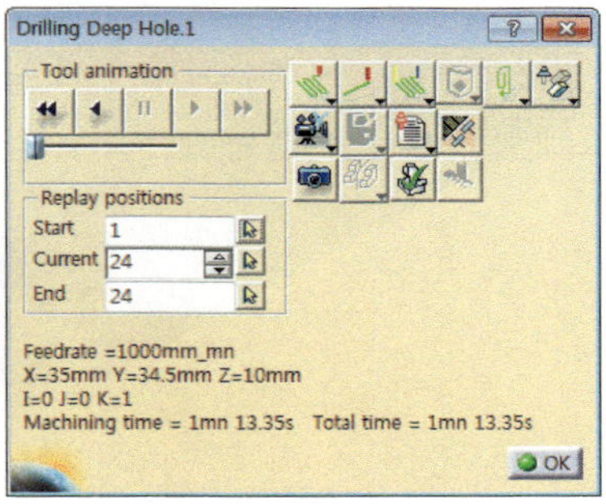

[53] Forward replay 아이콘()을 눌러 가공되는 과정을 확인한다.

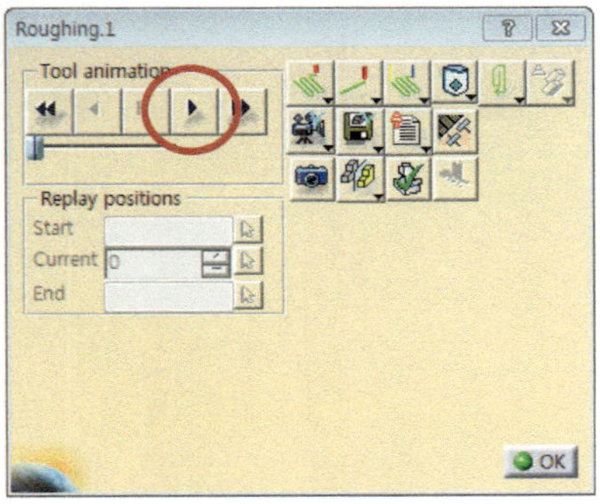

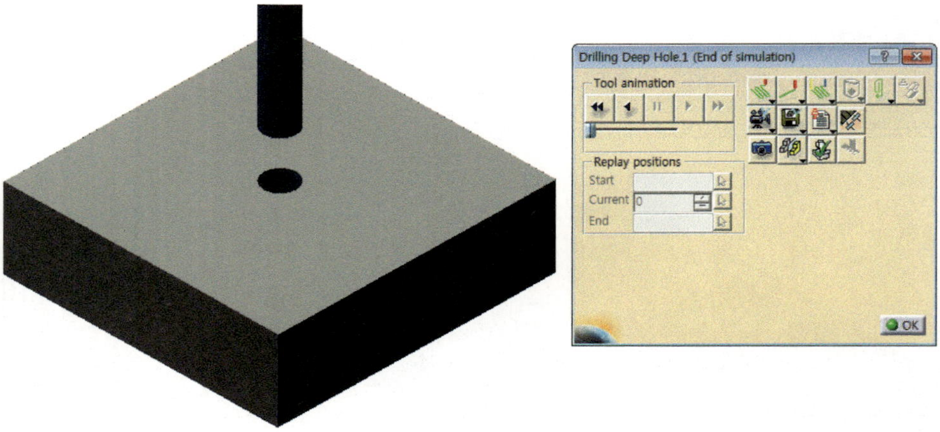

[54] 오른쪽 아래 [OK] 버튼을 클릭한다.

[55] 대화상자를 닫기 위해 [OK] 버튼을 클릭한다. 여기까지 하면 스폿 드릴 공정이 완료된다.

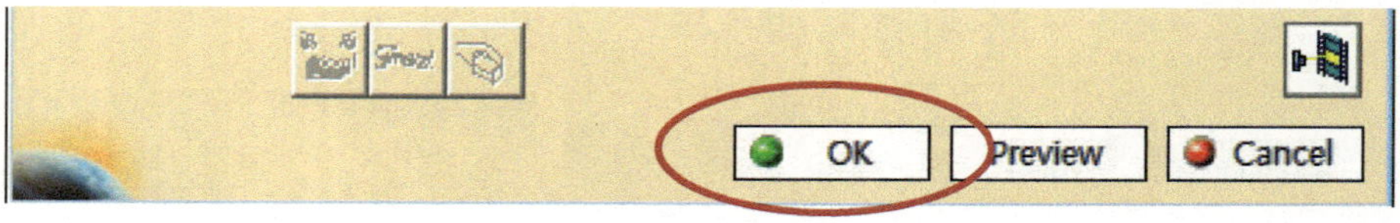

[56] 세 번째 드릴가공을 시작하기 위해 메뉴 바의 **Insert 〉 Machining Operations 〉 Roughing Operations 〉 Roughing**을 클릭하거나 Machining Operations 툴바의 Roughing 아이콘( )을 클릭하고 왼쪽 트리에서 **Drilling Deep Hole.1(Computed)**를 클릭하면 Roughing 대화상자가 나타난다.

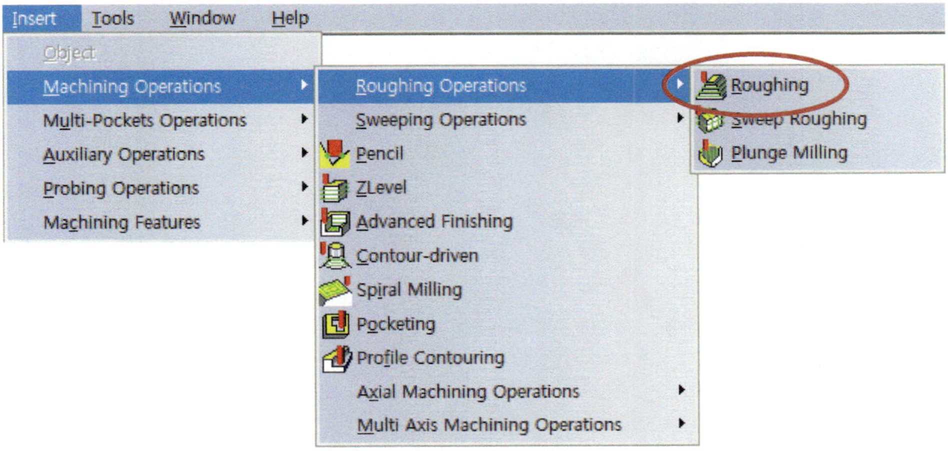

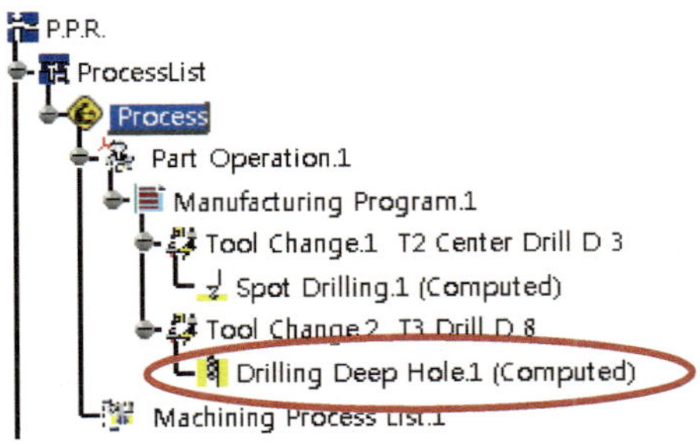

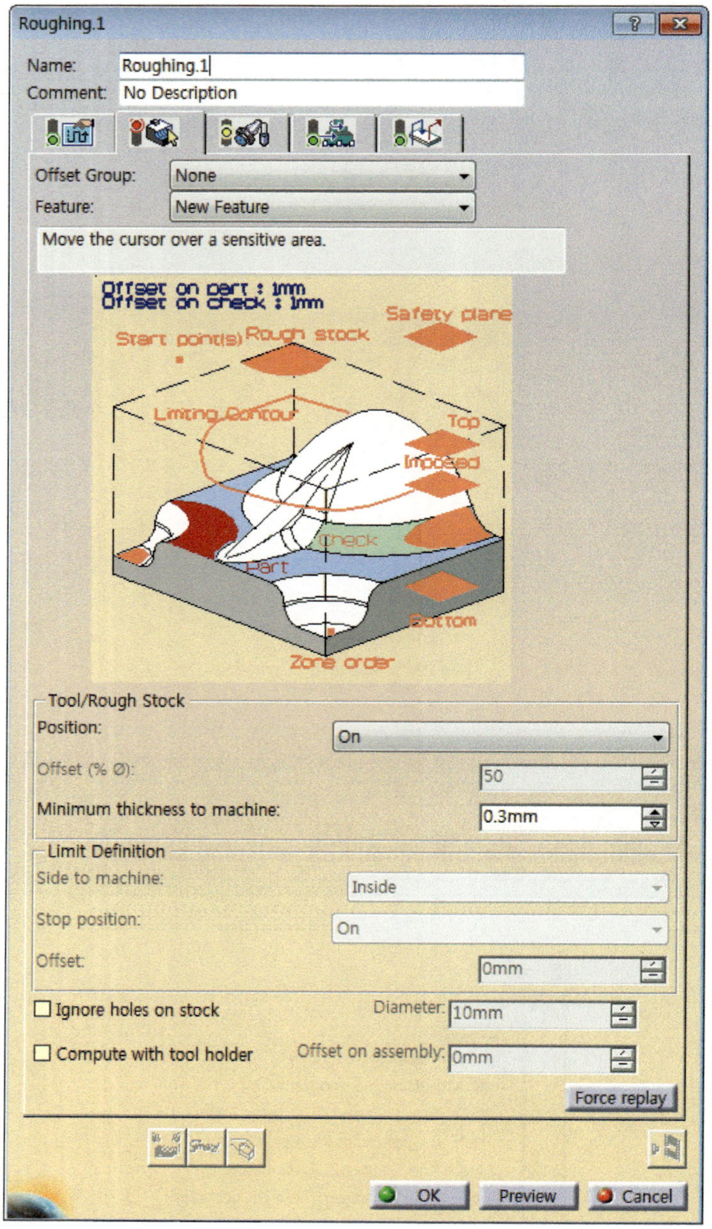
Roughing.1
Name: Roughing.1
Comment: No Description
Offset Group: None
Feature: New Feature
Move the cursor over a sensitive area.
Offset on part : 1mm
Offset on check : 1mm
Safety plane
Start point(s)
Rough stock
Limiting Contour
Top
Imposed
Check
Part
Bottom
Zone order
Tool/Rough Stock
Position: On
Offset (% Ø): 50
Minimum thickness to machine: 0.3mm
Limit Definition
Side to machine: Inside
Stop position: On
Offset: 0mm
Ignore holes on stock
Diameter: 10mm
Compute with tool holder
Offset on assembly: 0mm
Force replay
OK
Preview
Cancel

[57] 대화상자는 처음 열렸을 때 Geometric components 탭( )에 위치하고 있으며 아래의 부품 및 소재를 나타내는 그림을 통하여 필요한 부분을 CATIA에 알려주어야 한다. 우선 붉은색으로 표시되는 Part(부품)을 클릭하고 왼쪽 트리의 **Partbody**를 더블 클릭한다. 정상적으로 선택했으면 붉은색에서 녹색으로 바뀌어 표시된다.

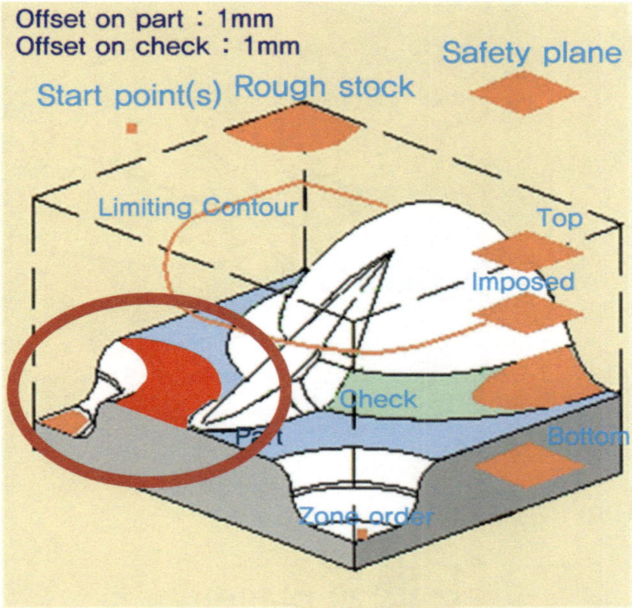

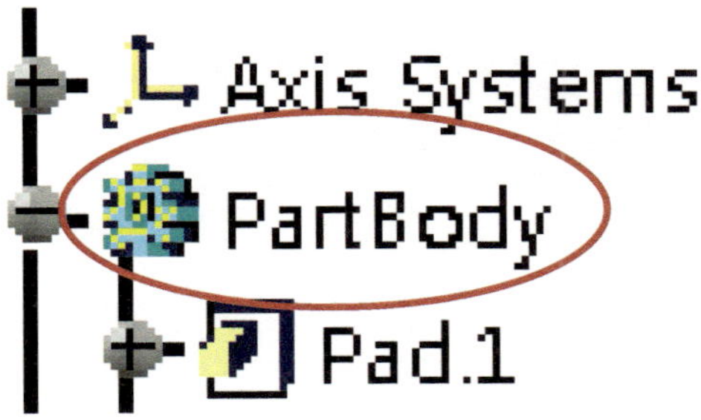

[58] 다음으로 Rough stock(소재)을 클릭하고 왼쪽 트리의 Rough stock.1을 클릭한다. 정상적으로 선택했으면 주황색에서 녹색으로 바뀌어 표시된다.

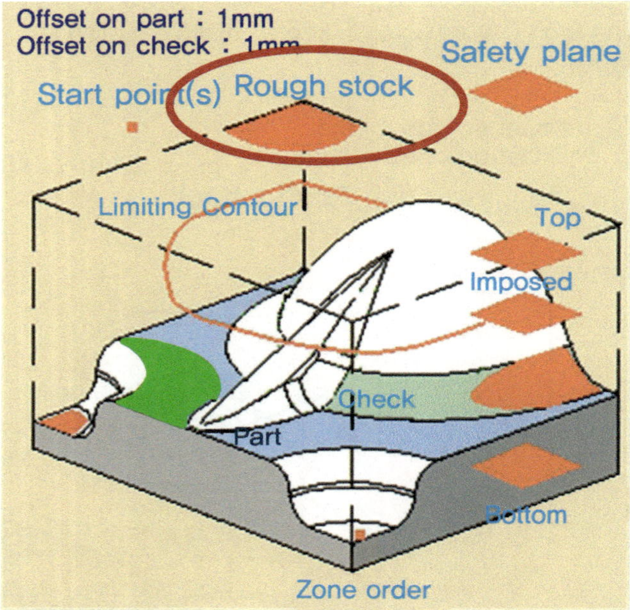

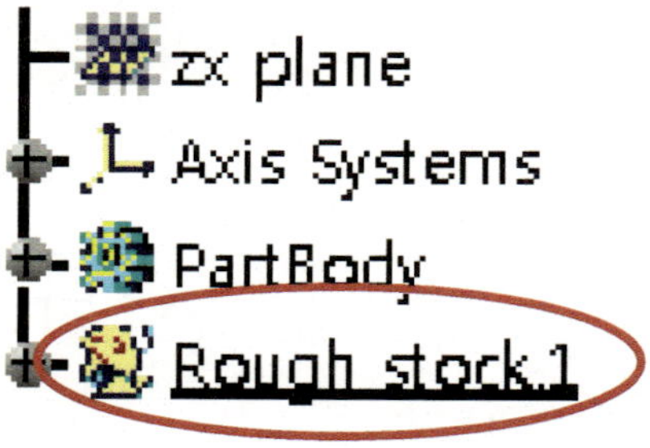

[59] Offset on part와 Offset on check를 각각 더블 클릭하여 1mm에서 0mm로 수정한다.

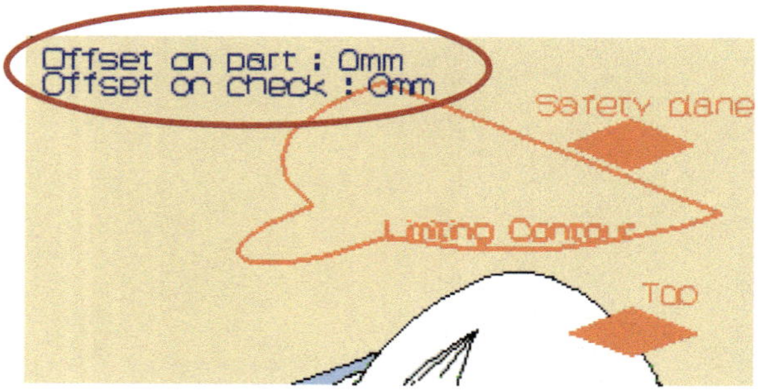

[60] Machining strategy 탭( )으로 이동하여 Machine tolerance를 0.01로 입력한다.

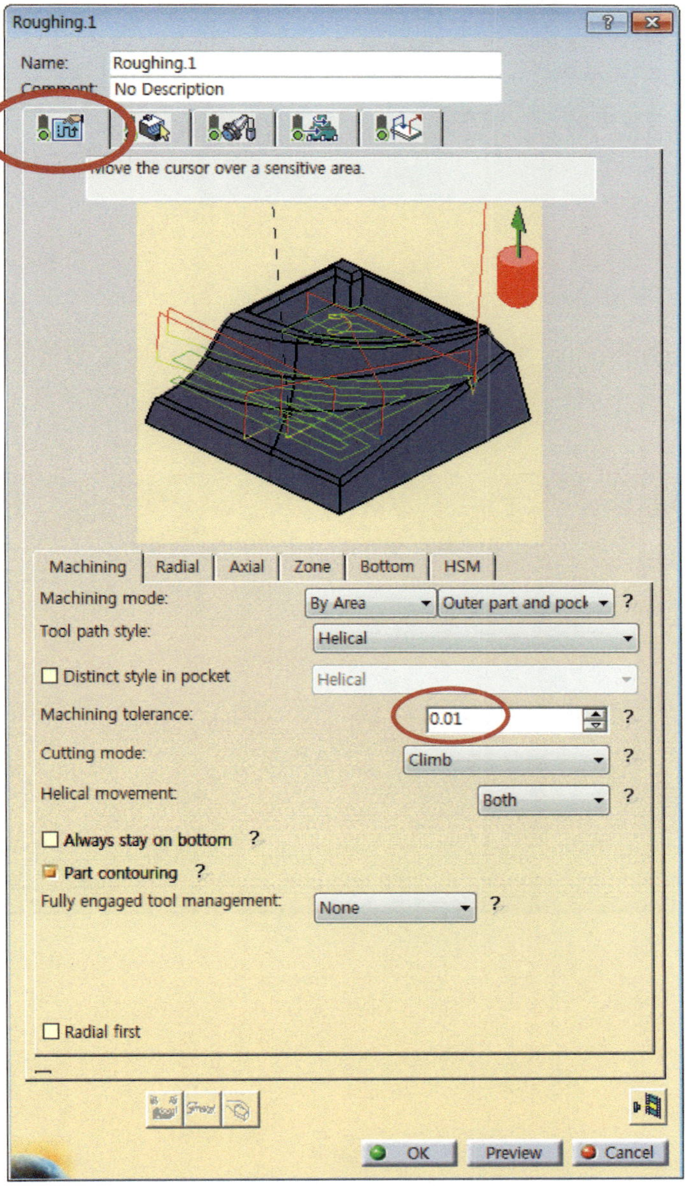

[61] Axial 탭으로 이동하여 Maximum cut depth에 **1**을 입력하고 **Variable cut depths...** 버튼을 클릭한다.

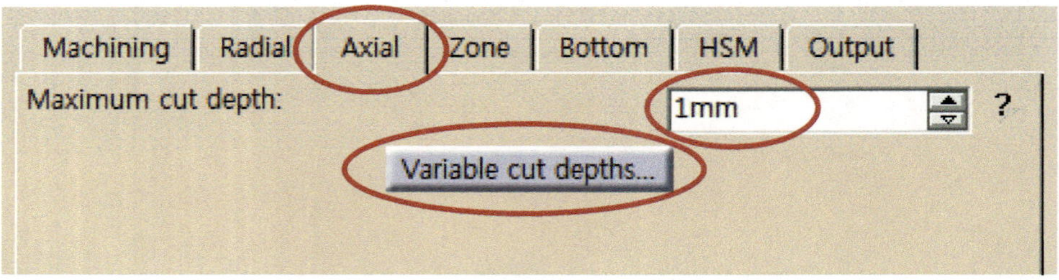

[62] Distance from top:에 **4**를 입력하고 Max. cut depth:에 **2**를 입력한 다음 **Add** 버튼을 누르고 [OK] 버튼을 클릭한다.

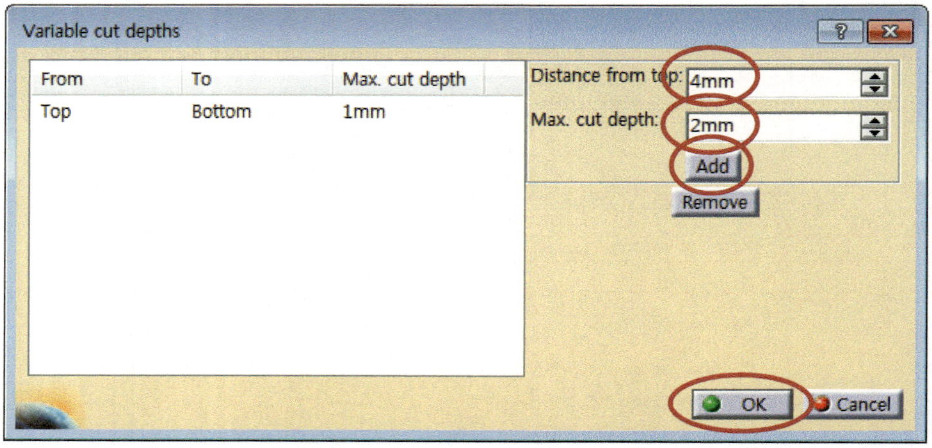

[63] Tool 탭으로 이동하여 황삭에 사용할 공구를 설정한다. 공구이름(Name)와 공구번호(Tool number)은 별도의 수정 없이 그대로 사용하고 Ball-end tool에 선택되어 있는 것을 클릭하여 해제한다. 아래의 공구그림으로 가서 Rc를 더블 클릭해서 0으로 변경하고 D가 10mm인지 확인하고 다르면 더블 클릭하고 수정한다.

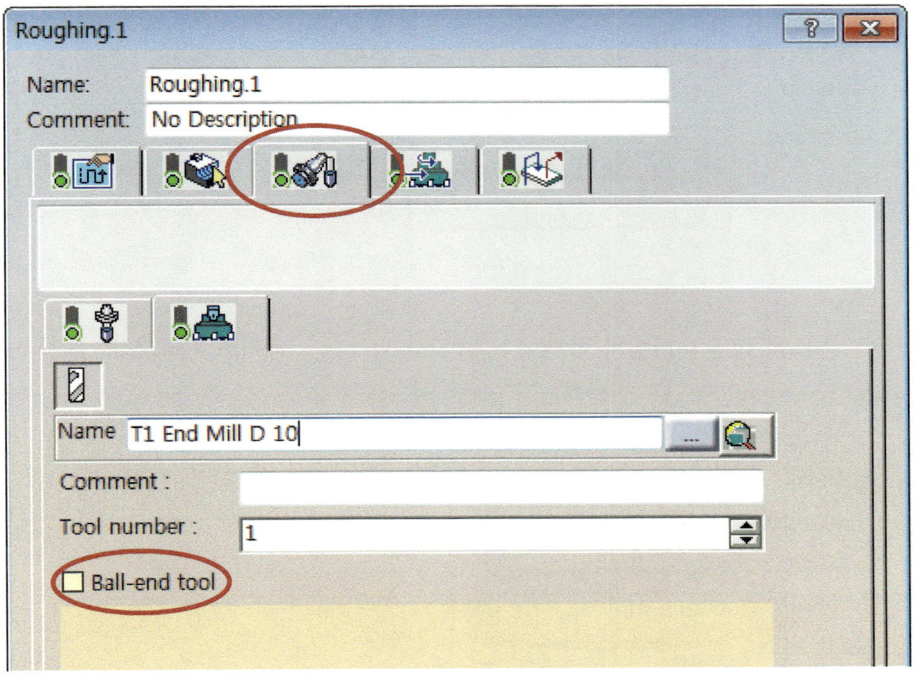

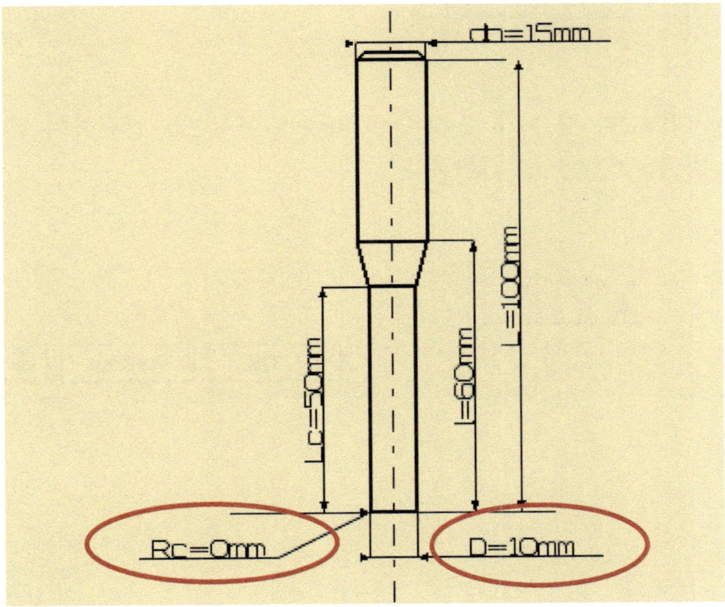

[64] Feeds and speeds 탭에서 Feedrate의 Automatic compute from tooling Feeds and Speeds가 선택되어 있는 것을 해제하고 직접 아래와 같이 값을 넣어준다.

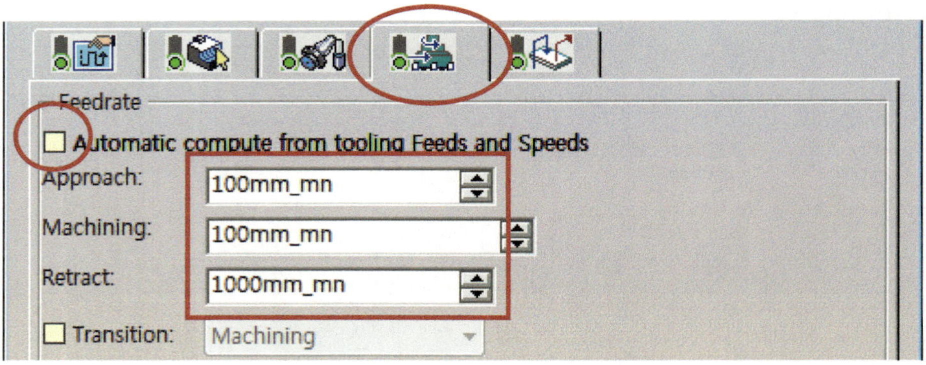

[65] 40번 작업 후 같은 대화상자 아래에 있는 Spindle Speed에서도 Automatic compute from tooling Feeds and Speeds가 선택되어 있는 것을 해제하고 직접 아래와 같이 값을 넣어준다.

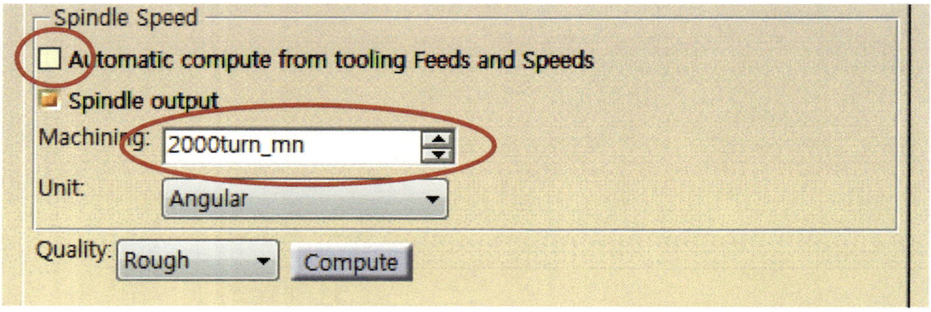

[66] Roughing 대화상자 맨 아래 Tool Path Replay 아이콘을 클릭하여 입력한 값에 따라 공구가 움직이는지 경로를 확인한다.

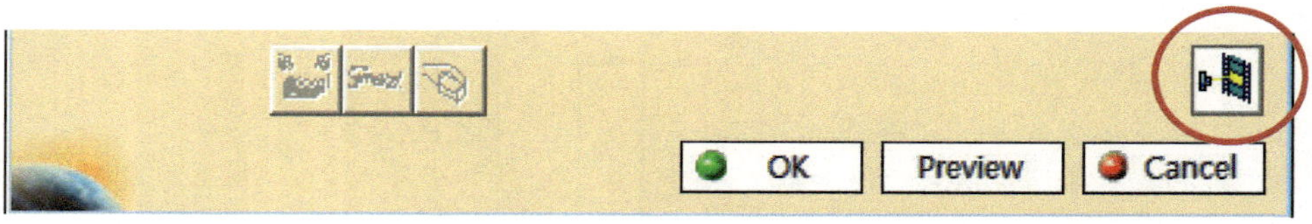

[67] 전체 공구 경로를 확인할 수 있으며 실제 가공을 시뮬레이션해보기 위해 Video from last saved result 아이콘( )을 클릭한다.

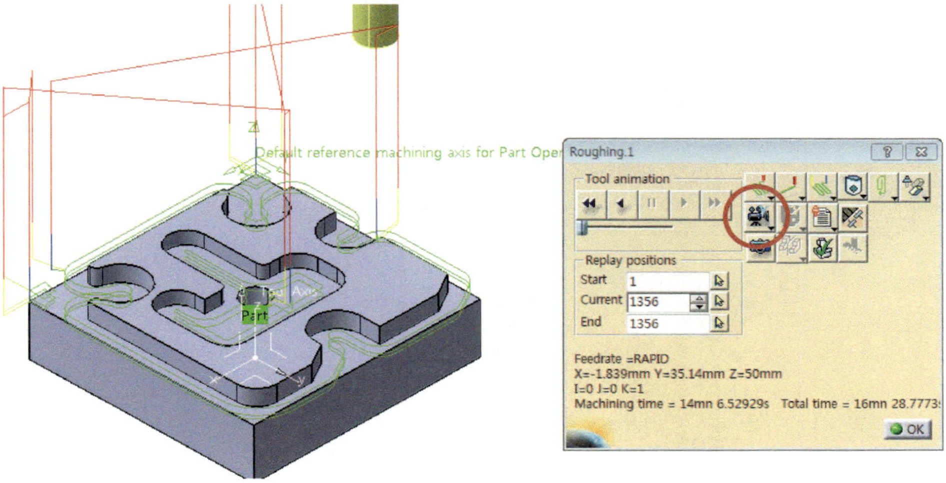

[68] Forward replay 아이콘( )을 눌러 가공되는 과정을 확인한다.

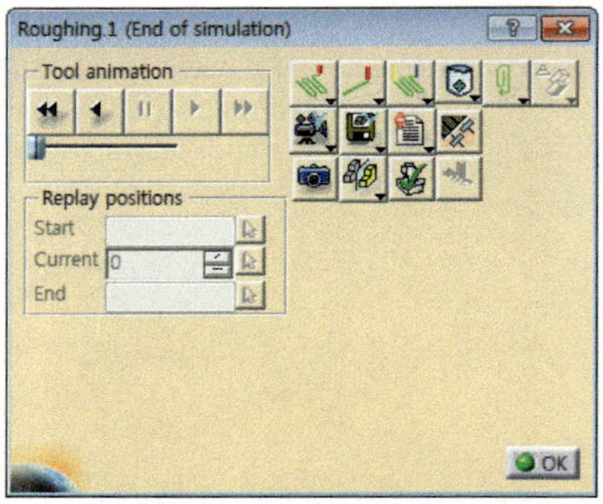

[69] 오른쪽 아래 OK 버튼을 클릭한다.

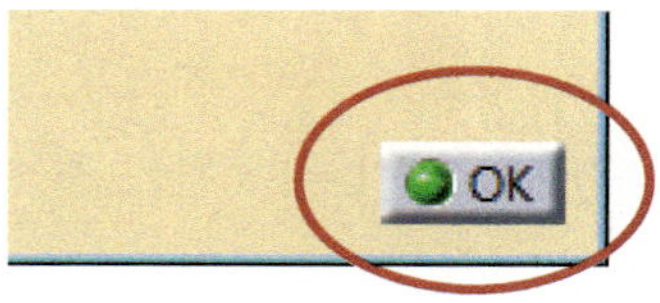

[70] 대화상자를 닫기 위해 OK 버튼을 클릭한다. 여기까지 하면 황삭가공 공정이 완료된다.

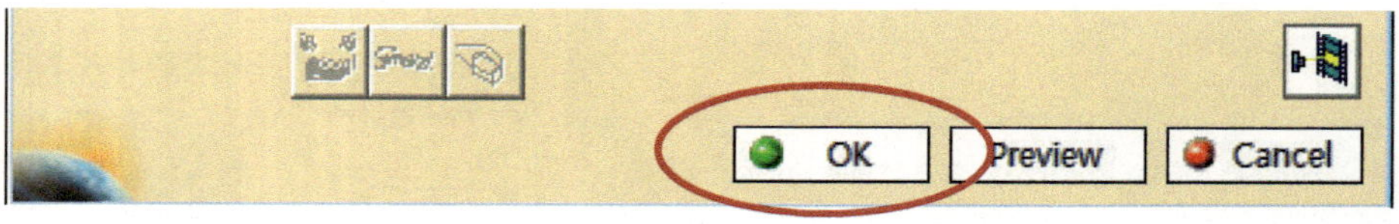

[71] Menu Bar(메뉴 바)의 **File 〉 Save** 또는 Standard 툴바의 **Save** 버튼을 누르거나 **Ctrl +S**를 입력하면 Save 창이 생성된다. 참고로 처음으로 Save(파일저장)을 하면 파일명과 파일위치를 선택할 수 있게 Save As가 나온다. 앞에서 만든 파트(Part) 파일과 같은 위치에 저장한다. 여기서는 예시로 앞에 만들었던 바탕화면에 01 폴더에 CATIA 프로세서 파일(확장자가 CATProcess임)을 만들어 저장한다.

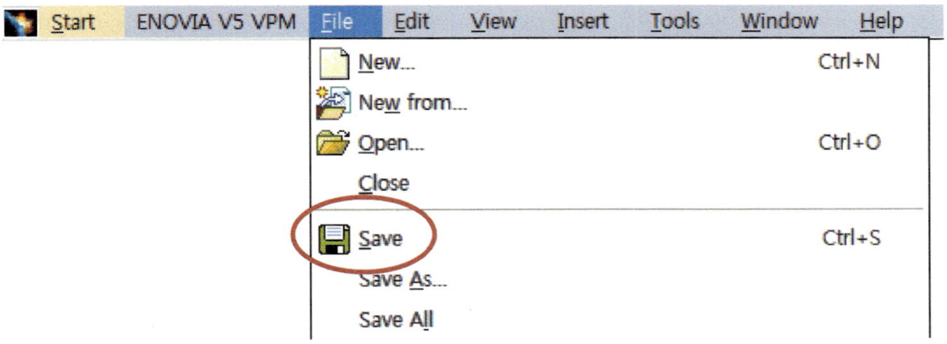

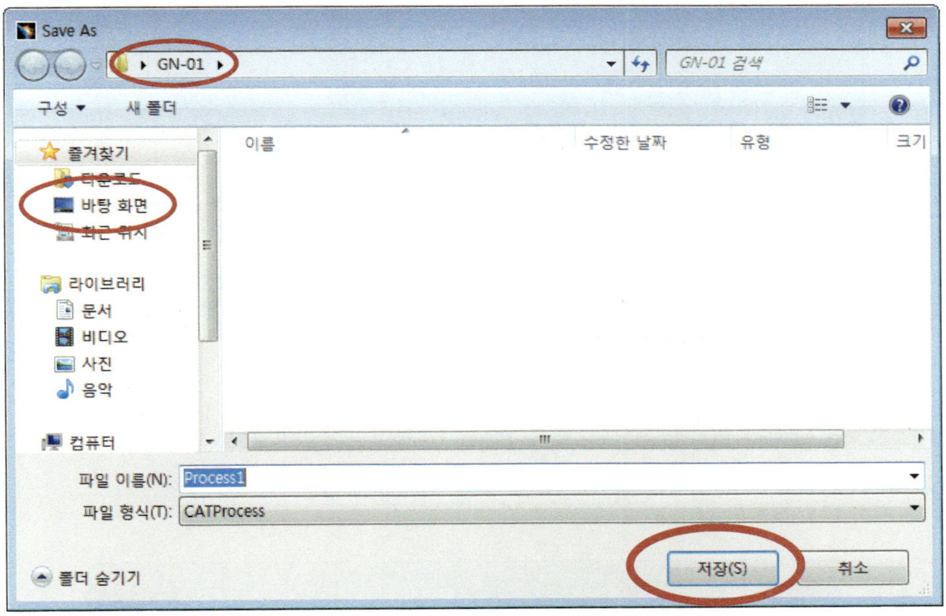

[72] NC Output Management 툴바에서 Generate NC Code in Batch Mode를 클릭한다.

[73] Generate NC Code in Batch Mode 대화상자의 In/Out 탭에서 Input CATProcess에 앞에 저장한 파일이 선택되어 있다. 그리고 NC파일의 이름과 출력될 위치를 정해주는데 아래와 같이 셋팅하여 NC Code를 앞에 작업한 파일들과 같이 한 폴더에 같이 만들면 국가자격시험에서 운용하기 편하다.

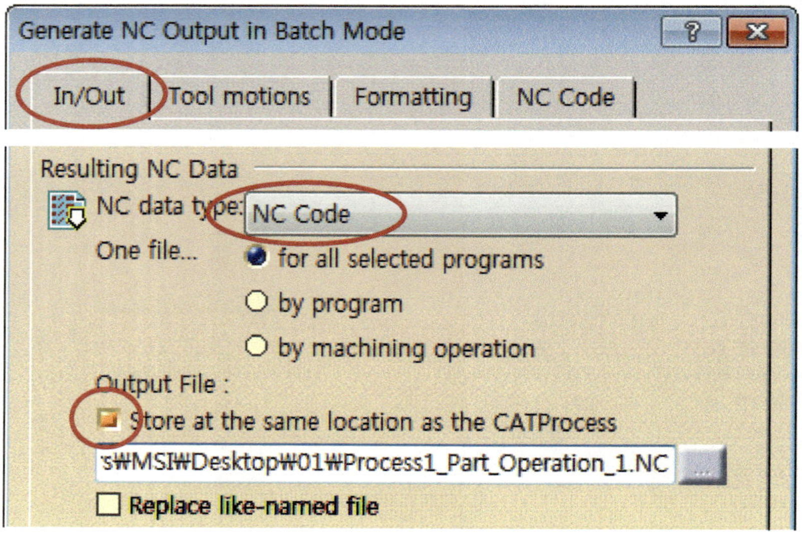

[74] **NC Code 탭**에서 IMS Post-processor file을 아래의 붉은 원 부분을 클릭하여 **fanuc0**으로 선택한다.

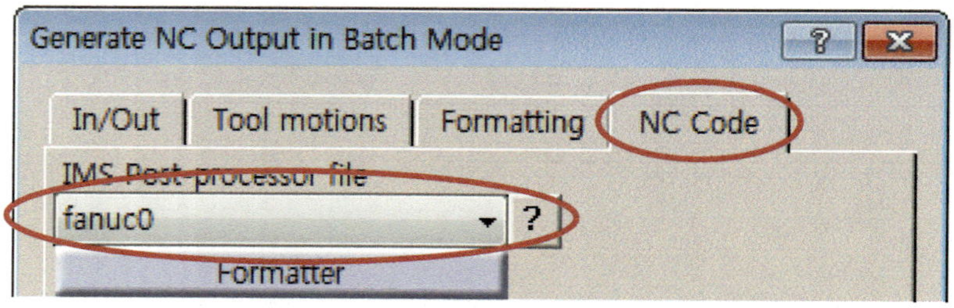

[75] 대화상자 맨 아래 **Execute** 버튼을 클릭하여 NC파일을 생성하고 **Close** 버튼을 눌러 대화상자를 닫는다.

[76] 60번에서 **Execute** 버튼을 클릭하면 공작기계에서 사용할 프로그램의 번호를 물어보는데 여기서는 1000번 그대로 하였다. 여기서 입력한 값은 생성된 NC파일의 앞부분에 O1000 이라는 부분이 있는데 이곳이 입력한 값으로 바뀐다.

여기서는 58번에 의해 Process1_Part_Operation_1.NC가 생성되었다.

```
Process1_Part_Operation_1 - 메모장
파일(F) 편집(E) 서식(O) 보기(V) 도움말(H)
%
O1000
( ********************************************************************** )
( *    INTELLIGENT MANUFACTORY SOFTWARE WWW.IMS-SOFTWARE.COM             * )
( *    IMSPOST VERSION : 7.4R                                            * )
( *    USER VERSION : 1                                                  * )
( ********************************************************************** )
N1 G49 G64 G17 G80 G0 G90 G40 G99
( TOOL DATA : T2 CENTER DRILL D 3 )
N2 T0002 M6
N3 X35. Y34.5 S800 M3
N4 G43 Z1. H2
N5 G1 G94 Z-5. F80.
N6 Z1. F1000.
( TOOL DATA : T3 DRILL D 8 )
N7 T0003 M6
N8 G0 G43 Z1. H3 S800 M3
```

[77] 여기까지 작업한 것으로 가공하는데 큰 문제는 없지만 조금 고쳐야 할 곳이 있다. 특히 MCT 가공에서 주로 사용하는 공작물 좌표계 코드(G54)가 없기 때문에 별도로 넣어주는 것이 좋다. 첫 번째부터 세 번째 항목은 가능하면 고치고 나머지 두 개는 시간적 여유가 있다면 고쳐보자. 아래 문제의 상당수는 Post-Process를 FANUC의 상위 버전을 선택함으로써 해결되지만 여기서는 FANUC 0 버전으로 NC코드를 생성하였으며 상위 버전의 컨트롤러를 가진 공작기계에서도 정상적으로 작동된다.

- 파일명을 Process1_Part_Operation_1.NC에서 O1000.NC와 같이 공작기계에 입력할 프로그램 번호로 변경한다. 자격시험에서는 비번호로 파일명을 변경해야 한다.
- NC파일을 메모장으로 열어 N1 행을

  N1 G17 G40 G49 G54 G80 G90

  으로 변경하여 공작물 좌표계의 선언과 각종 보정 및 사이클을 취소하는 것이 좋다.
- NC 코드 마지막 3줄이

  N1391 M30

  N1392 M2

  N1393 M30

  으로 끝나는데 여기서 M30인 두 줄을 지우고 M2만 남긴다. 즉 NC코드의 맨 마지막을

M02로 끝낸다.

- T0001, T0003 등을 T1, T3으로 변경한다.
  메모장으로 여는 것이 익숙하지 않으면 NC파일 위에 같은 파일명을 가진 텍스트(TXT) 파일이 있을 것이다. 이 파일을 더블 클릭하면 메모장이 열리고 이 메모장에 NC파일을 드래그(마우스로 클릭하고 끌어당기기)하면 NC파일을 볼 수 있다.
  메모장의 바꾸기(Ctrl+H)를 사용하여 'T000'을 T로 바꾼다.
- NC 코드 앞에 M8 및 끝에 M9를 추가하여 절삭유를 자동으로 공급하도록 수정한다. 수정하지 않고 수동으로 절삭유 공급을 하며 가공작업을 해도 무방하다.

03

머시닝센터 3D CAD/CAM

STEP 06 | 머시닝센터 3D 모델링 작업

STEP 07 | 머시닝센터 3D 모델링 공개도면

STEP 08 | 머시닝센터 3D CAM 작업

STEP 06

머시닝센터 3D 모델링 작업 (산업기사/기능장 공개문제 1번)

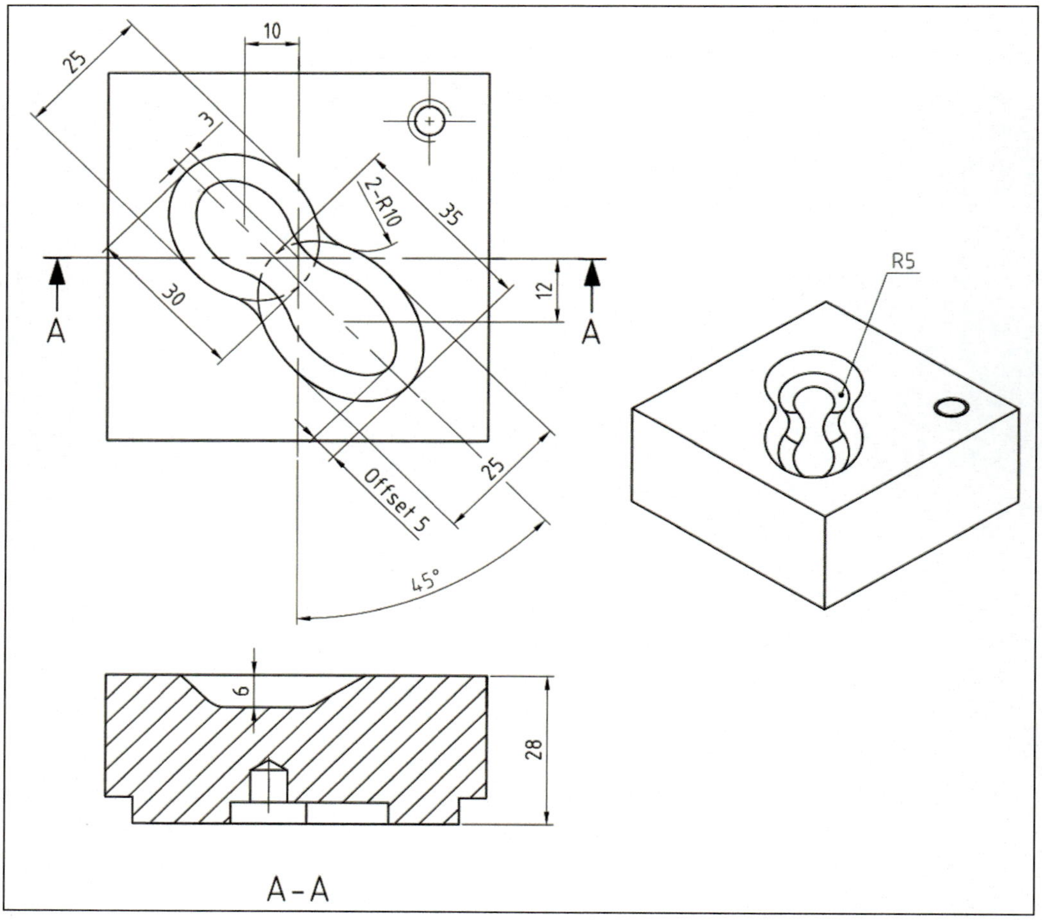

[공개]

①

4. 도 면(CAM프로그램가공)

자격종목	컴퓨터응용가공산업기사	[시험1]과제명	머시닝센터가공작업	척도	NS

※도면 ②

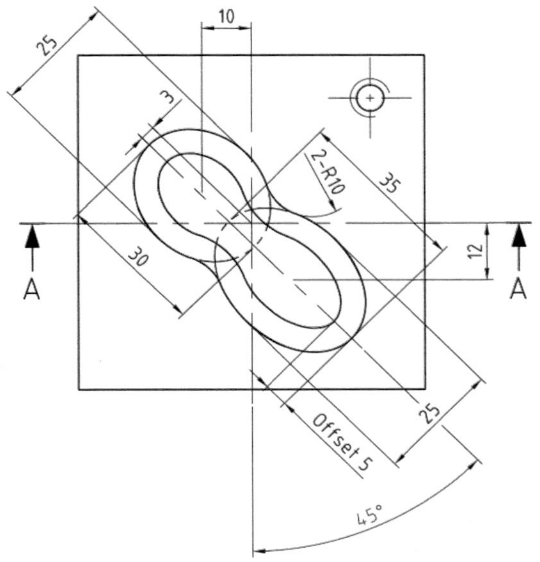

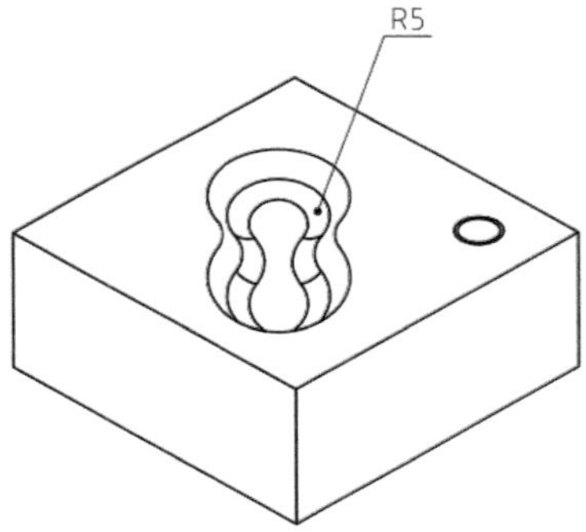

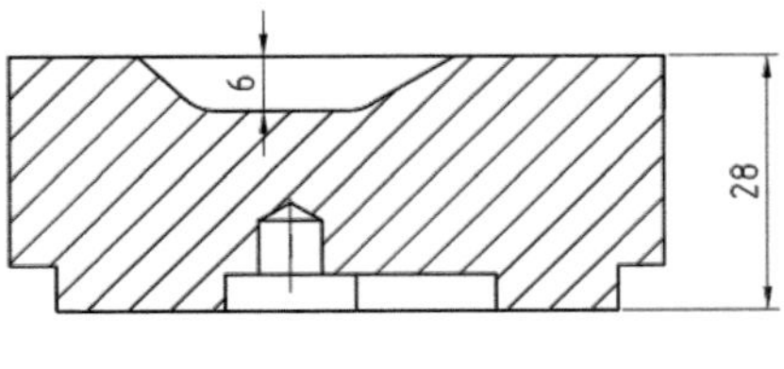

A-A

HRDK [시험 1] 6 - 6

[01] Menu Bar(메뉴 바)의 **Tools 〉 Options...**에 들어가면 Options 창이 생성된다.

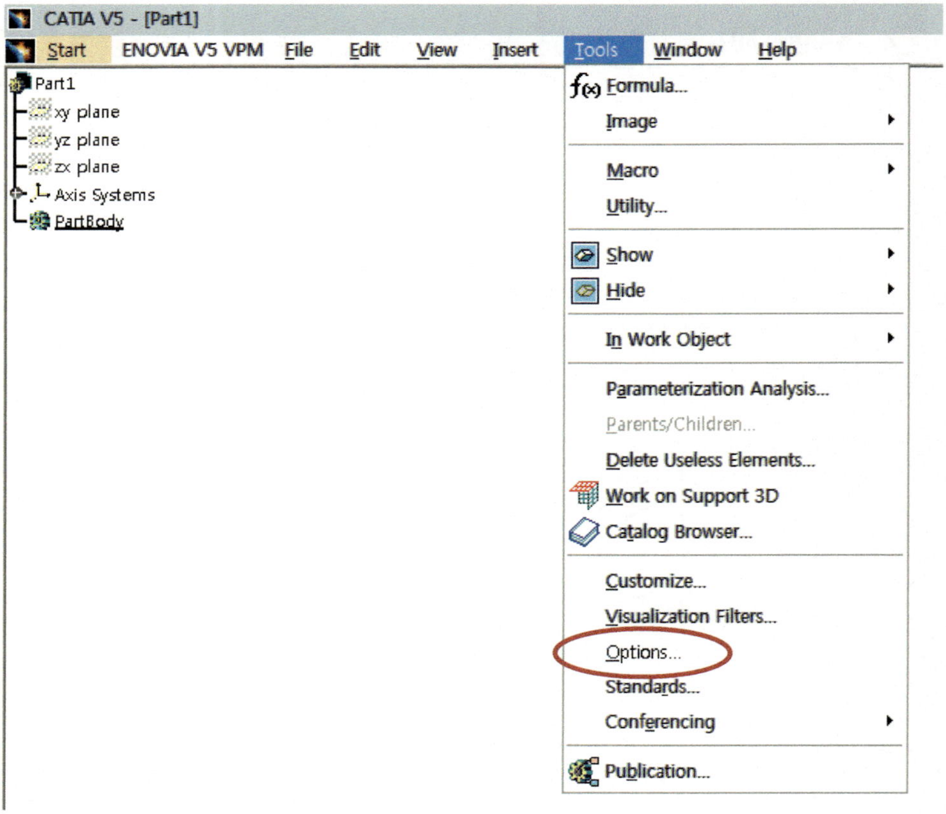

[02] Infrastructure 〉 Part Infrastructure의 Part Document 탭에서 Create an axis system 을 선택한다.

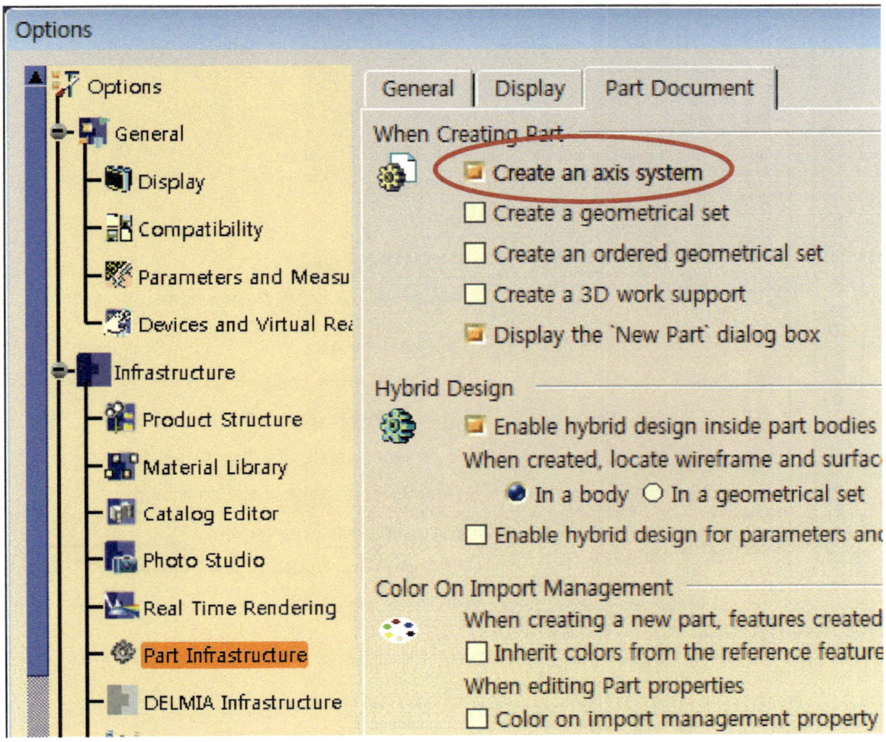

[03] **Display 탭**에서 Axis system display size(in mm)의 크기를 조정한다(20~25 정도).

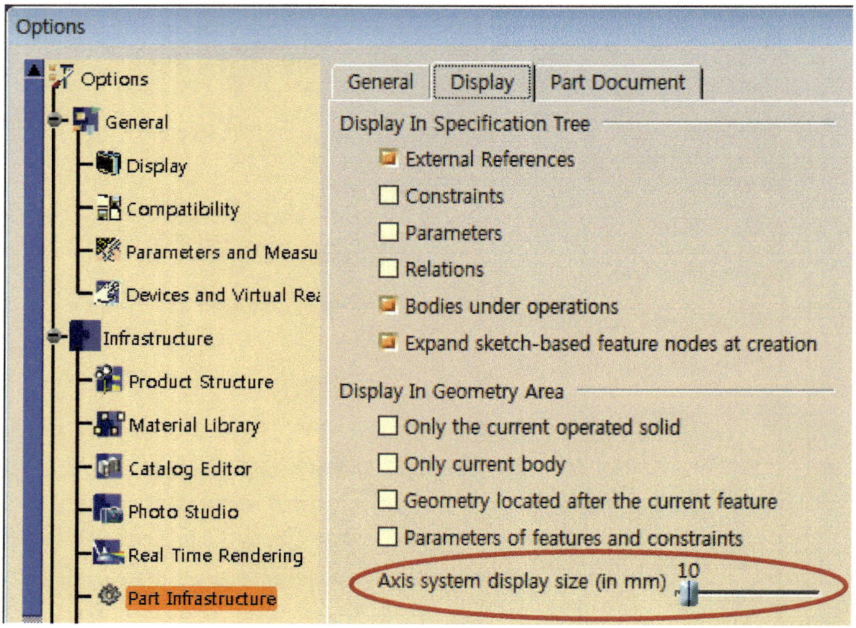

[04] CATIA를 시작하면 열려있는 Assembly Design Workbench(워크벤치)를 닫는다.

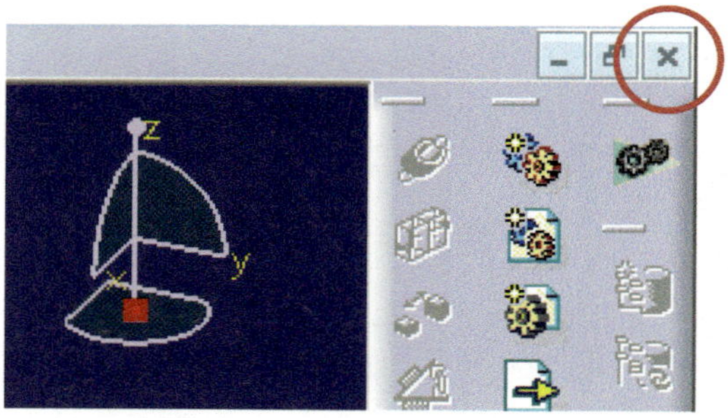

[05] 메뉴 바의 **Start 〉 Mechanical Design 〉 Part Design**를 선택하면 Part Design 워크벤치에 들어가게 된다.

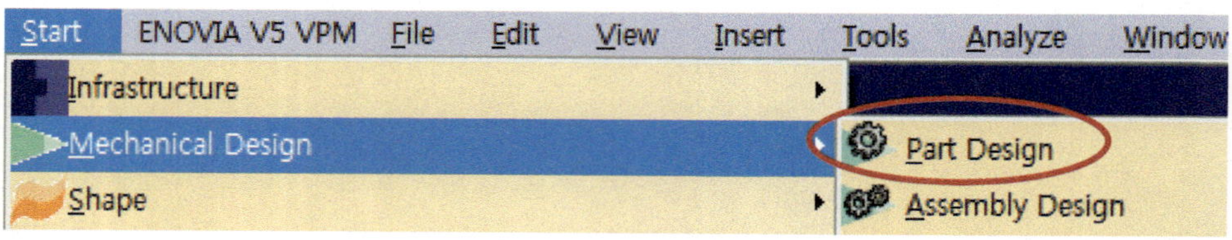

[06] 다음과 같이 선택되어 있는지 확인하고 OK를 누른다.

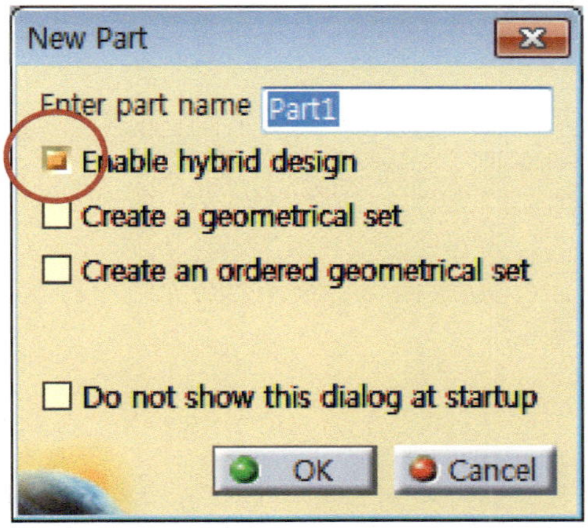

[07] 메뉴 바의 Insert 〉 Sketcher 〉 Sketch를 선택하거나 Sketch 아이콘을 누른다.

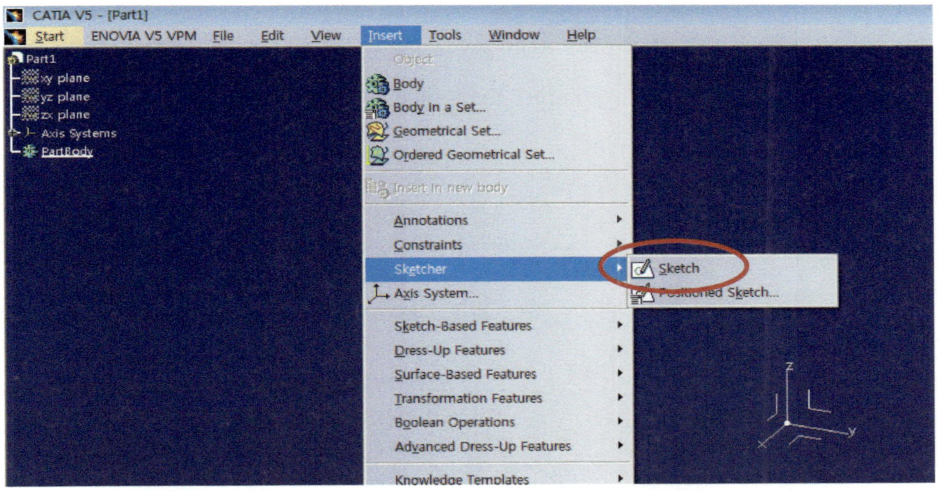

또는

[08] 스케치 작업을 위한 평면을 정하기 위해 아래 두 화살표가 가리키는 원 부분 중 하나를 왼쪽 마우스 버튼으로 선택하여 Sketcher 워크벤치로 들어간다.

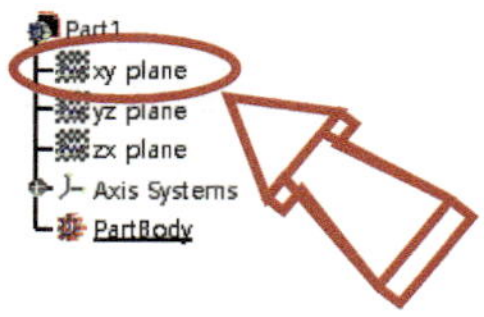

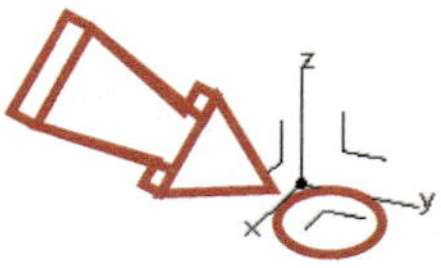

[09] Sketcher 워크벤치의 메뉴 바에서 **Insert 〉 Profile 〉 Predefined Profile 〉 Centered Rectangle**을 선택하거나 Centered Rectangle 아이콘을 누른다.

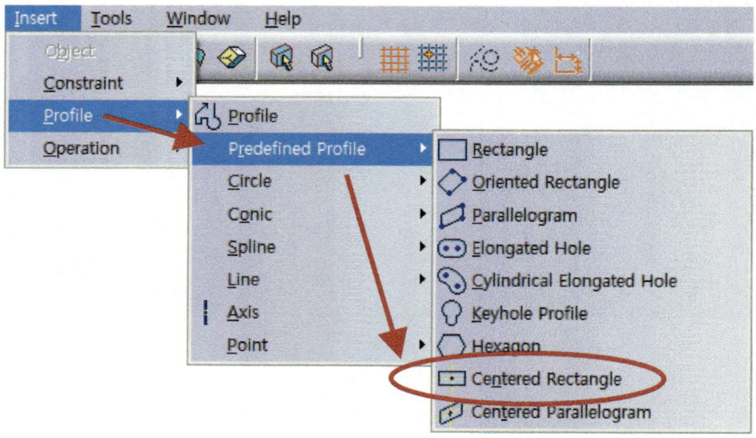

또는

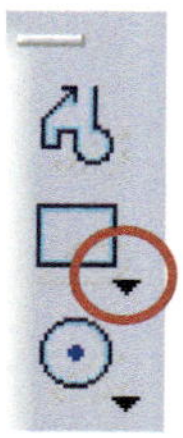

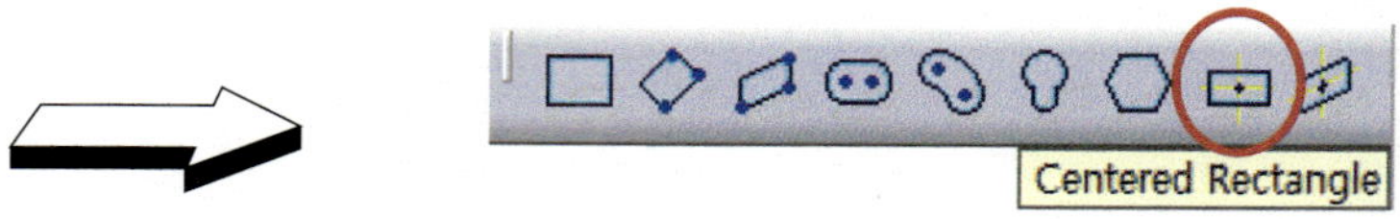

[10] 가운데 있는 원점(큰 붉은 원으로 표시)을 클릭한 뒤 마우스를 오른쪽 위로 가져가 한 번 더 클릭하여(작은 원으로 표시) 사각형을 그린다.

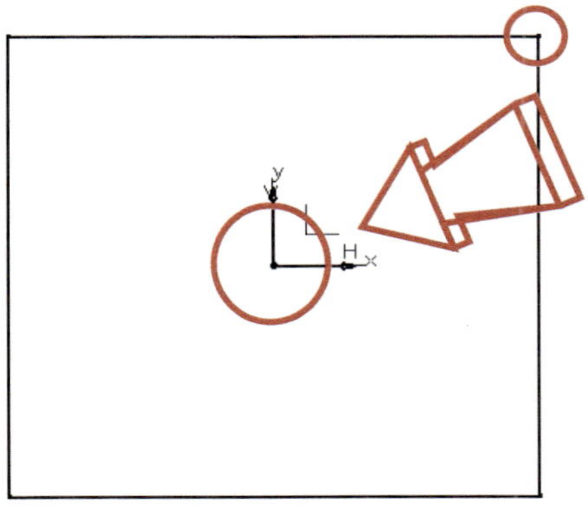

[11] 윗면과 우측면에 다음과 같이 Constraint로 ㅁ(정사각형) 70의 치수조건을 준다. CATIA에서 구속되면 선이 녹색으로 표시된다.

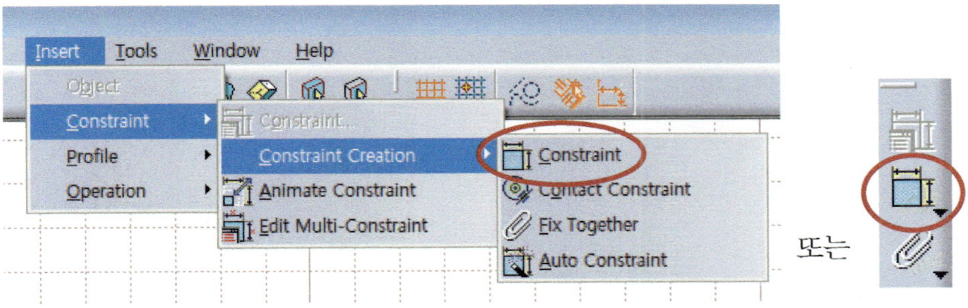

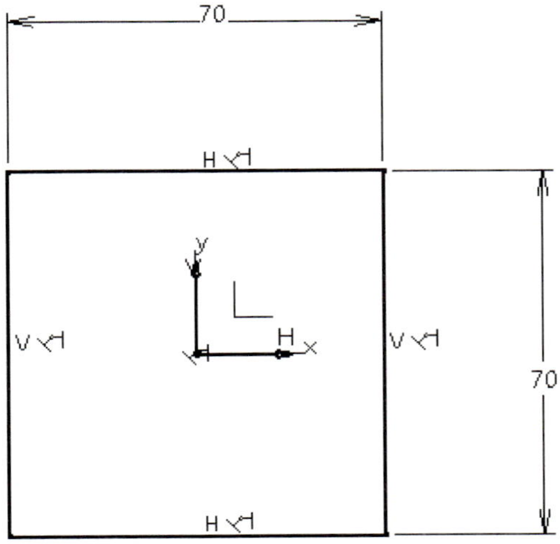

[12] Exit workbench 아이콘을 누르고 Part Design으로 돌아간다.

[13] 나오면 이전에 작성한 스케치가 이미 선택되어 주황색으로 보인다. 메뉴 바의 **Insert 〉 Sketch-Based Features 〉 Pad**를 선택하거나 Pad 아이콘을 눌러 높이 28mm의 육면체를 만든다.

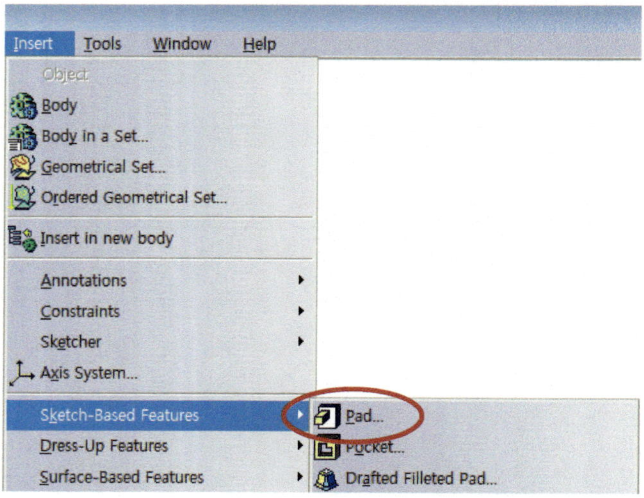

또는

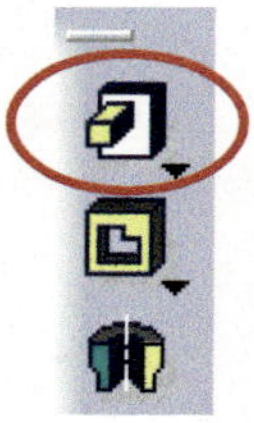

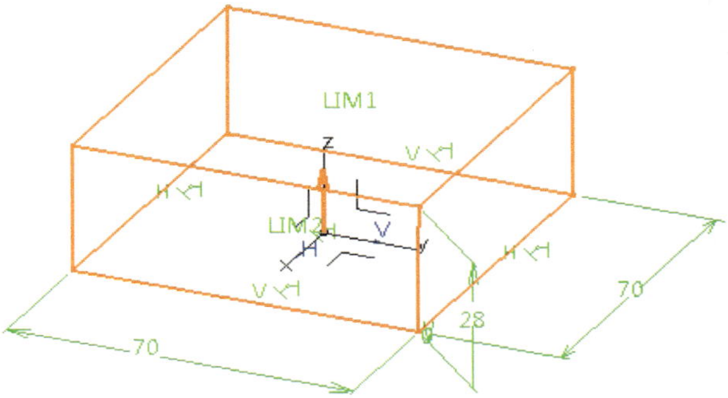

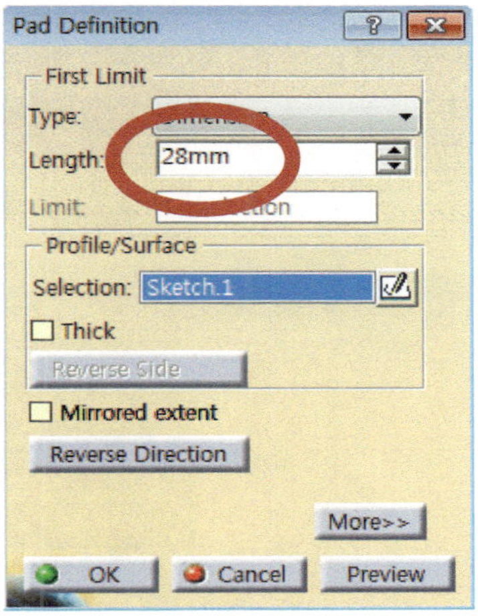

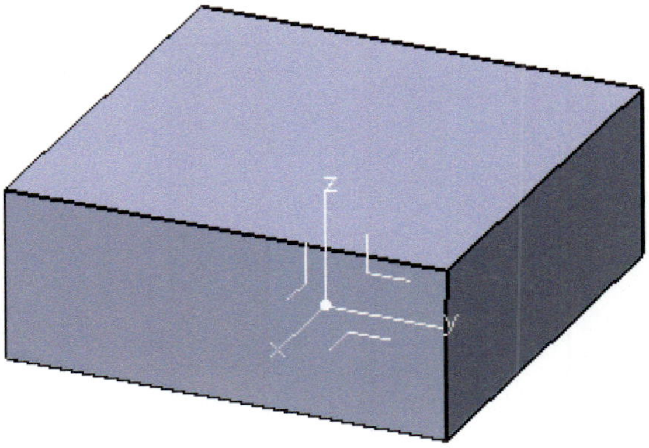

[14] 윗면에 스케치를 하기 위해 Sketcher를 선택하고 윗면을 누른다.

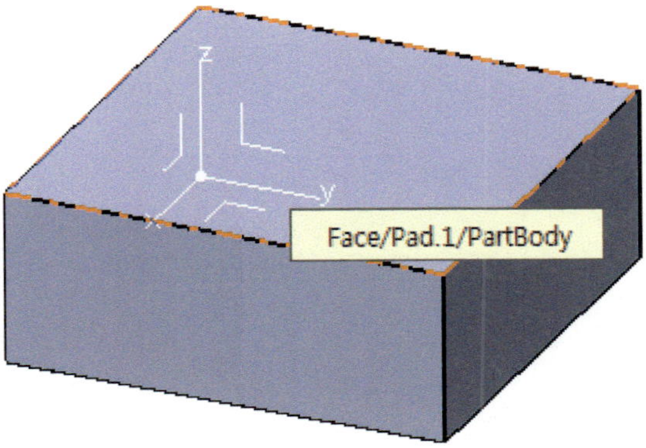

[15] 도면과 같이 타원의 중심을 연결한 선을 만든다.

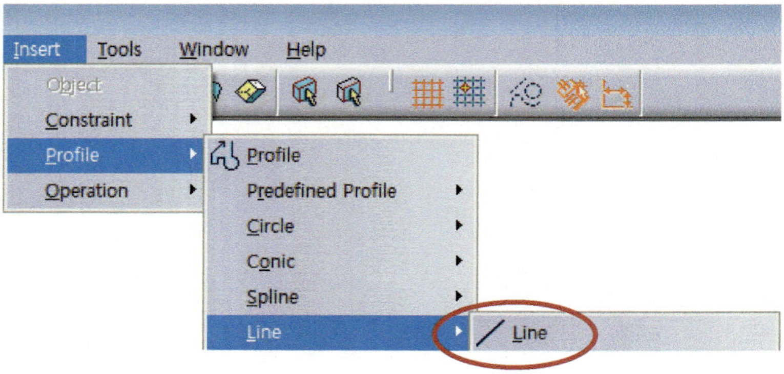

또는

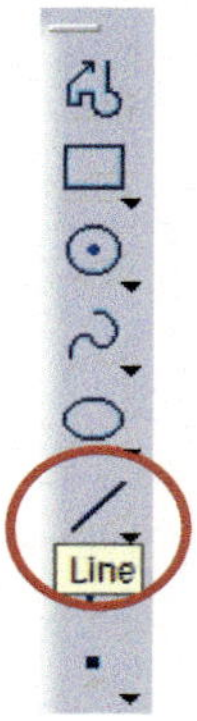

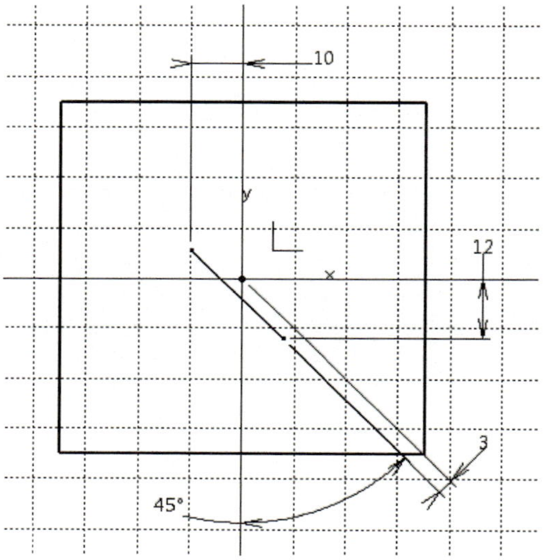

[16] 앞에 그린 선을 실제 형상을 만드는 데 사용하지 않는다는 의미의 구성선으로 만들기 위해 선을 선택하여 주황색으로 만들고 Construction / Standard Element 아이콘을 누른다. 구성선이 되면 얇은 점선으로 바뀐다.

[17] 다음과 같이 Ellipse를 사용하여 그림과 같이 구성선의 두 끝점을 원점으로 하는 타원을 생성한다.

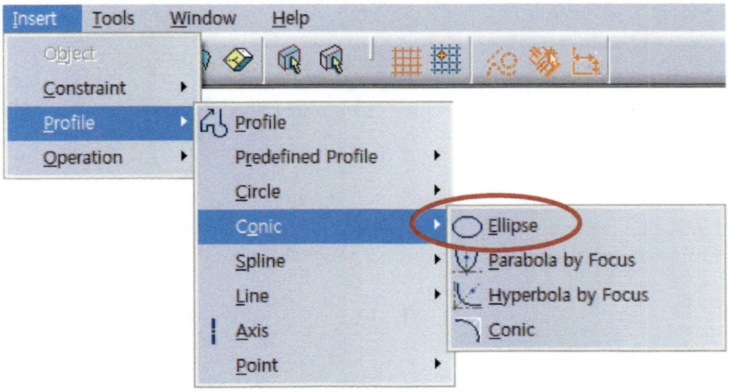

또는

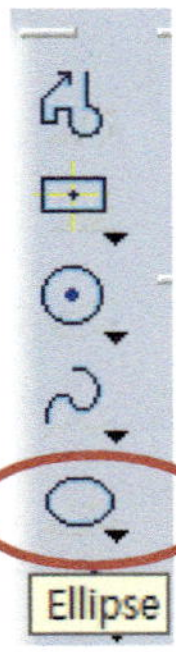

① 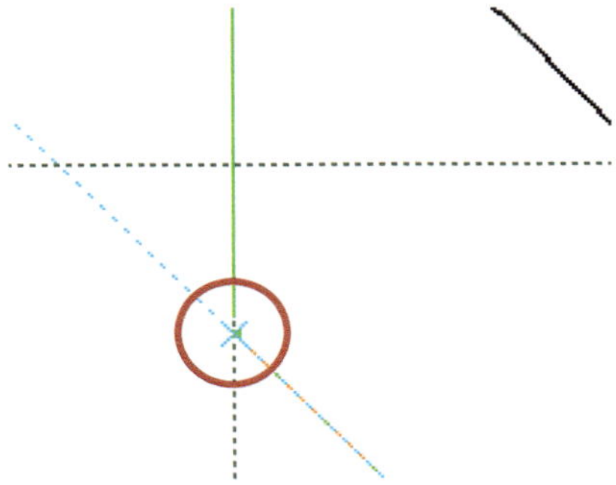

② 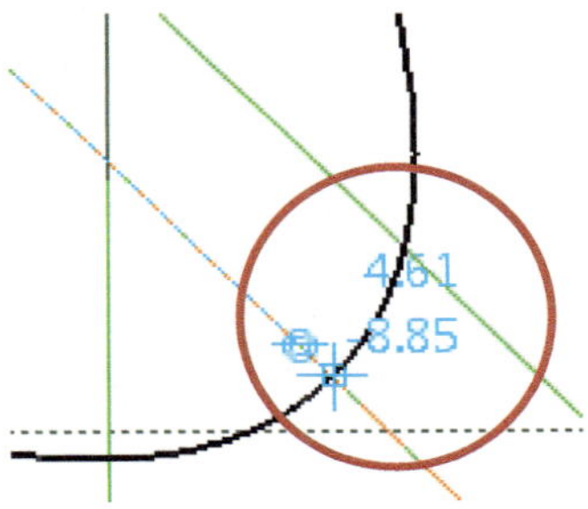

① 두 타원의 시작점(붉은 원으로 표시)은 구성선의 끝점에서 한다.

② 두 타원의 시작점 다음으로 클릭하는 위치는 반드시 구성선에 일치하여(붉은 원으로 표시) 구성선이 주황색으로 변하면서 구속조건이 생성되도록 한다.

[18] 다음과 같이 치수를 넣어준다.

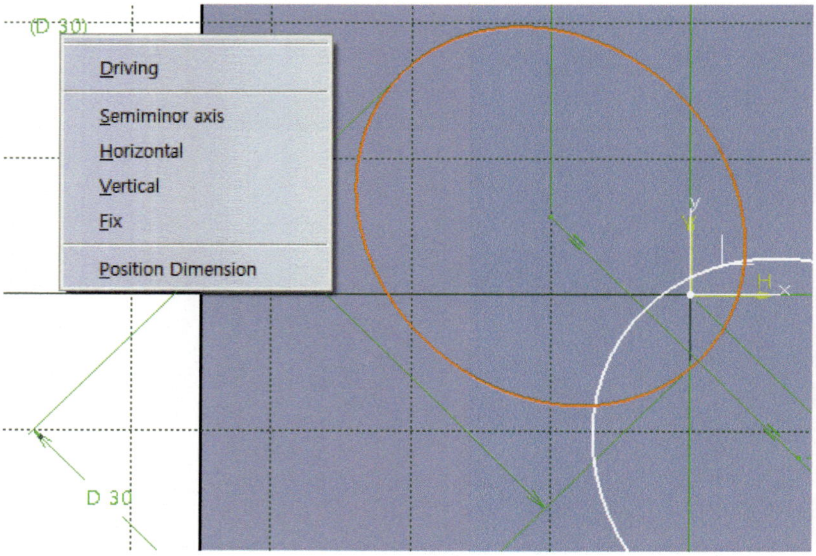

① Constraint로 타원을 선택하면 Semimajor axis(장축)의 치수를 입력할 수 있다.

② 그 다음 다시 Constraint로 타원을 선택하고 오른쪽 마우스 버튼(MB3)을 누르면 위의 그림 처럼 추가 선택이 나온다.

③ 여기서 Semiminor axis(단축)를 선택한다.

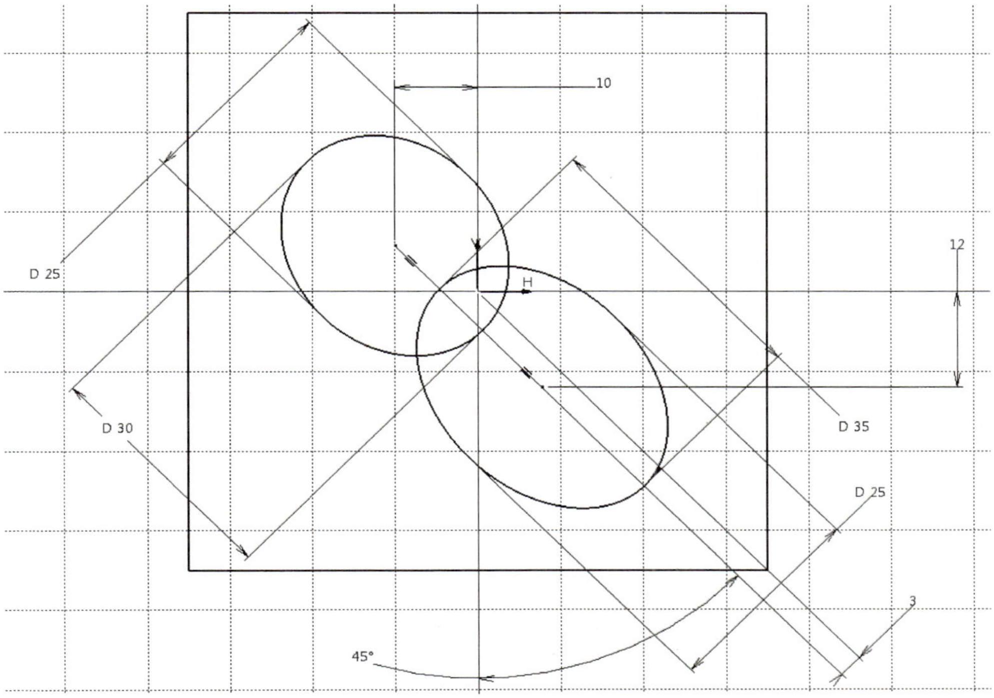

[19] Quick Trim을 사용하여 도면과 같이 정리한다. 서로 겹치는 안 부분을 클릭하면 자동으로 잘라진다.

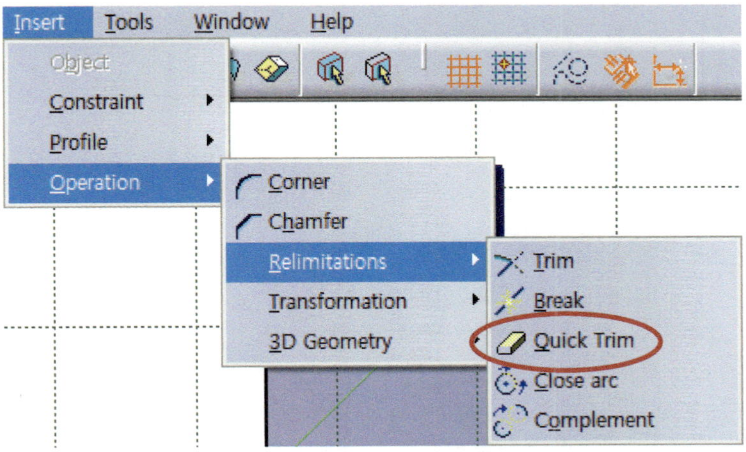

또는

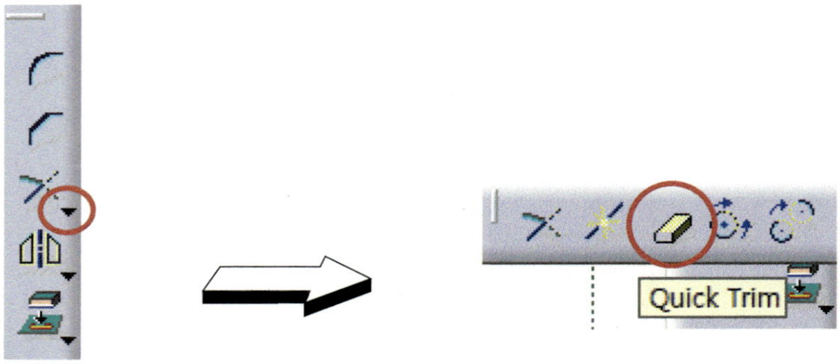

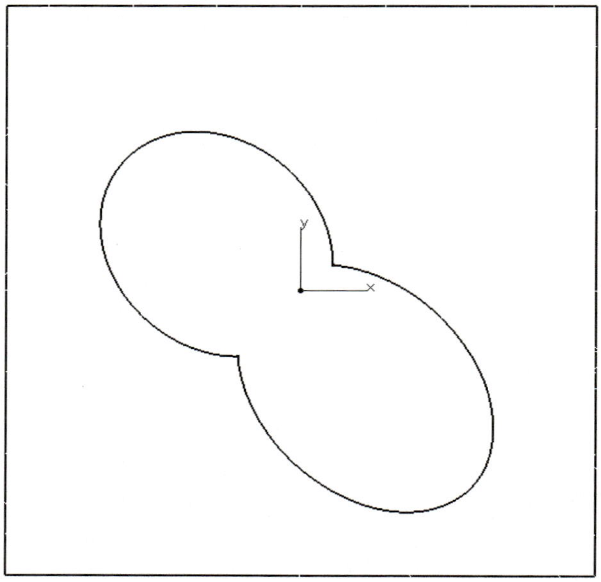

[20] Corner을 사용하여 잘린 타원 사이에 R10의 모깎기를 한다.

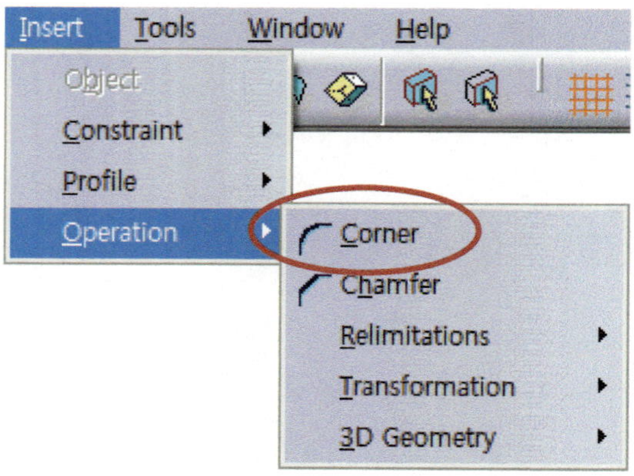

또는

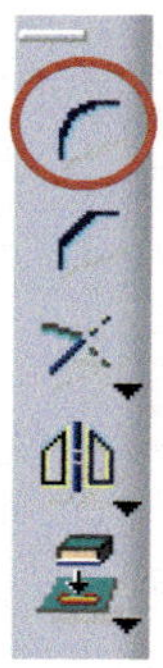

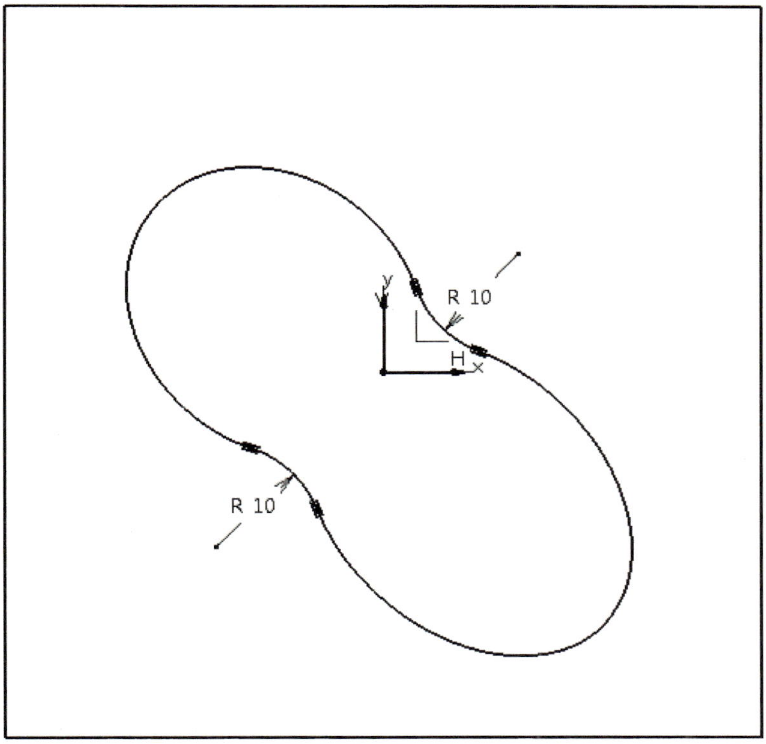

[21] Exit workbench 아이콘을 누르고 Part Design으로 돌아간다.

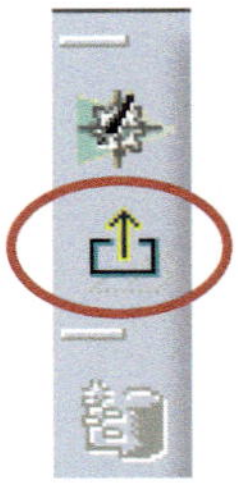

[22] 도면의 작은 타원들은 윗면에서 6mm만큼 밑으로 내려가 있으므로 이것을 그리기 위해 Plane 아이콘을 선택하고 방금 스케치한 윗면을 선택 후 아래 방향으로 생성한다.

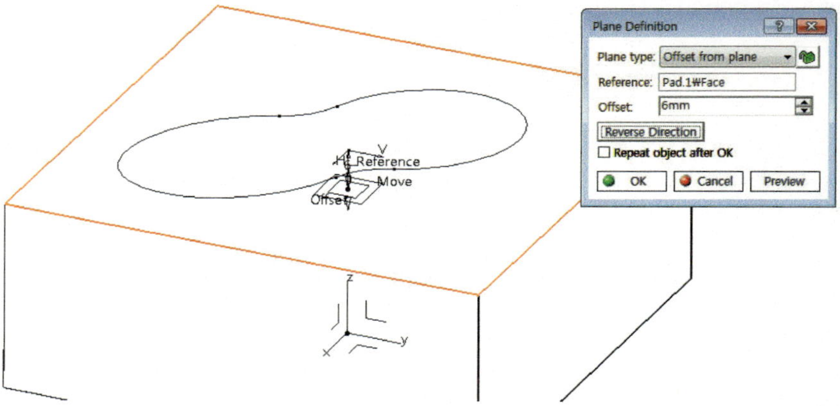

※ Reverse Direction 버튼을 몇 번 눌러 아래쪽으로 확실히 생성했는지 확인해본다.

[23] Positioned Sketch를 실행하고 앞에서 생성한 작업평면을 선택한다.

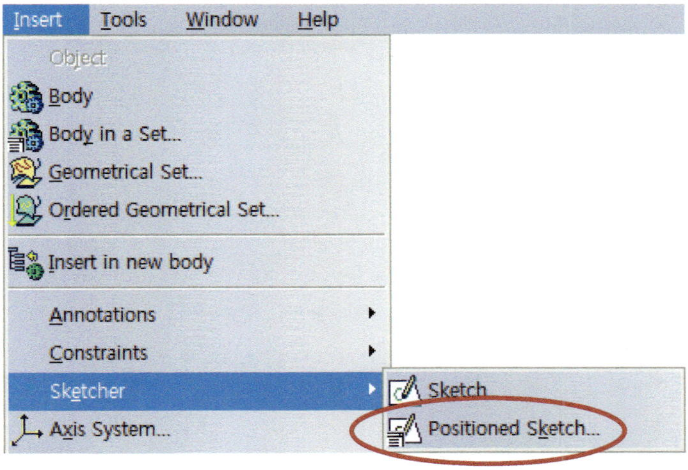

또는

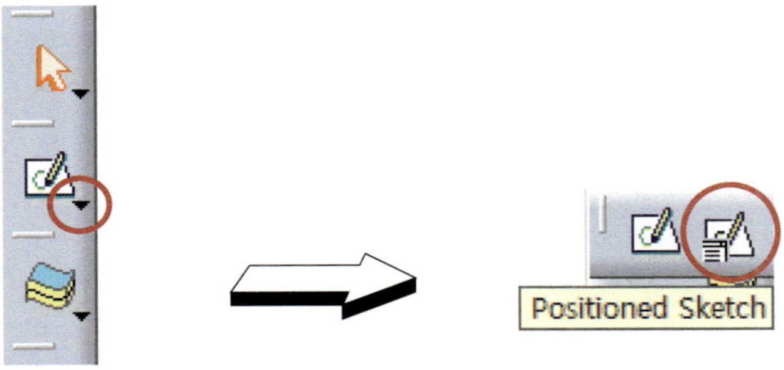

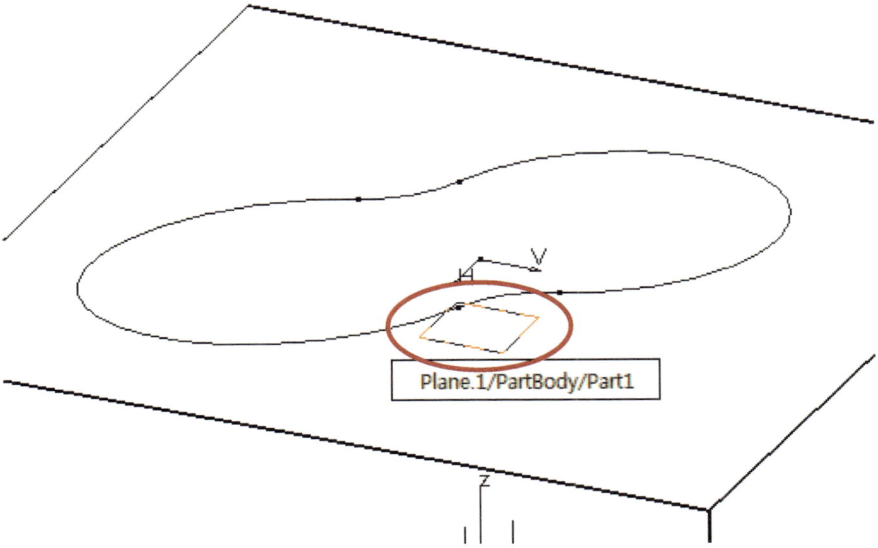

①

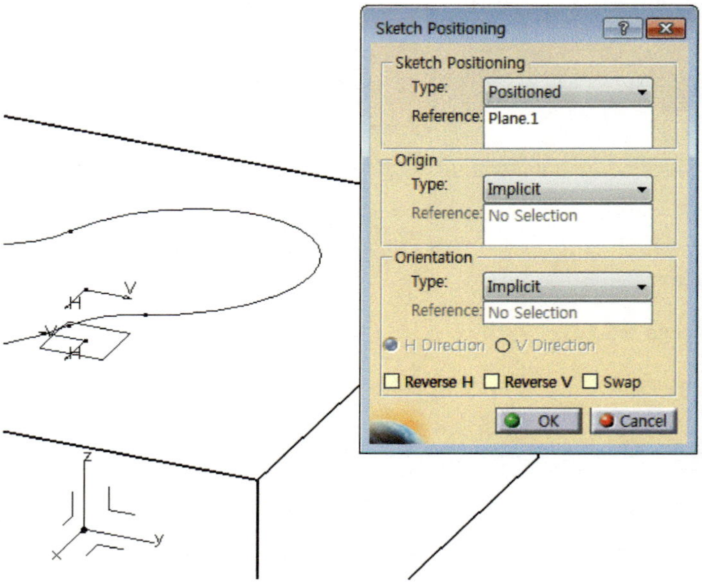

②

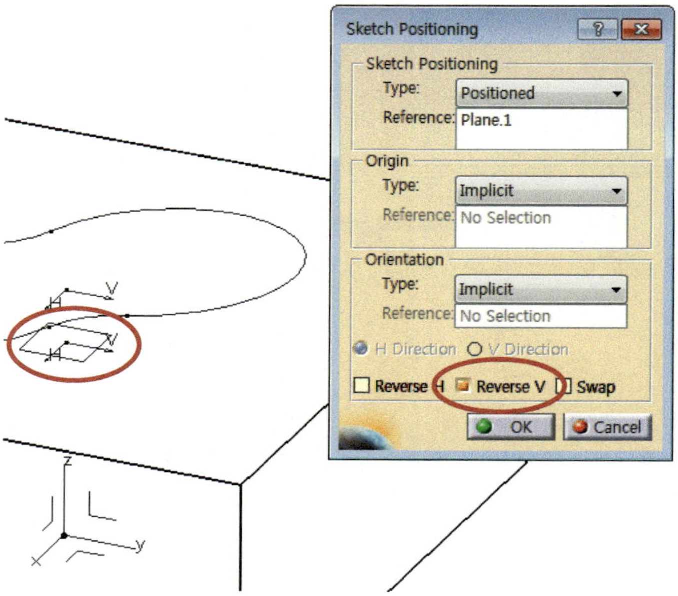

※ Reverse H, Reverse V, Swap들을 사용하여 이전 스케치를 그린 평면의 H-V와 새로 그릴 평면의 H-V를 일치시킨다(위의 그림 중 ①번 상태에서 ②번과 같이 작업한다).

[24] 옵셋(offset)을 사용하여 앞에서 작성한 스케치의 ①과 ② 부분을 클릭하여 다음과 같은 형상을 만들고 생성되는 두 치수를 **5**로 수정한다. 치수의 숫자를 더블 클릭하면 수정할 수 있다.

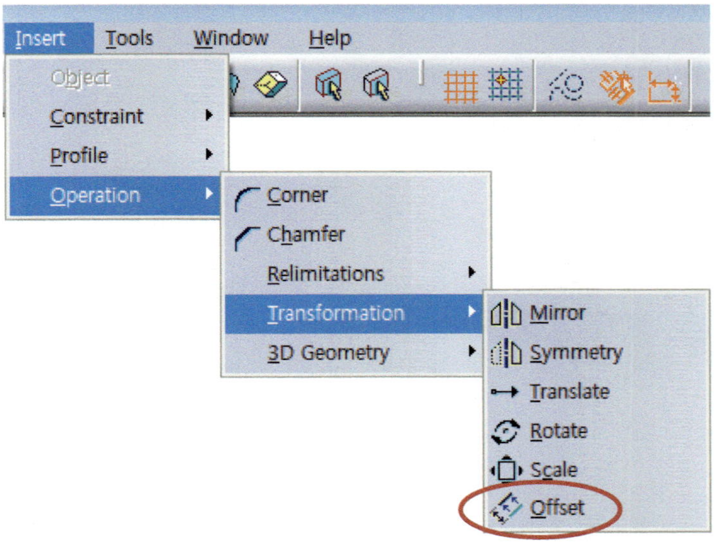

또는

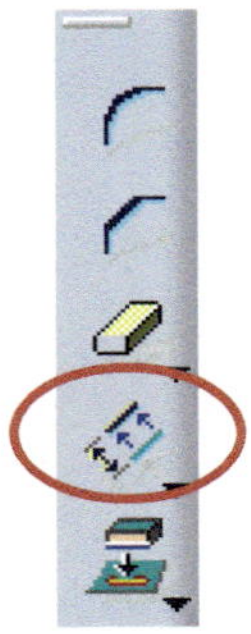

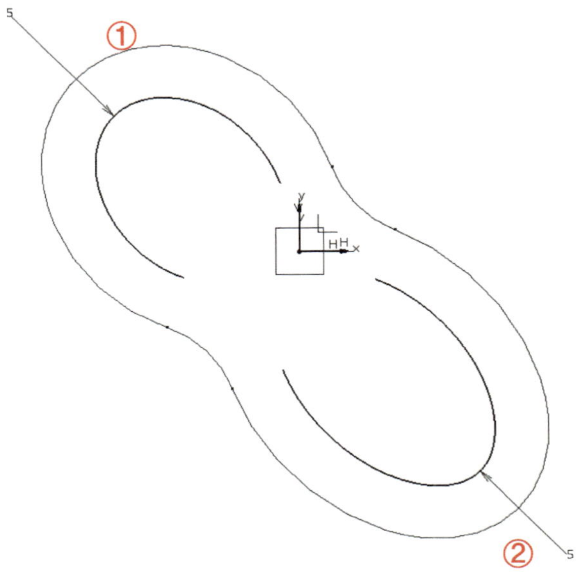

[25] 코너(Corner)를 두 번 사용하여 옵셋으로 생성된 두 선을 이어준다. 앞에 생성한 두 선의 끝 근처의 선을 선택하고 연결할 부분의 선의 끝부분을 선택하는 두 번의 클릭을 하면 둘을 잇는 원호가 생기며 임의의 위치를 클릭하여 명령을 마무리한 다음 치수를 수정하여 **15**를 입력한다. 이러한 방법으로 반대편을 한 번 더 한다.

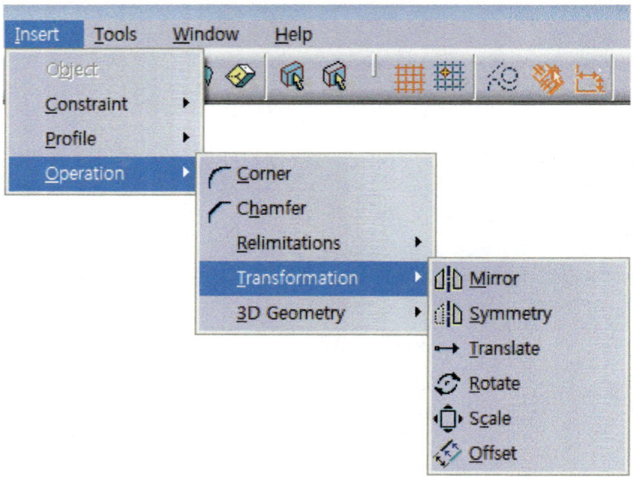

또는

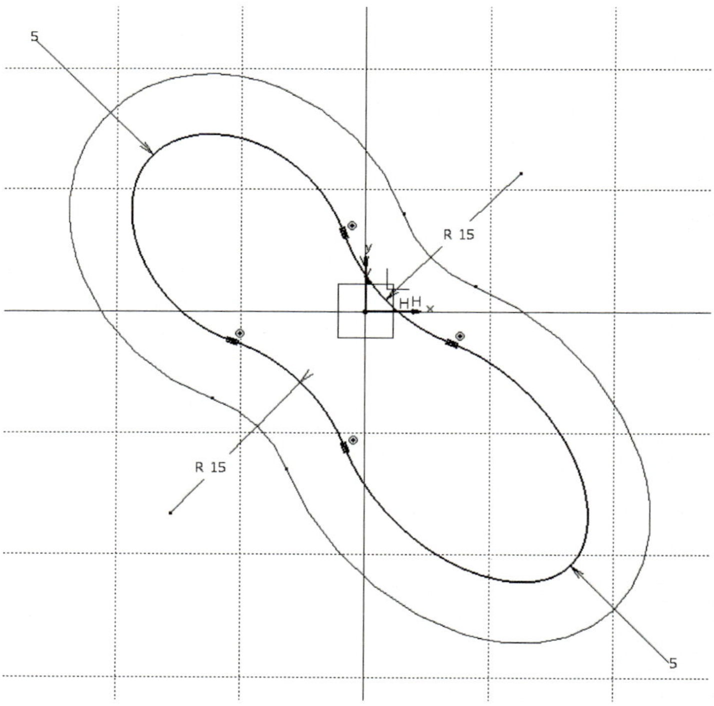

[26] Exit workbench 아이콘을 누르고 Part Design으로 돌아간다.

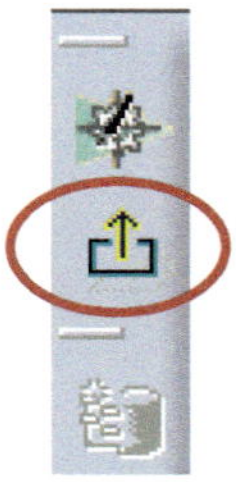

[27] Removed Multi-Section Solid...를 사용하여 앞에서 만든 두 스케치를 사용하여 시작할 때 만든 육면체 솔리드 형상에서 스케치 모양의 형상을 제거한다.

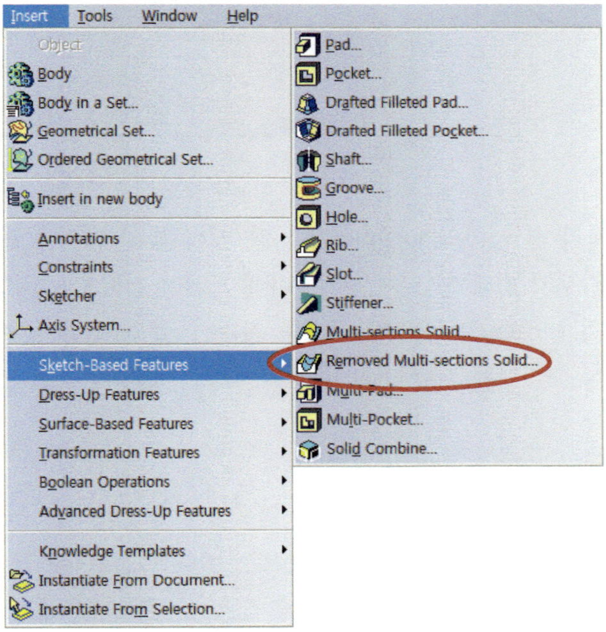

또는

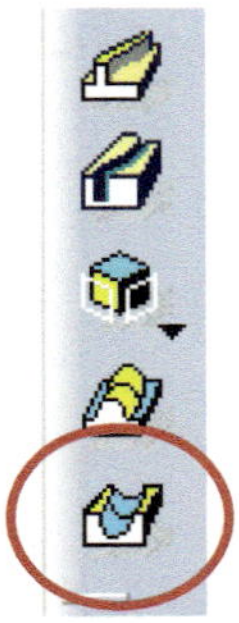

[28] 제거 과정을 수행하려면 각 스케치에 생성되는 Closing Point가 같은 위치에 있어야 한다. 이번 공개 문제 연습에서 이 과정이 가장 어려운 부분이다. 처음 CATIA를 사용한다면 교제에서 제시하는 순서대로 하면 따라 하기 쉬울 것이다. 우선 명령을 실행시킨 상태에서 윗선을 먼저 클릭하고 다음에 아래 선을 클릭한다.

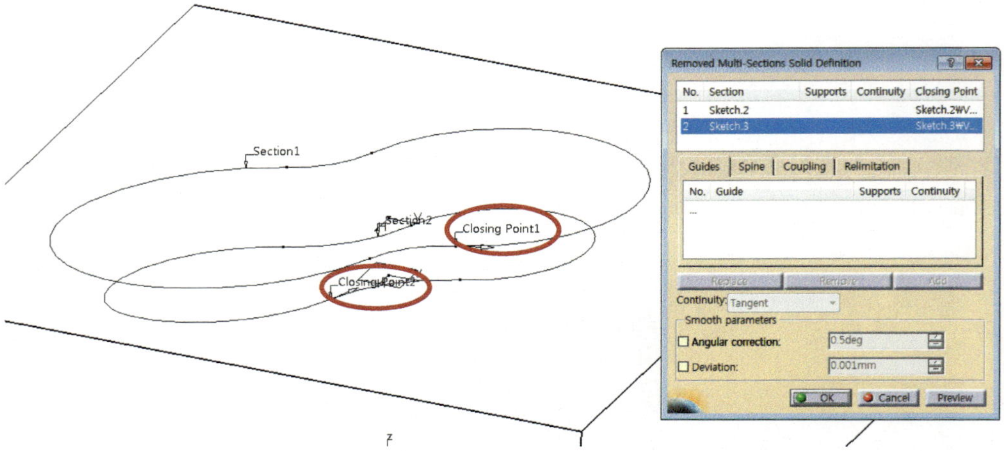

[29] 28번의 그림을 보면 두 스케치 선의 Closing Point가 다른 것이 붉은 원으로 표시되어 있는데, 이 둘을 같은 위치에 두기 위해 본 교재에서는 아래 스케치 선의 Closing Point를 수정한다. 아래 스케치 선의 Closing Point2에 커서를 가져다 놓고 우클릭(MB3으로 클릭)을 하면 Replace가 나온다. 이때 좌클릭(MB1로 클릭)으로 **Replace**를 선택하고 위의 선과 같은 점으로 옮긴다.

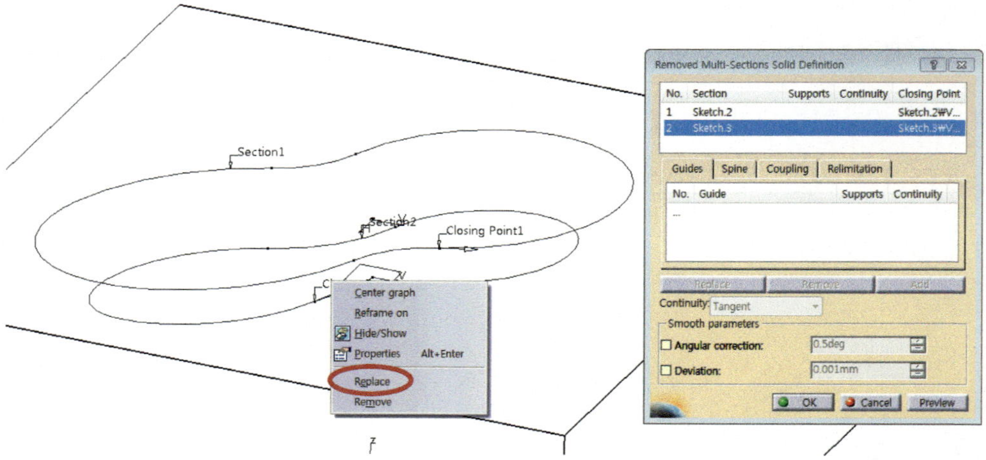

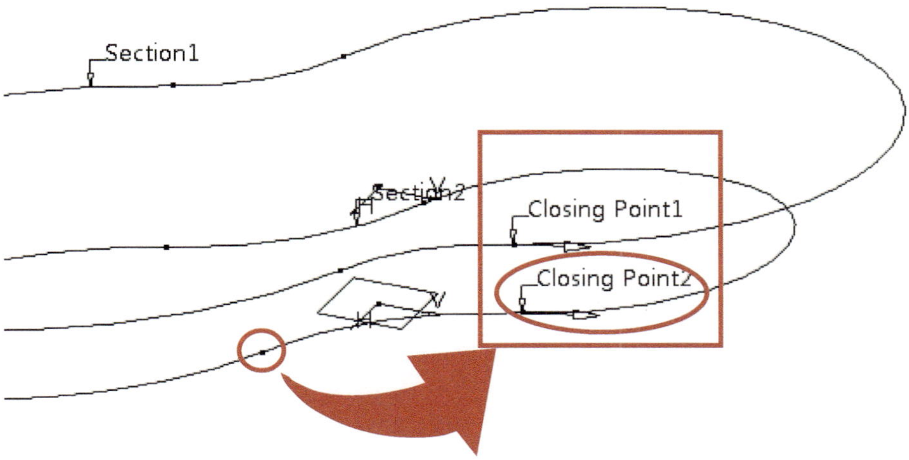
Section1
Section2
Closing Point1
Closing Point2

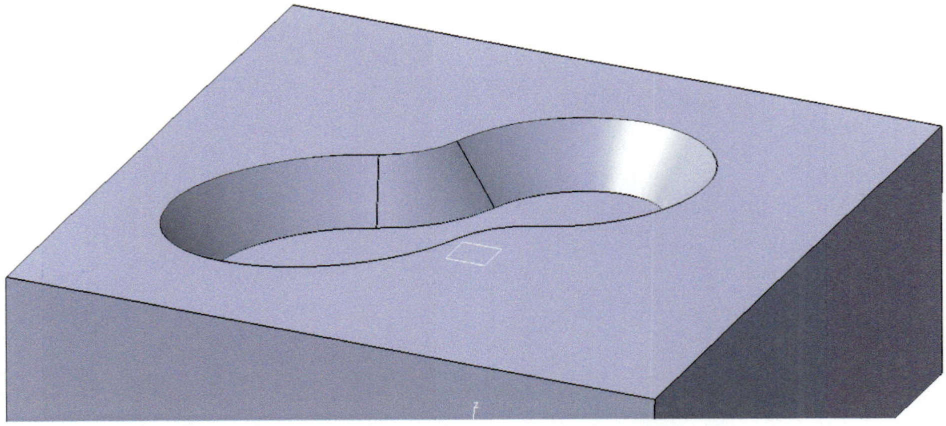

[30] 두 번째 스케치에 사용된 작업평면을 숨긴다. 커서를 작업평면으로 옮긴 뒤 우클릭(MB3 클릭)하면 Hide/Show가 보인다. 선택하면 작업평면이 숨겨진다.

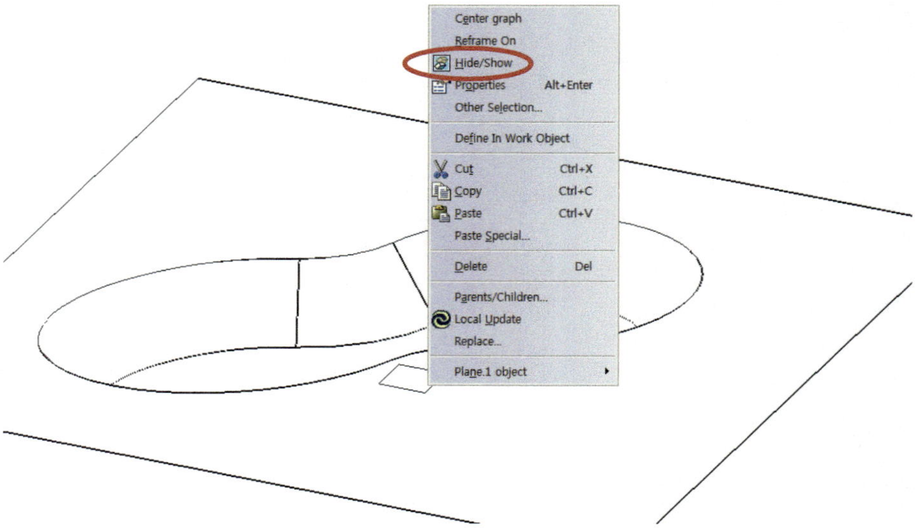

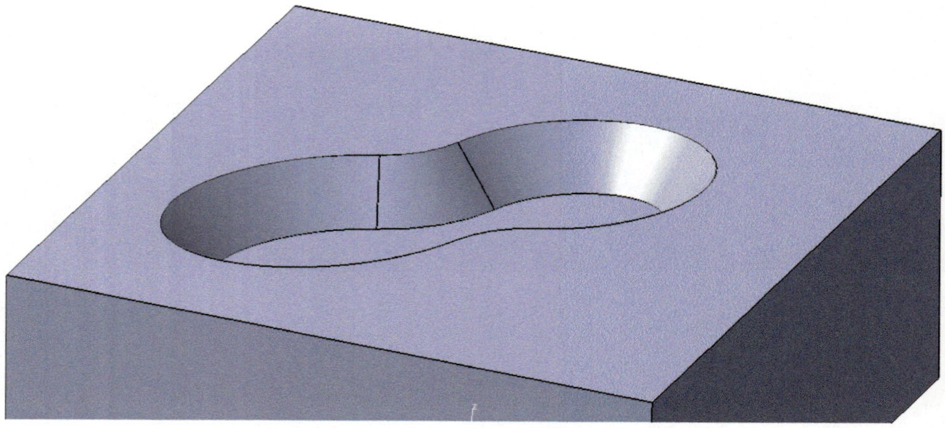

[31] 마지막으로 솔리드에서 제거된 부분 아랫면에 Edge Fillet을 5만큼 넣어준다. 제거된 부분의 아랫면을 선택하면 된다. 작업이 완료되면 저장하고 마친다.

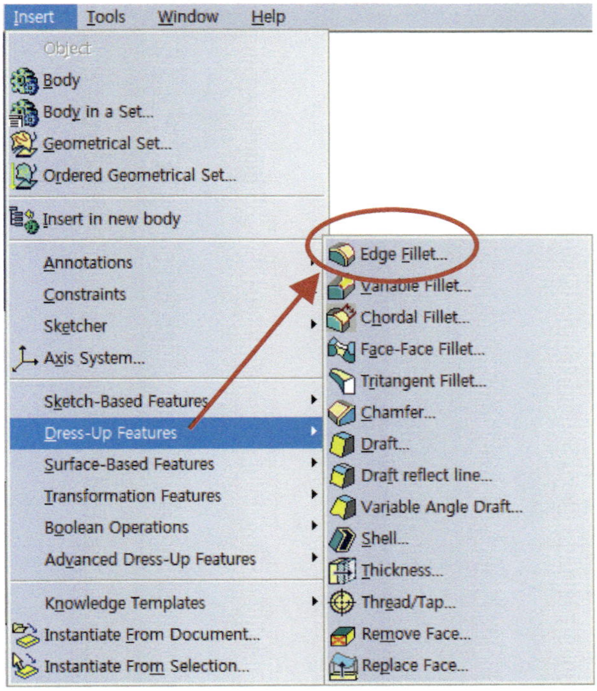

또는

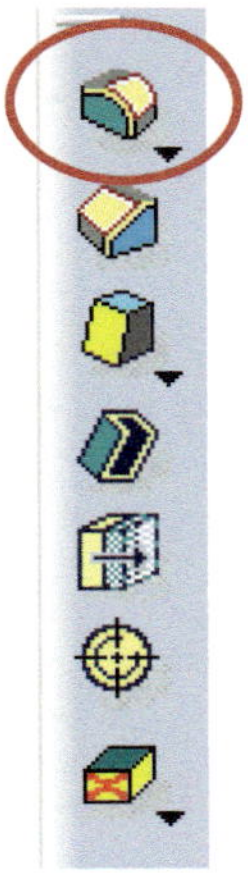

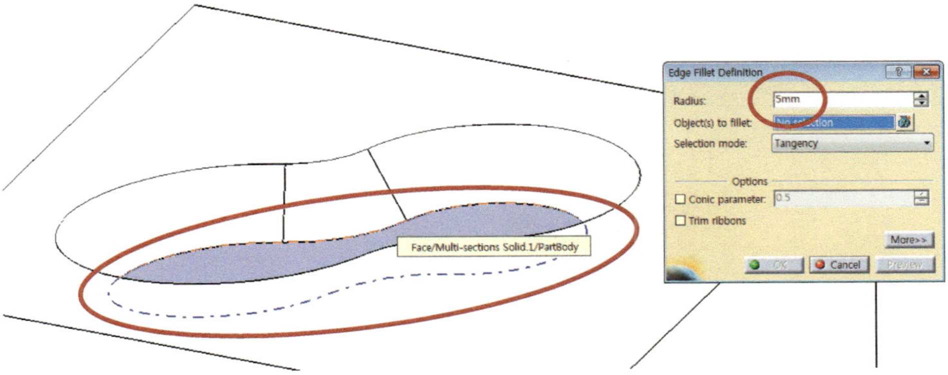

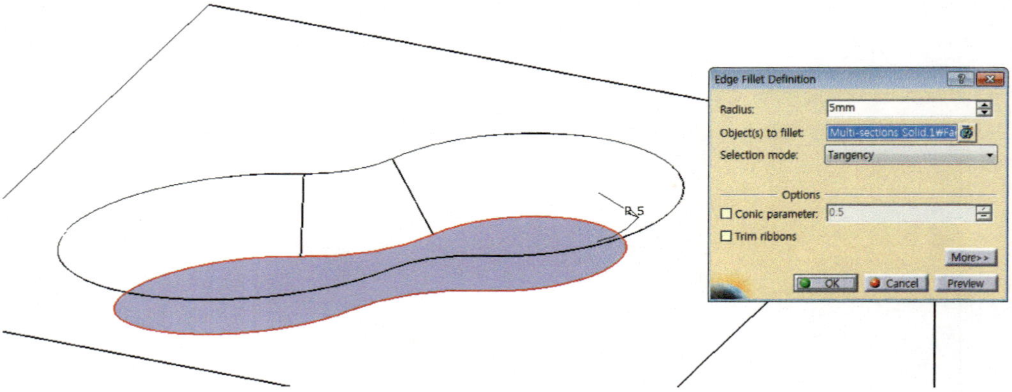
R 5
Edge Fillet Definition
Radius:
5mm
Object(s) to fillet:
Multi-sections Solid.1\Fa
Selection mode:
Tangency
Options
Conic parameter:
0.5
Trim ribbons
More>>
OK
Cancel
Preview

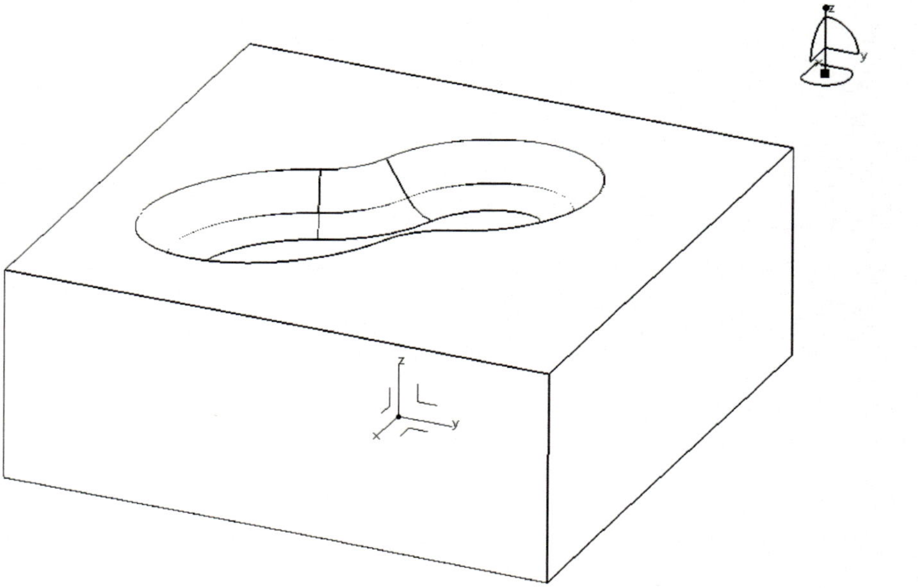

[32] 마지막으로 Menu Bar(메뉴 바)의 File 〉 Save 또는 Standard 툴바의 **Save** 버튼을 누르거나 **Ctrl + S**를 입력하면 Save 창이 생성된다. 참고로 처음으로 Save(파일 저장)을 하면 파일명과 파일위치를 선택할 수 있게 Save As가 나온다. 원하는 곳에 폴더를 만들고 파일을 저장한다. 여기서는 예시로 바탕화면에 **01**이라는 폴더를 만들고 SanGi-01이라는 CATIA파트 파일(확장자가 CATPart임)을 만들어 저장한다.

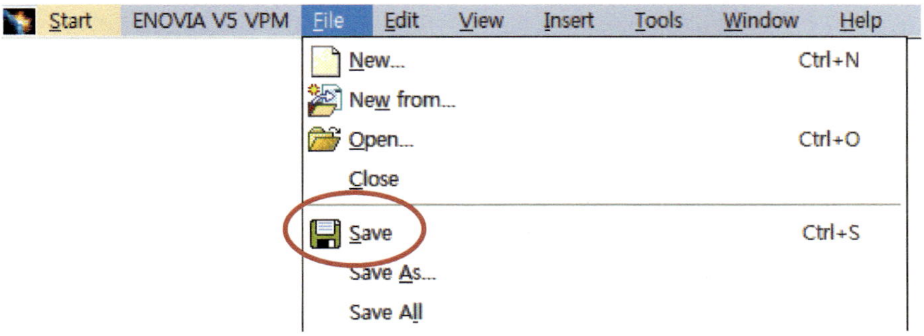

또는

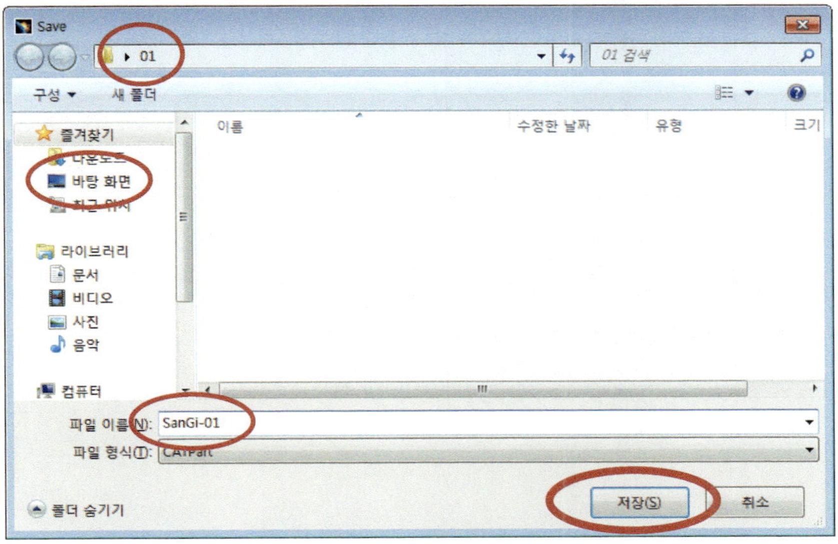

STEP 07

머시닝센터 3D 모델링 공개도면 (산업기사 1~20번)

[공개]

①

4. 도 면(CAM프로그램가공)

자격종목	컴퓨터응용가공산업기사	[시험1]과제명	머시닝센터가공작업	척도	NS

※도면 ②

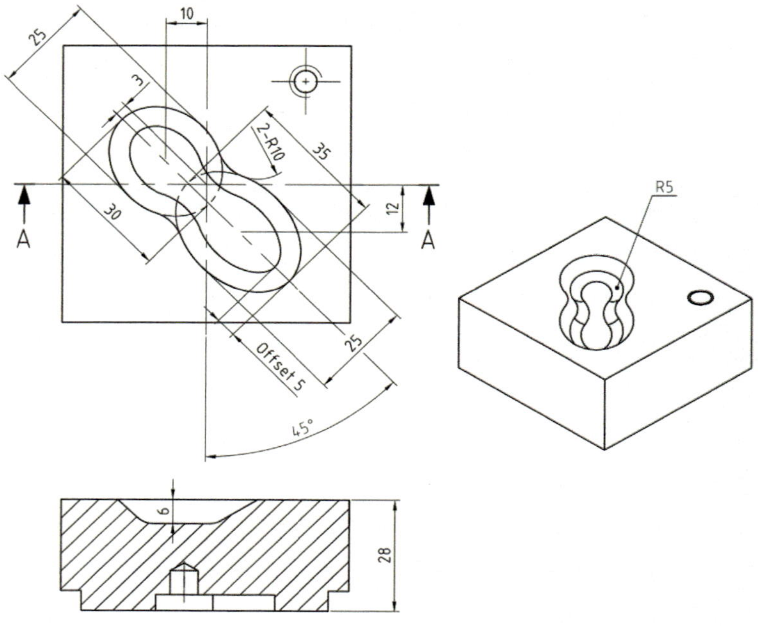

A-A

HRDK [시험 1] 6 - 6

[공개]

②

4. 도 면(CAM프로그램가공)

자격종목	컴퓨터응용가공산업기사	[시험1]과제명	머시닝센터가공작업	척도	NS

※도면 ②

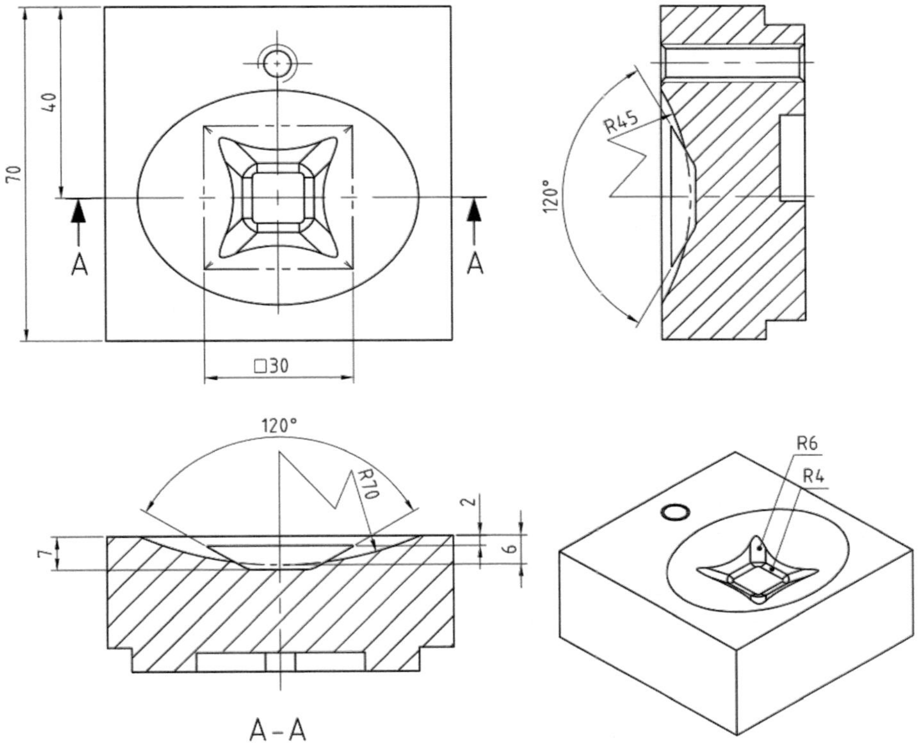

HRDK [시험 1] 6 - 6

[공개]

③

4. 도 면(CAM프로그램가공)

자격종목	컴퓨터응용가공산업기사	[시험1]과제명	머시닝센터가공작업	척도	NS

※도면 ②

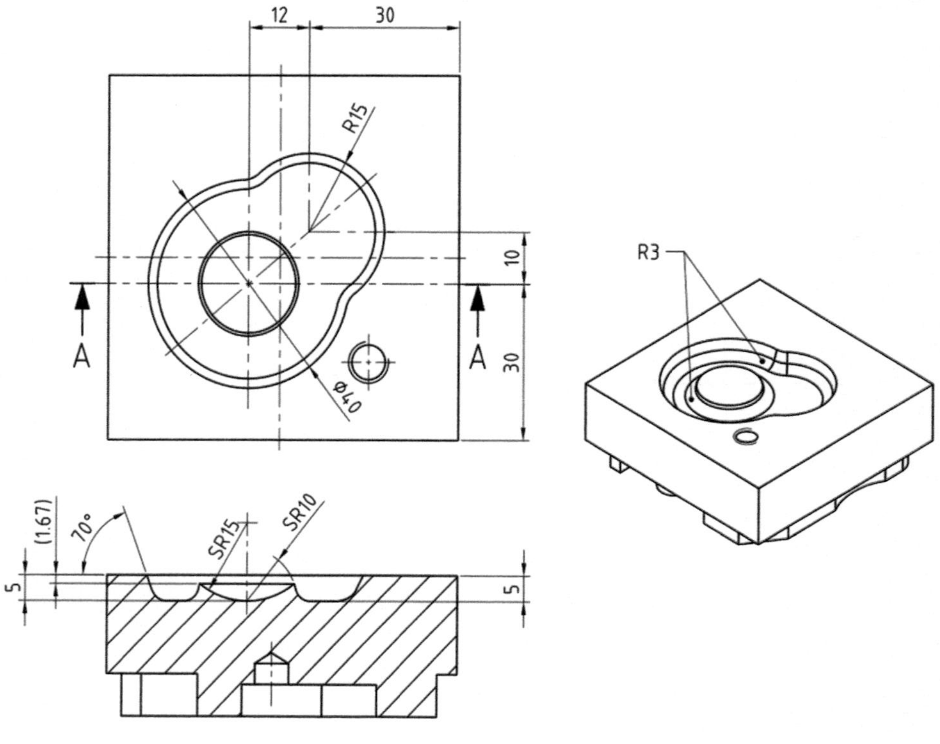

주서

1.도시되고 지시없는 필렛 및 라운드 R3

HRDK [시험 1] 6 - 6

[공개]

④

4. 도 면(CAM프로그램가공)

자격종목	컴퓨터응용가공산업기사	[시험1]과제명	머시닝센터가공작업	척도	NS

※도면 ②

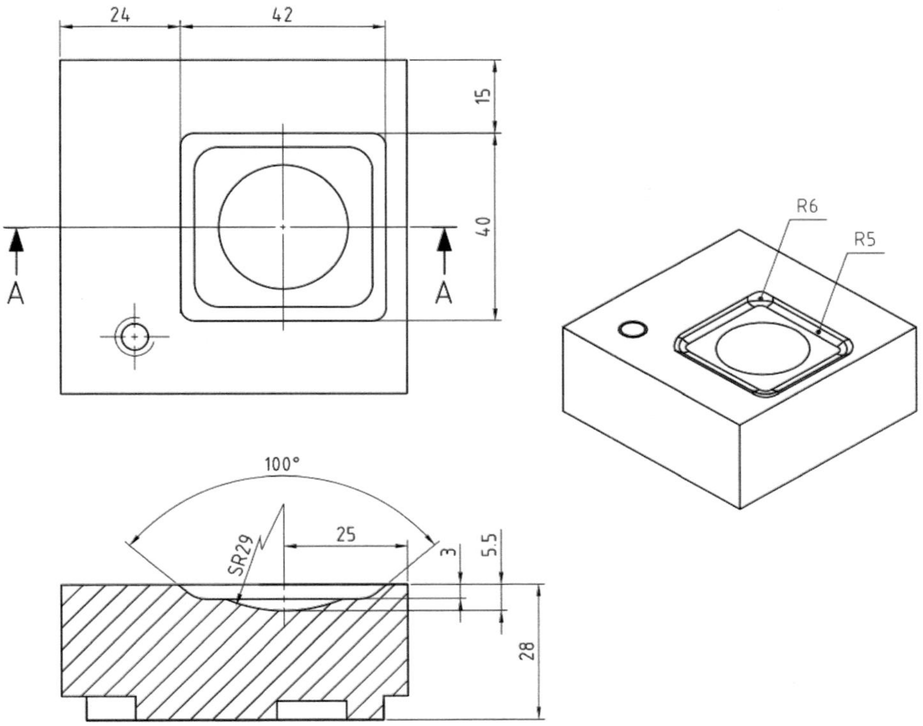

A-A

[공개]

⑤

4. 도 면(CAM프로그램가공)

자격종목	컴퓨터응용가공산업기사	[시험1]과제명	머시닝센터가공작업	척도	NS

※도면 ②

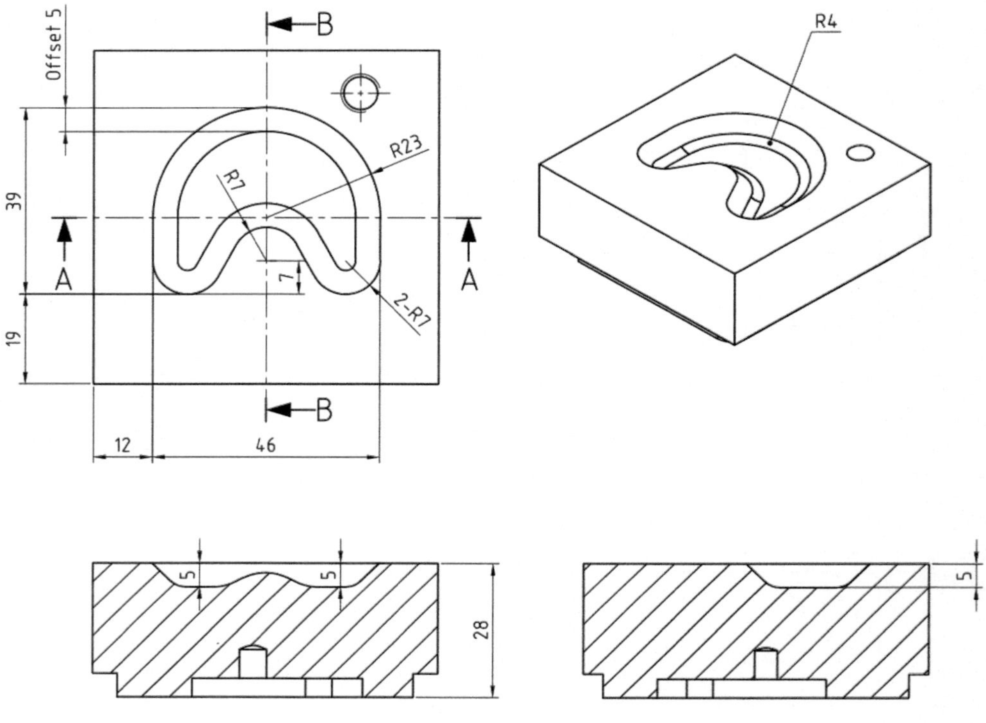

A-A

B-B

HRDK [시험 1] 6 - 6

[공개]

⑥

4. 도 면(CAM프로그램가공)

자격종목	컴퓨터응용가공산업기사	[시험1]과제명	머시닝센터가공작업	척도	NS

※도면 ②

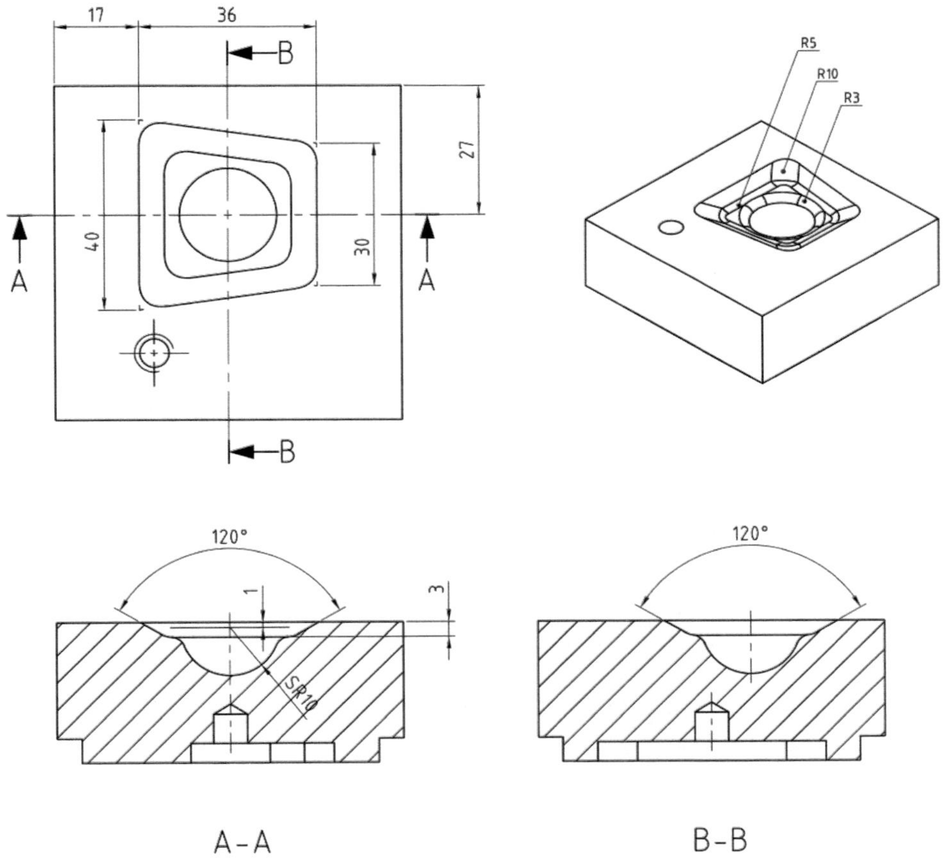

HRDK [시험 1] 6 - 6

[공개]

⑦

4. 도 면(CAM프로그램가공)

자격종목	컴퓨터응용가공산업기사	[시험1]과제명	머시닝센터가공작업	척도	NS

※도면 ②

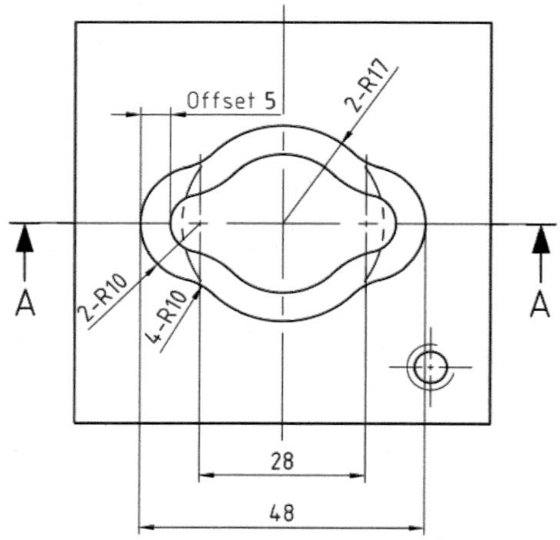

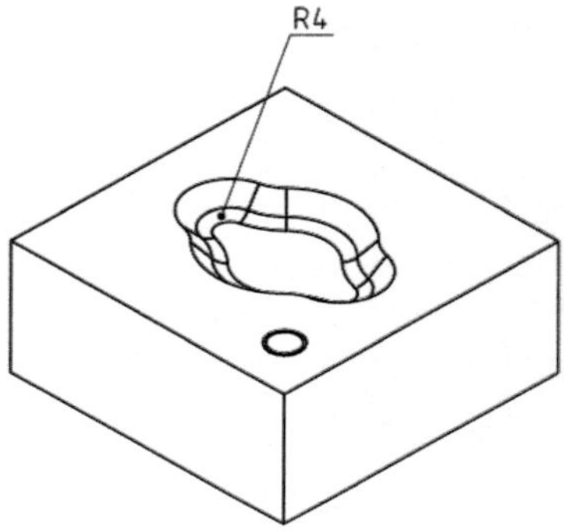

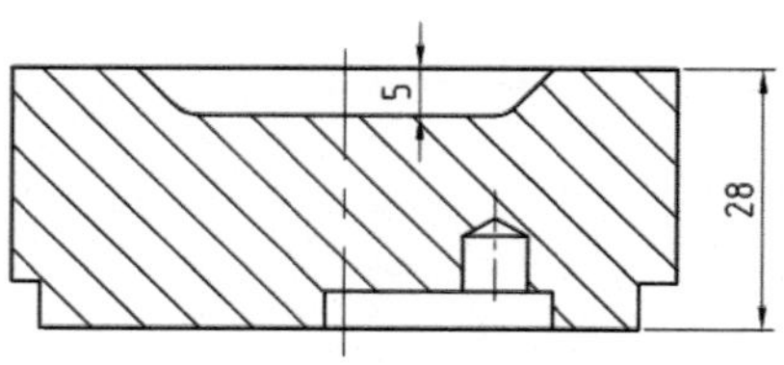

A-A

HRDK [시험 1] 6 - 6

[공개]

⑧

4. 도 면(CAM프로그램가공)

자격종목	컴퓨터응용가공산업기사	[시험1]과제명	머시닝센터가공작업	척도	NS

※도면 ②

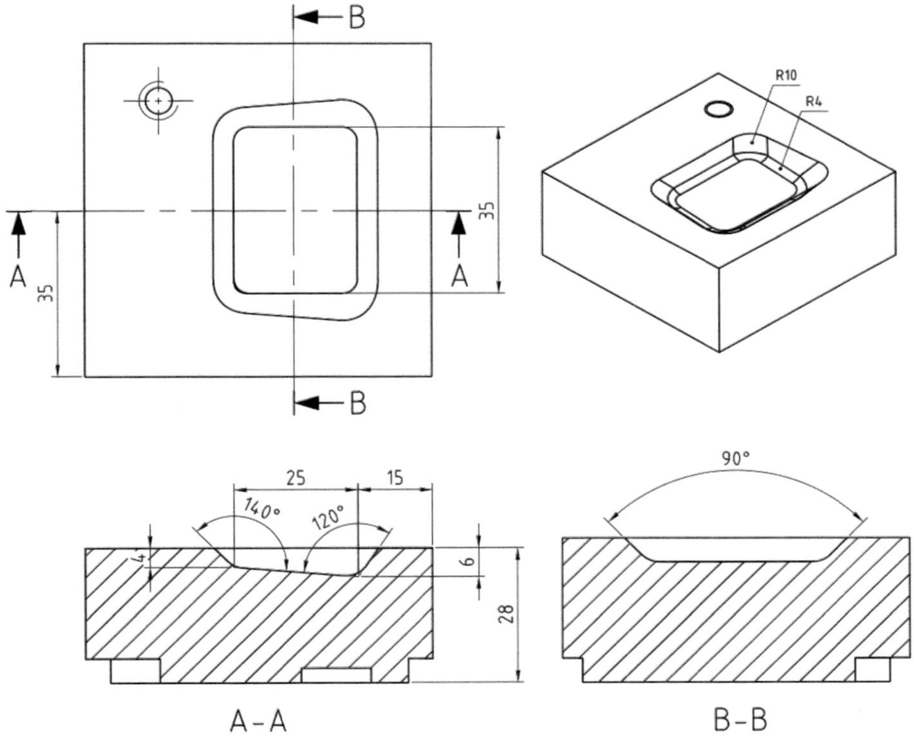

HRDK [시험 1] 6 - 6

[공개]

⑨

4. 도 면(CAM프로그램가공)

자격종목	컴퓨터응용가공산업기사	[시험1]과제명	머시닝센터가공작업	척도	NS

※도면 ②

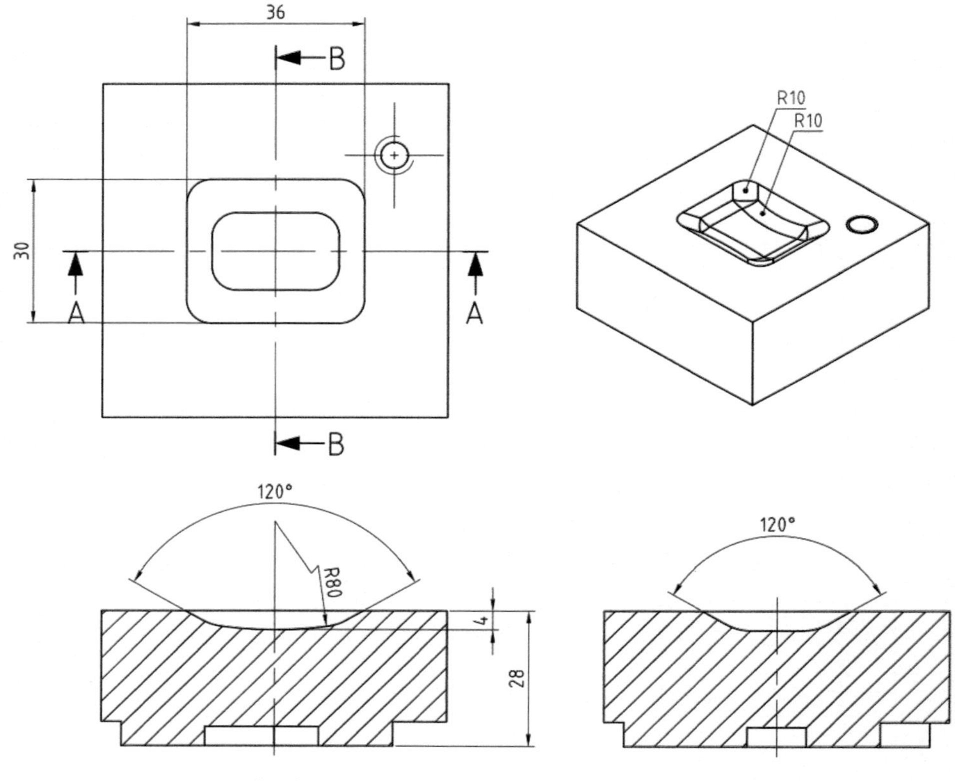

A-A B-B

HRDK [시험 1] 6 - 6

[공개]

4. 도 면(CAM프로그램가공) ⑩

자격종목	컴퓨터응용가공산업기사	[시험1]과제명	머시닝센터가공작업	척도	NS

※도면 ②

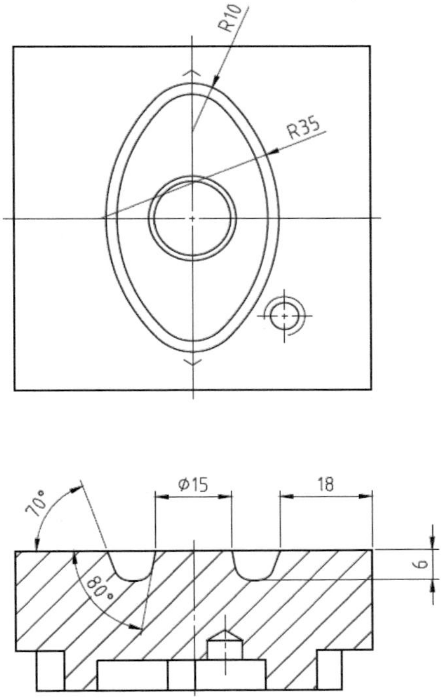

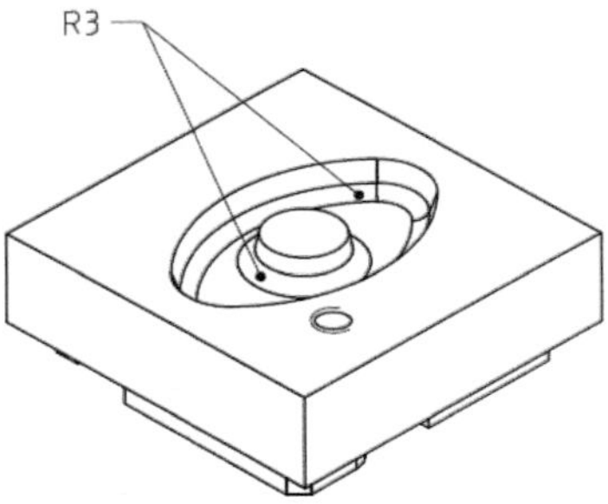

주서

1.도시되고 지시없는 필렛 및 라운드 R3

HRDK [시험 1] 6 - 6

[공개]

⑪

4. 도 면(CAM프로그램가공)

자격종목	컴퓨터응용가공산업기사	[시험1]과제명	머시닝센터가공작업	척도	NS

※도면 ②

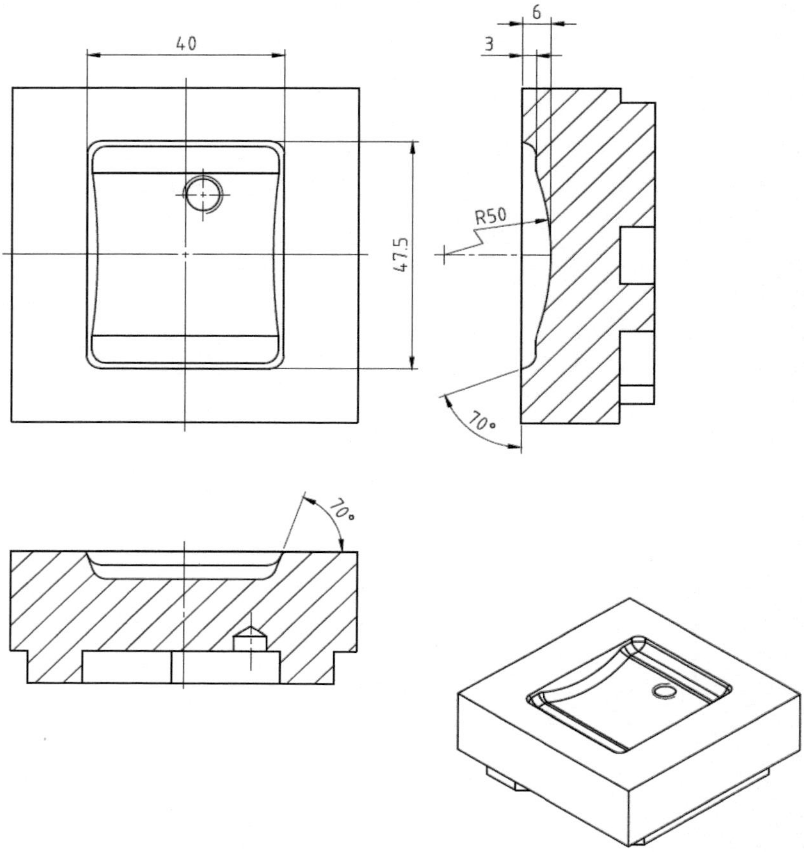

주서

1.도시되고 지시없는 필렛 및 라운드 R3

HRDK [시험 1] 6 - 6

[공개]

⑫

4. 도 면(CAM프로그램가공)

자격종목	컴퓨터응용가공산업기사	[시험1]과제명	머시닝센터가공작업	척도	NS

※도면 ②

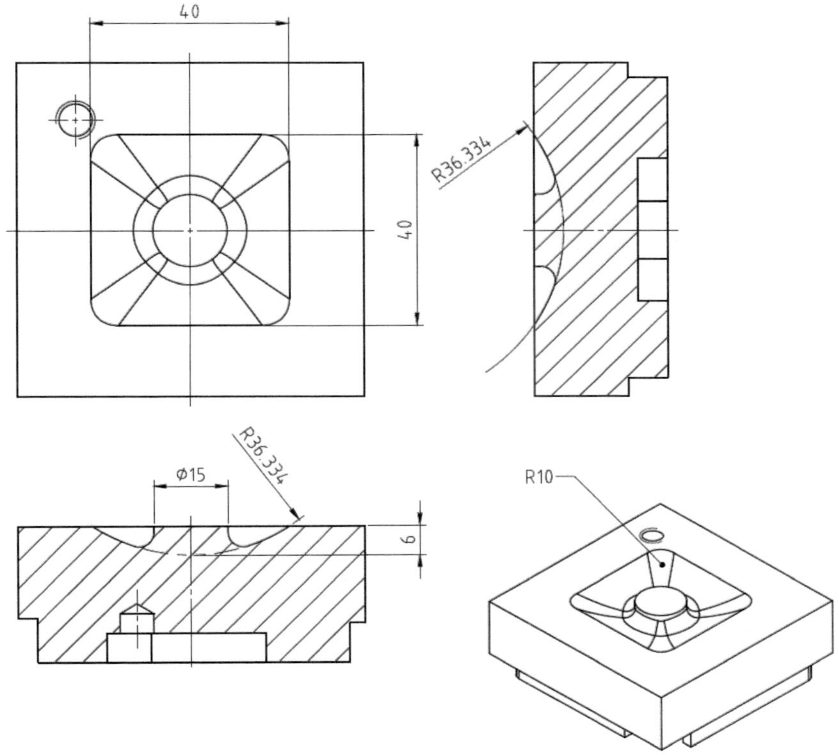

주서

1.도시되고 지시없는 필렛 및 라운드 R3

HRDK [시험 1] 6 - 6

[공개]

⑬

4. 도 면(CAM프로그램가공)

자격종목	컴퓨터응용가공산업기사	[시험1]과제명	머시닝센터가공작업	척도	NS

※도면 ②

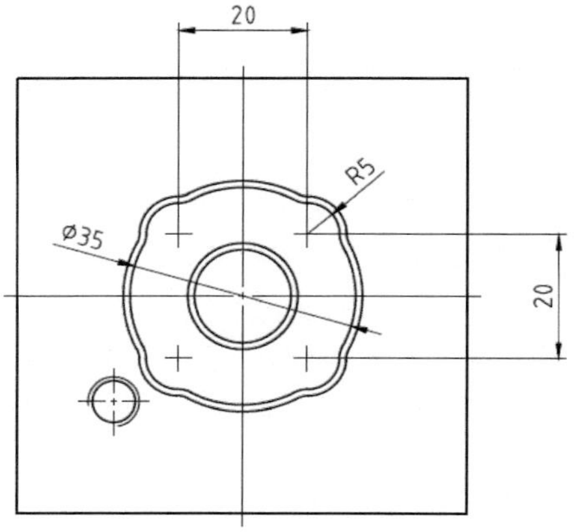

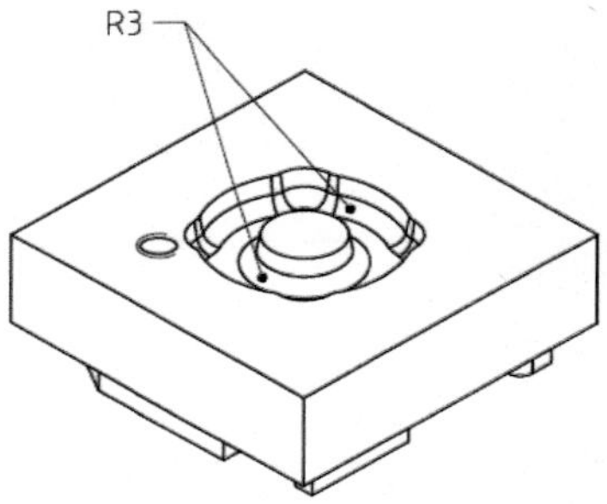

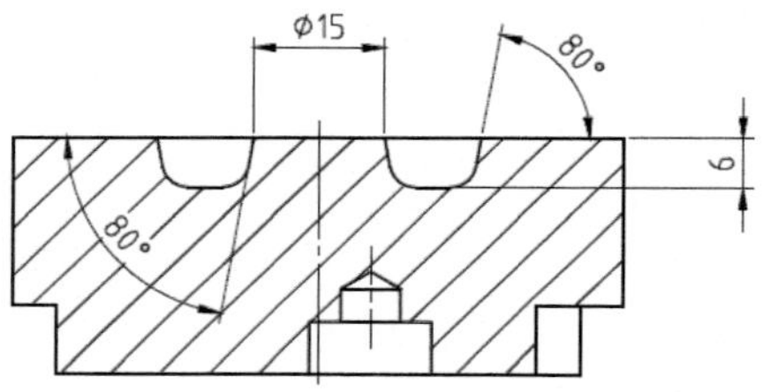

주서

1.도시되고 지시없는 필렛 및 라운드 R3

HRDK [시험 1] 6 - 6

[공개]

4. 도 면(CAM프로그램가공)

⑭

자격종목	컴퓨터응용가공산업기사	[시험1]과제명	머시닝센터가공작업	척도	NS

※도면 ②

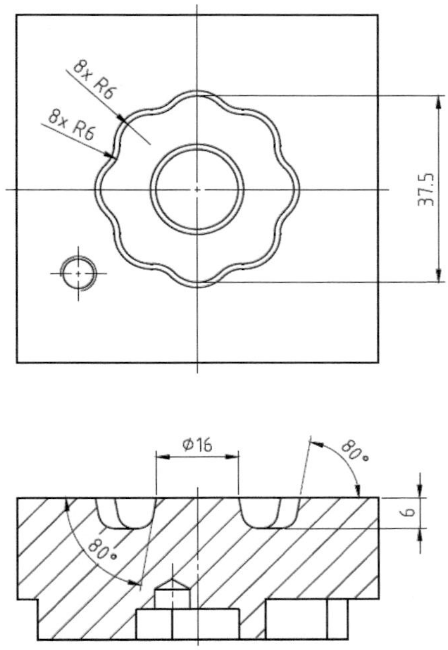

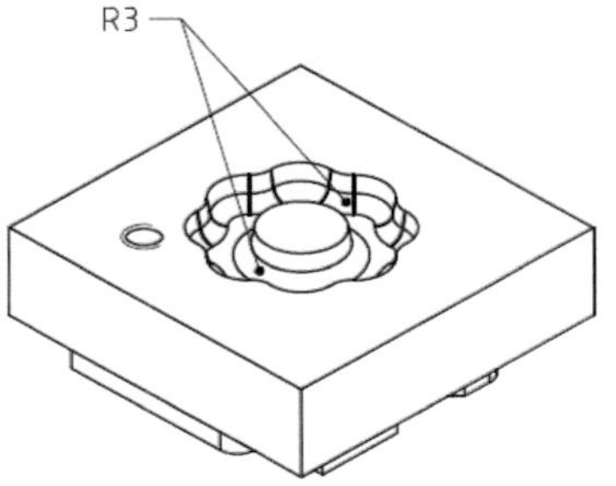

주서

1.도시되고 지시없는 필렛 및 라운드 R3

HRDK [시험 1] 6 - 6

[공개]

⑮

4. 도 면(CAM프로그램가공)

자격종목	컴퓨터응용가공산업기사	[시험1]과제명	머시닝센터가공작업	척도	NS

※도면 ②

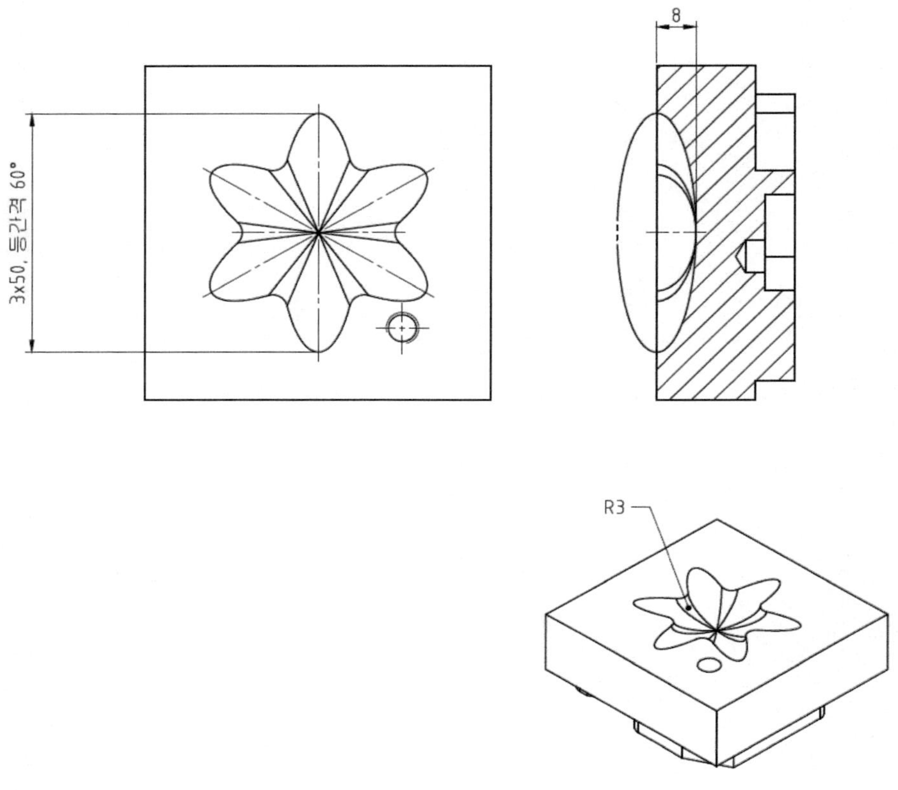

주서

1.도시되고 지시없는 필렛 및 라운드 R3

HRDK [시험 1] 6 - 6

[공개]

⑯

4. 도 면(CAM프로그램가공)

자격종목	컴퓨터응용가공산업기사	[시험1]과제명	머시닝센터가공작업	척도	NS

※도면 ②

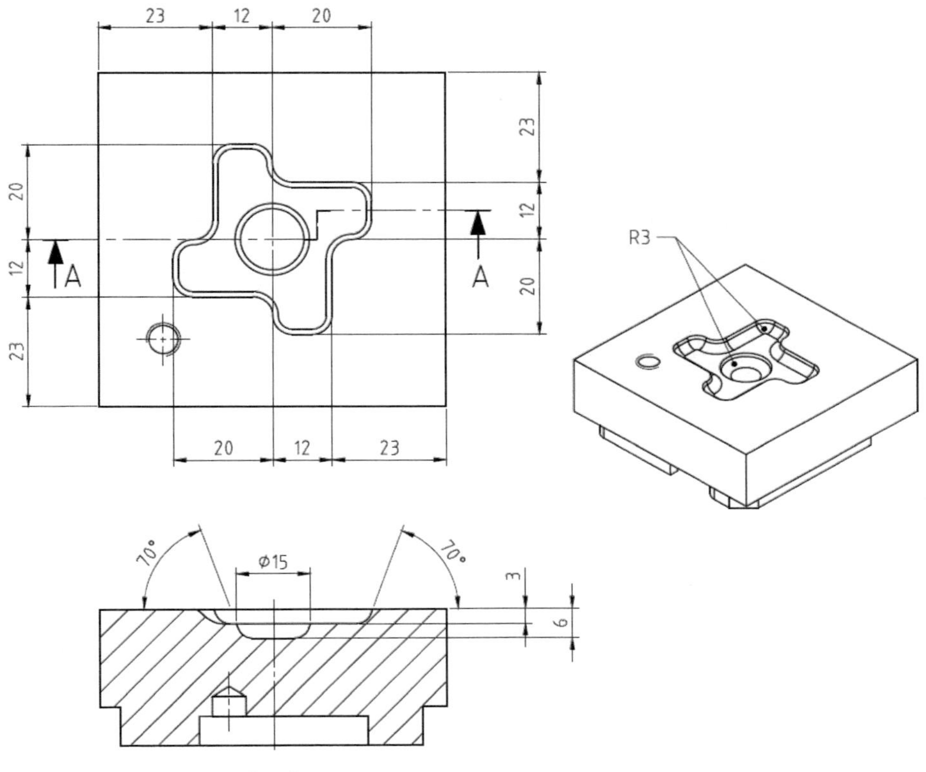

A-A

주서

1.도시되고 지시없는 필렛 및 라운드 R3

HRDK [시험 1] 6 - 6

[공개]

⑰

4. 도 면(CAM프로그램가공)

자격종목	컴퓨터응용가공산업기사	[시험1]과제명	머시닝센터가공작업	척도	NS

※도면 ②

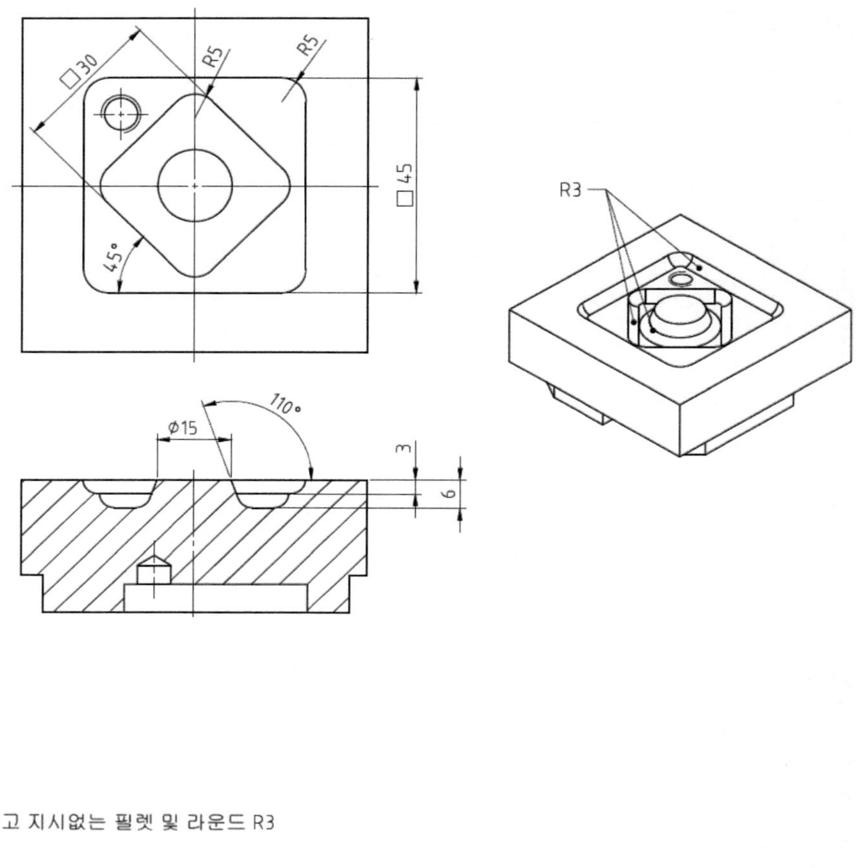

주서

1.도시되고 지시없는 필렛 및 라운드 R3

HRDK [시험 1] 6 - 6

[공개]

⑱

4. 도 면(CAM프로그램가공)

자격종목	컴퓨터응용가공산업기사	[시험1]과제명	머시닝센터가공작업	척도	NS

※도면 ②

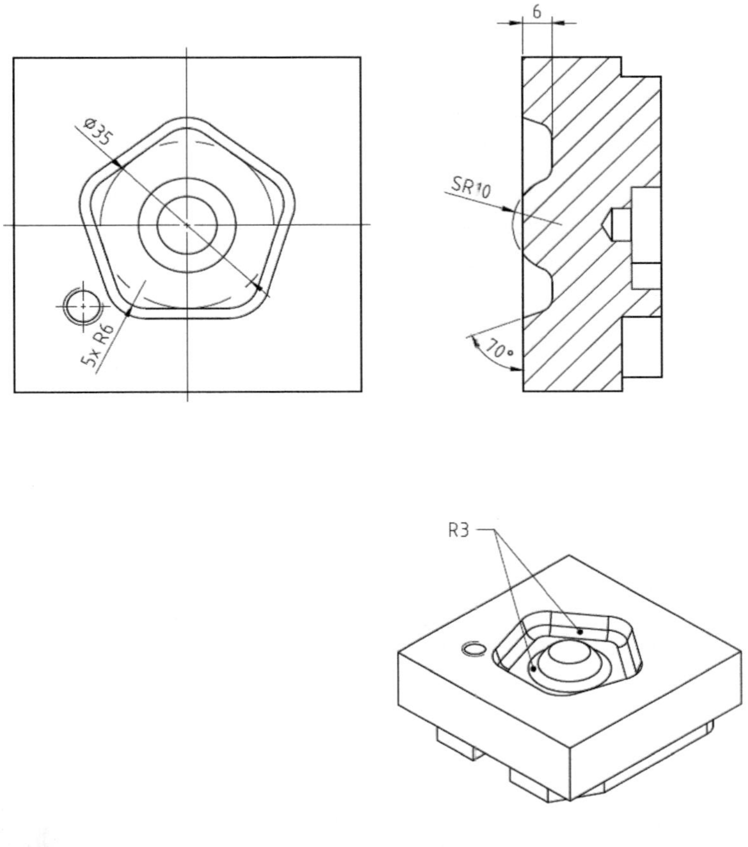

주서

1.도시되고 지시없는 필렛 및 라운드 R3

HRDK [시험 1] 6 - 6

[공개]

⑲

4. 도 면(CAM프로그램가공)

자격종목	컴퓨터응용가공산업기사	[시험1]과제명	머시닝센터가공작업	척도	NS

※도면 ②

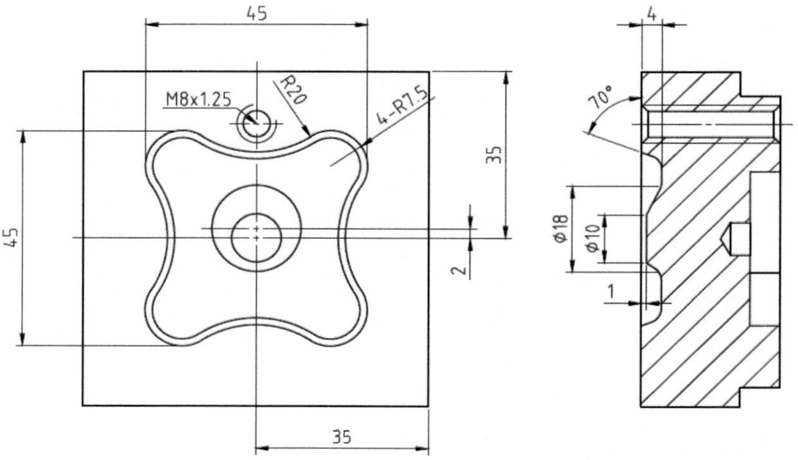

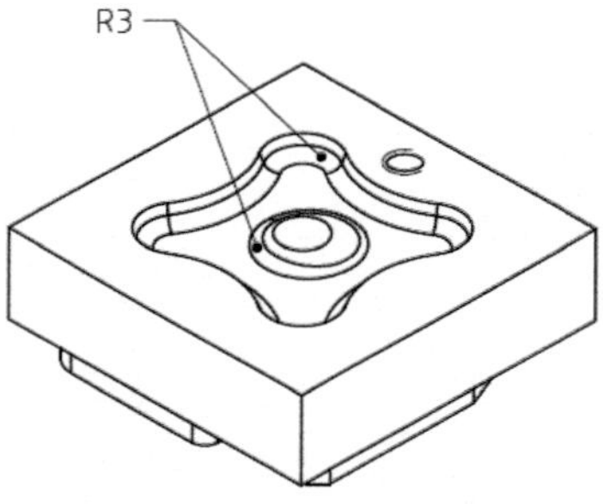

주서

1.도시되고 지시없는 필렛 및 라운드 R3

HRDK [시험 1] 6 - 6

[공개]

⑳

4. 도 면(CAM프로그램가공)

자격종목	컴퓨터응용가공산업기사	[시험1]과제명	머시닝센터가공작업	척도	NS

※도면 ②

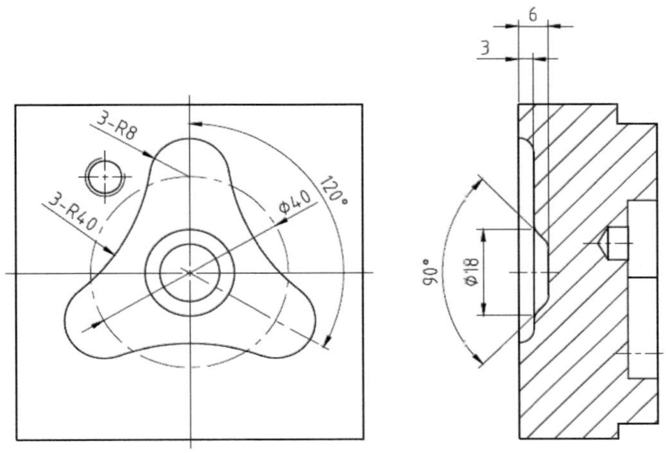

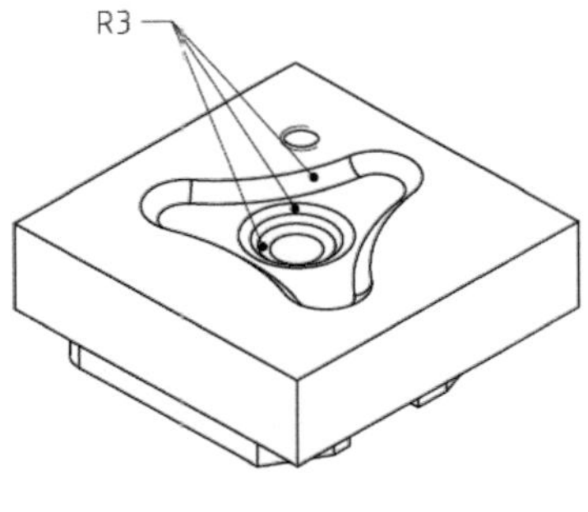

주서

1.도시되고 지시없는 필렛 및 라운드 R3

HRDK [시험 1] 6 - 6

STEP 08

머시닝센터 3D CAM 작업 (산업기사/기능장)

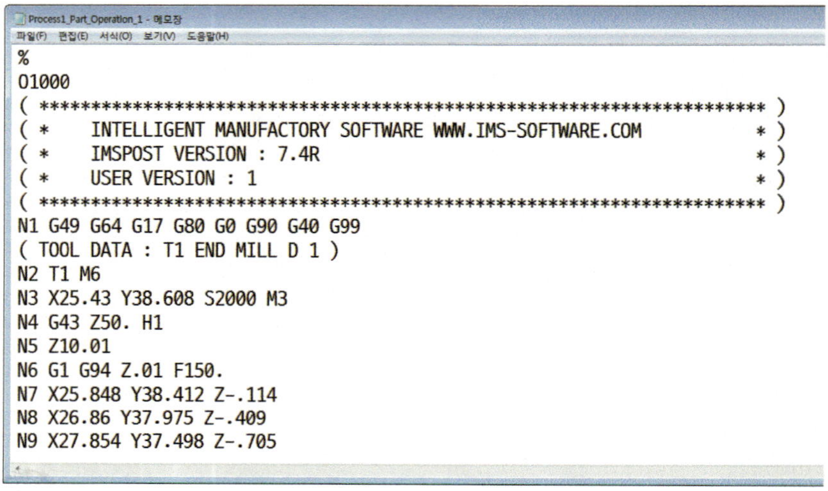

Process1_Part_Operation_1 - 메모장

파일(F) 편집(E) 서식(O) 보기(V) 도움말(H)

```
%
O1000
( ************************************************************************ )
( *    INTELLIGENT MANUFACTORY SOFTWARE WWW.IMS-SOFTWARE.COM             * )
( *    IMSPOST VERSION : 7.4R                                              * )
( *    USER VERSION : 1                                                    * )
( ************************************************************************ )
N1 G49 G64 G17 G80 G0 G90 G40 G99
( TOOL DATA : T1 END MILL D 1 )
N2 T1 M6
N3 X25.43 Y38.608 S2000 M3
N4 G43 Z50. H1
N5 Z10.01
N6 G1 G94 Z.01 F150.
N7 X25.848 Y38.412 Z-.114
N8 X26.86 Y37.975 Z-.409
N9 X27.854 Y37.498 Z-.705
```

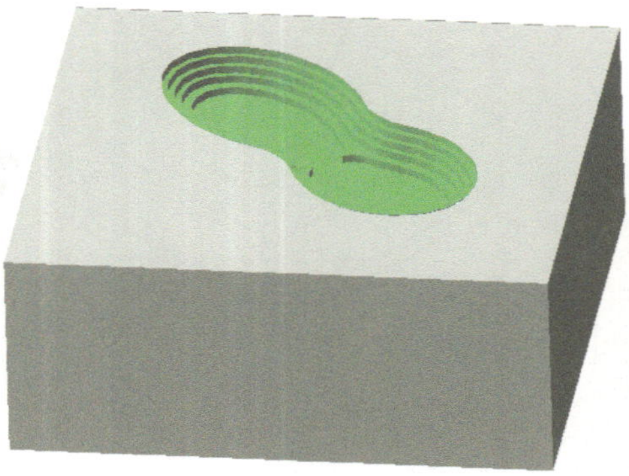

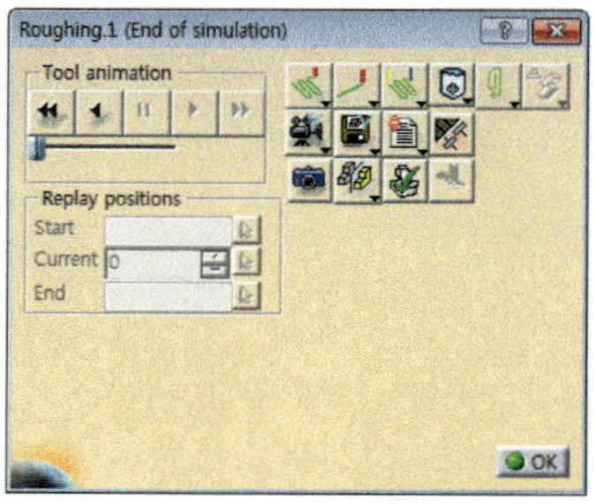

공구번호	공구설명	공구상세	F(피드/피치)	S(주속/회전수)
T01	엔드밀 (End mill)	Ø 10 mm	F150	S2000
T03	볼 엔드밀 (Ball mill)	Ø 6 mm	F300	S2500

[01] Menu Bar(메뉴 바)의 **Tools 〉 Options...**에 들어가면 Options 창이 생성된다.

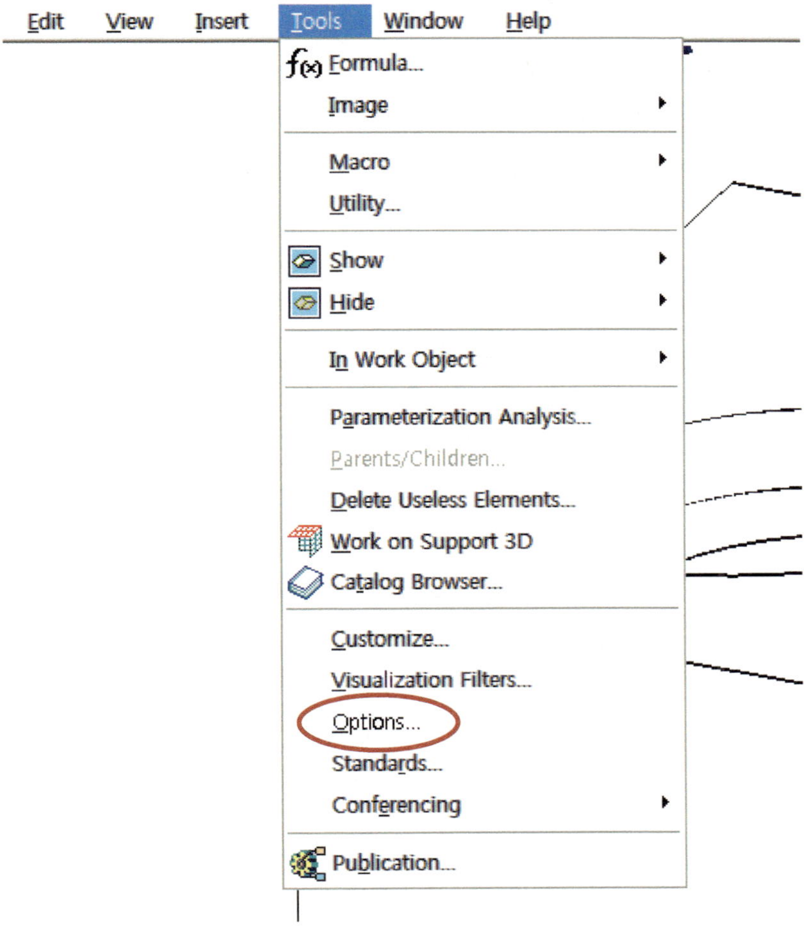

[02] 좌측 Options의 트리에서 **Machining**을 선택하고 위쪽에 있는 **Output 탭**을 선택하면 아래의 그림과 같은 화면이 나타난다. Post Processor and Controller Emulator Folder에서 **IMS®**을 선택하고 우측 스크롤바를 아래로 내린다.

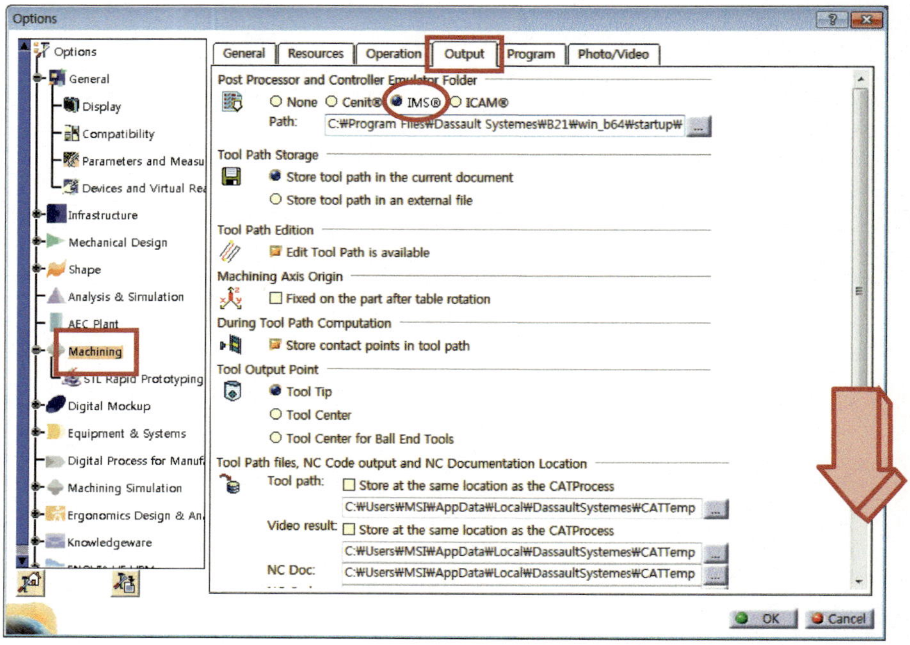

[03] Tool Path files, NC Code output and NC Documentation Location에서 Extension(확장자)를 **NC**로 변경하고 Options 대화상자의 우측 아래에 있는 [OK] 버튼을 클릭한다.

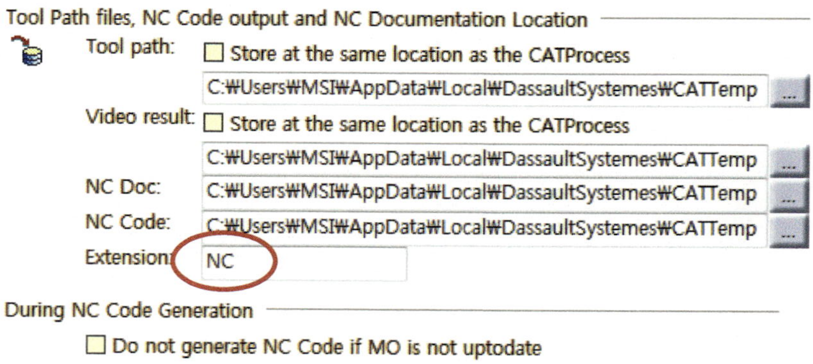

[04] CAM 가공 및 NC 데이터의 생성을 위하여 Menu Bar(메뉴 바)의 **Start 〉 Machining 〉 Surface Machining**을 선택하면 Surface Machining 워크벤치로 들어가게 된다.

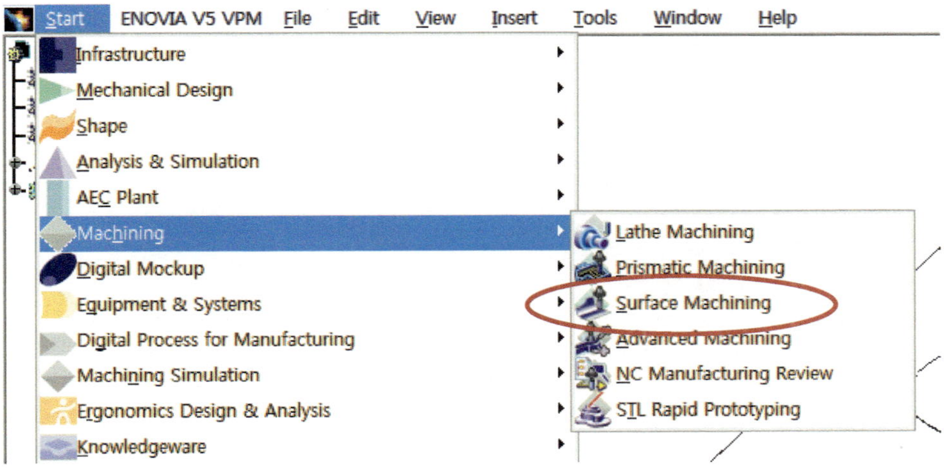

[05] 트리의 가장 윗부분이 P.P.R.(product, process, and resource model)로 변경된 것을 확인할 수 있다.

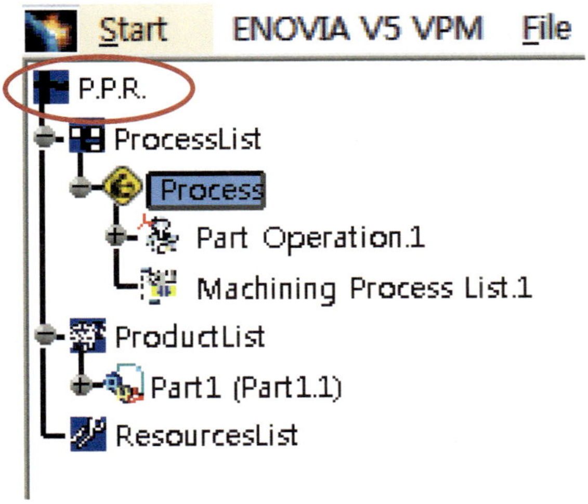

[06] 오른쪽 아래에 노란색 글상자가 생성되는데 글상자를 벗어나 작업한 도형이 있는 작업영역(working area)을 두 번 클릭하면 사라진다.

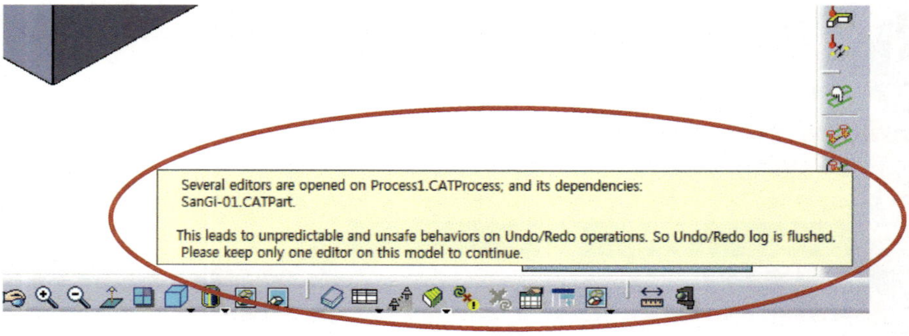

[07] Geometry Management 툴바(toolbar : 도구막대)의 Creates rough stock 아이콘을 선택하여 소재(素材)를 생성한다.

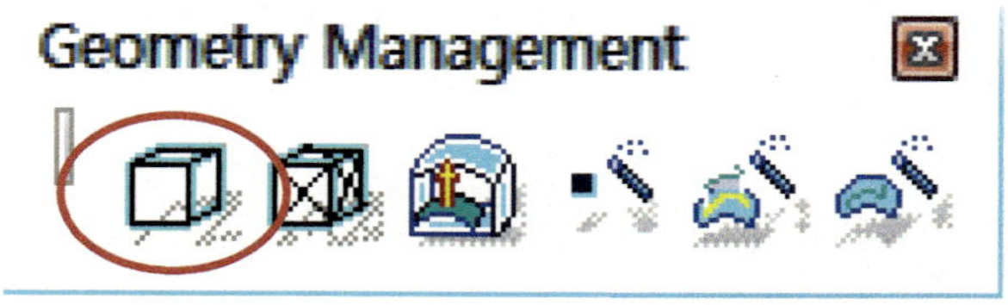

[08] Rough Stock 대화상자(Dialog box)를 생성되면 Part body의 **No Selection**이라고 적힌 곳을 클릭하여 선택하고 앞에 만든 부품을 클릭하면 아래와 같이 변경된다. 참고로 8번과 9번의 순서는 바뀌어도 상관없다.

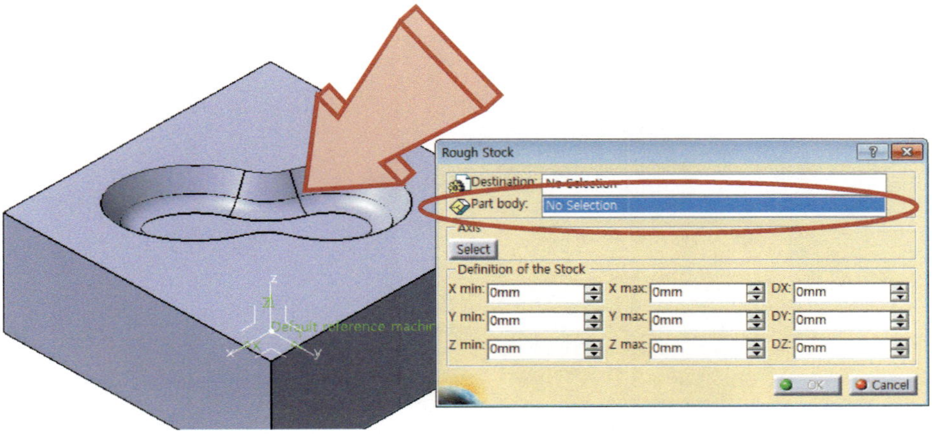

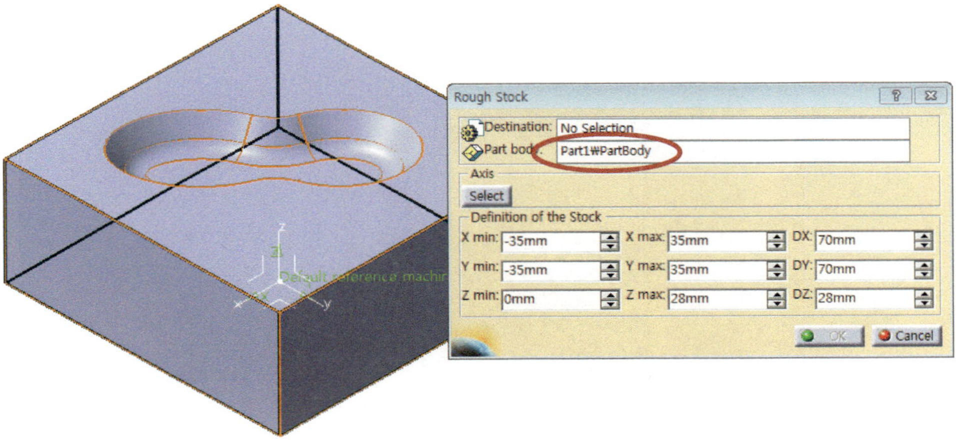

[09] Destination의 **No Selection**이라고 적힌 곳을 클릭하고 앞에 만든 부품을 클릭하면 아래와 같은 경고 창(Warning)이 나온다. **예**(또는 **Yes(Y)**)를 선택한다. 참고로 8번과 9번의 순서는 바뀌어도 상관없다.

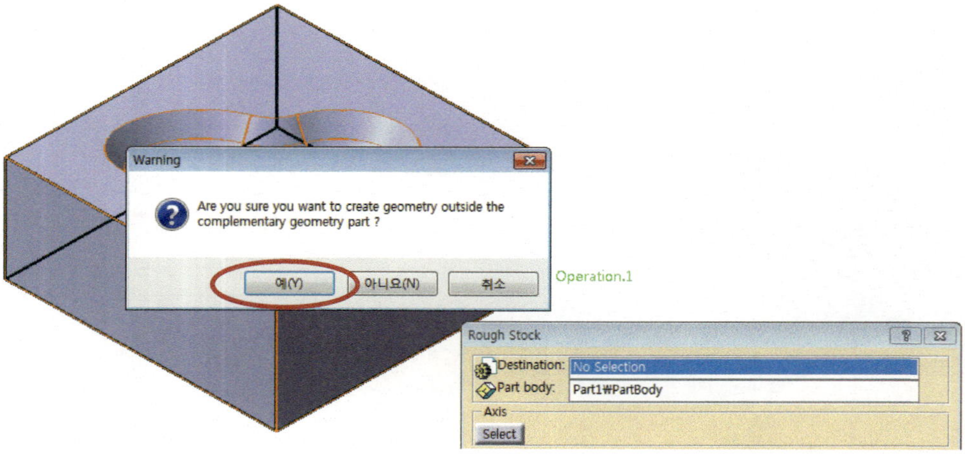

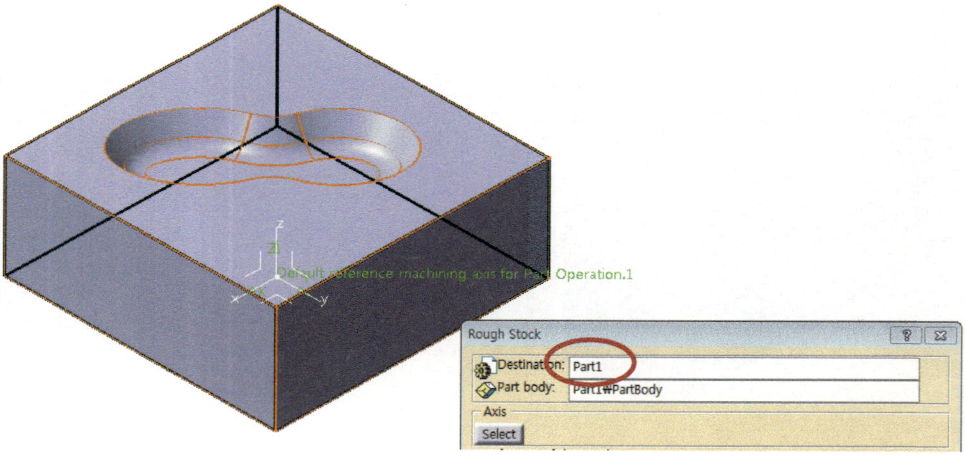

[10] 아래와 같이 소재(노란색으로 표시됨)가 생성된다.

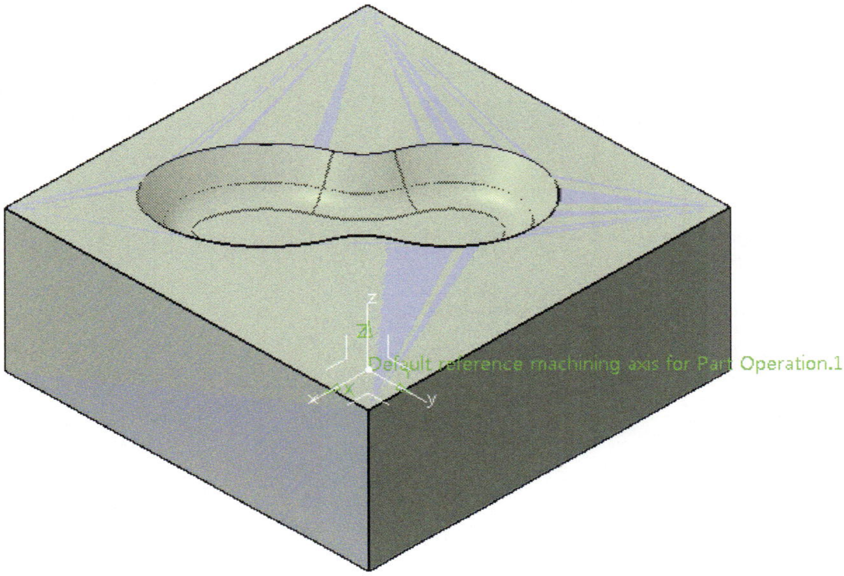

[11] 좌측의 트리에서 ProductList의 Part1(Part1.1)의 ⊕를 눌러 부품의 생성을 확인해 보면 Rough stock.1이 생성된 것을 확인할 수 있다.

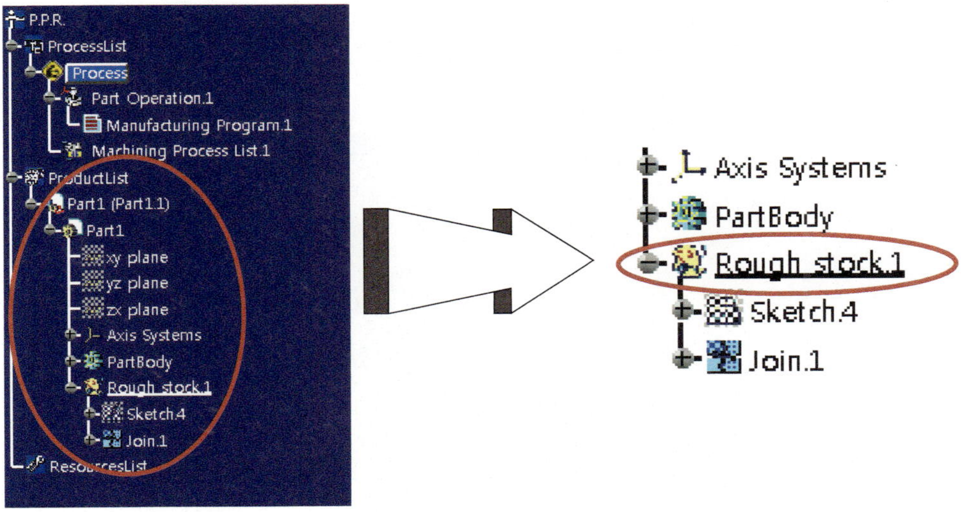

[12] 좌측 트리에서 P.P.R. - ProductList - Part1 (Part1.1)의 **Part1**을 더블 클릭한다.

[13] Reference elements 툴바의 Plane 아이콘을 선택하고 Plane Definition 대화상자의 Offset에 **50**을 입력하고 작업한 부품의 윗면을 선택한다.

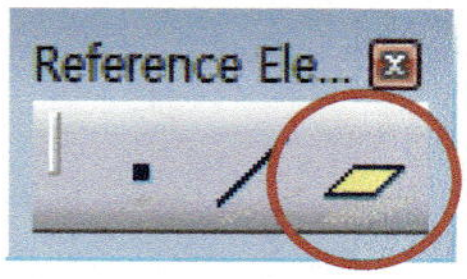

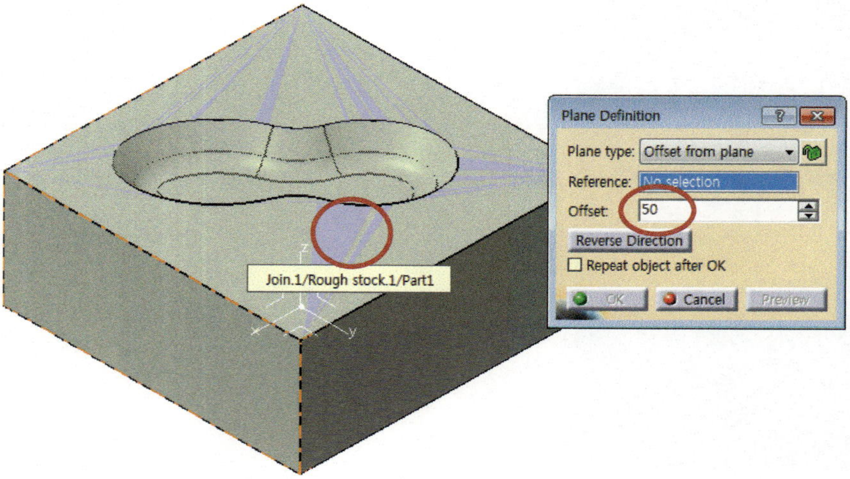

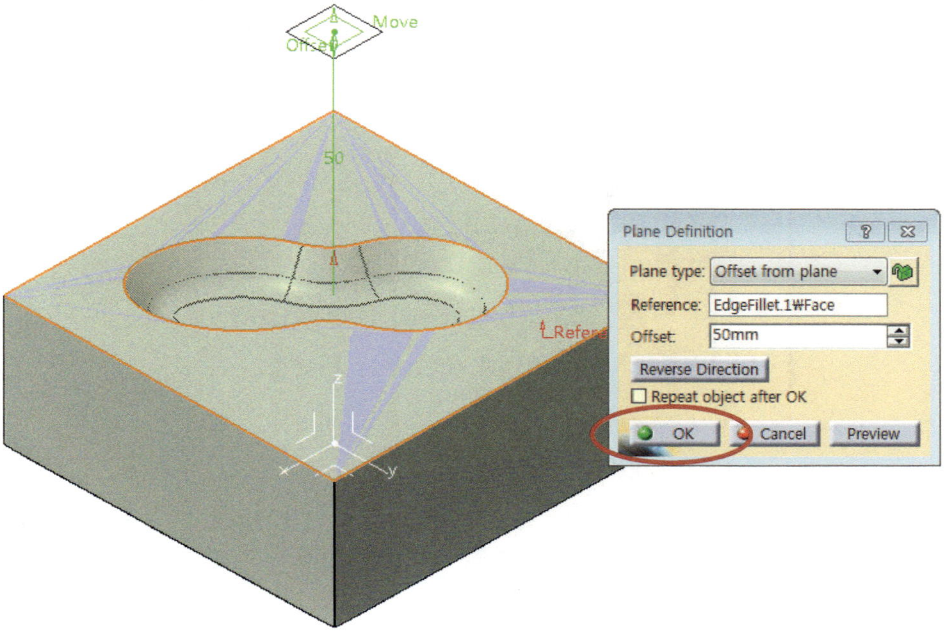

[14] 좌측의 트리에서 P.P.R. - ProcessList에서 **Process**를 더블 클릭한다. 트리에 있는 ⊕와 ⊖를 사용하여 세부목록을 펼치거나 줄일 수 있다.

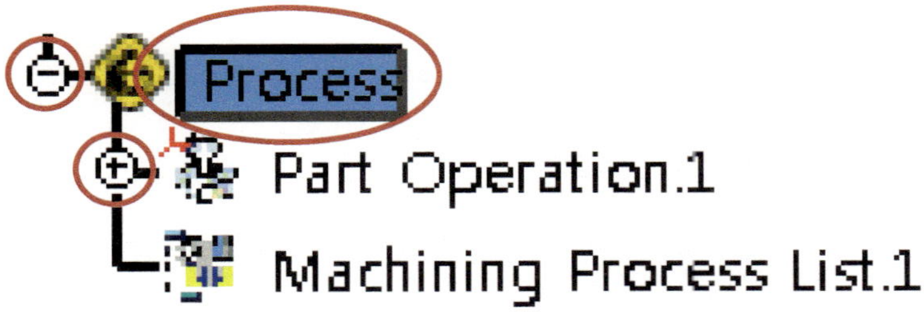

[15] 좌측의 트리에서 P.P.R. - ProcessList - Process의 **Part Operation.1**을 더블 클릭한다.

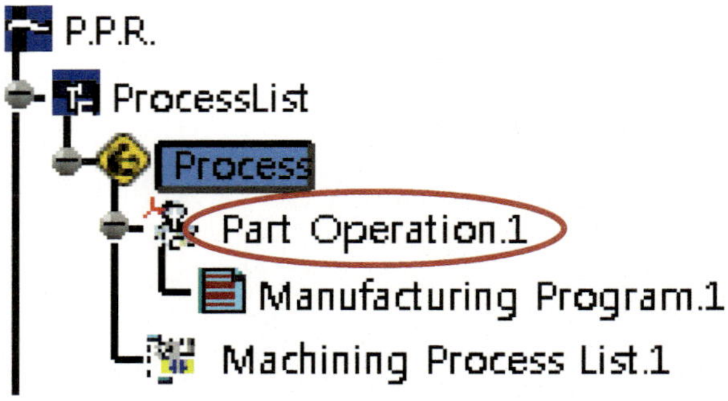

[16] Part Operation 대화상자가 생성된다.

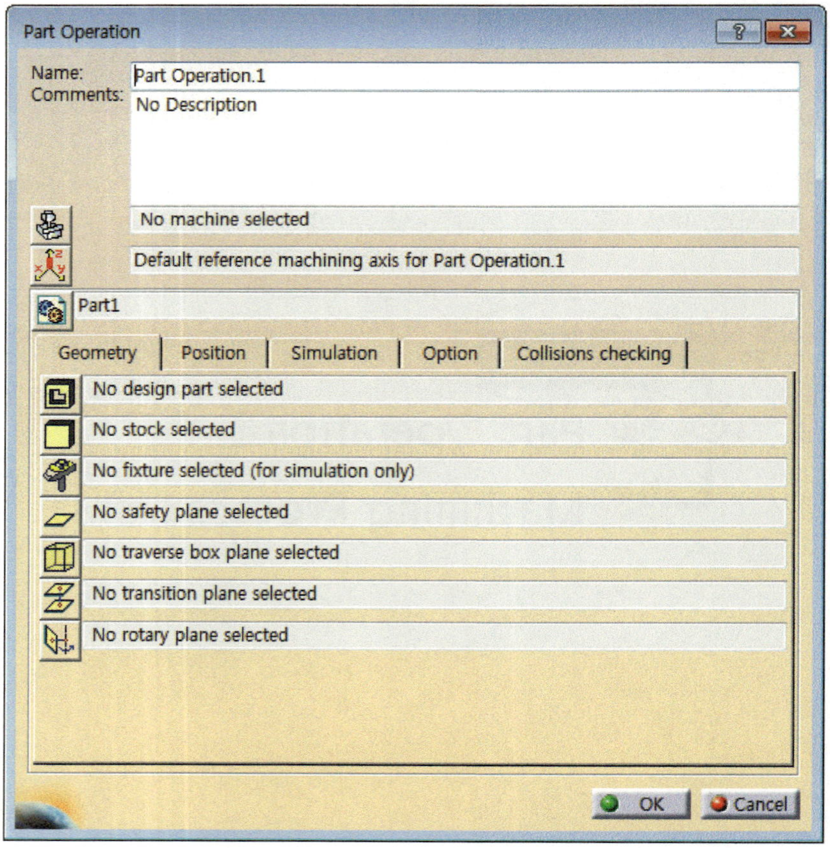

[17] Part Operation 대화상자에서 Machine 아이콘을 클릭한다.

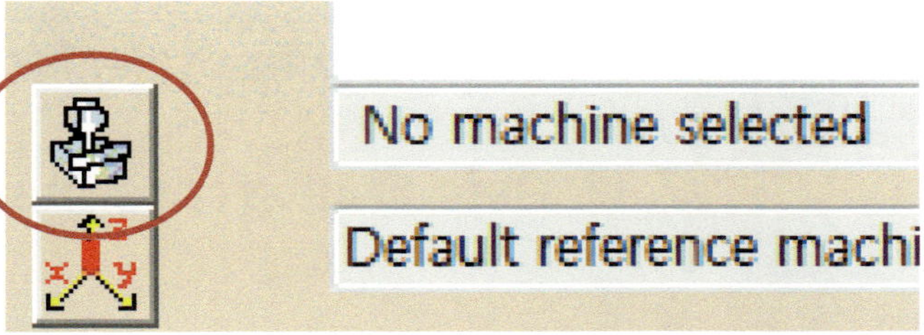

[18] 기본으로 3축 가공(3-axis Machining.1)이 선택되어 있다. 아래와 같이 수정한다. ① Numerical Control 탭을 선택한다. ② Controller Emulator에서 선택창 우측의 역삼각형(▼)을 눌러서 나오는 목록 중 fanuc5x_abtable.ce를 선택한다. ③ Post Processor에서 fanuc0.lib를 선택한다. ④ NC data type에서 ISO를 선택한다. 이상의 작업을 마치면 대화상자의 우측 아래에 있는 [OK] 버튼을 클릭한다.

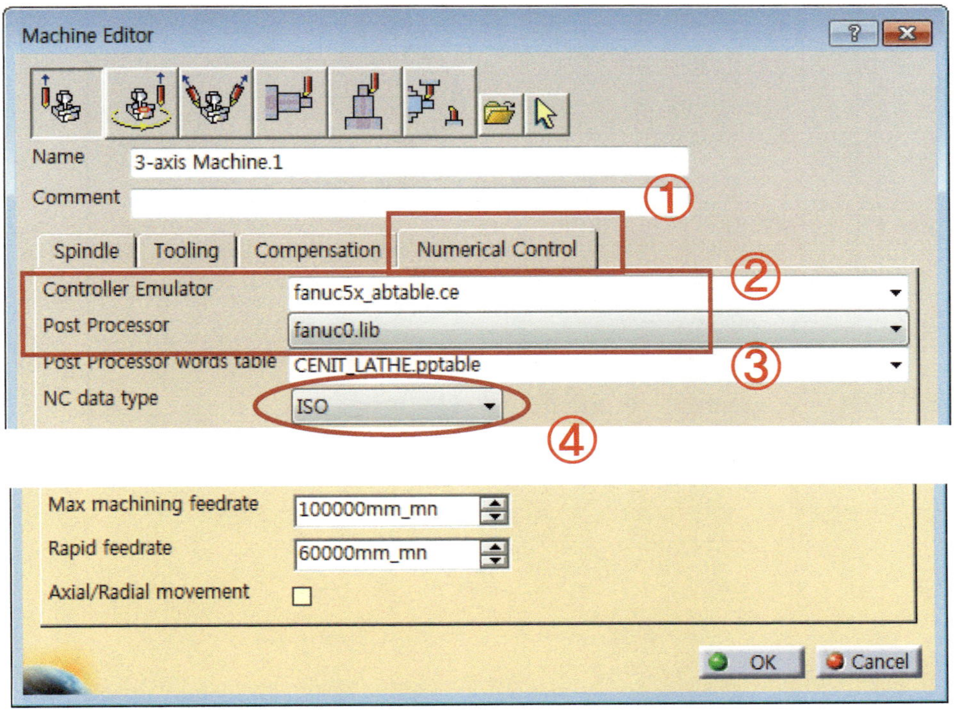

[19] Part Operation 대화상자에서 Reference machining axis system 아이콘을 클릭한다.

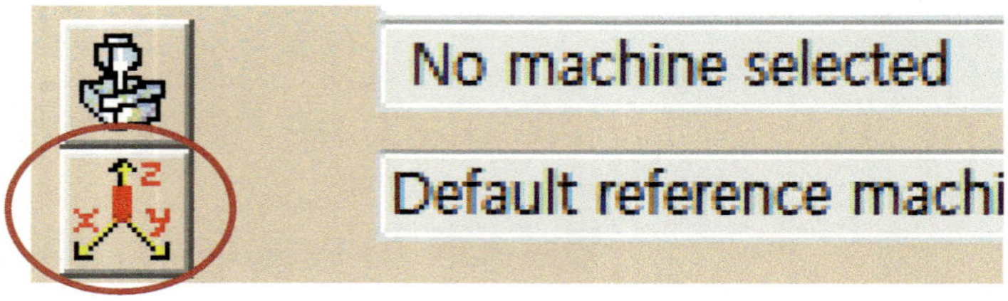

[20] 아래의 대화상자가 생성되며 여기서 가운데 붉은 점을 선택하면 소재의 해당 위치를 선정하기 위해 대화상자가 잠시 사라진다.

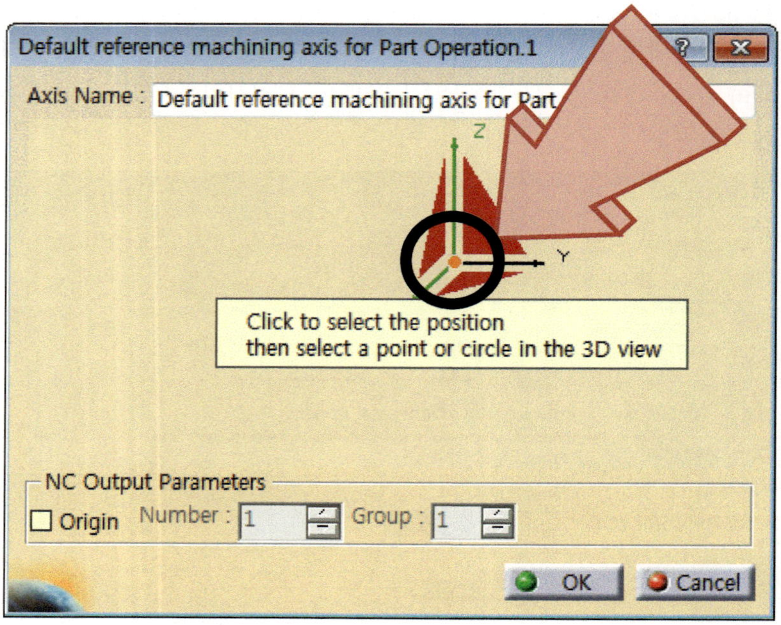

[21] 소재의 윗면에서 아래 그림에 해당하는 모서리를 클릭하고 대화상자로 돌아오면 [OK] 버튼을 클릭한다.

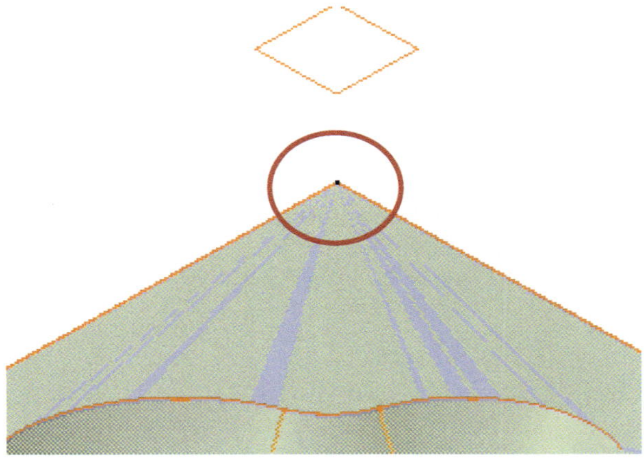

[22] Part Operation 대화상자에서 Design part for simulation 아이콘을 클릭한다.

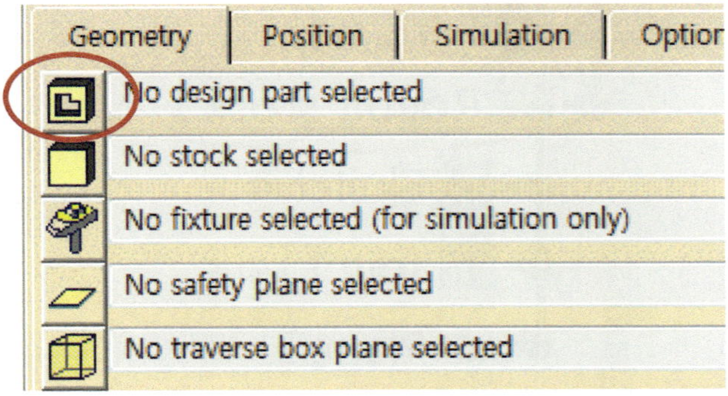

[23] 왼쪽 트리의 P.P.R. - ProductList - Part1 (Part1.1) - Part1의 PartBody를 더블 클릭한다. 트리에 있는 ⊕와 ⊖를 사용하여 세부목록을 펼치거나 줄일 수 있다.

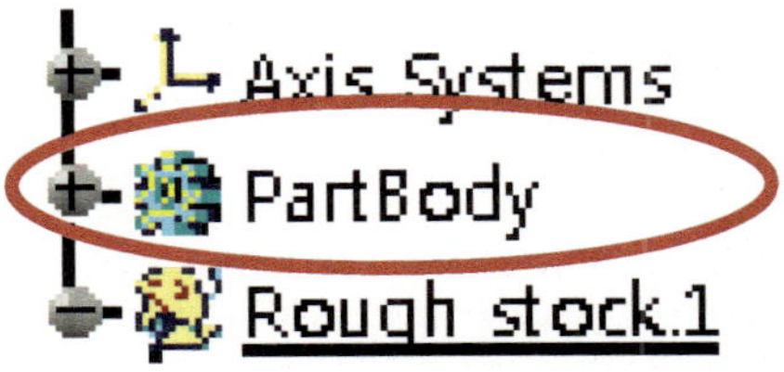

[24] Part Operation 대화상자에서 Stock 아이콘을 클릭한다.

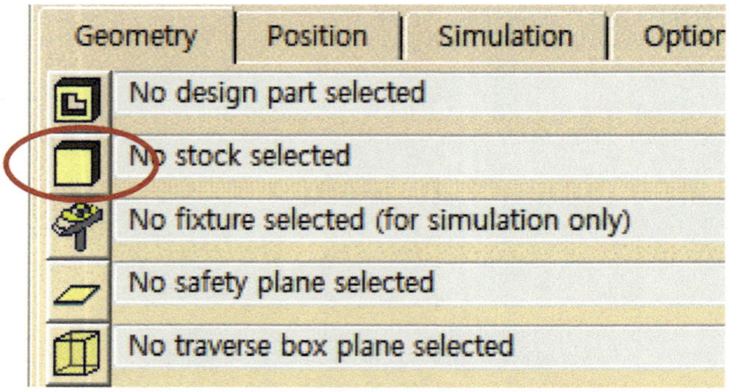

[25] 왼쪽 트리의 P.P.R. - ProductList - Part1 (Part1.1) - Part1의 **Rough stock.1**을 더블 클릭한다.

[26] Part Operation 대화상자에서 Safety plane 아이콘을 클릭한다.

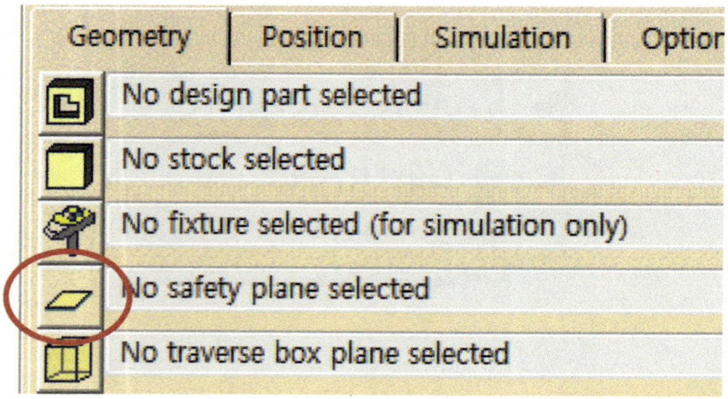

[27] 앞의 14번에서 생성한 작업평면을 클릭한다.

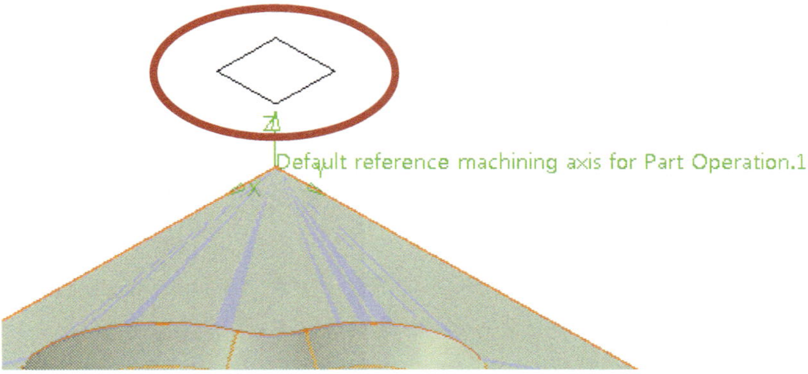

[28] 18번부터 27번까지의 작업을 완료하면 Part Operation 대화상자가 아래와 같이 된다. 이상의 작업을 마치면 대화상자의 우측 아래에 있는 [OK] 버튼을 클릭한다.

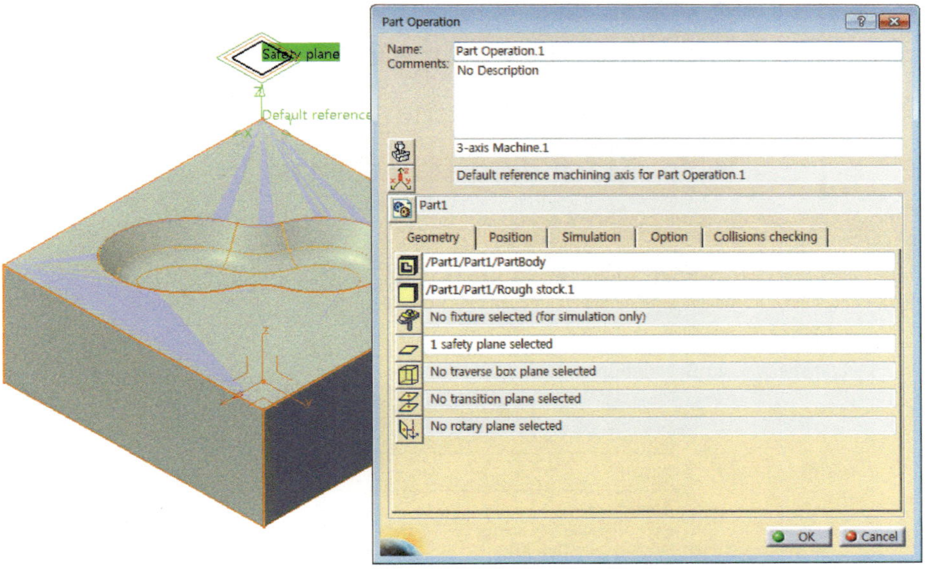

[29] 황삭가공을 시작하기 위해 Machining Operations 툴바의 Roughing 아이콘( )을 클릭한다.

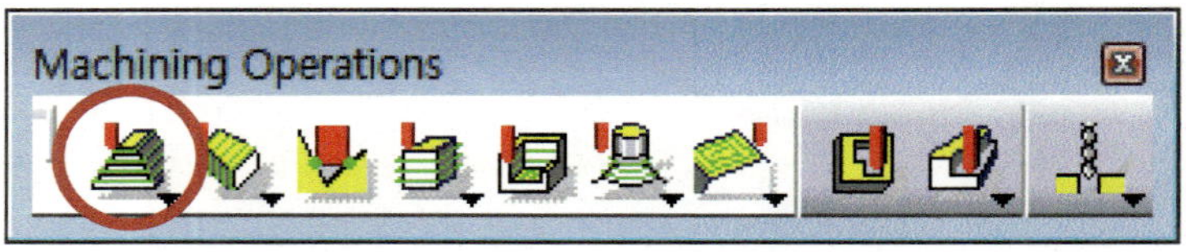

[30] 화면의 부품(도형)을 클릭하거나 좌측 트리의 P.P.R. - ProcessList - Process - Part Operation.1 - **Manufacturing Program.1**을 클릭하면 Roughing 대화상자가 나타난다.

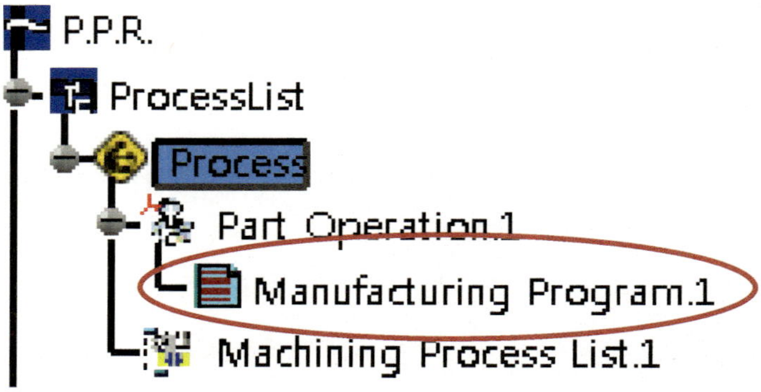

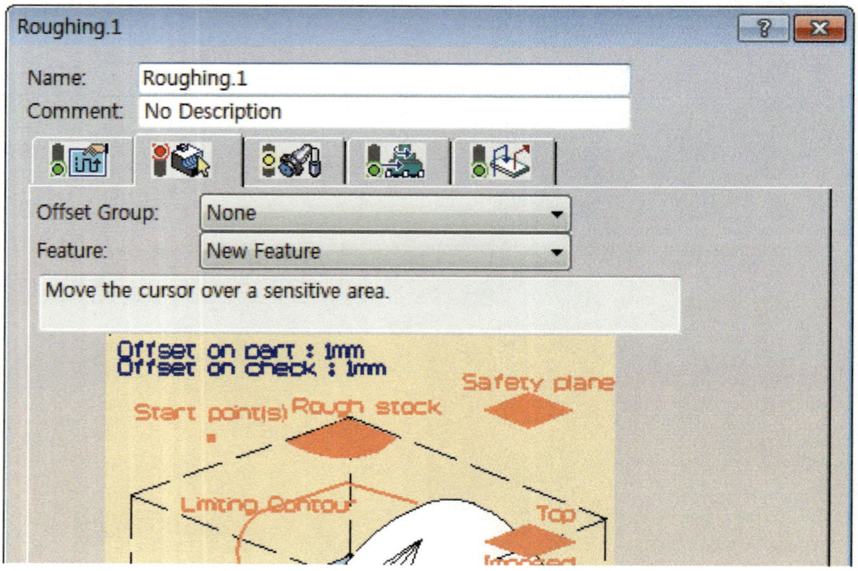

[31] 대화상자는 처음 열렸을 때 Geometric components 탭( )에 위치하고 있으며 아래의 부품 및 소재를 나타내는 그림을 통하여 필요한 부분을 CATIA에 알려주어야 한다. 우선 붉은색으로 표시되는 **Part(부품)**을 클릭하고 왼쪽 트리의 **Partbody**를 더블 클릭한다.

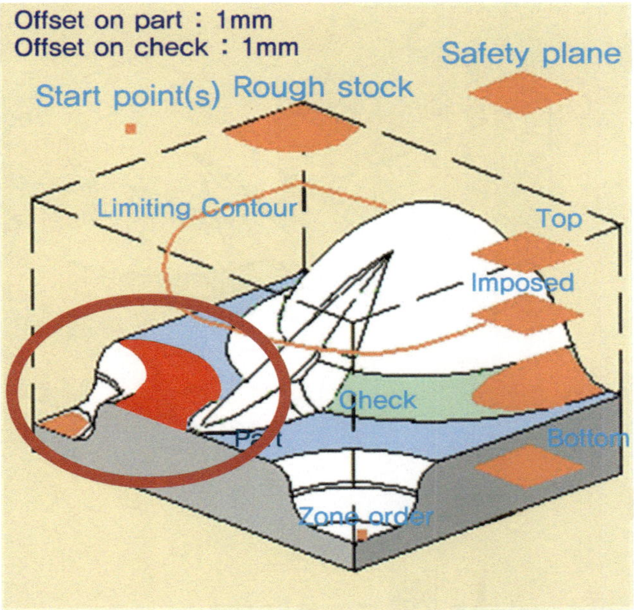

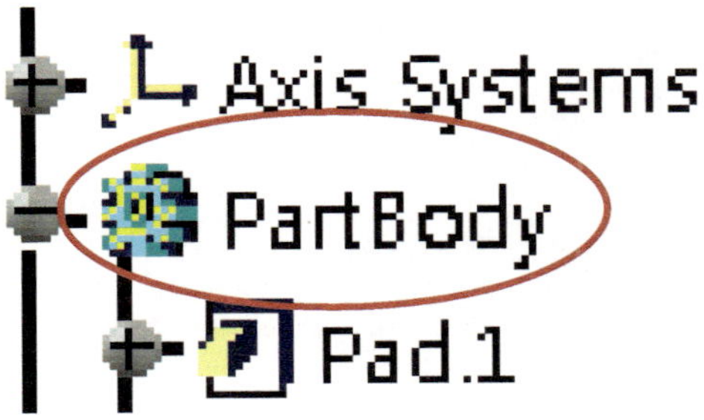

[32] 다음으로 Rough stock(소재)을 클릭하고 왼쪽 트리의 Rough stock.1을 클릭한다.

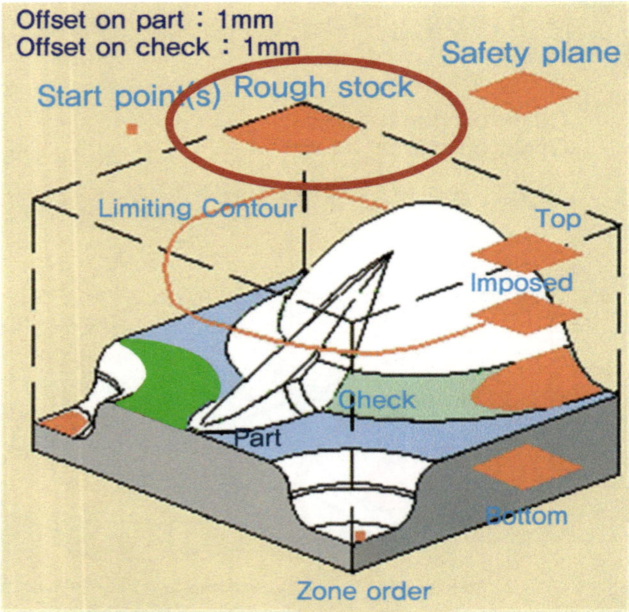

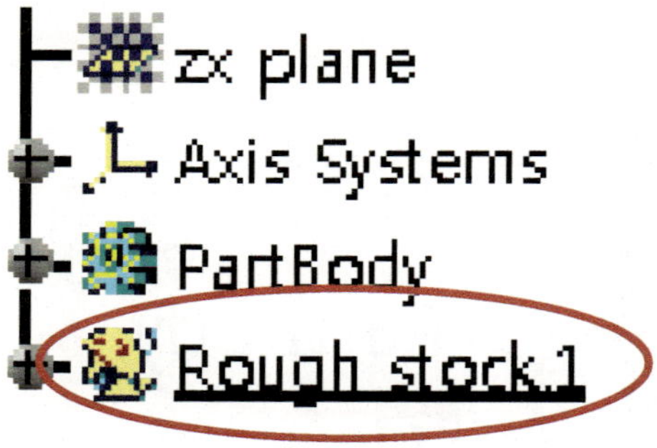

[33] 다음으로 Top를 클릭하고 작업한 부품의 윗부분을 클릭한다.

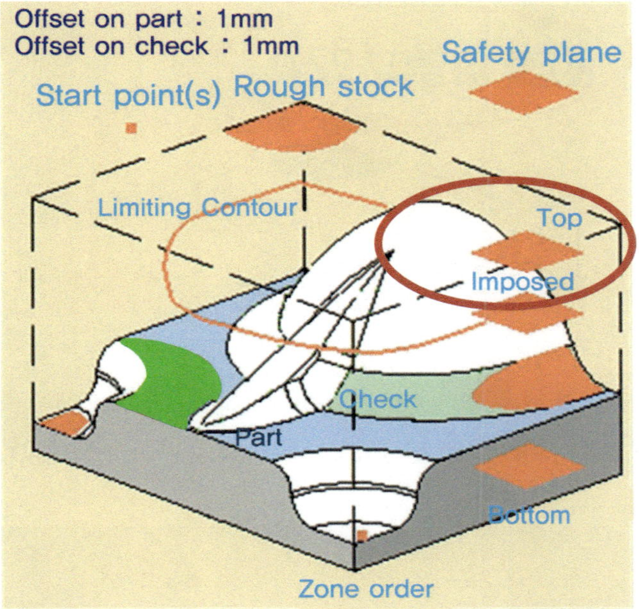

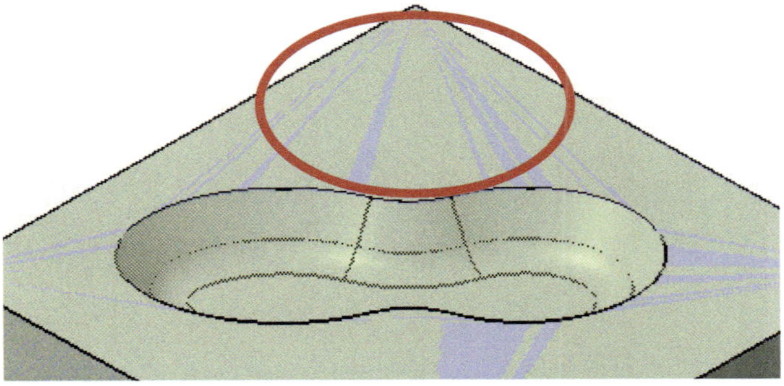

[34] **Offset on part**와 **Offset on check**를 각각 더블 클릭하여 1mm에서 **0.5mm**로 수정한다.

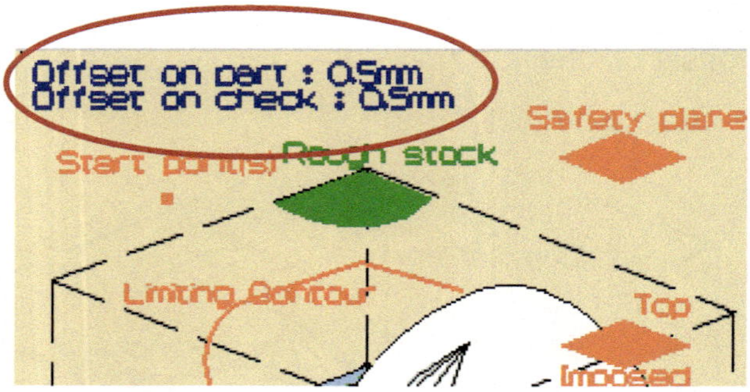

[35] Machining strategy 탭( )으로 이동하여 Tool path style에서 역삼각형 버튼(▼)을 눌러 목록을 연 뒤 **Spiral**로 변경하고 Machine tolerance를 **0.01**로 입력한다.

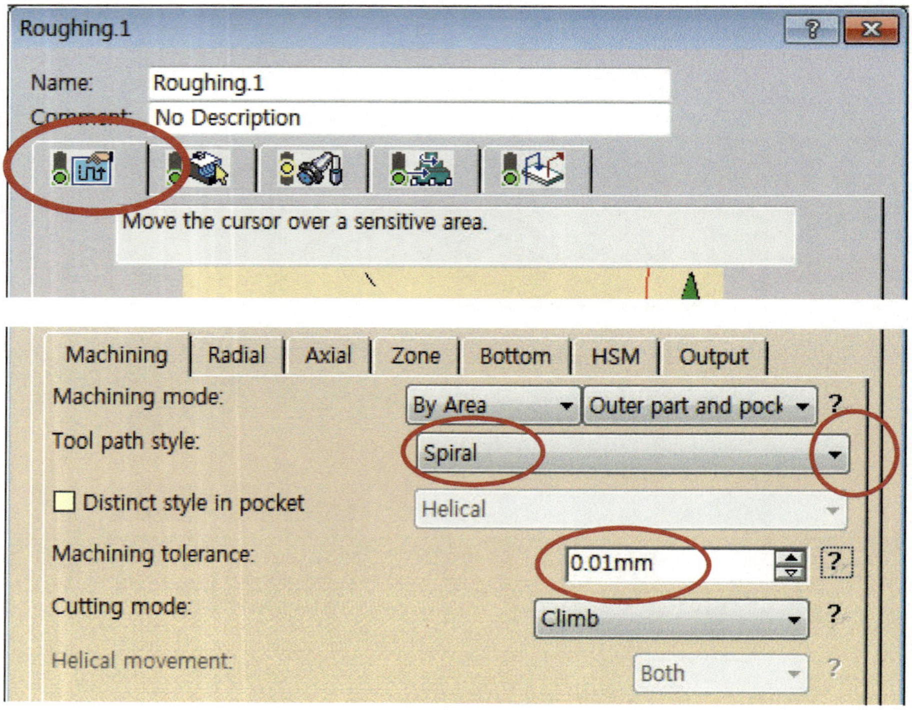

[36] Radial 탭으로 이동하여 Sterover:에서 역삼각형 버튼(▼)을 눌러 목록을 연 뒤 **Stepover length**로 선택하고 Max. distance between pass에 **5**를 입력한다.

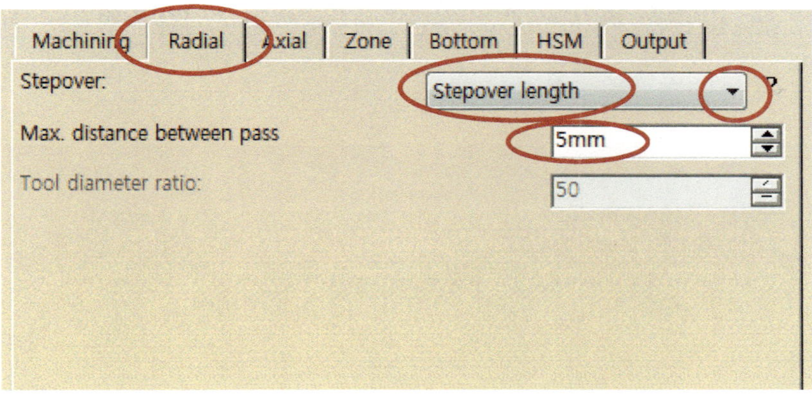

[37] axial 탭으로 이동하여 Maximum cut depth에 **1**을 입력한다.

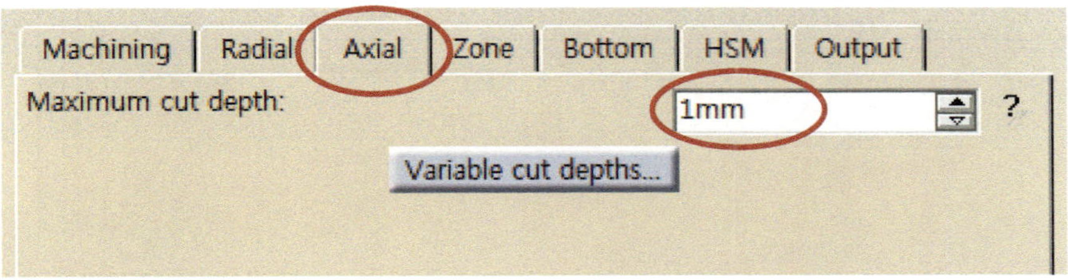

[38] Tool 탭으로 이동하여 황삭에 사용할 공구를 설정한다. Tool number(공구번호)를 가공할 때 사용할 머시닝센터에 세팅되어 있는 해당 번호를 입력하고(여기서는 1로 가정하였음) Ball-end tool에 선택되어 있는 것을 클릭하여 해제한다. 기본적으로 들어가 있는 이름인 T1 End Mill D 10을 확인하고 다음 공구의 이름도 이와 유사하게 만드는 것이 찾아보기 쉽다.

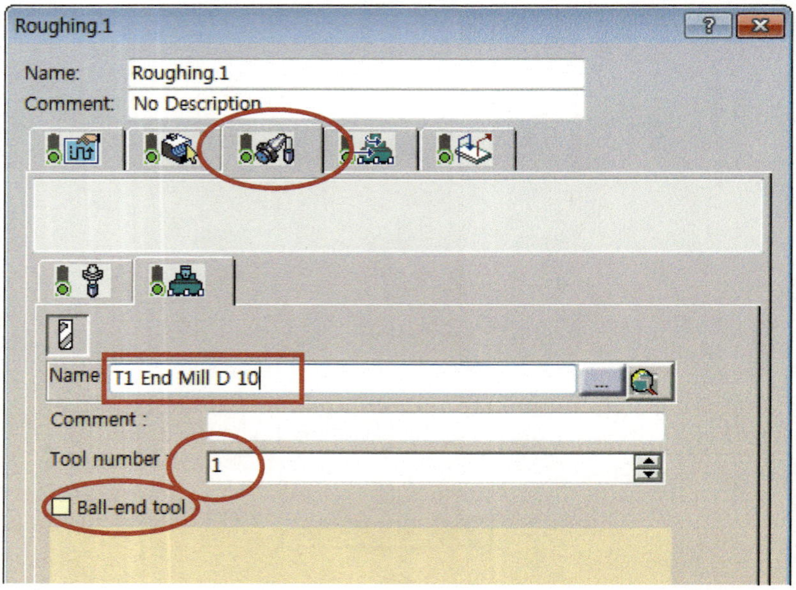

[39] 38번 작업 후 아래의 공구 그림으로 가서 Rc를 더블 클릭해서 0으로 변경하고 D가 10mm인지 확인하고 다르면 더블 클릭하고 수정한다.

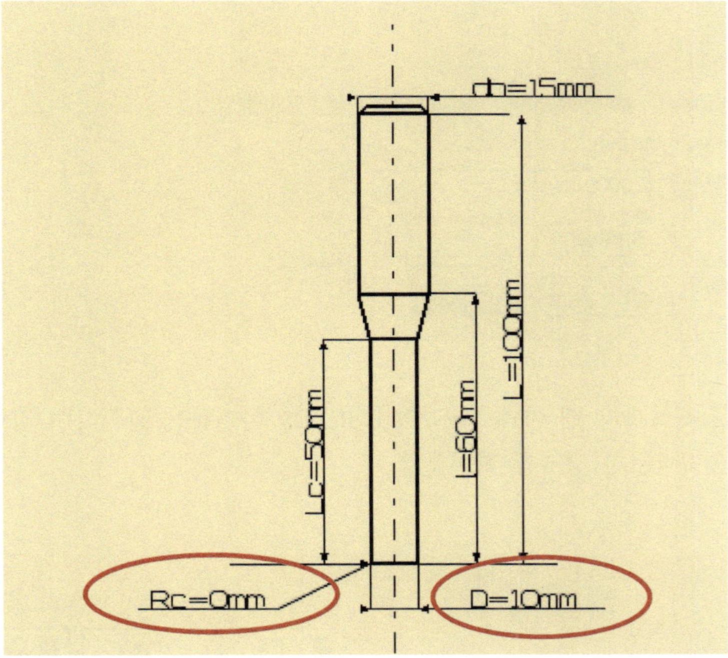

[40] Feeds and speeds 탭에서 Feedrate의 Automatic compute from tooling Feeds and Speeds가 선택되어 있는 것을 해제하고 직접 아래와 같이 값을 넣어준다.

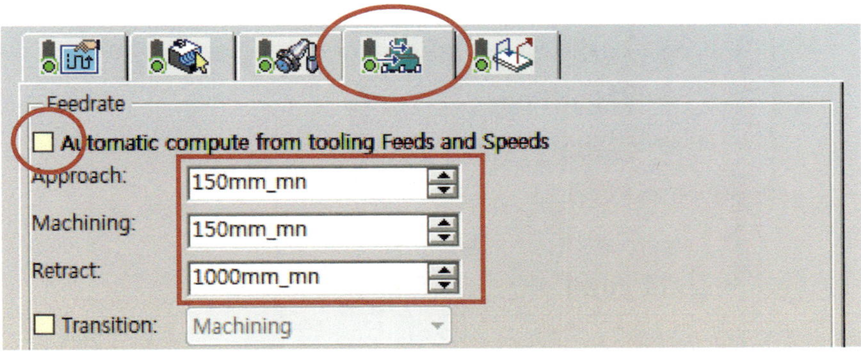

[41] 40번 작업 후 같은 대화상자 아래에 있는 Spindle Speed에서도 Automatic compute from tooling Feeds and Speeds가 선택되어 있는 것을 해제하고 직접 아래와 같이 값을 넣어준다.

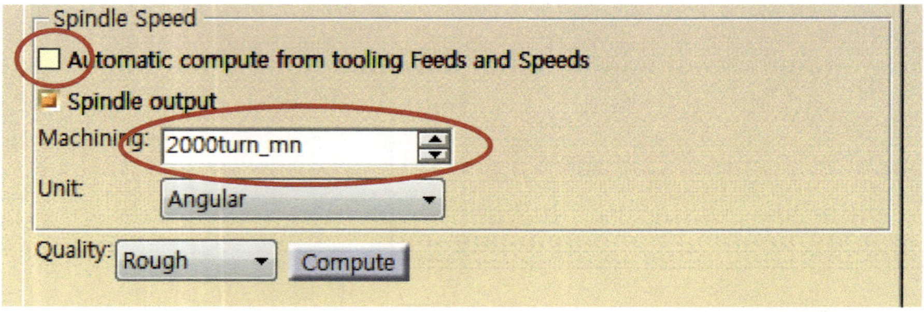

[42] Roughing 대화상자 맨 아래 Tool Path Replay 아이콘을 클릭하여 입력한 값에 따라 공구가 움직이는지 경로를 확인한다.

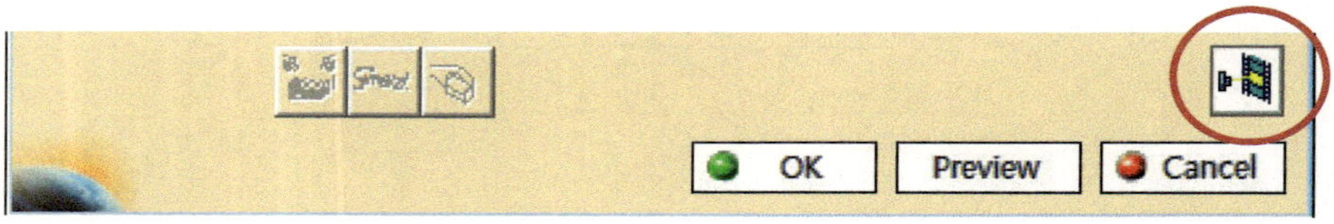

[43] 투명한 노란색으로 표시되는 Rough stock을 숨기기 위해 왼쪽 트리의 Rough stock.1에서 우클릭(MB3)을 하고 Hide/Show를 선택하여 보이는 것을 숨긴다.

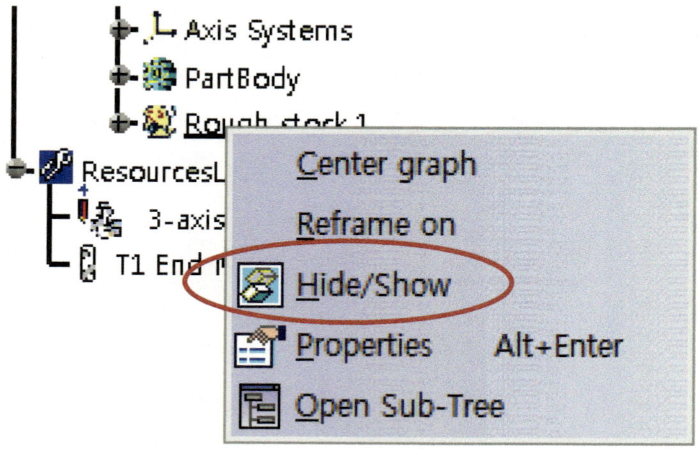

[44] 전체 공구 경로를 확인할 수 있으며 실제 가공을 시뮬레이션 보기 위해 Video from last saved result 아이콘( )을 클릭한다.

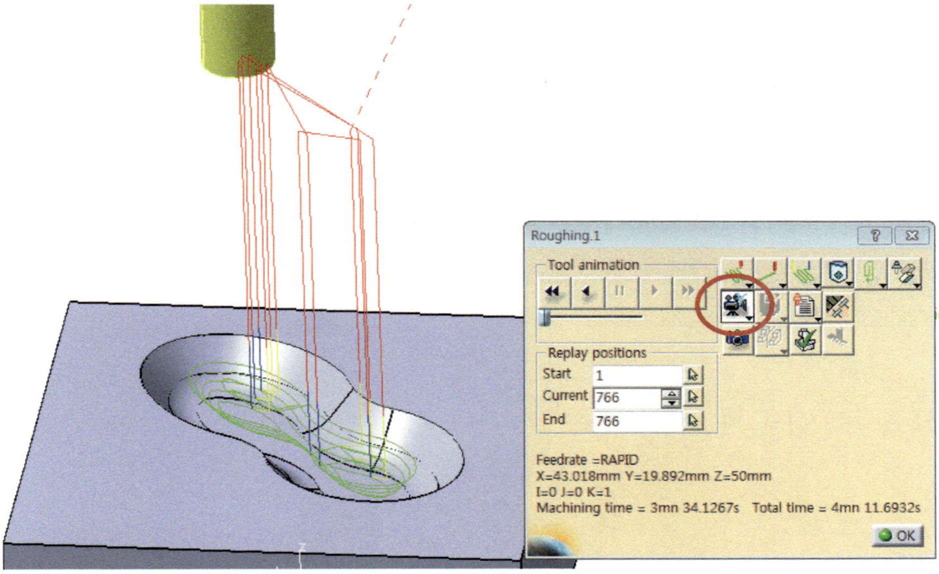

[45] Forward replay 아이콘( )을 눌러 가공되는 과정을 확인한다.

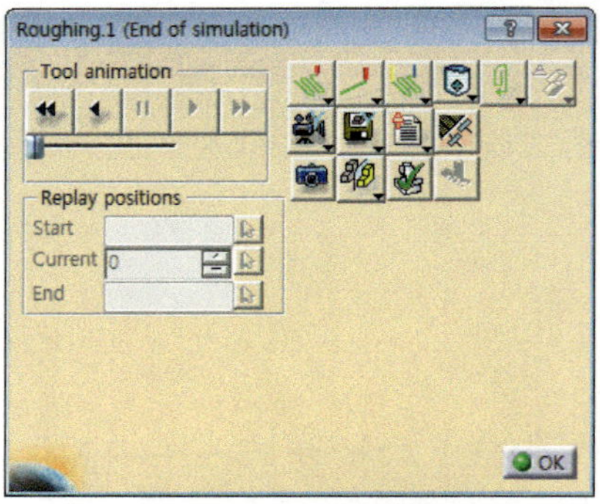

[46] 오른쪽 아래 OK 버튼을 클릭한다.

[47] 대화상자를 닫기 위해 OK 버튼을 클릭한다. 여기까지 하면 황삭가공 공정이 완료된다.

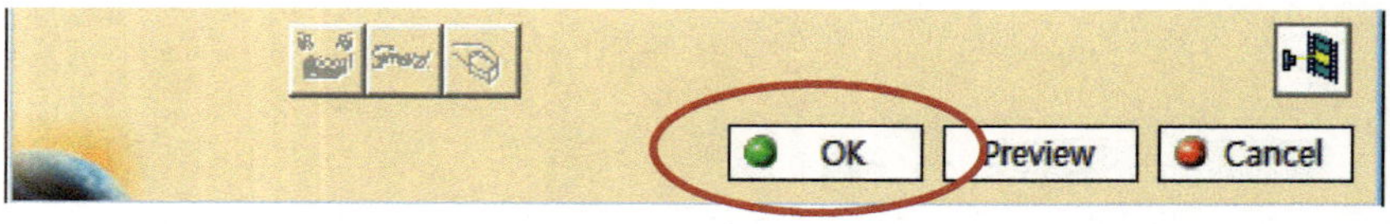

[48] 정삭가공을 시작하기 위해 Machining Operations 툴바의 Sweeping 아이콘(앞에서 한 Roughing 아이콘의 바로 오른쪽에 있음)을 클릭하고 왼쪽 트리에서 **Roughing.1 (Computed)**를 클릭하면 Sweeping 대화상자가 나타난다.

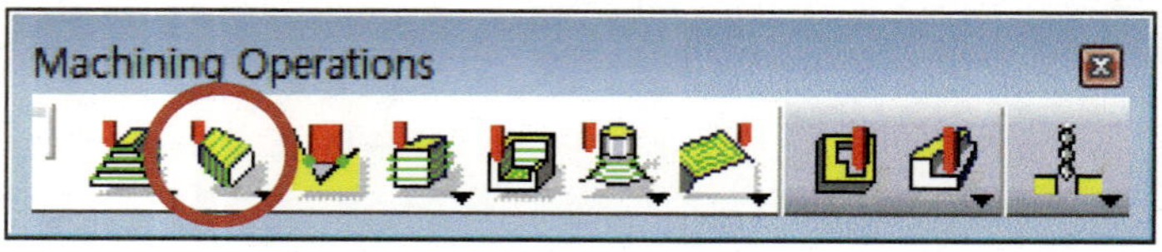

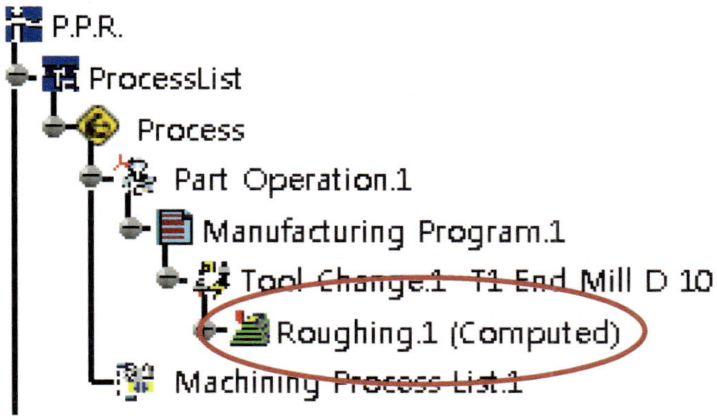

[49] 31과 동일하게 붉은색으로 표시되는 Part(부품)을 클릭하고 왼쪽 트리의 Partbody를 더블 클릭한다.

[50] Check를 클릭하고 작업한 부품의 윗부분을 더블 클릭한다.

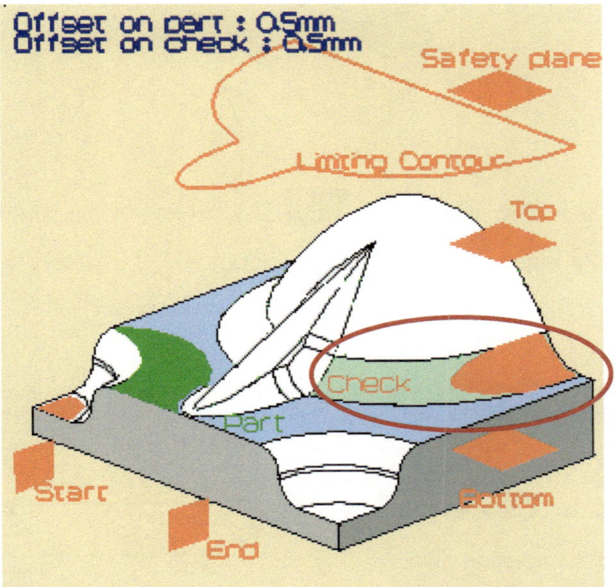

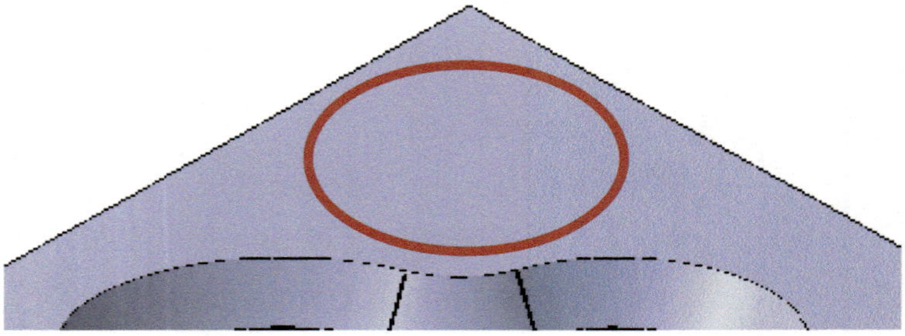

[51] Offset on part와 Offset on check를 각각 더블 클릭하여 0.5mm에서 0mm로 수정한다.

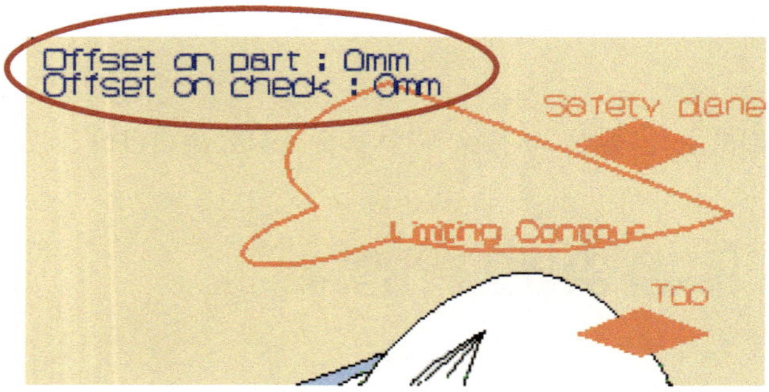

[52] 35번과 같이 Machining strategy 탭( )으로 이동하여 Machining 탭에서 기본 값인 Tool passstyle가 Zig-zag이고 Machining tolerance가 0.01mm인지 확인하고 다르면 고친다. Radial 탭으로 가서 Max. distance between pass의 값을 0.2로 수정한다.

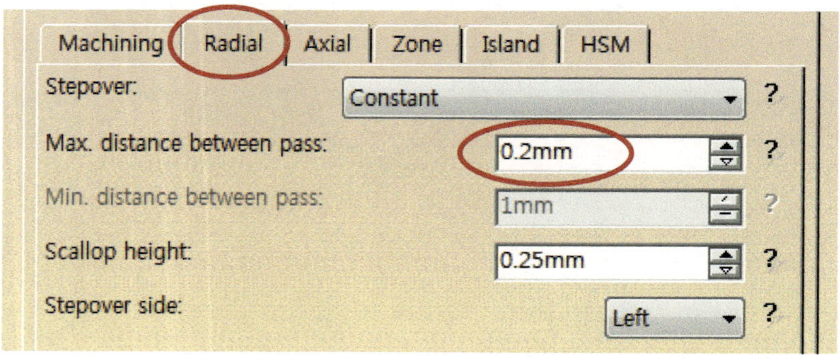

[53] 38번과 같이 Tool 탭으로 이동하여 정삭에 사용할 공구를 설정한다. Ⓐ를 클릭하고 Tool name을 **T3 Ball Mill D 6**으로 적고 엔터(Enter↵)를 누른다. Tool number는 머시닝 센터의 셋팅에 따라 다르며 여기서는 3으로 가정한다. **Ball-end tool**을 선택한다. 아래 공구그림에서 Rc에 **3**을 입력한다. 참고로 Tool name을 변경하고 엔터(Enter↵)를 누르면 좌측 트리에 새로운 공구가 생성된다. 이름을 바꾸고 싶으면 대화상자에서의 작업을 마치고 트리에서 변경한다.

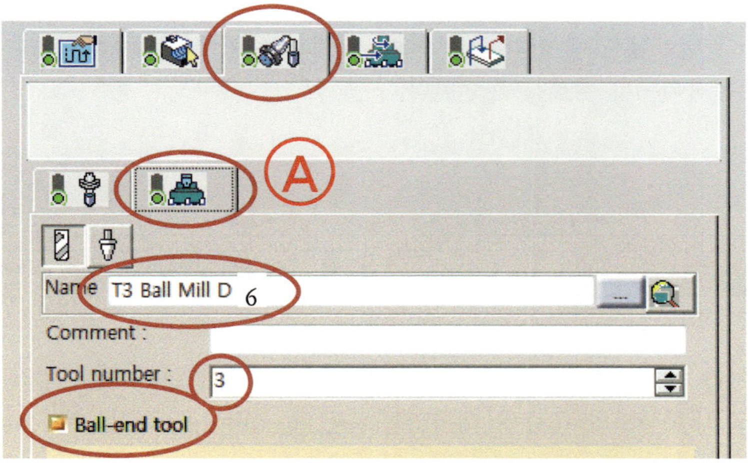

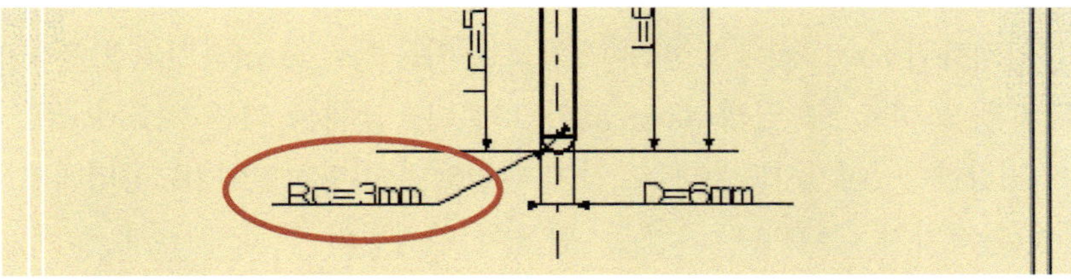

[54] 40번 및 41번과 같이 이송속도와 회전속도를 다음과 같이 설정한다.

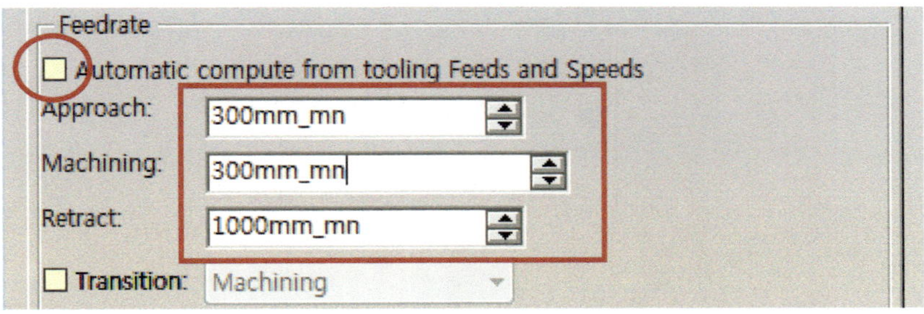

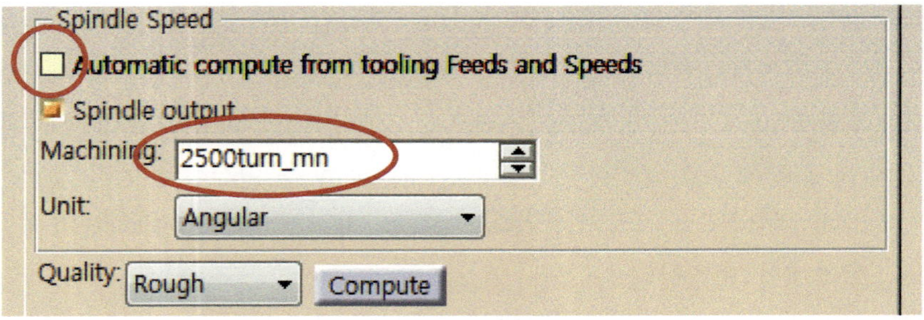

[55] Sweeping 대화상자 맨 아래 Tool Path Replay 아이콘을 클릭하여 입력한 값에 따라 공구가 움직이는지 경로를 확인한다.

[56] 황삭에서의 44번에서 47번까지의 작업과 동일하게 시뮬레이션하여 가공이 올바른지 확인하고 대화상자의 우측 아래에 있는 [OK] 버튼을 클릭하여 정삭을 완료한다.

[57] Menu Bar(메뉴 바)의 **File 〉 Save** 또는 Standard 툴바의 **Save** 버튼을 누르거나 **Ctrl + S**를 입력하면 Save 창이 생성된다. 참고로 처음으로 Save(파일저장)을 하면 파일명과 파일위치를 선택할 수 있게 Save As가 나온다. 앞에서 만든 파트(Part) 파일과 같은 위치에 저장한다. 여기서는 예시로 앞에 만들었던 바탕화면에 01 폴더에 CATIA 프로세서 파일(확장자가 CATProcess임)을 만들어 저장한다.

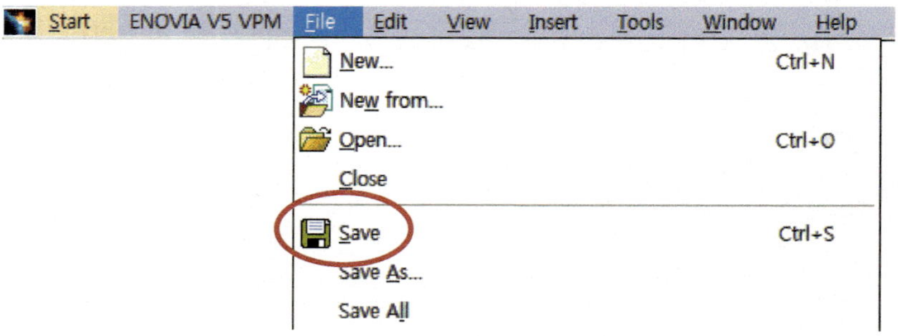

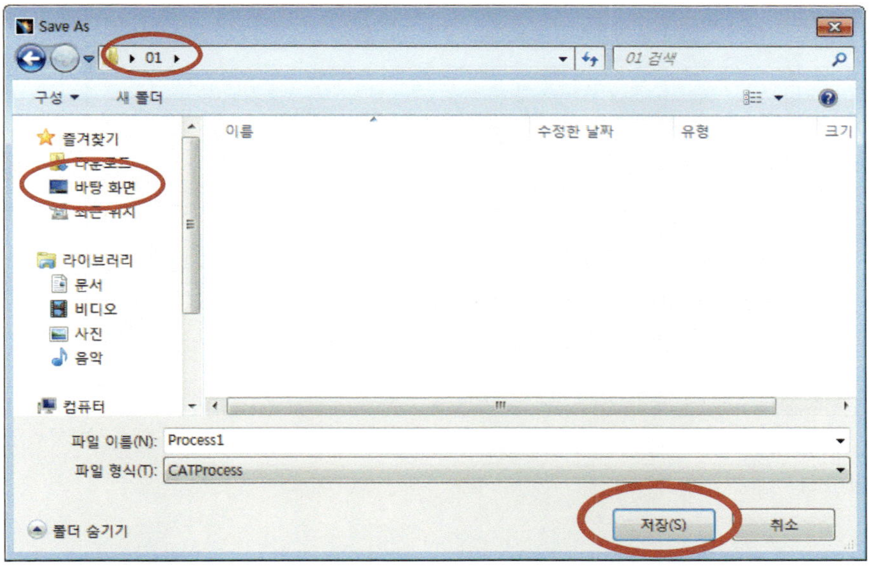

[58] NC Output Management 툴바에서 Generate NC Code in Batch Mode를 클릭한다.

[59] Generate NC Code in Batch Mode 대화상자의 In/Out 탭에서 Input CATProcess에 앞에 저장한 파일이 선택되어 있다. 그리고 NC파일의 이름과 출력될 위치를 정해주는데 아래와 같이 셋팅하여 NC Code를 앞에 작업한 파일들과 같이 한 폴더에 같이 만들면 국가자격시험에서 운용하기 편하다.

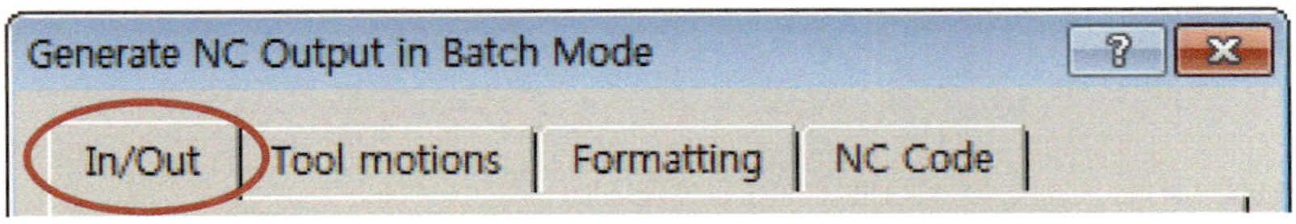

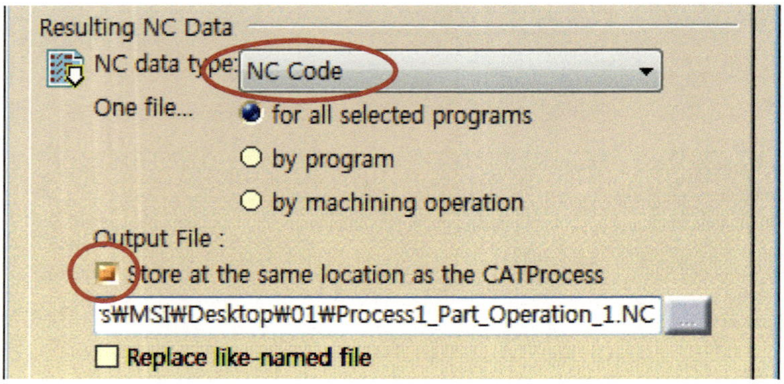

[60] NC Code 탭에서 IMS Post-processor file을 아래의 붉은 원 부분을 클릭하여 **fanuc0**을 선택한다.

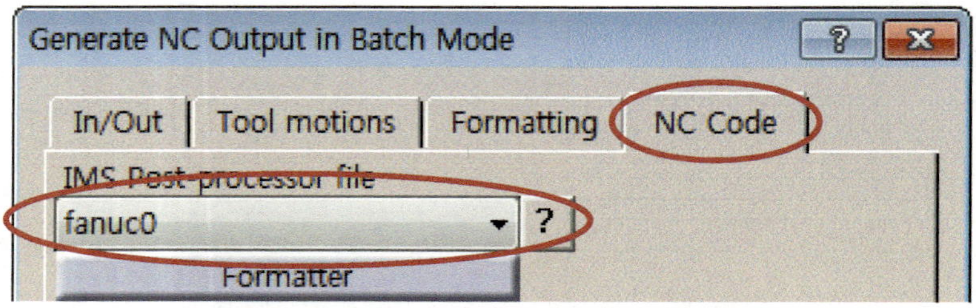

[61] 대화상자 맨 아래 **Execute** 버튼을 클릭하여 NC파일을 생성하고 **Close** 버튼을 눌러 대화상자를 닫는다.

[62] 61번에서 Execute 버튼을 클릭하면 공작기계에서 사용할 프로그램의 번호를 물어보는데 여기서는 1000번 그대로 하였다. 여기서 입력한 값은 생성된 NC파일의 앞부분에 O1000 이라는 부분이 있는데 이곳이 입력한 값으로 바뀐다.

여기서는 59번에 의해 Process1_Part_Operation_1.NC가 생성되었다.

Process1_Part_Operation_1 - 메모장

파일(F) 편집(E) 서식(O) 보기(V) 도움말(H)

```
%
O1000
( ********************************************************************** )
( *    INTELLIGENT MANUFACTORY SOFTWARE WWW.IMS-SOFTWARE.COM              * )
( *    IMSPOST VERSION : 7.4R                                             * )
( *    USER VERSION : 1                                                   * )
( ********************************************************************** )
N1 G49 G64 G17 G80 G0 G90 G40 G99
( TOOL DATA : T1 END MILL D 1 )
N2 T0001 M6
N3 X25.43 Y38.608 S2000 M3
N4 G43 Z50. H1
N5 Z10.01
N6 G1 G94 Z.01 F150.
N7 X25.848 Y38.412 Z-.114
N8 X26.86 Y37.975 Z-.409
N9 X27.854 Y37.498 Z-.705
```

[63] 여기까지 작업한 것으로 가공하는 데 큰 문제는 없지만 조금 고쳐야 할 곳이 있다. 특히 MCT 가공에서 주로 사용하는 공작물 좌표계 코드(G54)가 없기 때문에 별도로 넣어주는 것이 좋다. 첫 번째와 두 번째 항목은 가능하면 고치고 나머지 세 개는 시간적 여유가 있다면 고쳐보자. 아래 문제의 상당수는 Post-Process를 FANUC의 상위 버전을 선택하여 해결되지만, 여기서는 FANUC 0 버전으로 NC코드를 생성하였으며 상위 버전의 컨트롤러를 가진 공작기계에서도 정상적으로 작동된다.

- 파일명을 Process1_Part_Operation_1.NC에서 O1000.NC와 같이 공작기계에 입력할 프로그램 번호로 변경한다. 자격시험에서는 비번호로 파일명을 변경해야 한다.
- NC파일을 메모장으로 열어 N1 행을

  N1 G17 G40 G49 G54 G80 G90

  으로 변경하여 공작물 좌표계의 선언과 각종 보정 및 사이클을 취소하는 것이 좋다.
- T0001, T0003 등을 T1, T3으로 변경한다.

  메모장으로 여는 것이 익숙하지 않으면 NC파일 위에 같은 파일명을 가진 텍스트(TXT) 파일이 있을 것이다. 이 파일을 더블 클릭하면 메모장이 열리고 이 메모장에 NC파일을 드래그(마우스로 클릭하고 끌어당기기)하면 NC파일을 볼 수 있다.

메모장의 바꾸기(Ctrl + H)를 사용하여 'T000'을 **T**로 바꾼다.

- NC 코드 맨 마지막 줄의 M30을 **M02**로 바꾼다.
- NC 코드 앞에 M8 및 끝에 M9를 추가하여 절삭유를 자동으로 공급하도록 수정한다. 수정하지 않고 수동으로 절삭유 공급을 하며 가공작업을 해도 무방하다.

04

머시닝센터 CAD/CAM 실무

STEP 09 | 머시닝센터 실무 모델링 작업

STEP 10 | 머시닝센터 실무 CAM 작업

STEP 11 | 머시닝센터 실무 도면 작업

STEP 12 | 머시닝센터 실무 도면

STEP 09

머시닝센터 실무 모델링 작업 (구 산업기사/기능장)

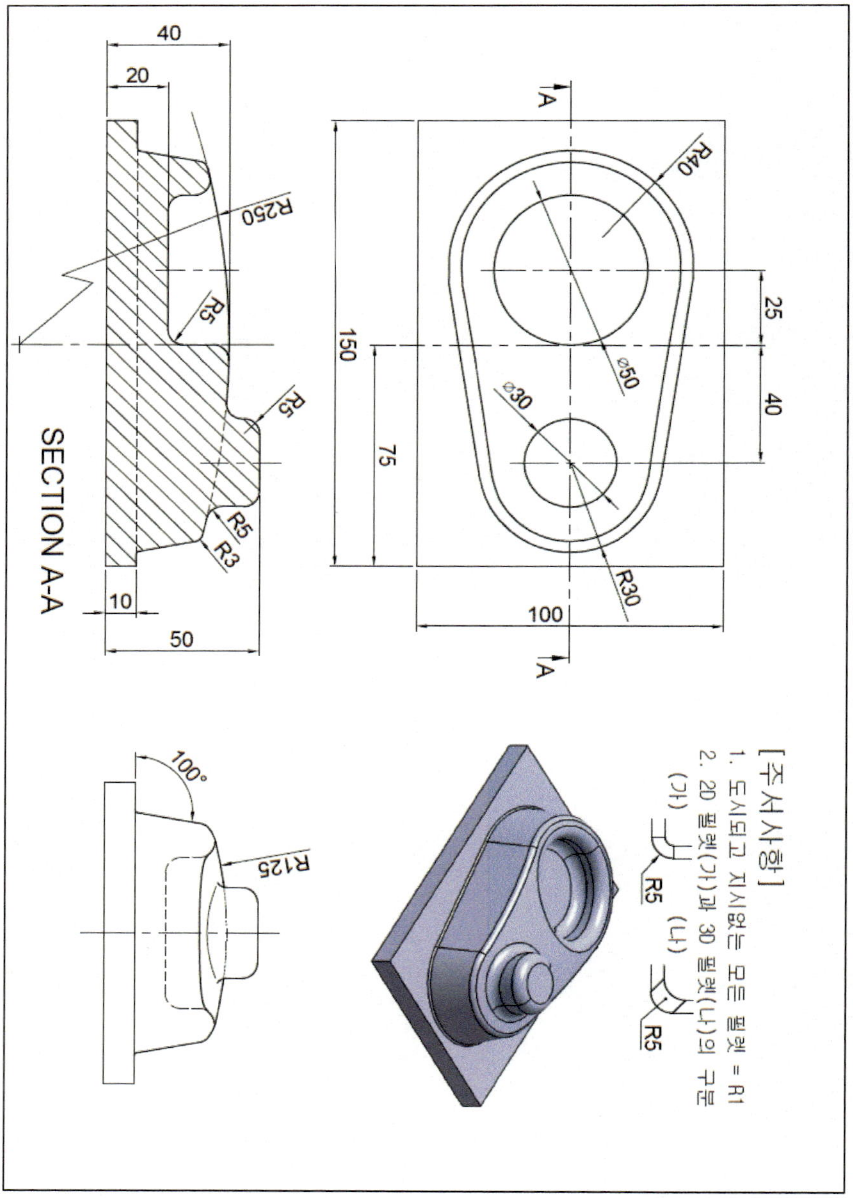

[01] CATIA 프로그램을 실행하여 Part Design을 진행하기 전에 Menu bar의 **Tools**를 클릭하면 Pulldown Menu가 나타난다. Pulldown Menu에서 **Options**를 클릭한다.

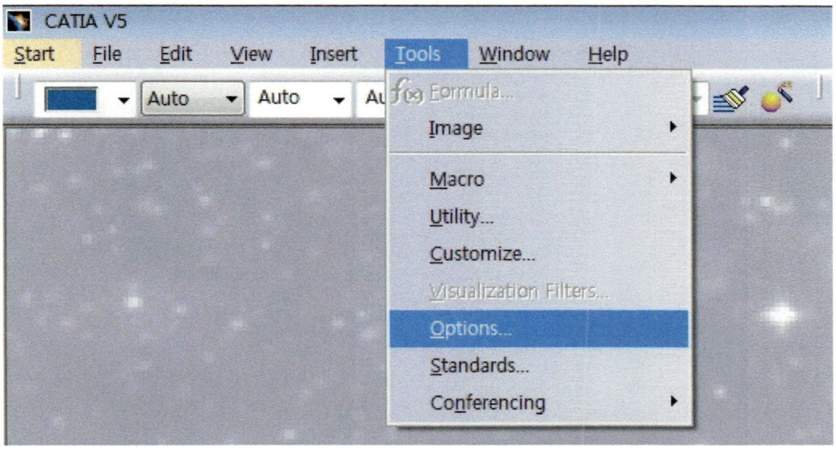

[02] 좌측의 범주에서 Infrastructure의 ⊕ 버튼을 누른 다음 **Part Infrastructure**를 클릭하고 상단 탭의 **Part Document**를 클릭한다.

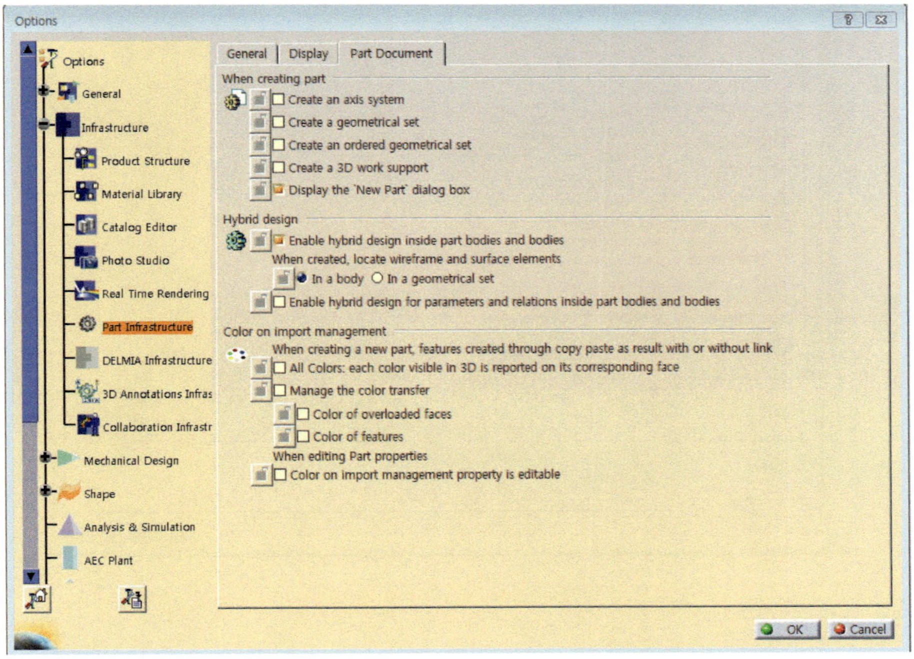

[03] **Create to axis system**을 체크하고 **Display 탭**을 클릭하여 Axis system display size를 적절히 조절하여(20~25가 적당함) **OK** 버튼을 누른다.

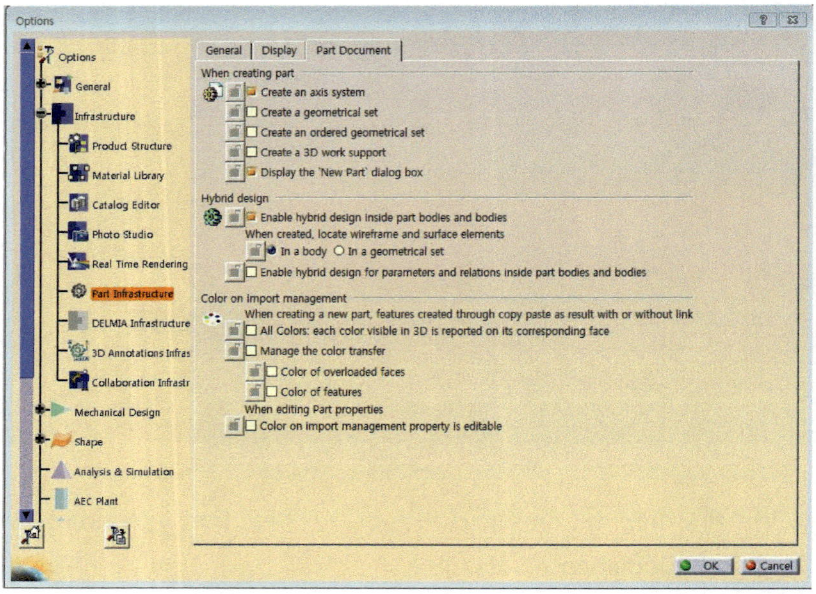

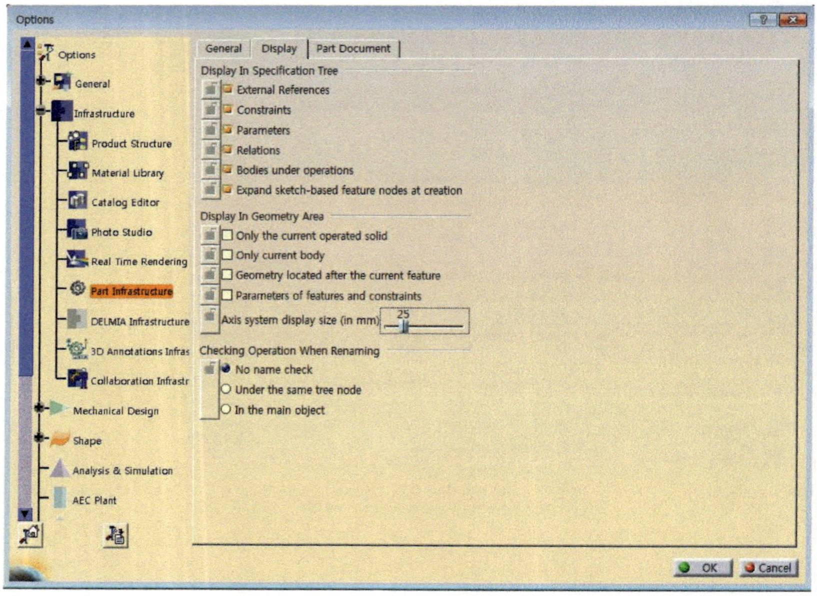

[04] Menu Bar의 **Start**를 클릭하면 Start의 Pulldown Menu가 나타난다. Pulldown Menu에서 Mechanical Design → **Part Design**을 클릭하면 아래와 같은 New Part라는 대화상자 Dialog Box가 나타난다.

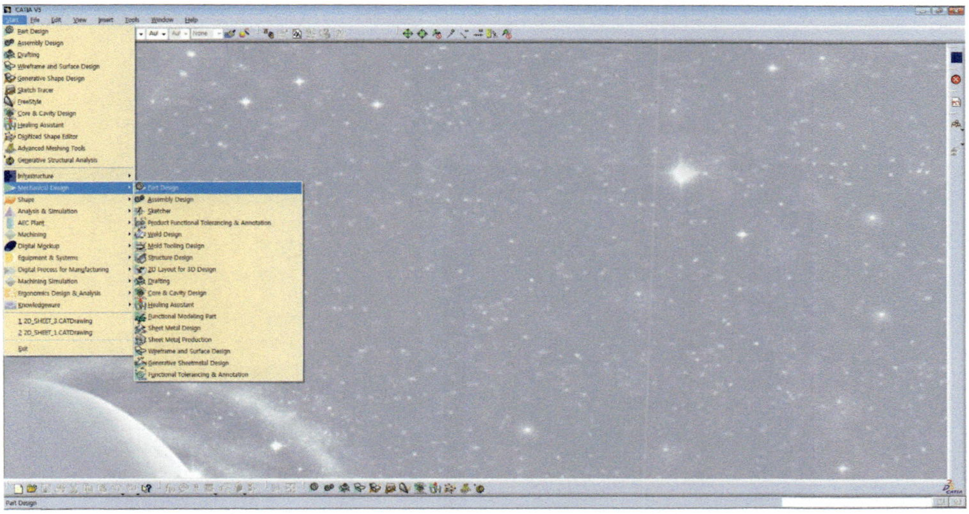

[05] New Part에서 **Enable hybrid design**을 체크하고 **OK**를 누른다. 여기서 hybrid design은 Solid와 Surface를 Body에서 작업할 수 있는 기능이다.

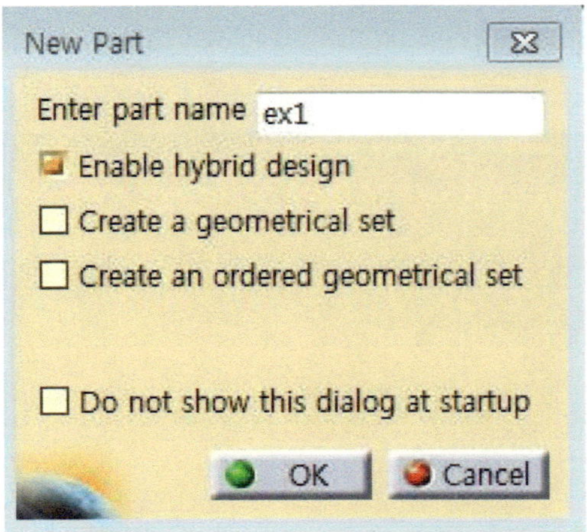

[06] Sketcher Toolbar에서 Positioned Sketch 아이콘을 클릭하면 Sketch Positioning 대화상자 Dialog Box가 나타난다. **XY Plane**을 선택하고, **Swap**을 먼저 체크한 후 **Reverse V**를 체크하여 **OK**를 누른다. 여기서 Reverse V, Reverse H, Swap은 좌표계를 수정하는 도구로 작업자의 기준에서 정면으로 볼 수 있도록 수정하는 기능이다.

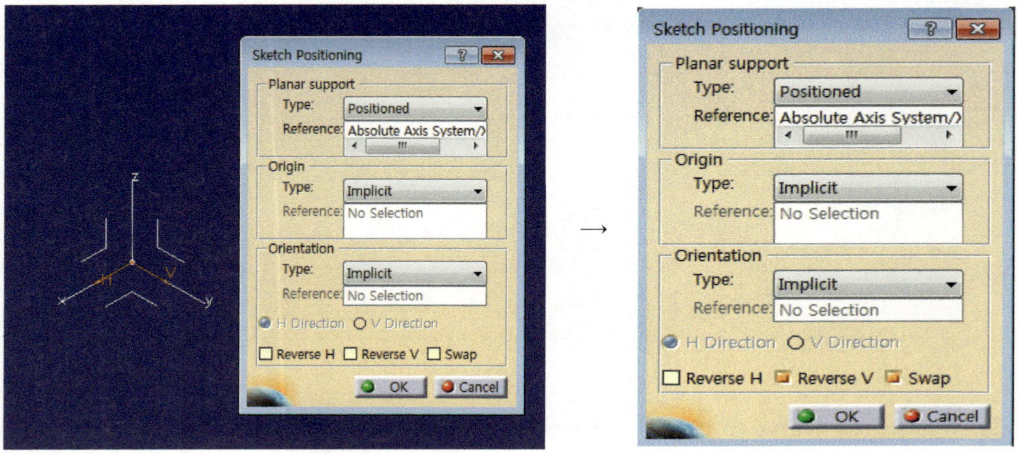

[07] Profile Toolbar에서 Rectangle 아이콘의 역삼각형 표시를 클릭하면 Predefined Profile Toolbar가 나타난다. Predefined Profile Toolbar의 Centered Rectangle 아이콘을 클릭한다.

[08] 첫 번째 지점으로 원점에 클릭하고, 두 번째 지점으로 Working area에 클릭하여 사각형을 생성한다.

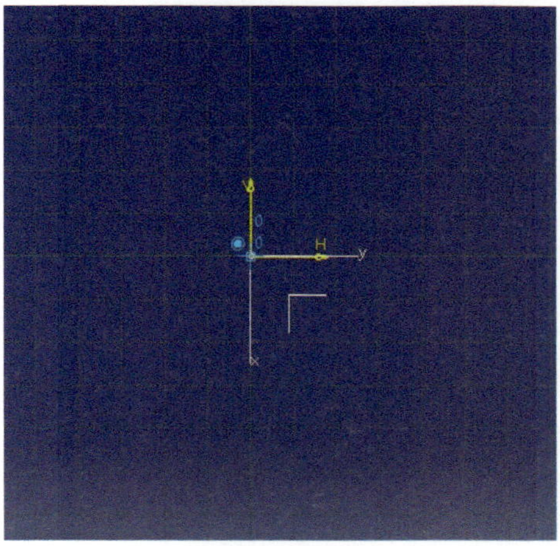

→

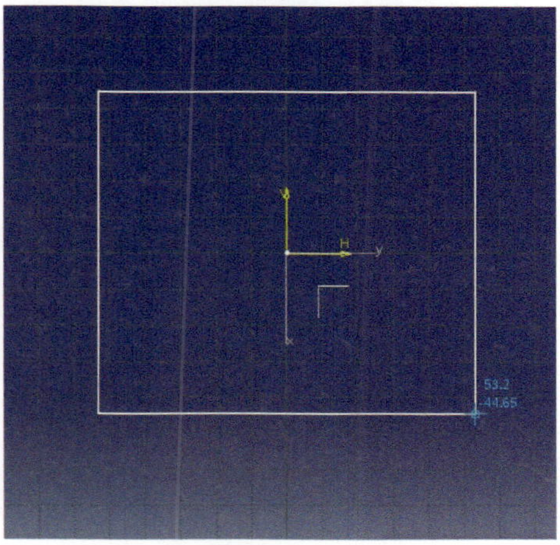

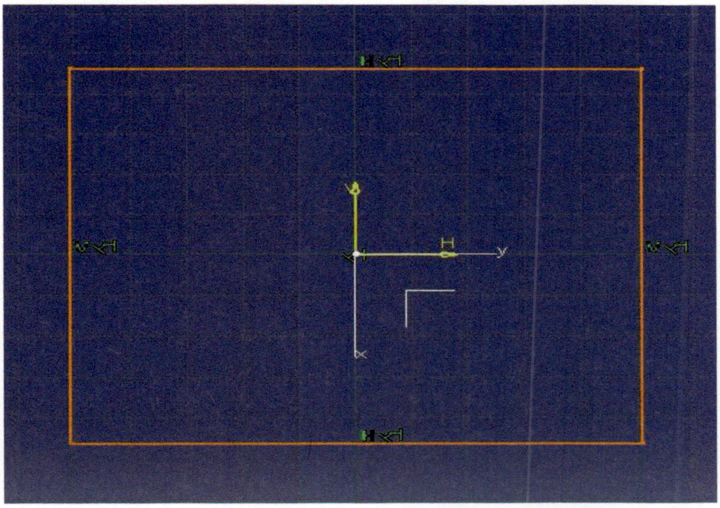

[09] Constraint Toolbar에서 Constraint 아이콘을 선택하여 가로선과 세로선을 각각 클릭하여 치수를 생성한다.

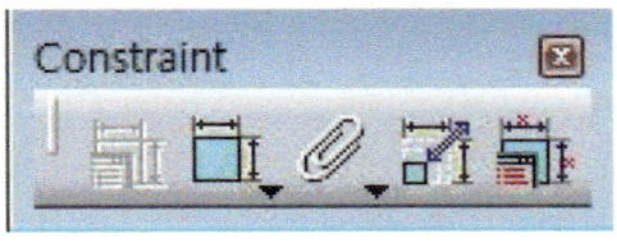

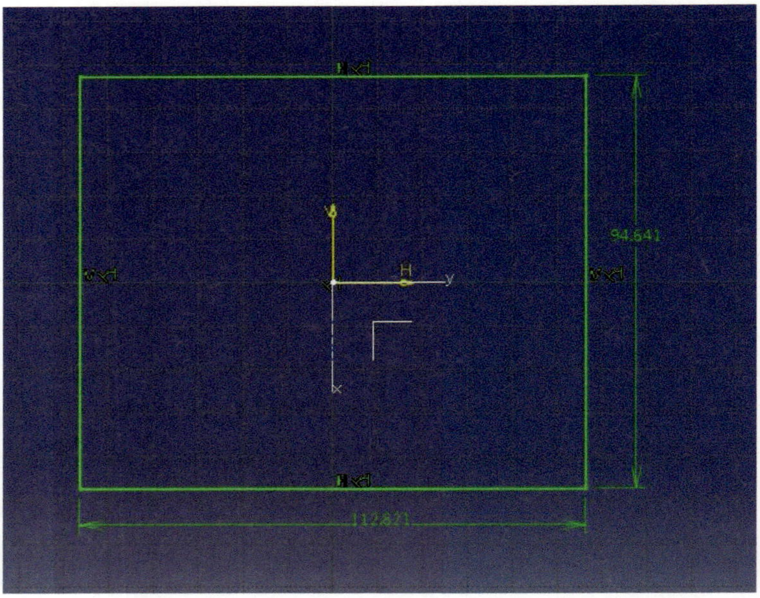

[10] 생성된 치수를 더블 클릭하면 Constraint Definition 대화상자 Dialog Box가 나타난다. 나타난 Dialog Box에 있는 치수를 가로 치수 **150**, 세로 치수 **100**으로 수정하여 각각 **OK**를 눌러 치수를 수정한다.

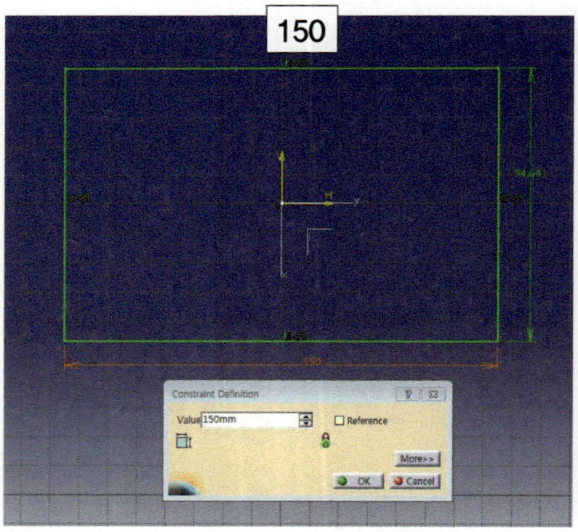

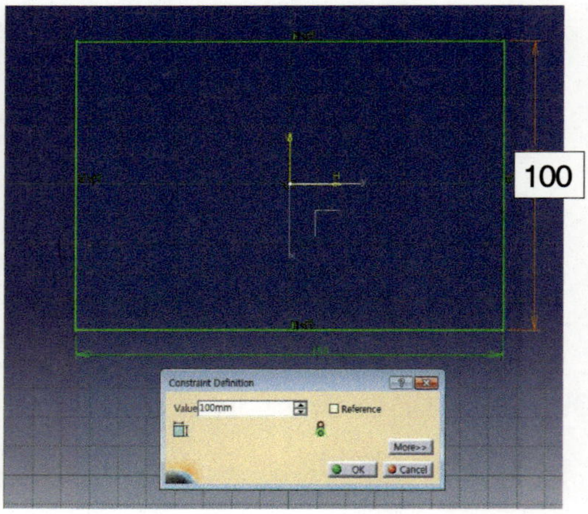

[11] 치수를 다 수정하였으면 Workbench Toolbar의 Exit Workbench를 클릭하면 Sketch 작업창에서 Part 작업창으로 변경된다.

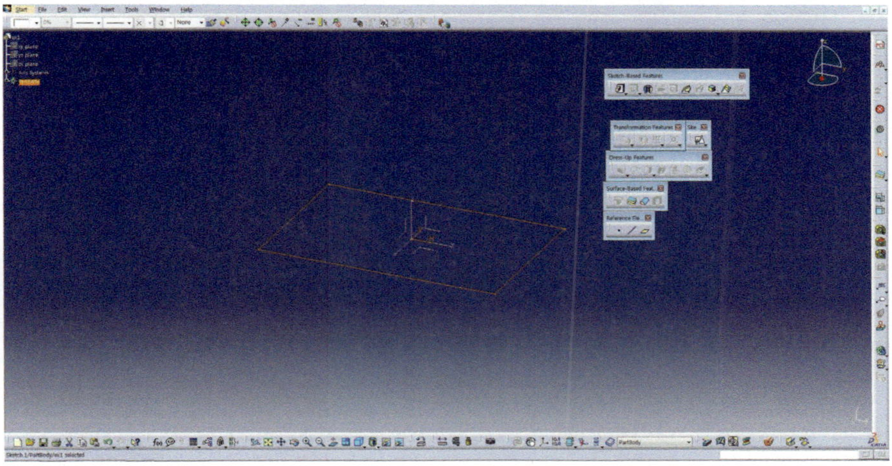

[12] Sketch-Based Features Toolbar에서 Pad 아이콘을 클릭하면 Pad Definition 대화상자 Dialog Box가 나타난다.

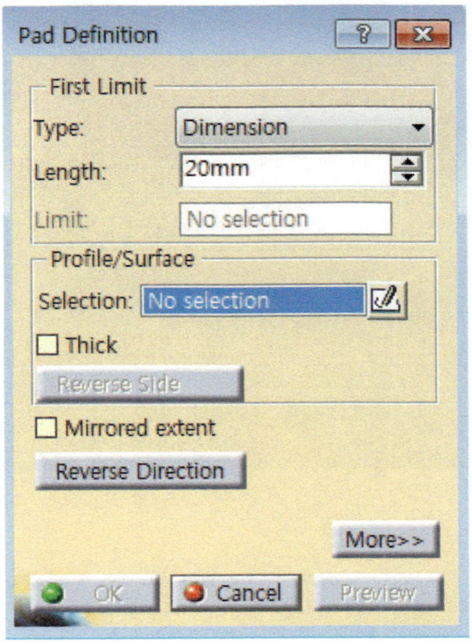

[13] Profile/Surface의 Selection에 작업한 Sketch를 클릭한다.

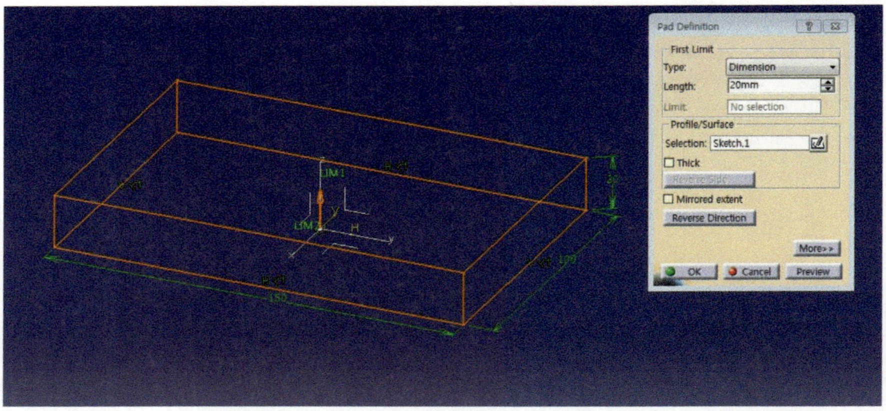

[14] 도면에 나와 있는 기본 베이스의 높이는 **10**, First Limit의 Length에 **10mm**로 수정하고 아래로 형상을 생성하기 위해 **Reverse Direction**을 선택하여 화살표 방향을 아래로 변경한 후 **OK**를 클릭한다.

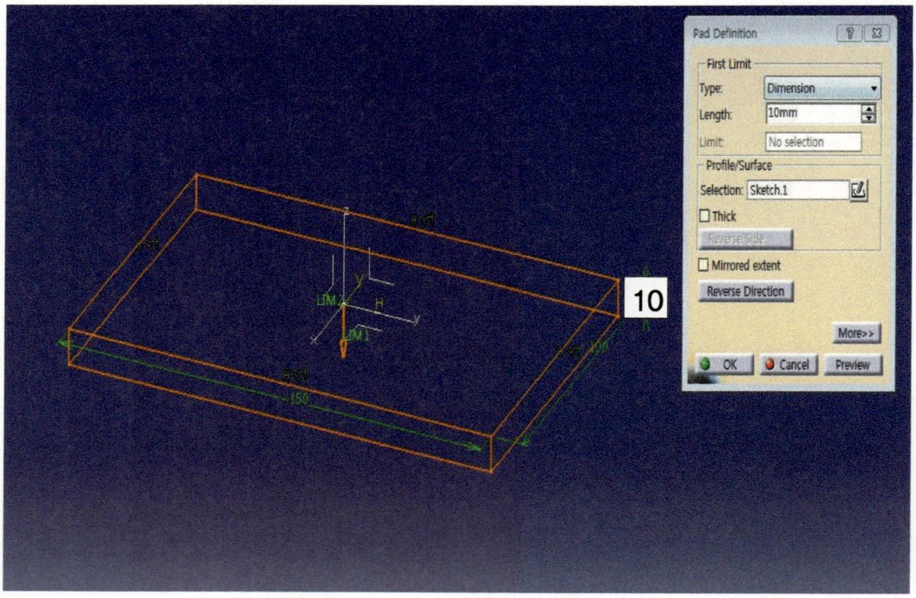

[15] Sketcher Toolbar에서 Positioned Sketch 아이콘을 클릭하여 **XY Plane**을 선택하고, **Swap**을 먼저 체크한 후 **Reverse V**를 체크하여 **OK**를 누른다.

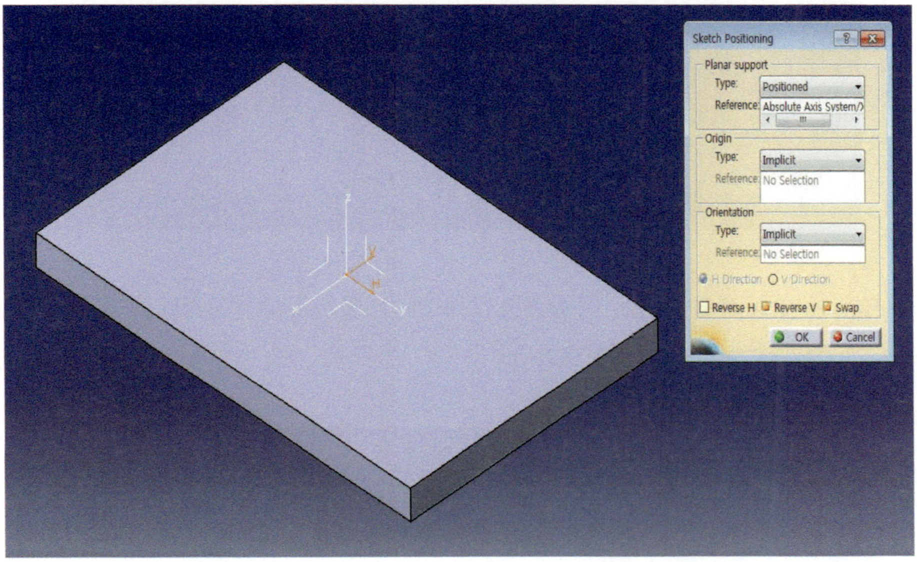

[16] Profile Toolbar에서 Circle 아이콘을 선택하여 좌측 H축선 상에 클릭한 후 Working Area에 클릭하여 Circle을 생성한다.

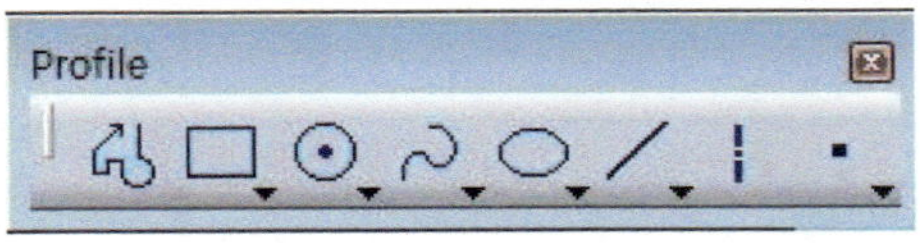

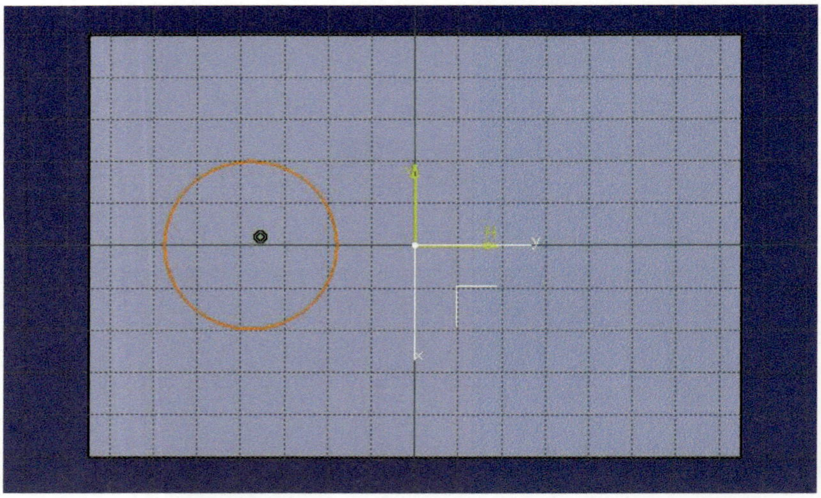

[17] Profile Toolbar에서 Circle 아이콘을 선택하여 우측 H축선 상에 클릭한 후 Working Area에 클릭하여 Circle을 생성한다.

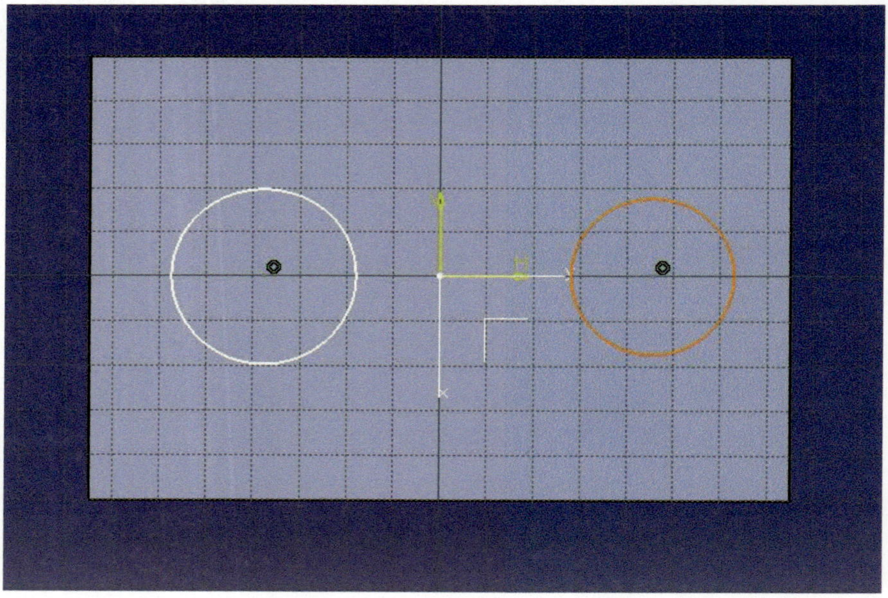

[18] Profile Toolbar에서 Line 아이콘을 선택하여 그림과 같이 좌측 Working Area에 클릭하고 우측 Working Area에 클릭하여 Line을 생성한다.

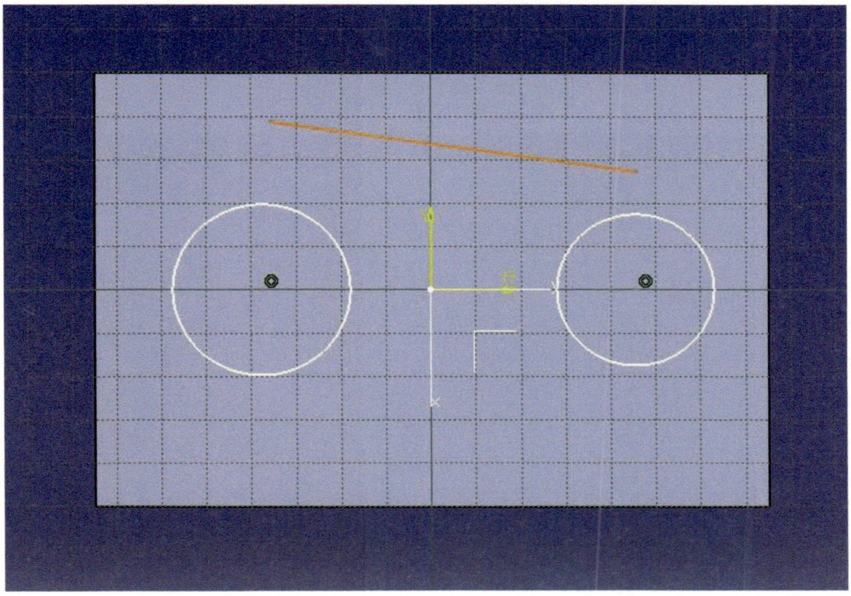

[19] Line을 클릭한 다음 Operation Toolbar의 Mirror 아이콘을 클릭하고 H축선을 클릭하여 대칭복사한다.

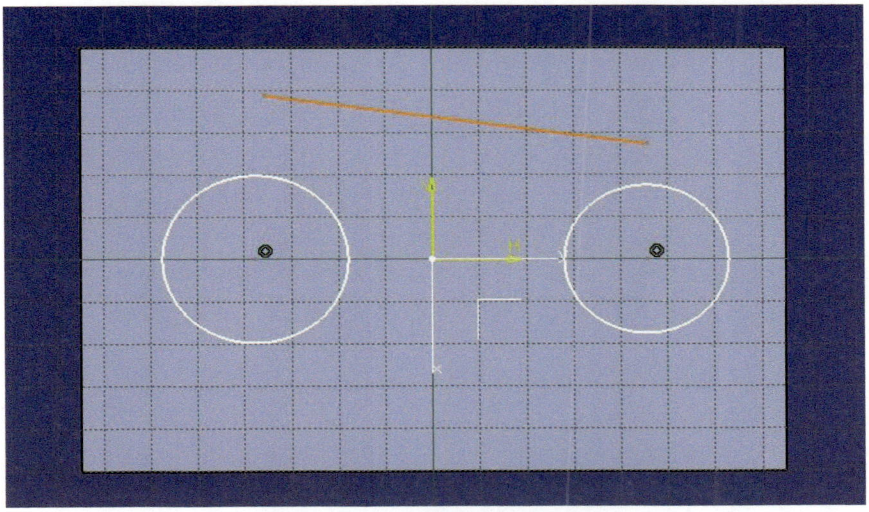

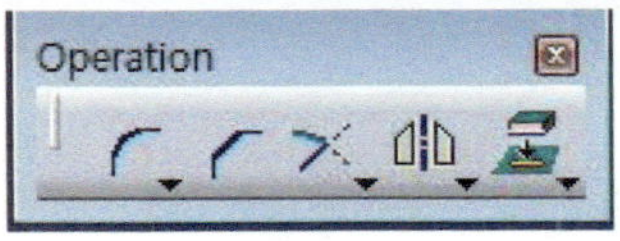

[20] Constraint Toolbar에서 Constraint 아이콘을 선택하여 Circle을 클릭한 다음 각각의 Circle의 지름 치수를 생성한다.

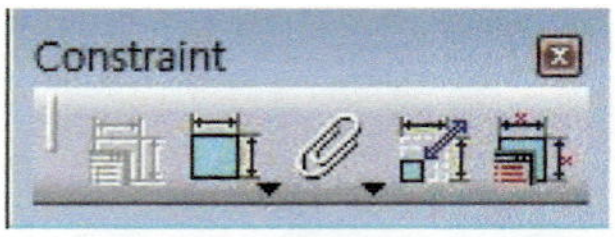

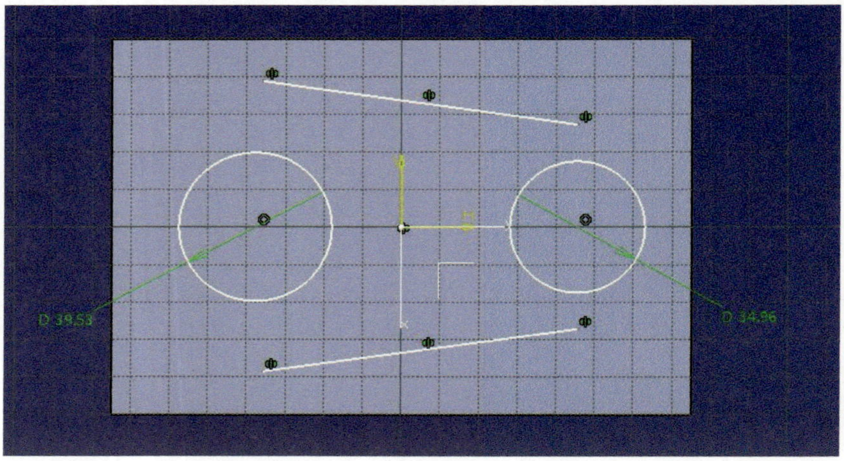

[21] Constraint Toolbar에서 Constraint 아이콘을 선택하여 Circle의 원점을 클릭한 다음 V축을 눌러 각각의 원점 사이의 거리 치수를 생성한다.

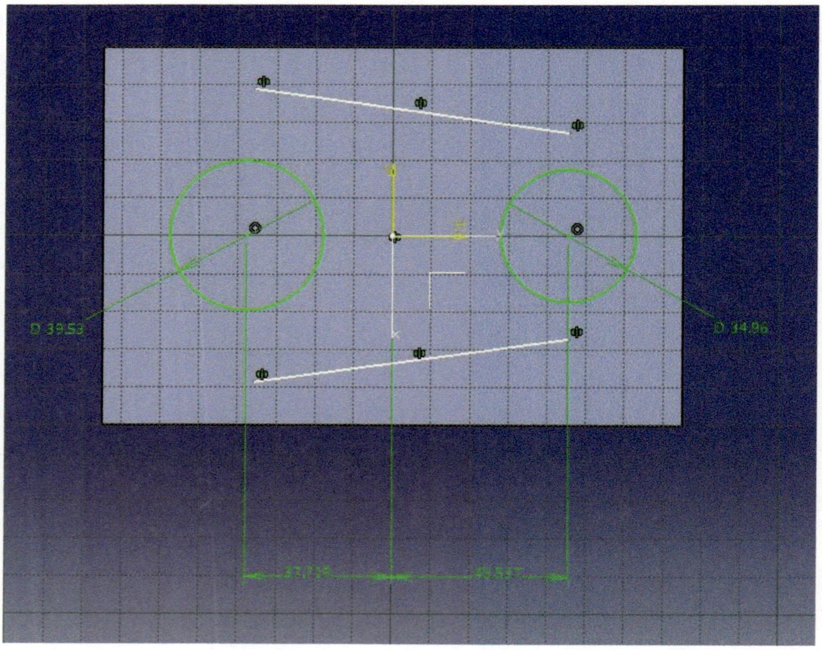

[22] Constraint Toolbar에서 Constraint 아이콘을 선택하여 라인을 클릭하고 좌측 Circle을 클릭한 다음 마우스 버튼 3(MB3)을 클릭하여 **Tangency**를 클릭한다.

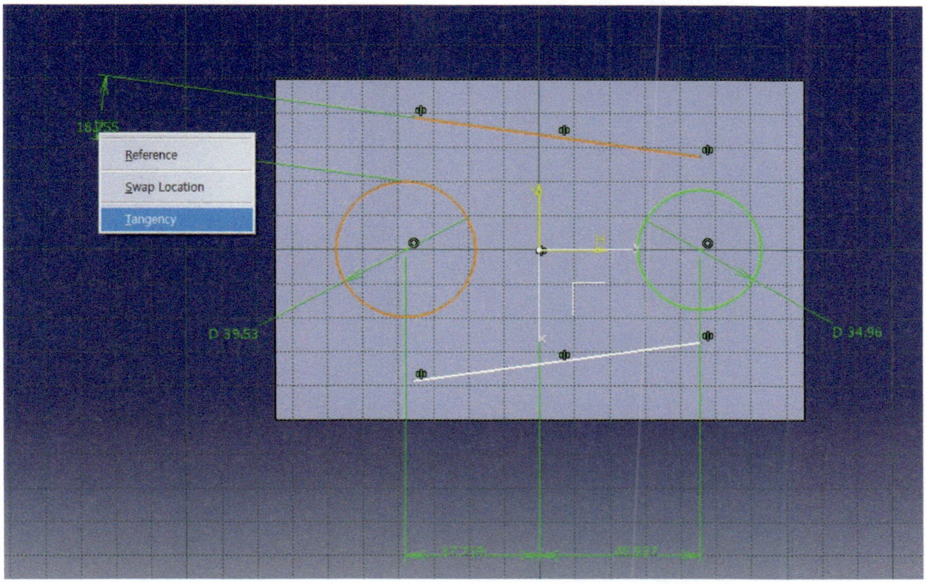

[23] Constraint Toolbar에서 Constraint 아이콘을 선택하여 라인을 클릭하고 우측 Circle을 클릭한 다음 마우스 버튼 3(MB3)을 클릭하여 **Tangency**를 클릭한다.

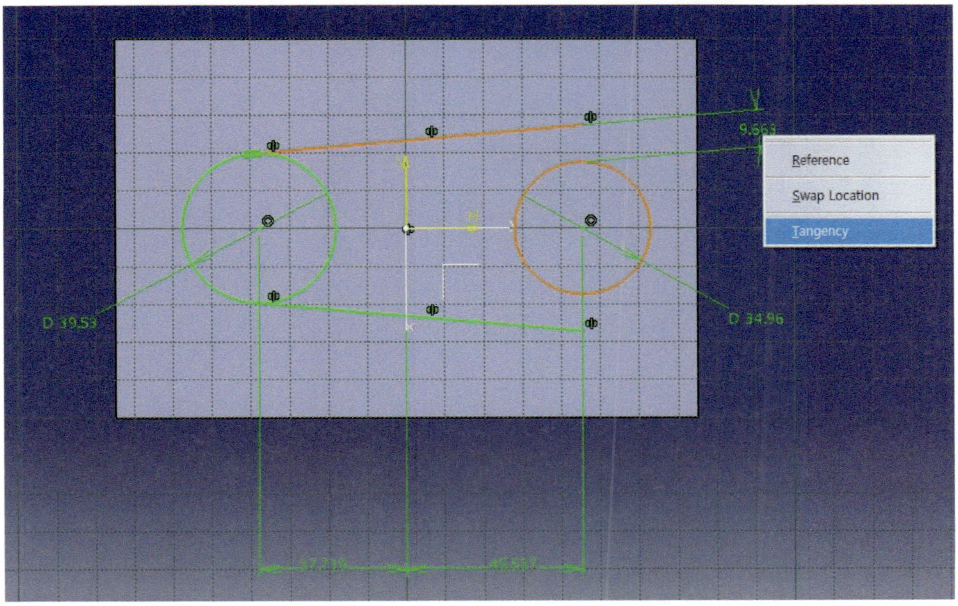

[24] Constraint Toolbar에서 Edit Multi-Constraint 아이콘을 선택하여 각각의 치수들을 그림과 같이 수정하여 **OK**를 누른다.

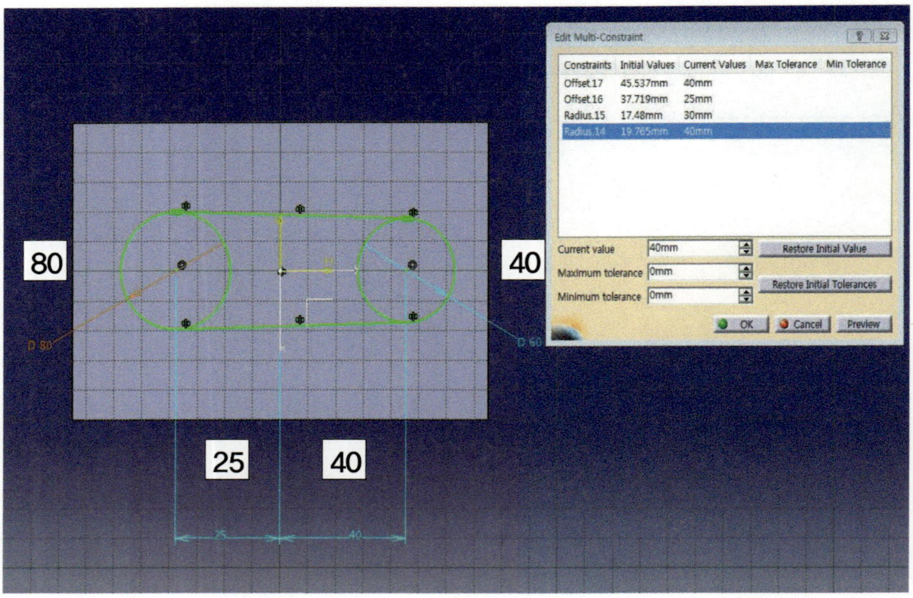

[25] Operation Toolbar의 Trim 아이콘의 역삼각형을 클릭하면 Relimitations Toolbar가 나타난다. Quick Trim 아이콘을 클릭한다.

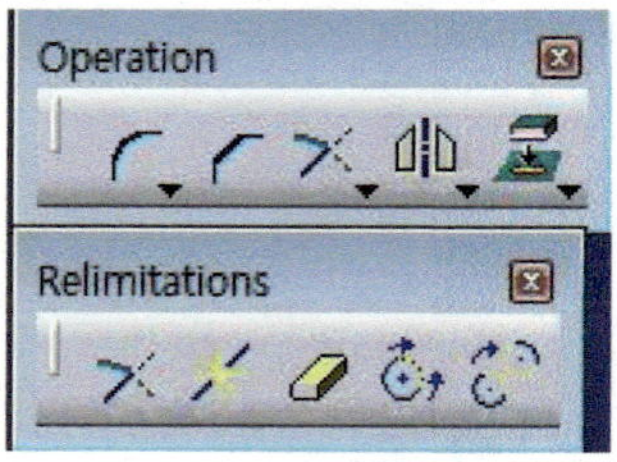

[26] 화면과 같이 불필요한 부분을 클릭하여 각각의 요소들을 제거한 다음 Workbench Toolbar의 Exit Workbench를 클릭하면 Sketch 작업창에서 Part 작업창으로 변경된다.

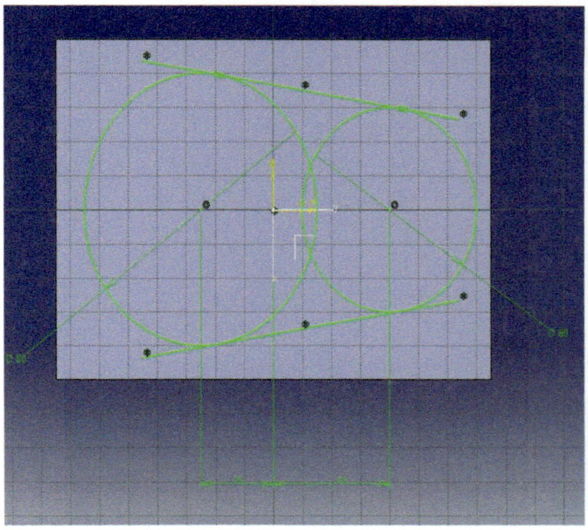

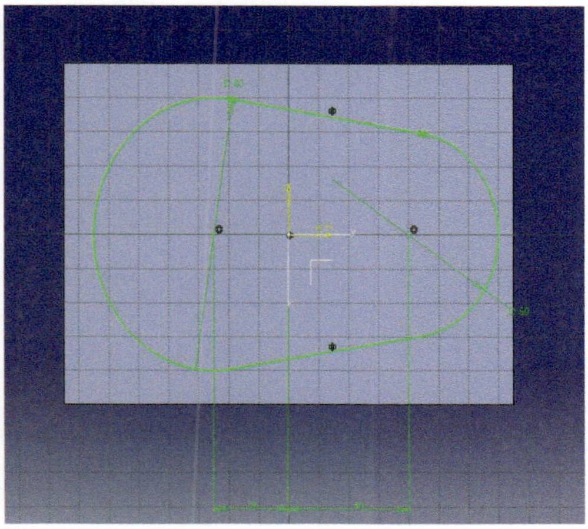

[27] Sketch-Based Features Toolbar에서 Pad 아이콘을 클릭하면 Pad Definition 대화상자 Dialog Box가 나타난다.

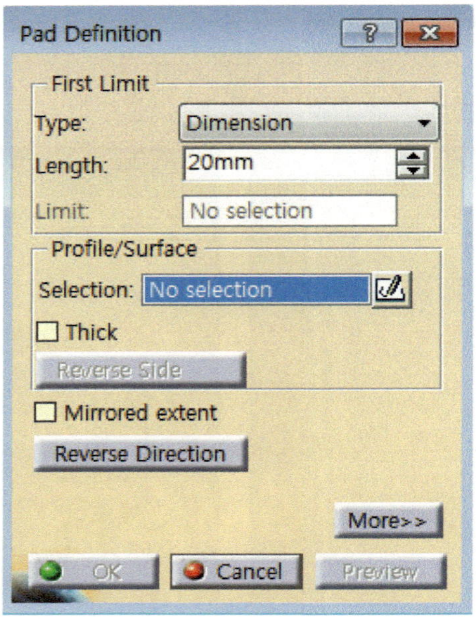

[28] Profile/Surface의 Selection에 작업한 Sketch를 클릭한다. Length에 **50**으로 입력한 후 **OK**를 클릭한다.

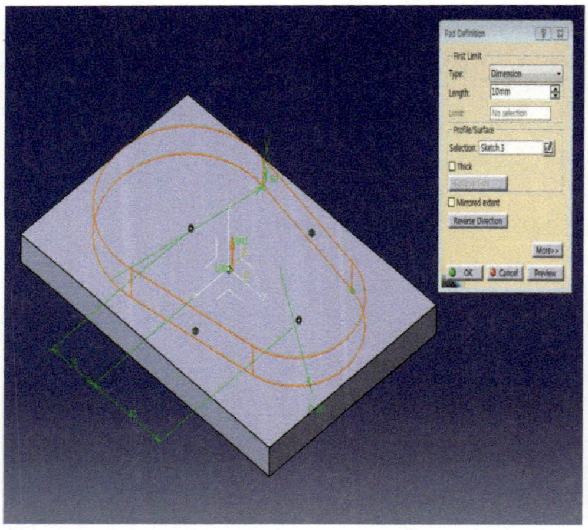

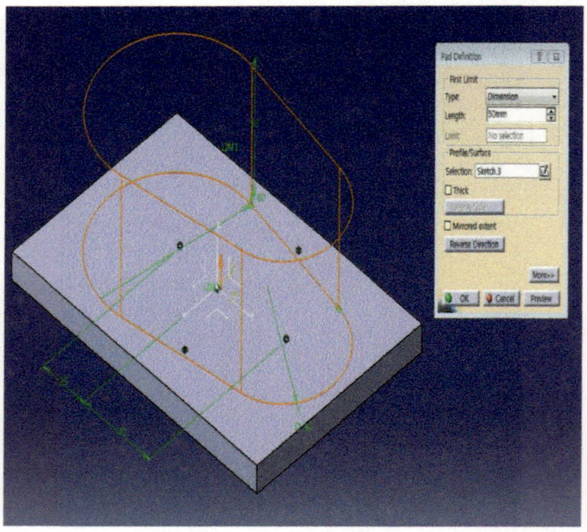

[29] Dress-Up Features Toolbar에서 Draft 아이콘을 클릭하면 Draft Definition이 나타난다.

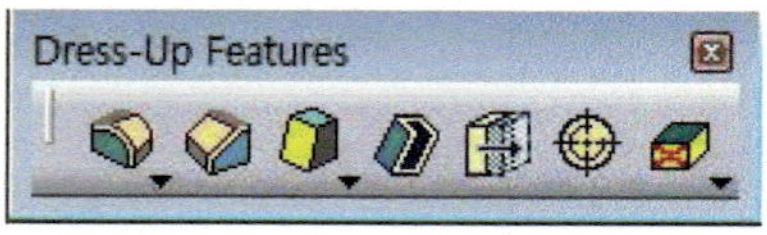

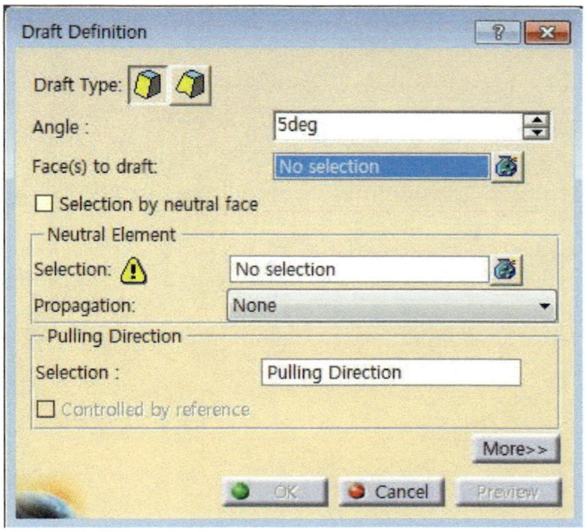

[30] Angle(각도)는 **10deg**로 하고, Face to draft(생성면)은 두 번째로 생성한 모델의 옆면, Selection(중심선)은 **XY Plane**을 클릭하고 **OK**를 누른다. 이때 화살표의 방향은 위로 향하여야 한다.

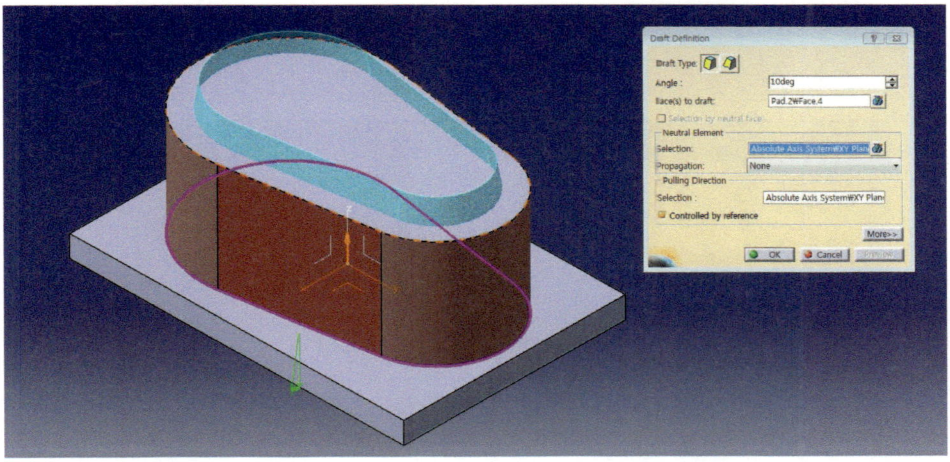

[31] Sketcher Toolbar에서 Positioned Sketch 아이콘을 클릭하여 YZ Plane을 선택하고 **OK**를 누른다.

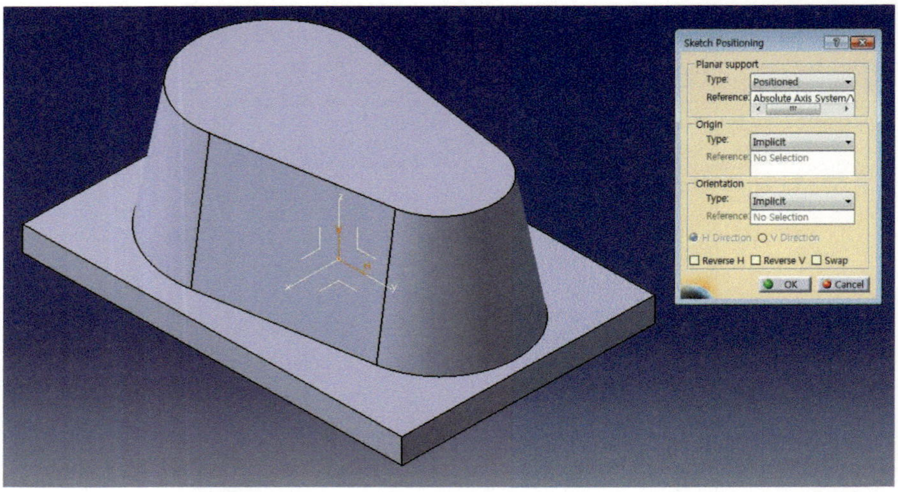

[32] Circle 아이콘의 역삼각형 표시를 클릭하면 Circle Toolbar가 나타난다. Circle Toolbar에서 Arc 를 클릭하여 V축선 아래에 클릭, 우측 Working Area에 클릭하고 좌측 Working Area에 클릭하여 Arc를 생성한다.

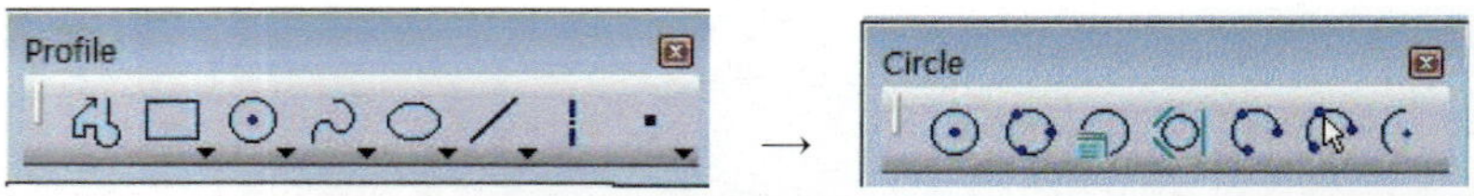

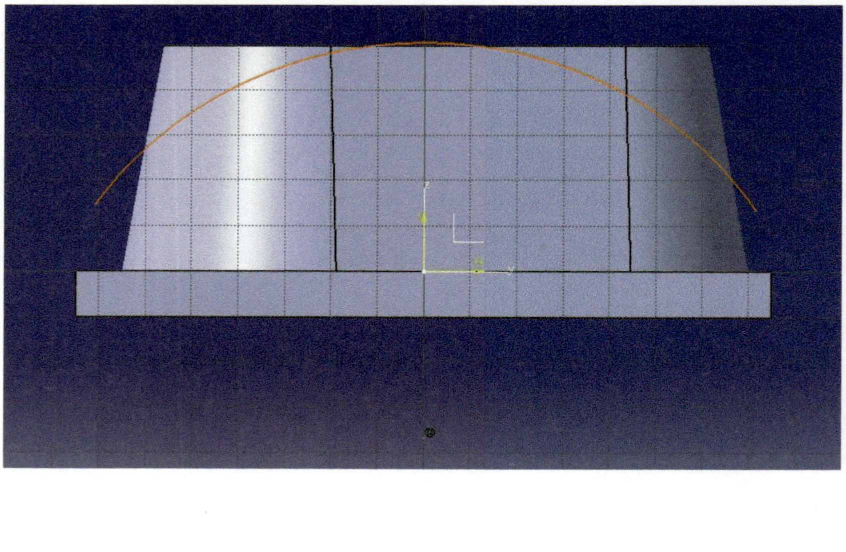

[33] Constraint Toolbar에서 Constraint 아이콘을 선택하고 Arc를 클릭하여 Arc의 반지름 치수를 생성한 다음, Arc와 H축을 클릭하여 세로 길이 치수를 생성한다.

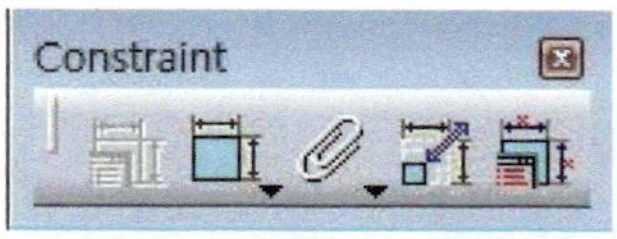

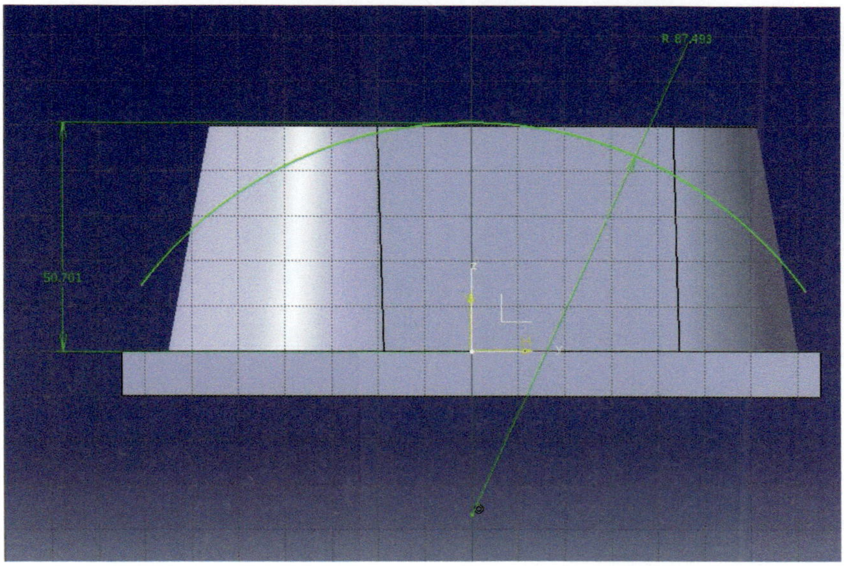

[34] 각각의 생성된 치수를 더블 클릭하면 Constraint Definition 대화상자 Dialog Box가 나타난다. Arc의 반지름을 250으로 입력하고, 세로길이 치수를 30으로 입력한 다음 각각 OK를 눌러 치수를 수정한다.

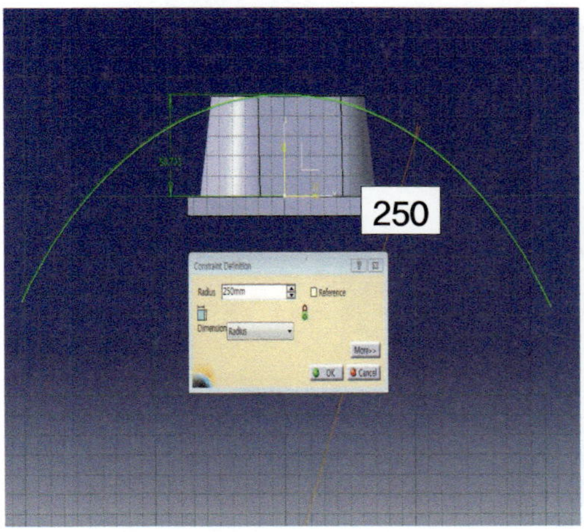

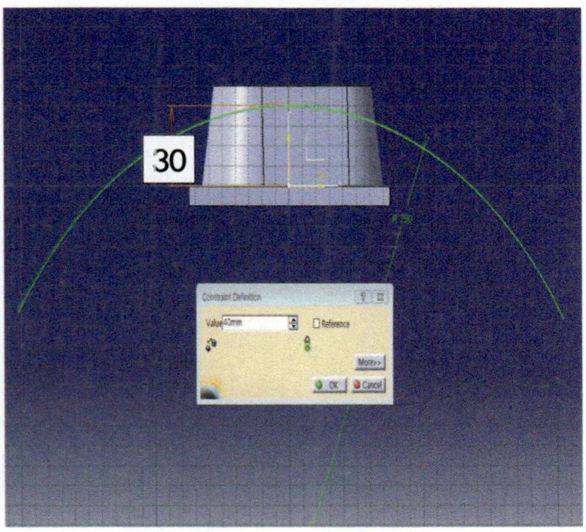

[35] 추후 간섭을 피하기 위해 Arc의 양 끝점들을 각각 클릭한 채로 원점을 향하여 드래그하면 Arc의 크기가 줄어든다. 적절한 크기로 줄인 후 Workbench Toolbar의 Exit Workbench를 클릭하여 Sketch 작업창에서 Part 작업창으로 변경한다.

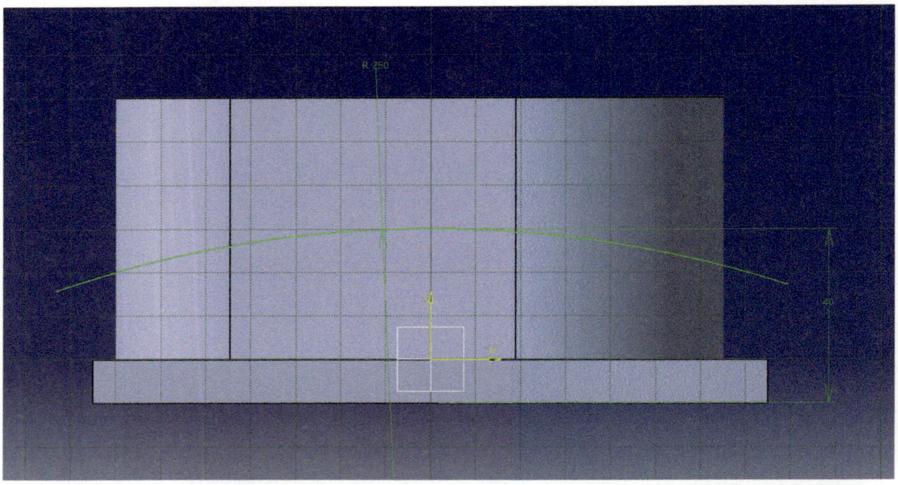

[36] Sketcher Toolbar에서 Positioned Sketch 아이콘을 클릭하여 **ZX Plane**, **Swap**을 선택하고 **OK**를 누른다.

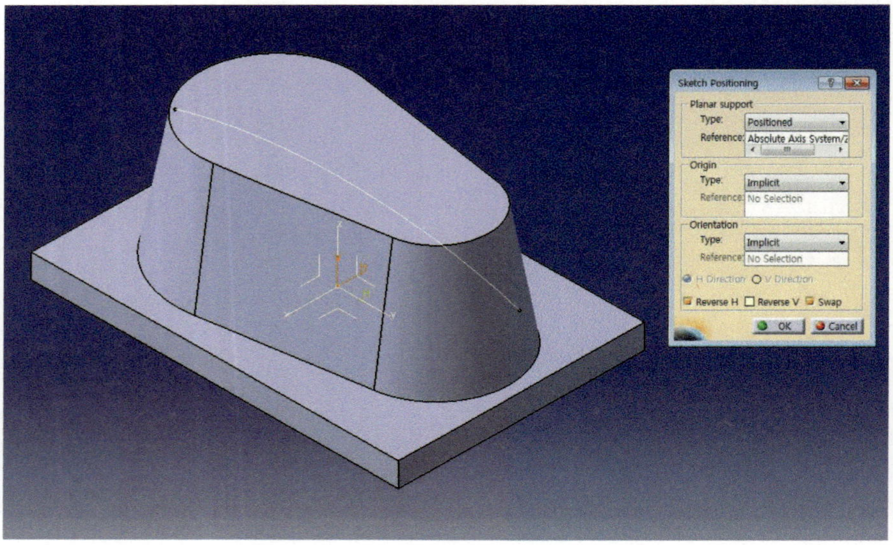

[37] Constraint Toolbar에서 Constraint 아이콘을 선택하여 Arc를 클릭하고 Arc의 반지름 치수를 생성한 다음, Arc와 H축을 클릭하여 세로길이 치수를 생성한다.

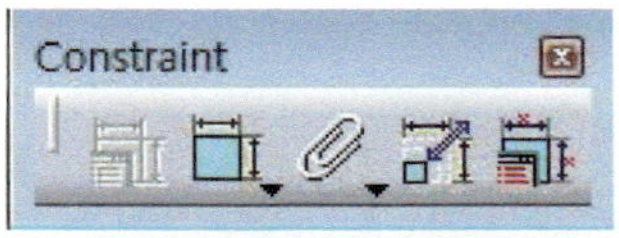

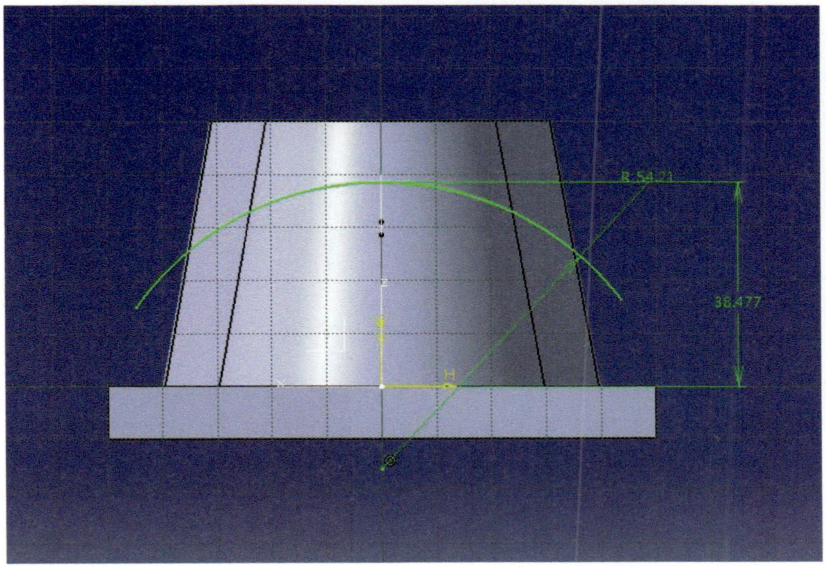

[38] 각각의 생성된 치수를 더블 클릭하면 Constraint Definition 대화상자 Dialog Box가 나타난다. Arc의 반지름을 **250**으로 입력하고, 세로길이 치수를 **30**으로 입력한 다음 각각 **OK**를 눌러 치수를 수정한다.

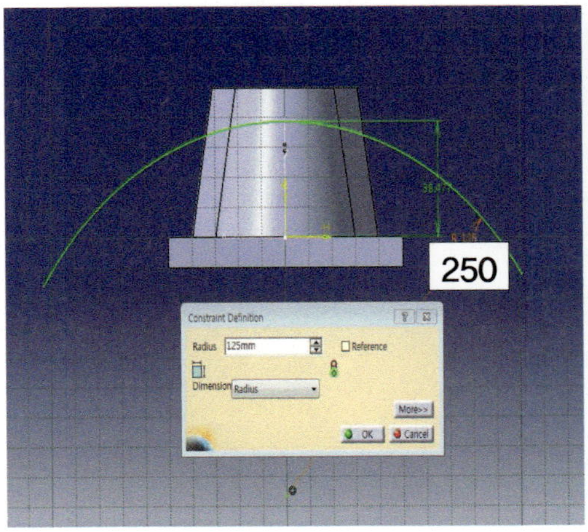

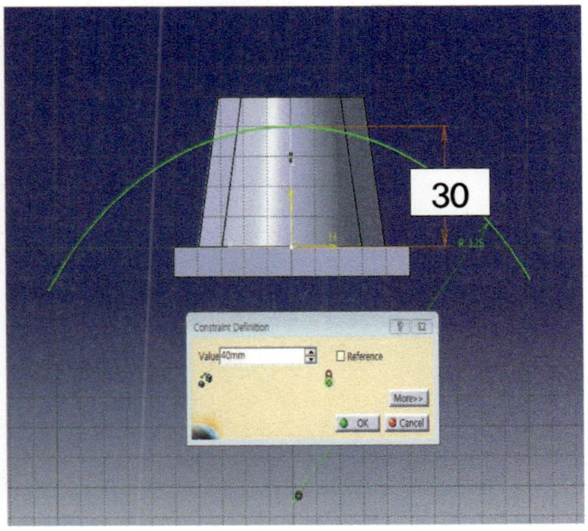

[39] 추후 간섭을 피하기 위해 Arc의 양 끝점들을 각각 클릭한 채로 원점을 향하여 드래그하면 Arc의 크기가 줄어든다. 적절한 크기로 줄인 후 Workbench Toolbar의 Exit Workbench를 클릭하여 Sketch 작업창에서 Part 작업창으로 변경한다.

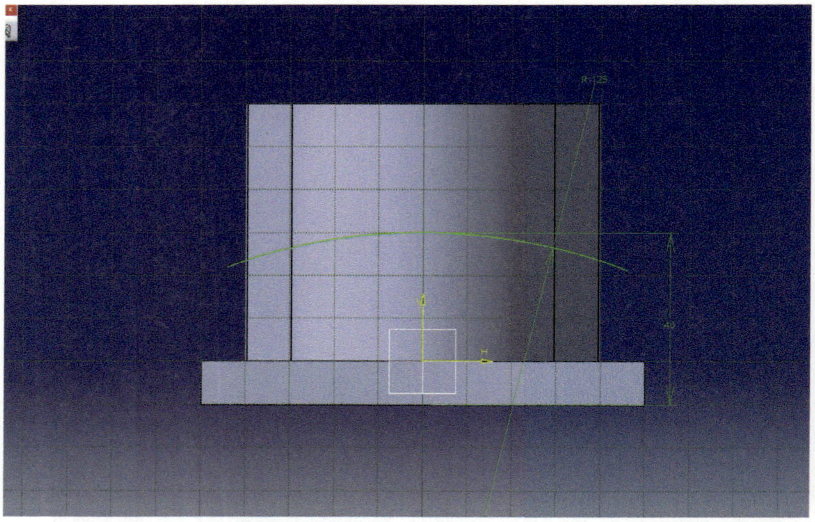

[40] Surface 작업을 위해 Workbench의 변경이 필요하므로 Menu Bar의 **Start**를 클릭하여 **Mechanical Design → Wireframe and Surface Design**을 클릭한다.

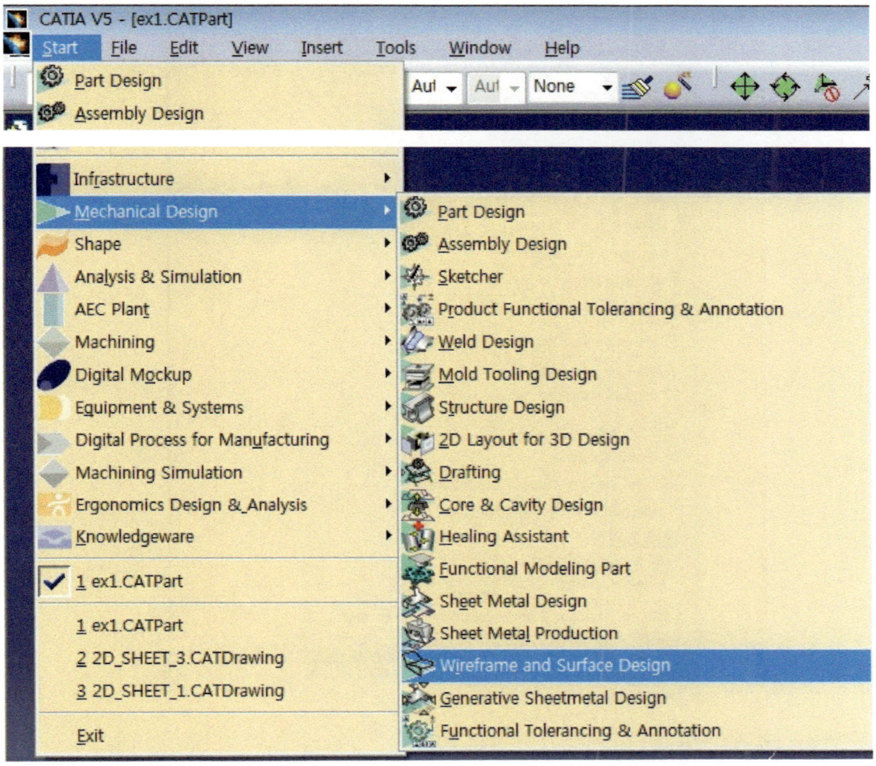

[41] Surfaces Toolbar에서 Sweep 아이콘을 클릭하면 Swept Surface Definition 대화상자 Dialog Box가 나타난다.

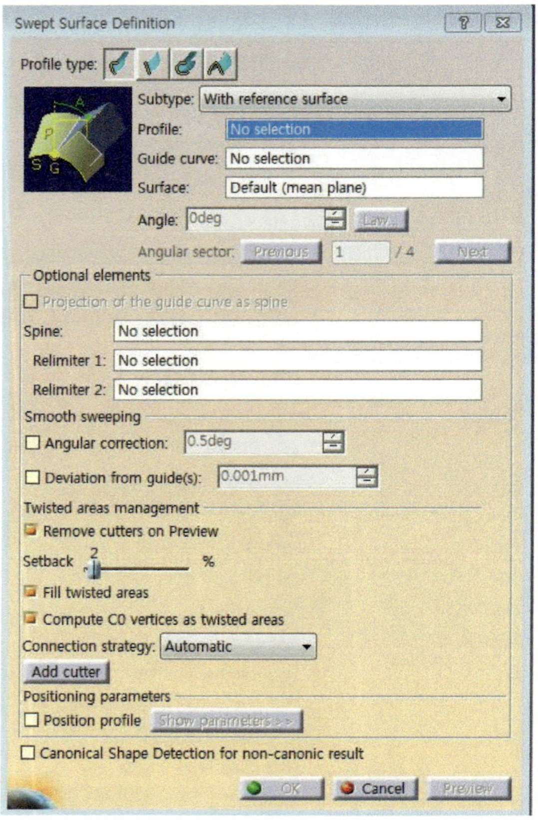

[42] 네 번째 생성한 Sketch를 Profile에 세 번째 생성한 Sketch를 Guide Curve에 선택한 후 **OK**를 누른다.

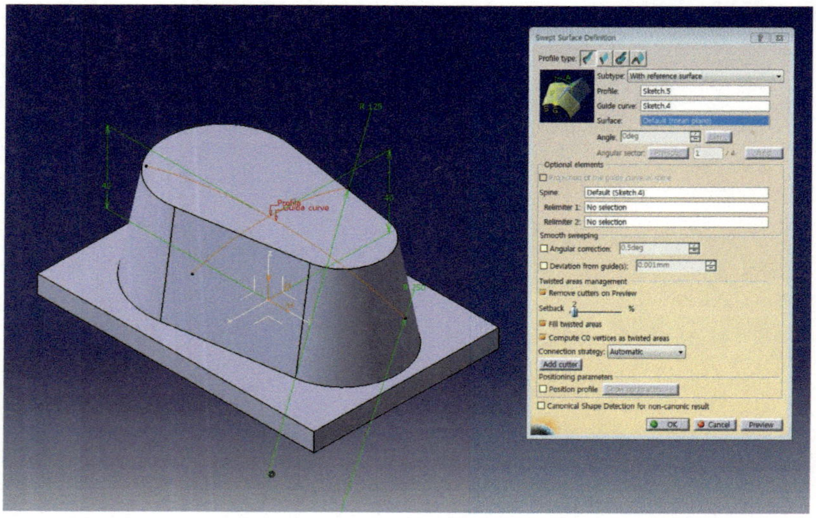

[43] Part Design 작업을 위해 다시 Workbench를 변환이 필요하므로 Menu Bar의 **Start**를 클릭하여 **Mechanical Design → Part Design**을 클릭한다.

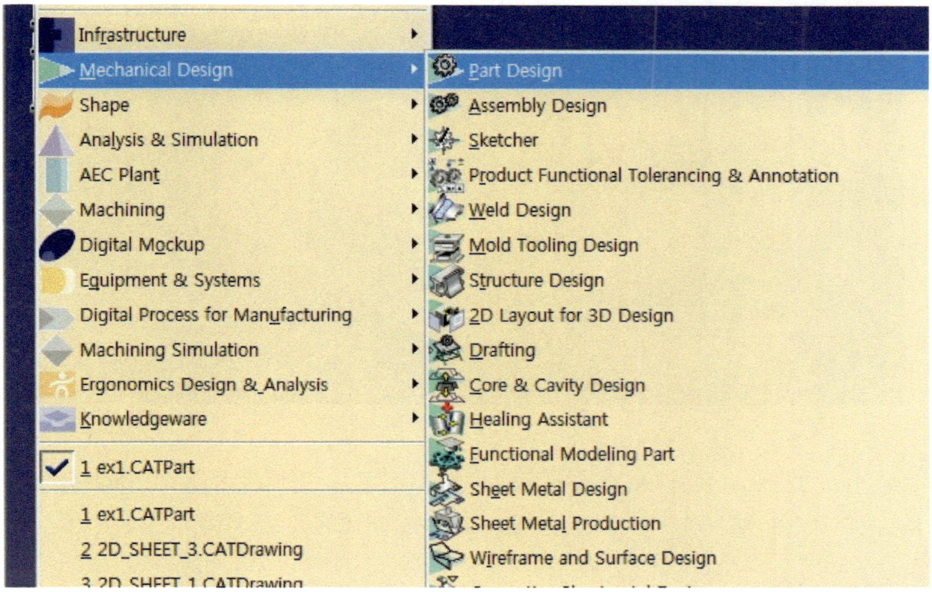

[44] Surface-Based Feature Toolbar에서 Split 아이콘을 클릭하면 Split Definition 대화상자 Dialog Box가 나타난다.

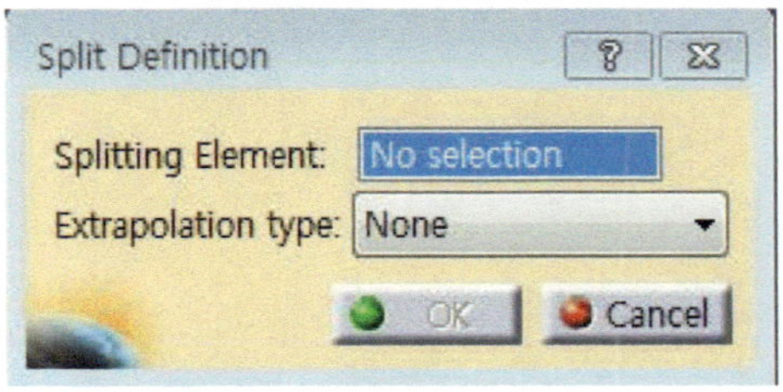

[45] Splitting Element에 Sweep으로 생성한 Surface를 클릭하고 **OK**를 누른다.

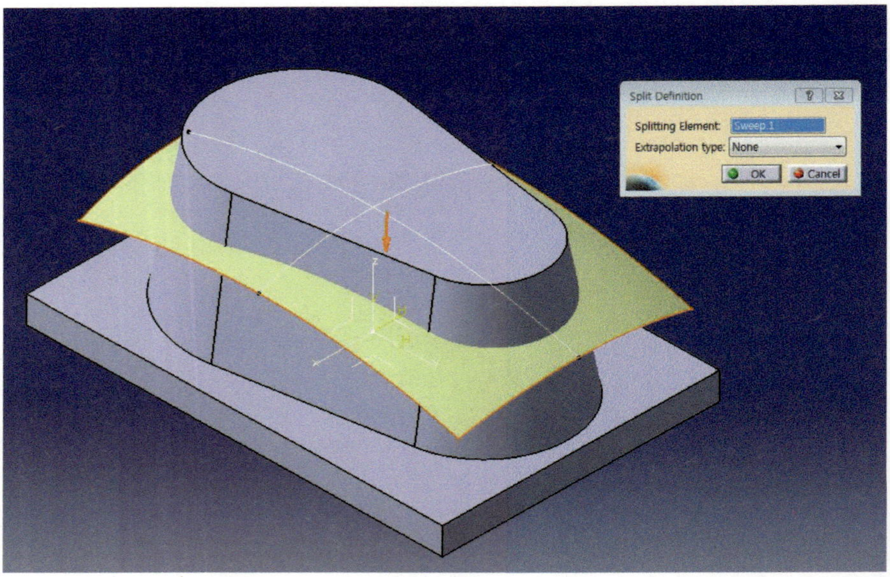

[46] Sketcher Toolbar에서 Positioned Sketch 아이콘을 클릭하여 **XY Plane**을 선택하고, Swap을 먼저 체크한 후 Reverse V를 체크하여 **OK**를 누른다.

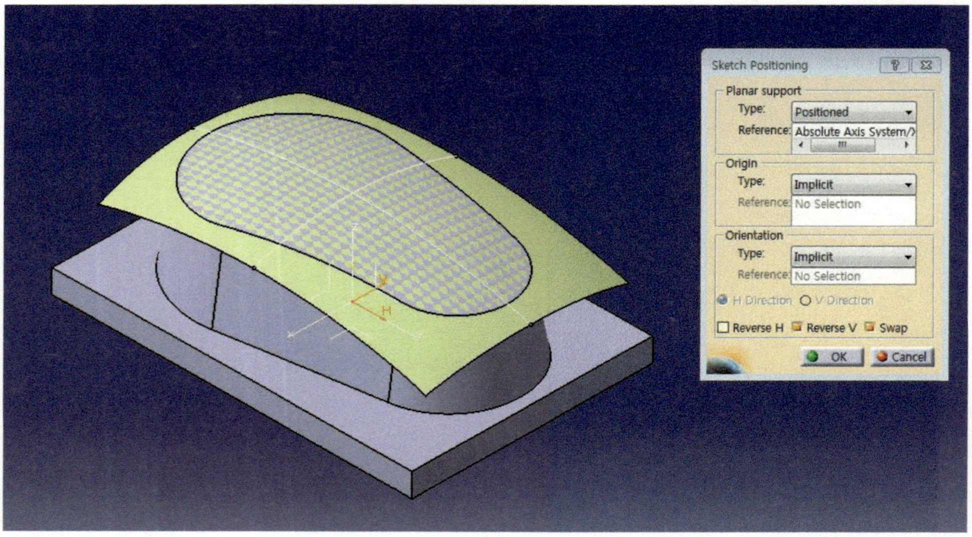

[47] Profile Toolbar에서 Circle 아이콘을 선택하여 좌측 H축선 상에 클릭한 후 Working Area에 클릭하여 Circle을 생성한다.

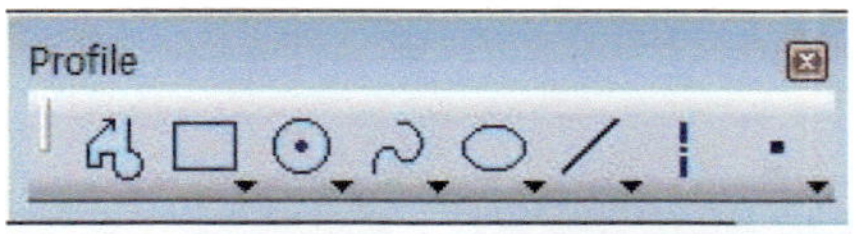

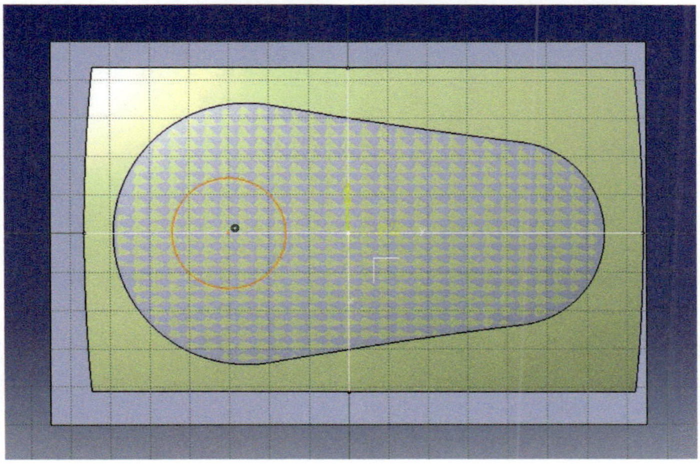

[48] Constraint Toolbar에서 Constraint 아이콘을 선택하여 Circle을 클릭하여 Circle의 지름 치수를 생성하고 Circle과 V축을 클릭하여 가로길이 치수를 생성한다.

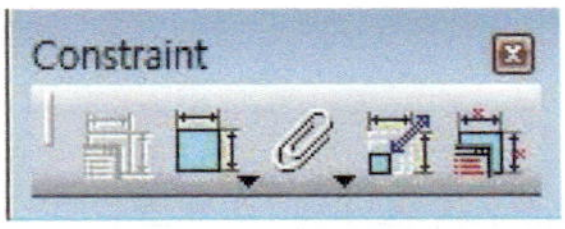

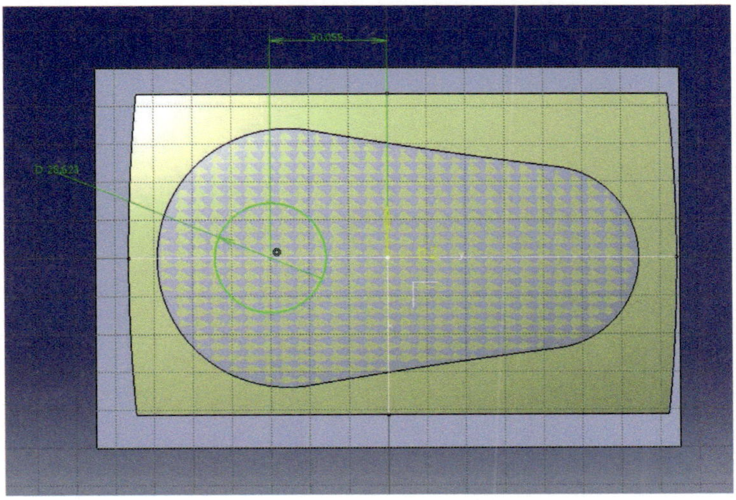

[49] 각각의 생성된 치수를 더블 클릭하면 Constraint Definition 대화상자 Dialog Box가 나타난다. circle의 지름을 **50**으로 입력하고, 가로길이 치수를 **25**로 입력한 다음 각각 **OK**를 눌러 치수를 수정한다. 수정이 완료되었으면 Workbench Toolbar의 **Exit Workbench**를 클릭하여 Sketch 작업창에서 Part 작업창으로 변경한다.

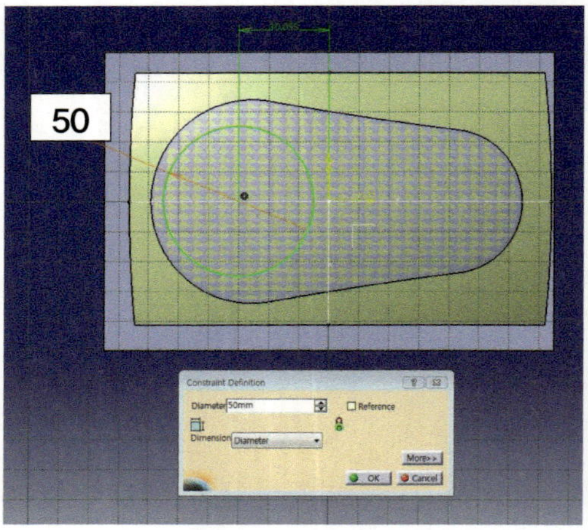

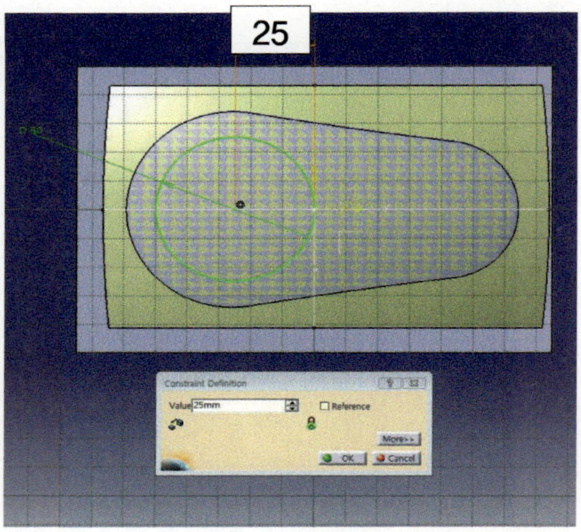

[50] Sketch-Based Features Toolbar에서 Pocket 아이콘을 클릭하면 Pocket Definition 대화상자 Dialog Box가 나타난다. 아래의 **More** 버튼을 클릭하면 Pocket 방향의 양쪽 모두 사용이 가능하다.

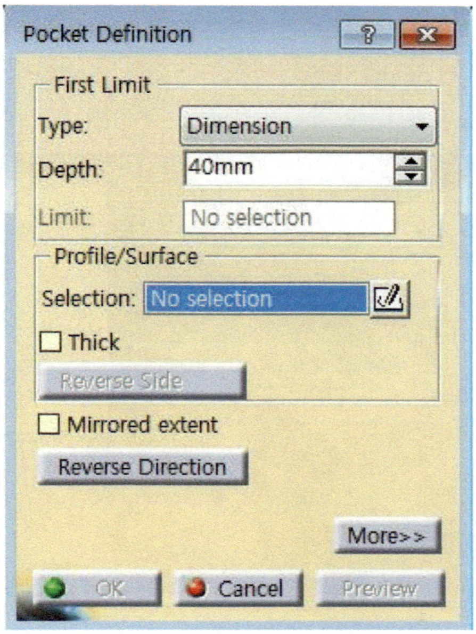
Pocket Definition
First Limit
Type:
Dimension
Depth:
40mm
Limit:
No selection
Profile/Surface
Selection:
No selection
Thick
Reverse Side
Mirrored extent
Reverse Direction
More>>
OK
Cancel
Preview

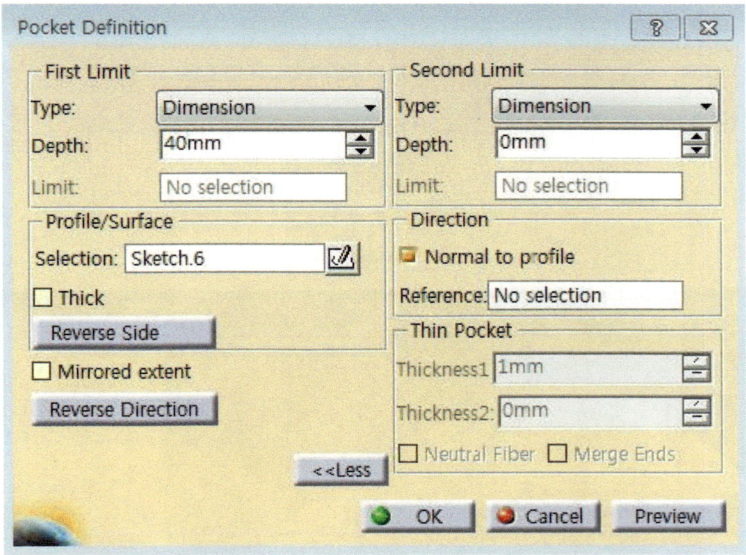
Pocket Definition
First Limit
Type:
Dimension
Depth:
40mm
Limit:
No selection
Profile/Surface
Selection:
Sketch.6
Thick
Reverse Side
Mirrored extent
Reverse Direction
<<Less
Second Limit
Type:
Dimension
Depth:
0mm
Limit:
No selection
Direction
Normal to profile
Reference:
No selection
Thin Pocket
Thickness1
1mm
Thickness2:
0mm
Neutral Fiber
Merge Ends
OK
Cancel
Preview

[51] First Limit의 Depth에 **-20**을 입력하고 Second Limit Type에서 역삼각형을 클릭하여 **Up to next**로 바꾼 후 Selection에 생성한 Sketch를 선택한 다음 **OK**를 누른다.

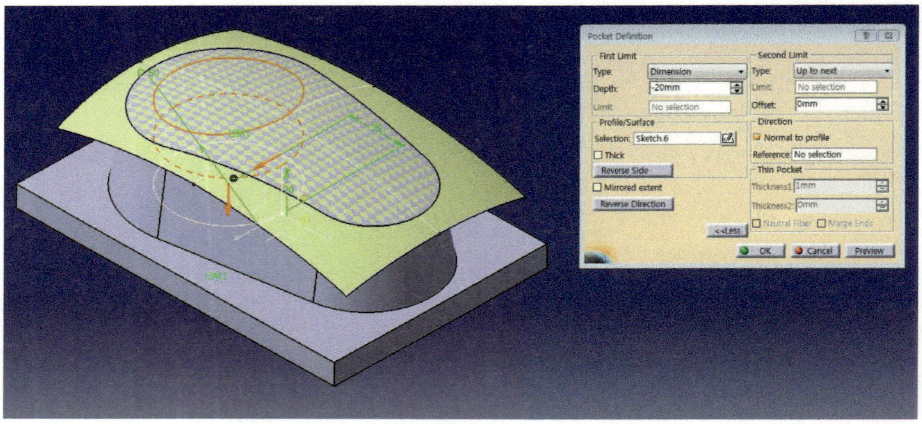

[52] Sketcher Toolbar에서 Positioned Sketch 아이콘을 클릭하여 **XY Plane**을 선택하고, **Swap**을 먼저 체크한 후 **Reverse V**를 체크하여 **OK**를 누른다.

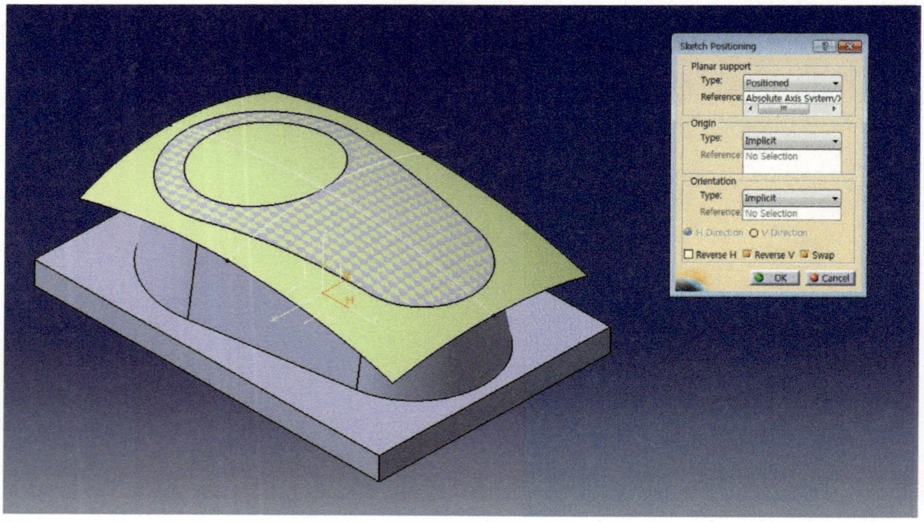

[53] Profile Toolbar에서 Circle 아이콘을 선택하여 우측 H축선 상에 클릭한 후 Working Area에 클릭하여 Circle을 생성한다.

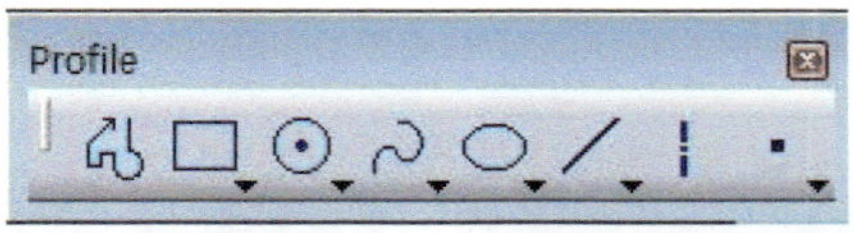

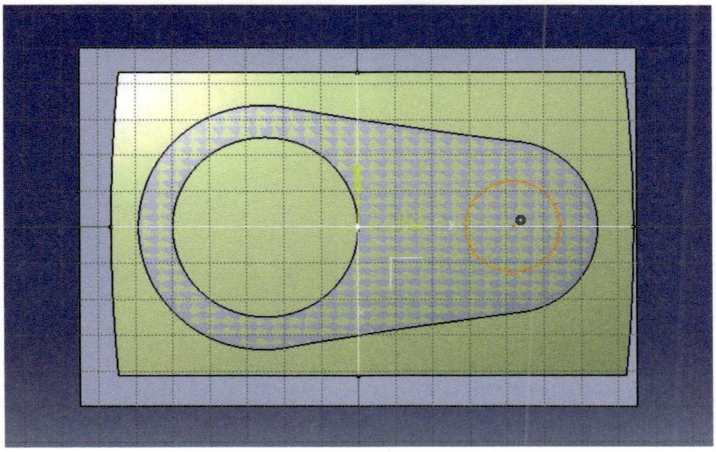

[54] Constraint Toolbar에서 Constraint 아이콘을 선택하고 Circle을 클릭하여 Circle의 지름 치수를 생성하고 Circle과 V축을 클릭하여 가로길이 치수를 생성한다.

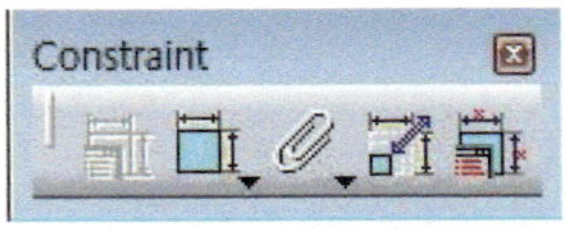

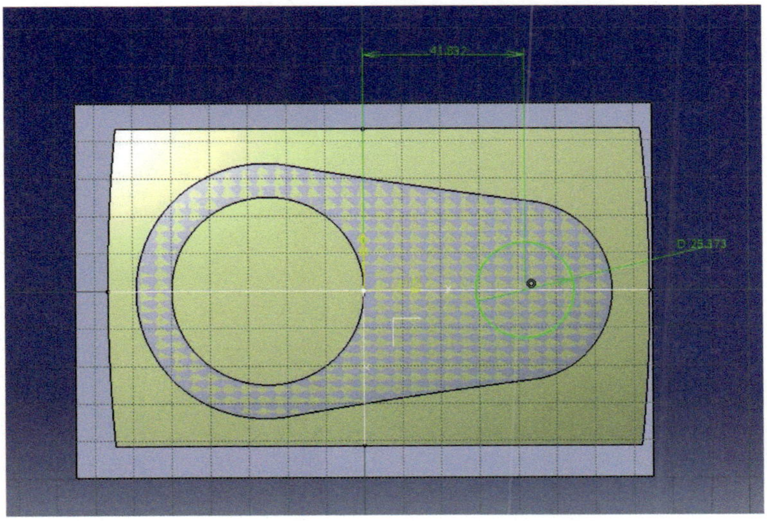

[55] 각각의 생성된 치수를 더블 클릭하면 Constraint Definition 대화상자 Dialog Box가 나타난다. circle의 지름을 **30**으로 입력하고, 가로길이 치수를 **40**으로 입력한 다음 각각 **OK**를 눌러 치수를 수정한다. 수정이 완료되었으면 Workbench Toolbar의 Exit Workbench를 클릭하여 Sketch 작업창에서 Part 작업창으로 변경한다.

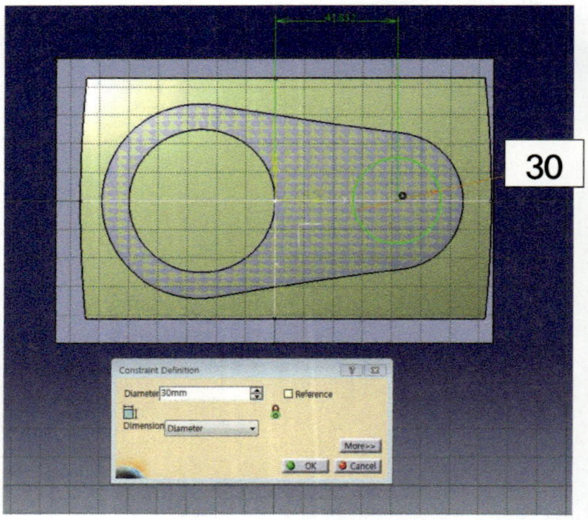

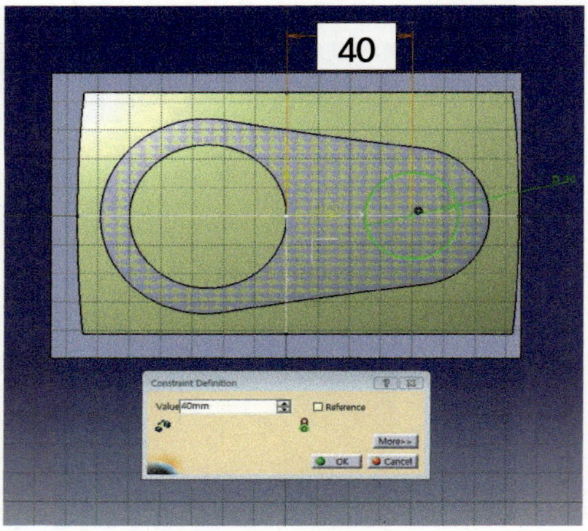

[56] Sketch-Based Features Toolbar에서 Pad 아이콘을 클릭하면 Pad Definition 대화상자 Dialog Box가 나타난다.

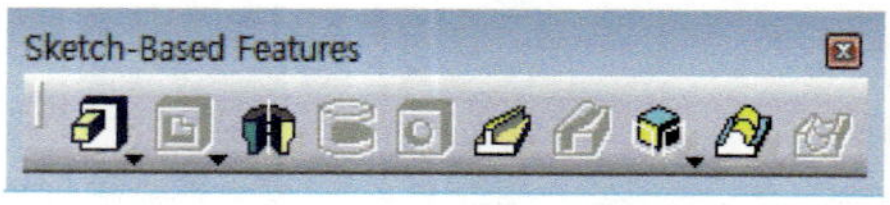

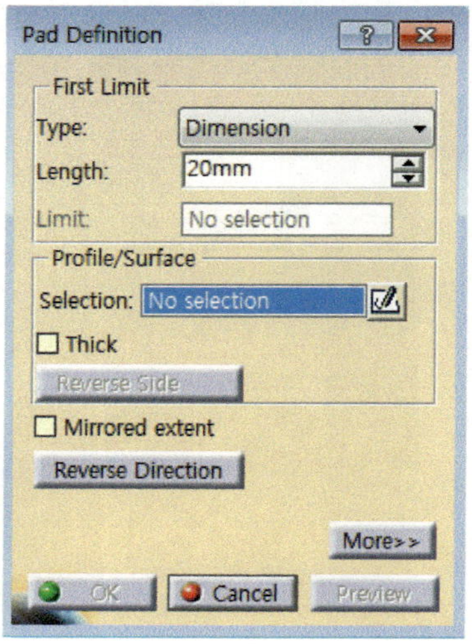

[57] Profile/Surface의 Selection에 작업한 Sketch를 클릭한다. Length에 40으로 입력한 후 OK를 클릭한다.

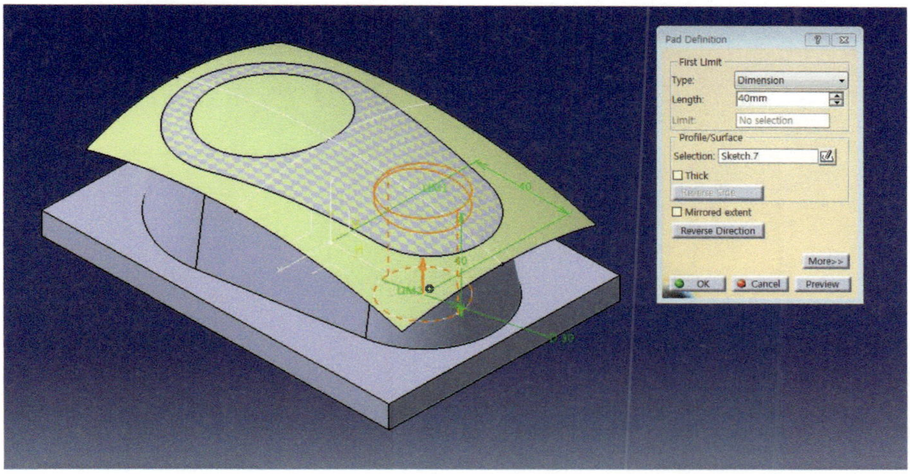

[58] Ctrl을 누른 상태에서 Specifications Tree의 Part Body에 불필요한 부분을 선택하여 마우스 버튼 3(MB3)을 클릭하고 Hide/Show를 클릭한다.

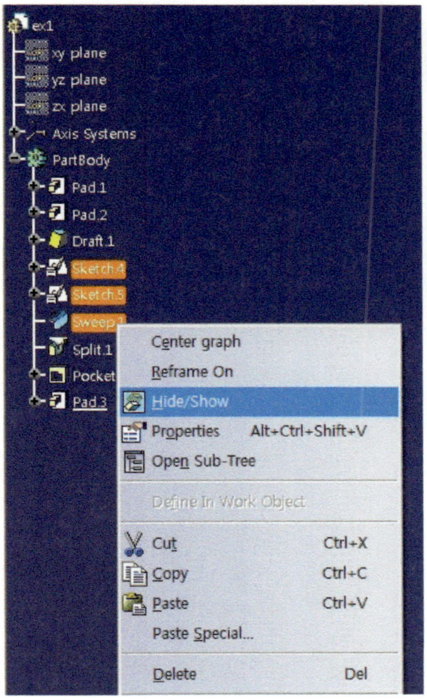

[59] Dress-Up Features Toolbar에서 Edge Fillet 아이콘을 클릭하면 Edge Fillet Definition 대화상자 Dialog Box가 나타난다.

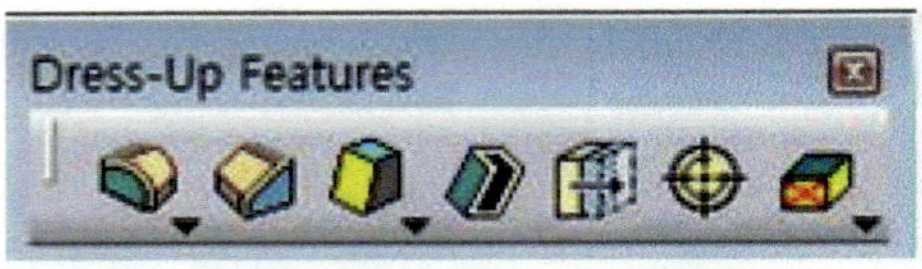

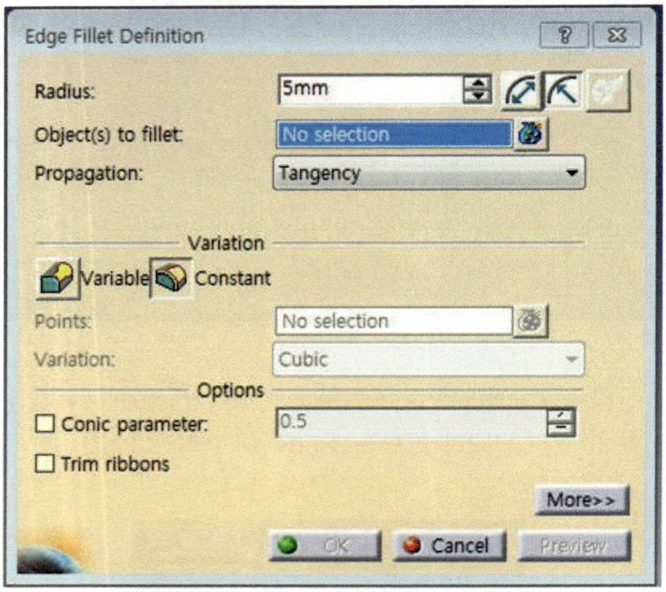

[60] Radius에 **5**를 입력하고, Objects to fillet에 그림과 같이 4개의 모서리를 선택하여 **OK**를 누른다.

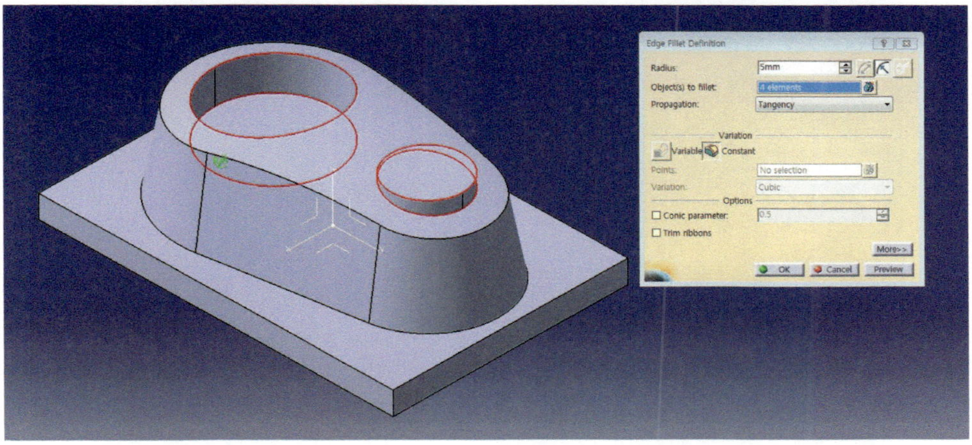

[61] Dress-Up Features Toolbar에서 Edge Fillet 아이콘을 클릭하면 Edge Fillet Definition 대화상자 Dialog Box가 나타난다. Radius에 **3**을 입력하고, Objects to fillet에 그림과 같이 모서리를 선택하여 **OK**를 누른다.

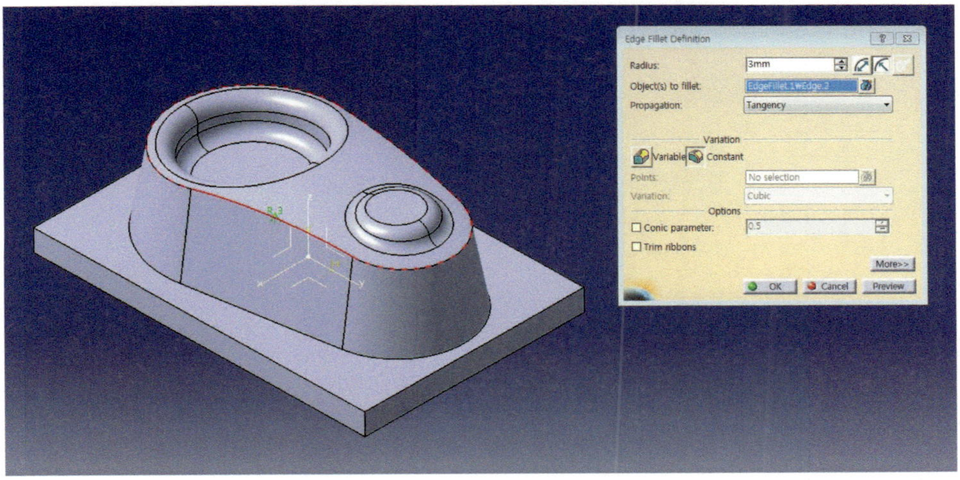

[62] 최종 형상은 다음 그림과 같다.

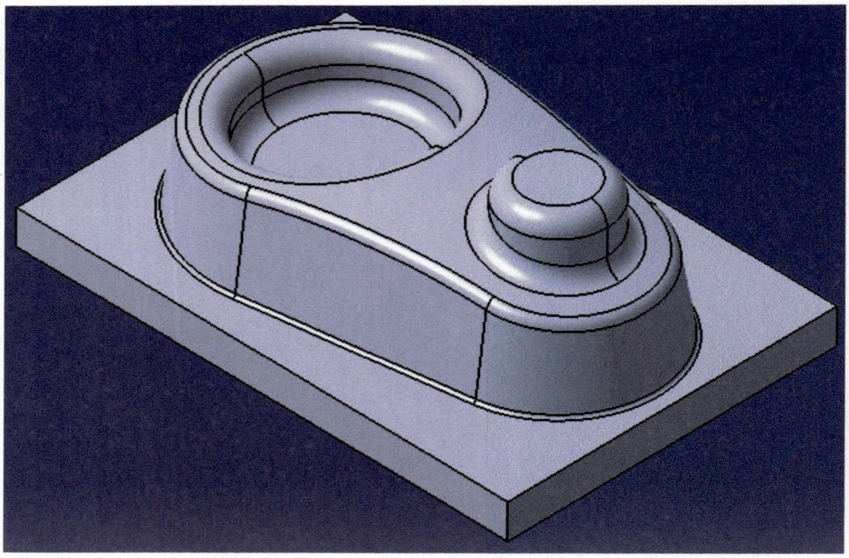

[객체에 재질 입히는 방법]

■ Part Body – Apply – Metal – Al – Ok – View – Render Style

STEP 10

머시닝센터 실무 CAM 작업
(구 산업기사/기능장)

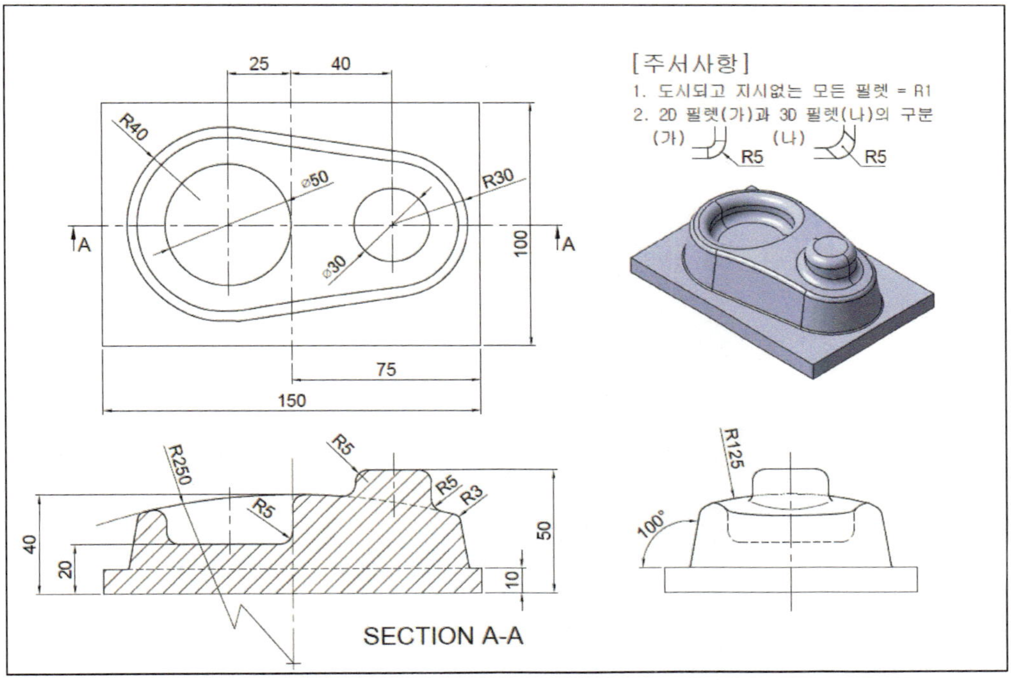

작업 내용	파일명 (비번호가 7번일 경우)	공구조건		경로 간격 (mm)	절삭조건				비고
		종류	직경		회전수 (rpm)	이송 (mm/min)	절입량 (mm)	잔량 (mm)	
황삭	07황삭.nc	평E/M	ø12	5	1400	100	6	0.5	
정삭	07정삭.nc	볼E/M	ø4	1	1800	90			
잔삭	07잔삭.nc	볼E/M	ø2		3700	80			Pencil

◎ 수검자 요구사항

① 공작물을 고정하는 베이스(10mm) 부위는 제외하고 윗부분만 Modeling하여 NC data를 생성하여야 한다.

② 황삭 가공에서 Z 방향의 시작 높이는 공작물의 상면으로부터 10mm 높은 곳으로 정한다.

③ 안전 높이는 원점에서 Z 방향으로 50mm 높은 곳으로 한다.

④ 절대 좌표 값을 이용하시오.

⑤ 공구번호, 작업내용, 공구조건, 공구경로 간격, 절삭조건 등은 반드시 절삭지시서에 준하여 작업하시오.

⑥ 치수가 명시되지 않은 개소는 도면 크기에 유사하게 완성하시오.

[01] NC 데이터를 생성하기 이전에 옵션을 변경하기 위해 Menu bar의 **Tools**를 클릭하면 Pulldown Menu가 나타난다. Pulldown Menu에서 **Options**를 클릭한다.

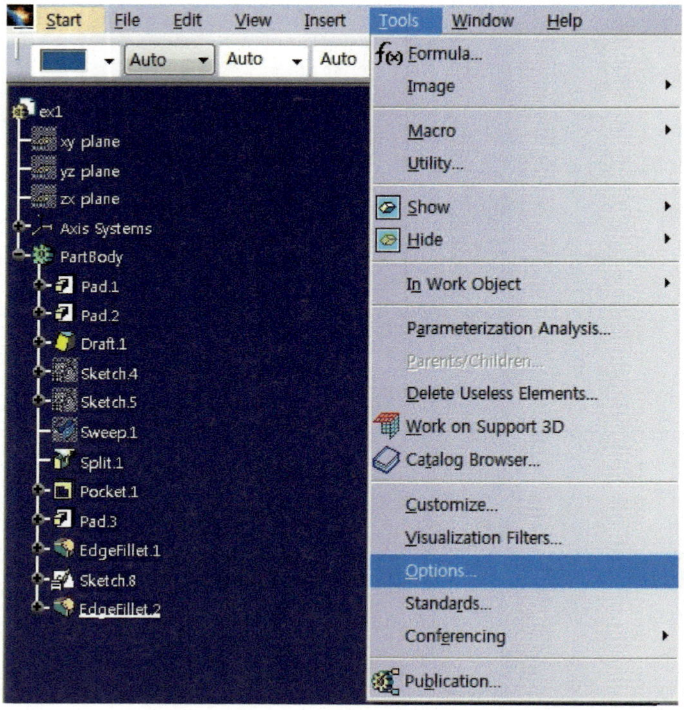

[02] 좌측 메뉴의 **Machining**을 클릭하고 상단 Output 탭을 클릭한 다음 Post Processor and Controller Emulator Folder의 **IMS**를 클릭한다.

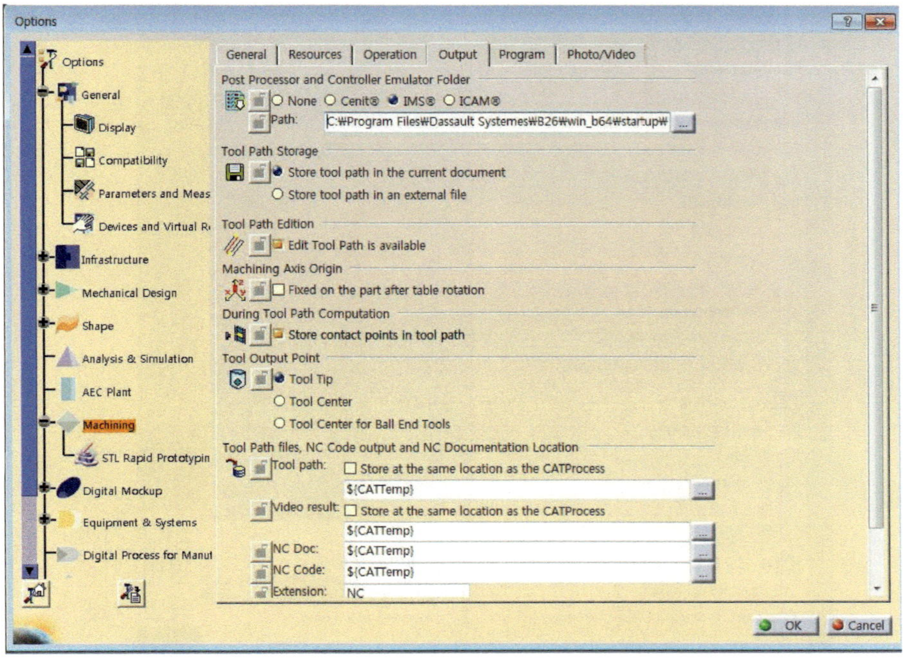

■ Insert – Body 2 – 풀이순서 – CAM test object – B/C – Part Body(Body 2 이름 바꾸기)

[03] 하단 부분의 Tool Path files, NC Code output and NC Documentation Location의 Extension에 **nc**라고 입력한 후 **OK**를 누른다.

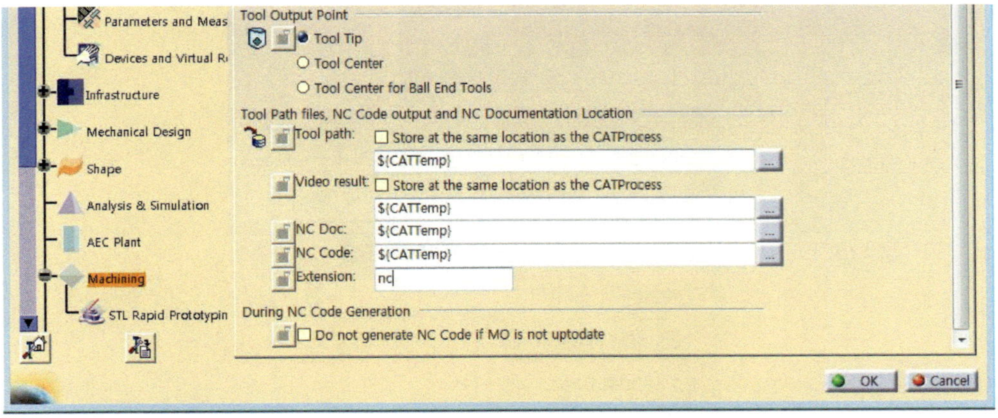

[04] NC 데이터를 생성하기 위해 Workbench의 변경이 필요하므로 Menu Bar의 **Start**를 클릭하여 **Machining → Surface Machining(곡면가공)**을 클릭한다.

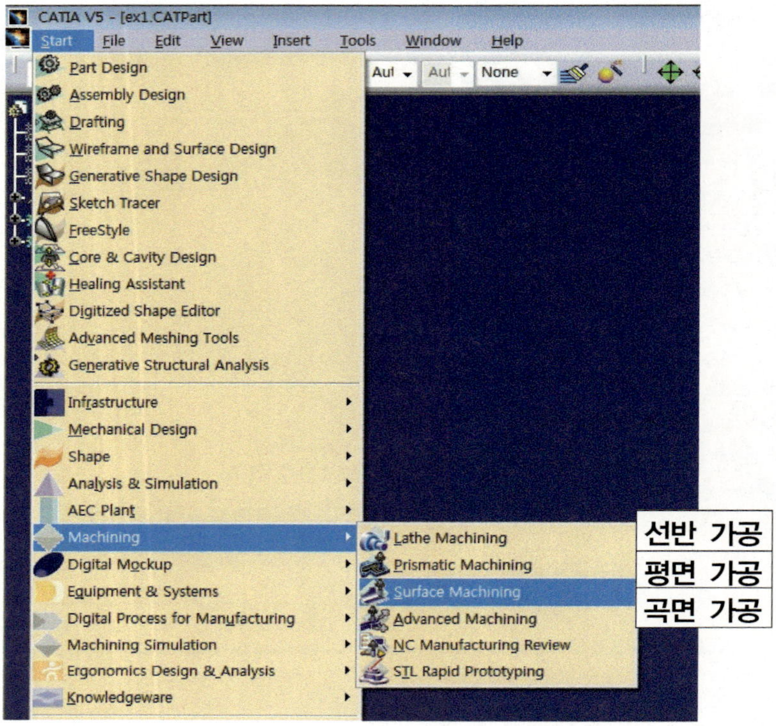

[05] Reference Element에서 Plane 아이콘을 클릭하면 Plane Definition 대화상자 Dialog Box가 나타난다.

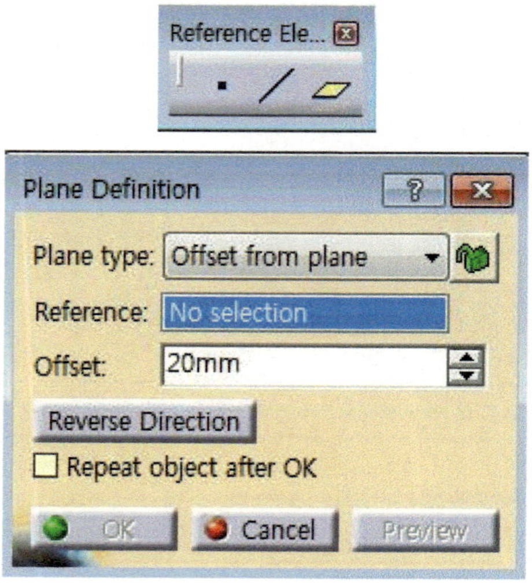

[06] Reference에 XY Plane을 선택하고, Offset에 50을 입력한 후 OK를 누른다.

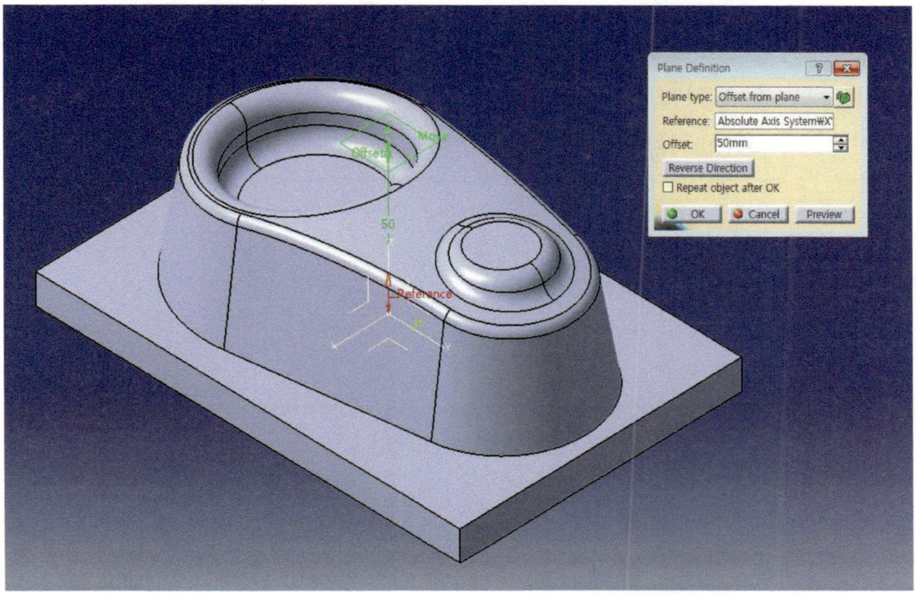

[07] Specifications Tree의 모든 + 버튼을 클릭하여 세부 표시한다.

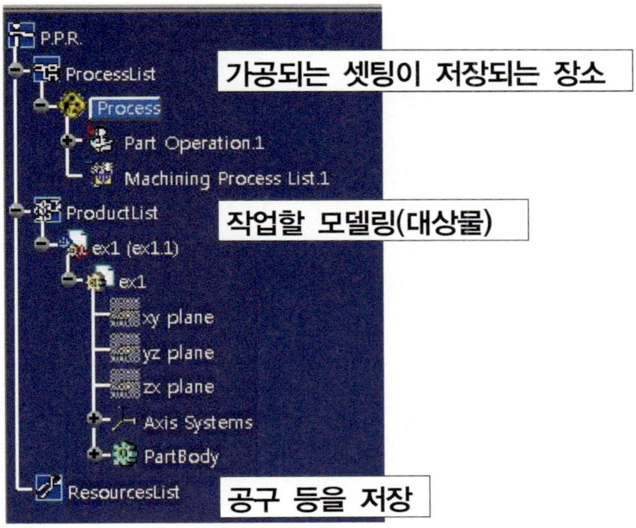

※ 참고

■ P.P.R

- 프로세스 리스트 : 가공하는 작업이 저장되는 곳
- 프로덕트 리스트 : 작업하는 모델링(대상물)이 있는 곳
- 리소스 : 공구 등이 저장되는 곳

[08] Geometry management Toolbar의 Creates rough stock  아이콘을 클릭하면 Rough Stock 대화상자 Dialog Box가 나타난다.

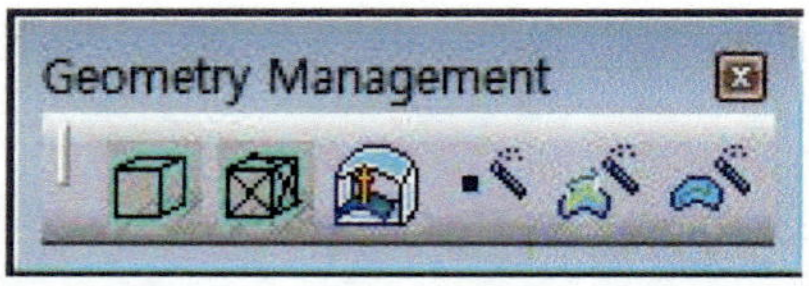

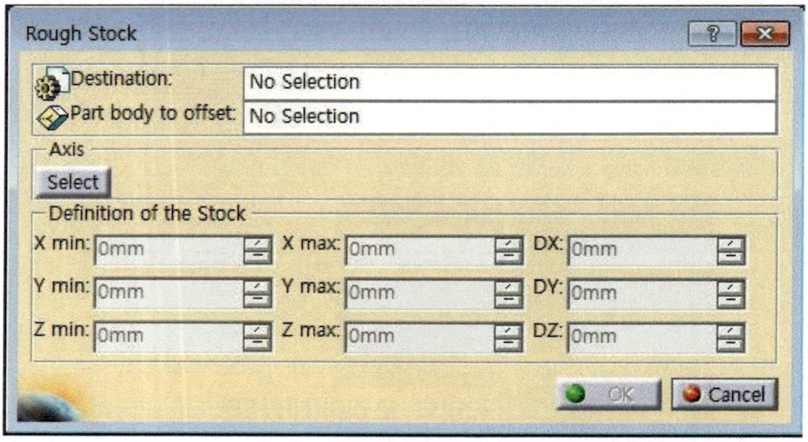

[09] ex1 Part를 더블 클릭하면 Warning 경고창이 나타나는데 예를 클릭한다.

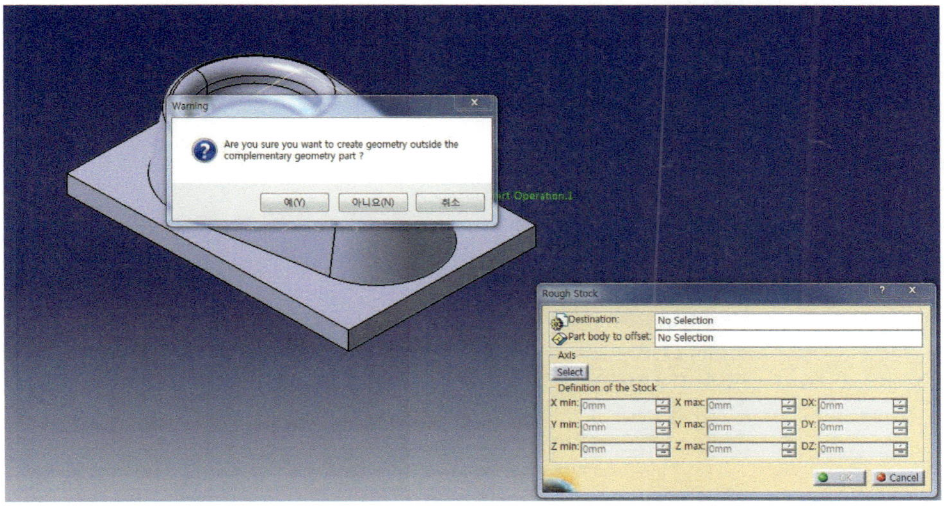

[10] Partbody를 클릭하고 OK를 누르면 가공할 소재의 모형이 나타난다.

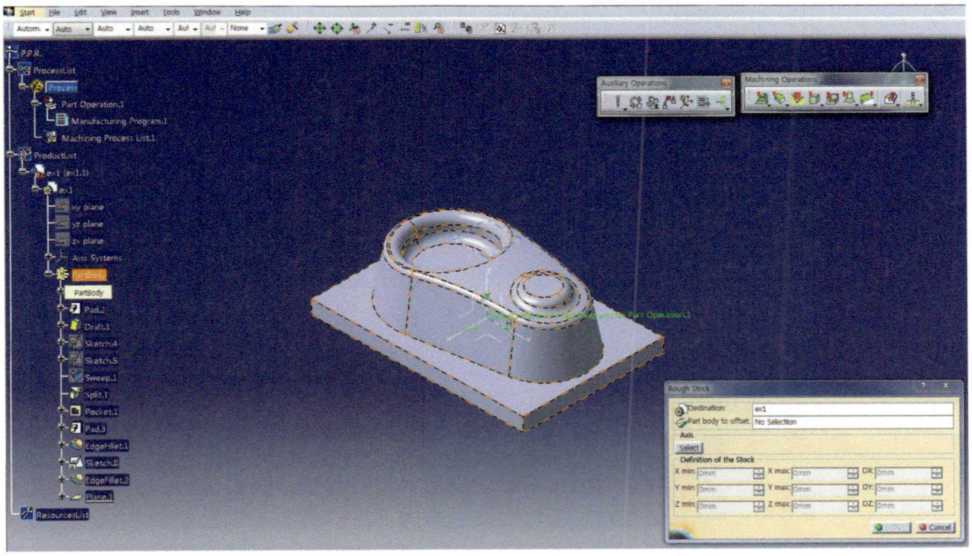

[11] Specifications Tree에 있는 Part Operation을 더블 클릭하면 Part Operation 대화상자 Dialog Box가 나타난다. Machine  아이콘을 클릭한다.

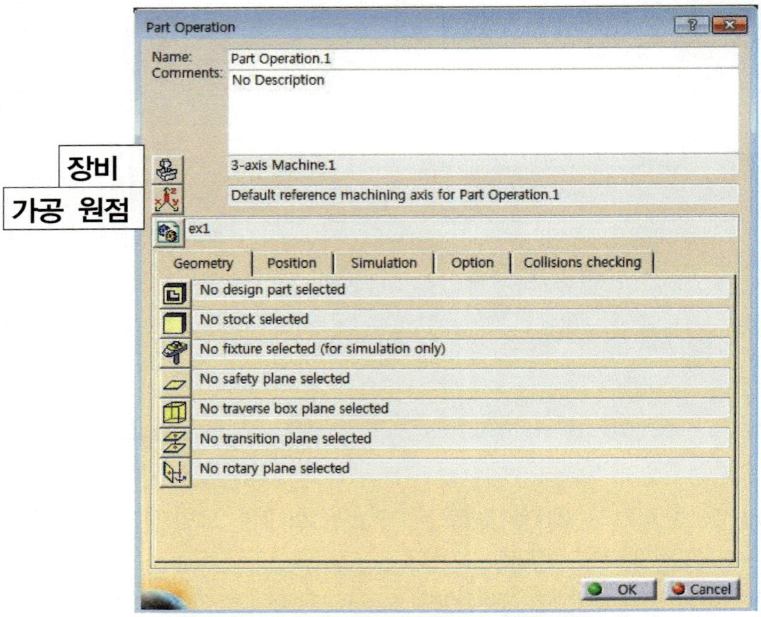

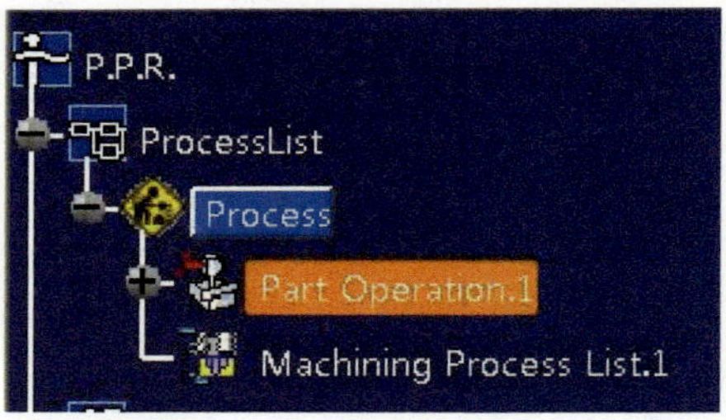

[12] Machine Editor 대화상자 Dialog Box가 나타나면 상단의 3-axis Machine  아이콘을 클릭한 후 Numerical Control 탭을 클릭한다.

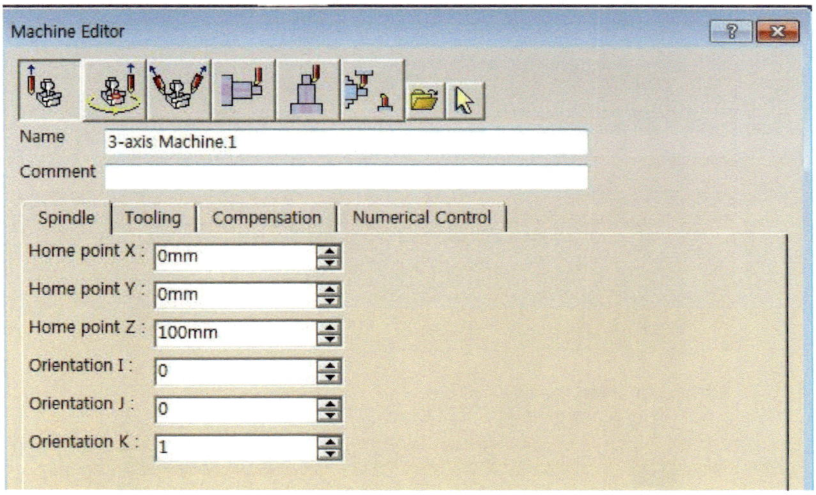

[13] Controller Emulator의 역삼각형 표시를 클릭하여 **fanuc5x_abtable.ce**를 선택하고 Post Processor의 역삼각형 표시를 클릭하여 **fanuc0.lib**를 선택한 다음 NC data type의 역삼각형 표시를 클릭하여 **ISO**를 선택하고 **OK**를 누른다.

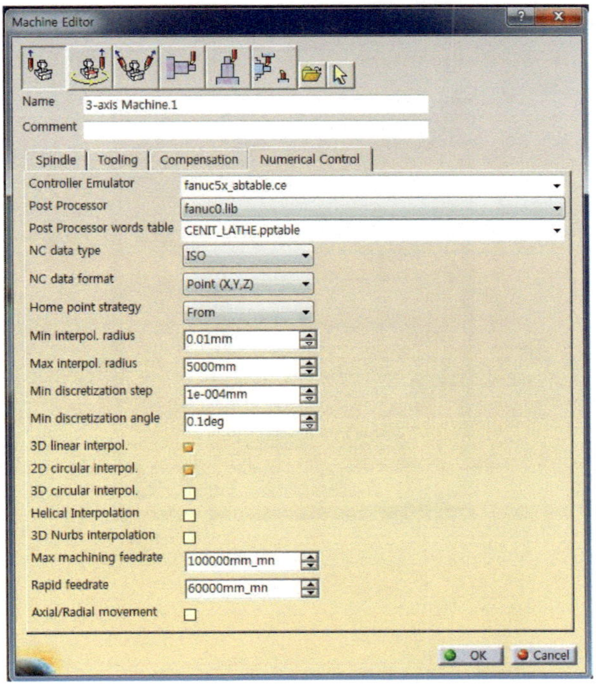

[14] 가공 원점을 설정하기 위해 Reference machining axis system 아이콘을 클릭하면 Default reference machining axis system for Part operation 1 대화상자 Dialog Box가 나타난다.

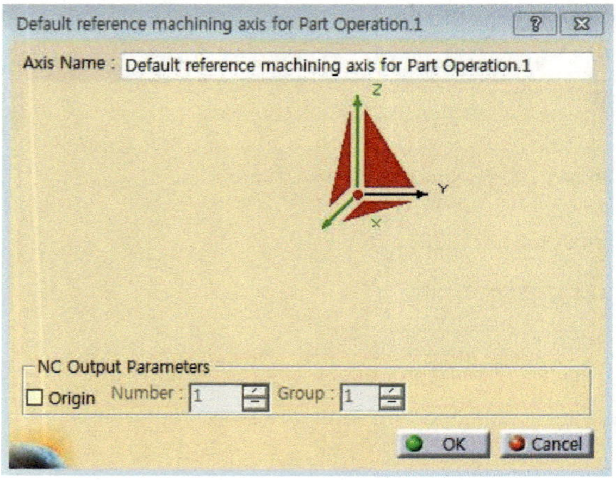

- 점 클릭(포지션을 바꿀 수 있음), 클릭

[15] Default reference machining axis system for Part operation 1 대화상자 Dialog Box에서 X축을 클릭하면 Direction X 대화상자 Dialog Box가 나타난다. **ZX Plane**을 클릭한 다음 Direction X 대화상자 Dialog Box의 **OK**를 누른다.

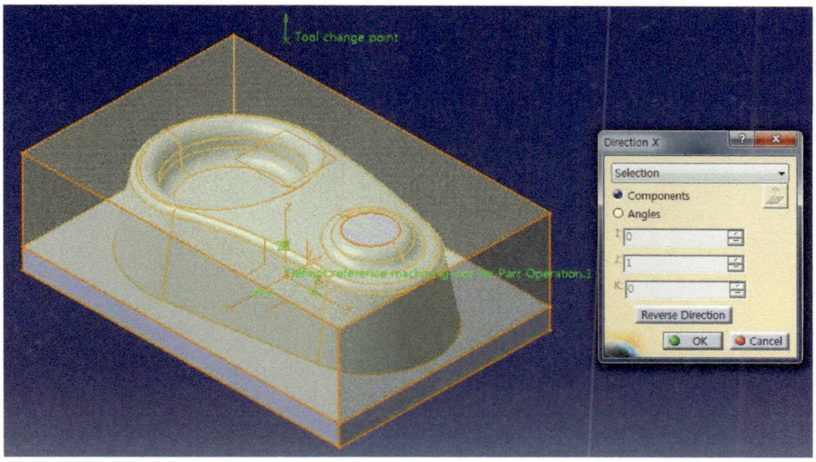

[16] Default reference machining axis system for Part operation 1 대화상자 Dialog Box에서 원점을 클릭하고 Part의 좌표계 원점을 클릭한 다음 **OK**를 누른다.

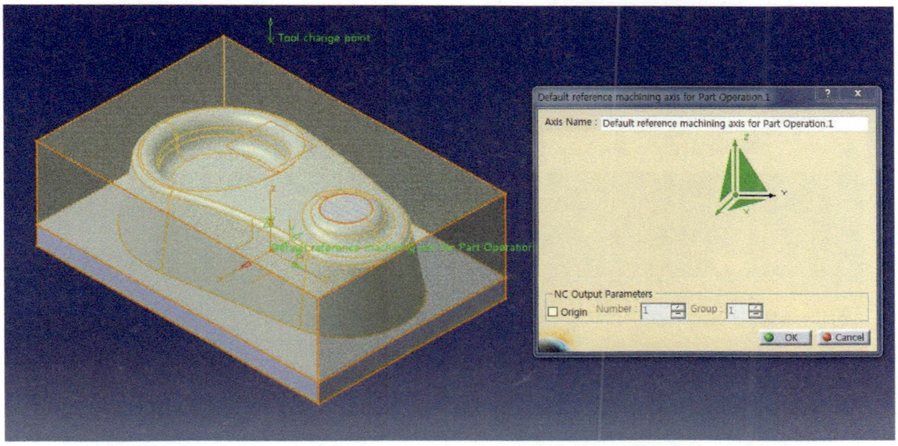

[17] Geometry 탭의 Design part for simulation 아이콘을 클릭하고 Specifications Tree의 **ProductList → ex1 → ex1 → PartBody**를 더블 클릭한다.

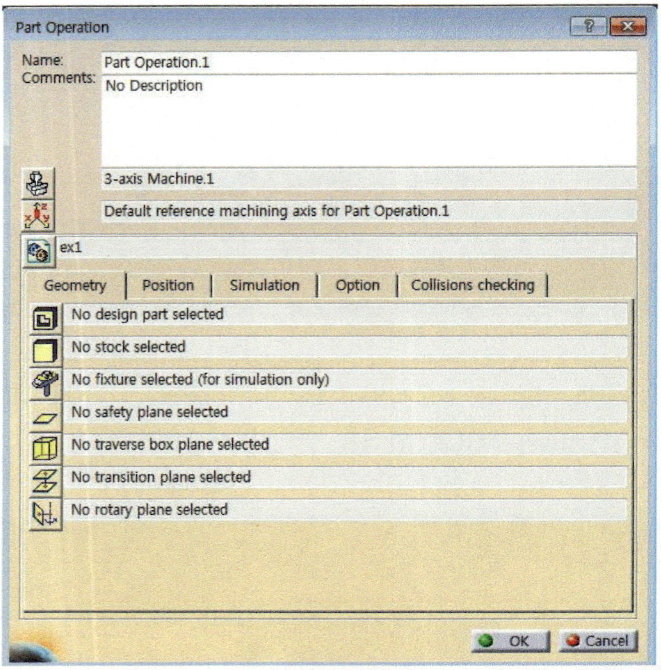

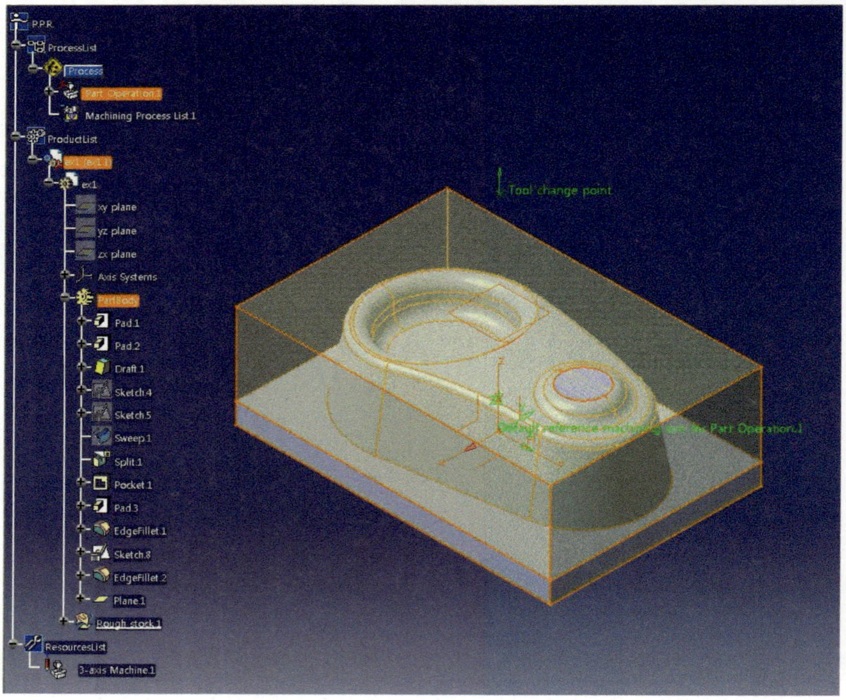

[18] Geometry 탭의 Stock 아이콘을 클릭하고 Specifications Tree의 **ProductList → ex1 → ex1 → Rough stock1**을 더블 클릭한다.

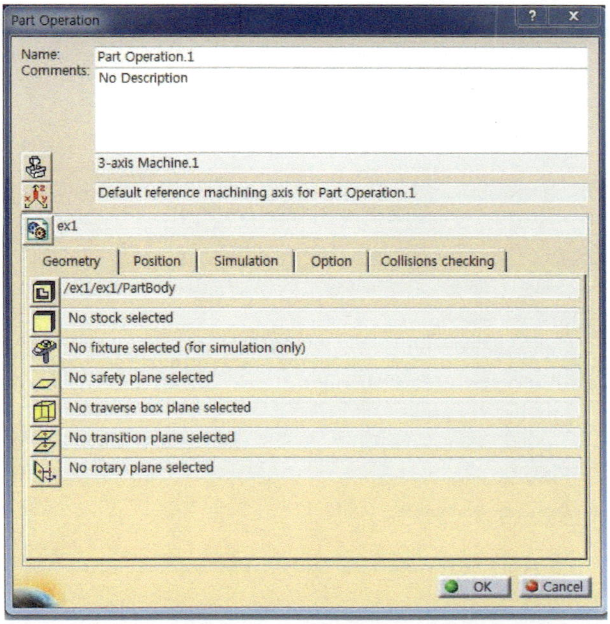

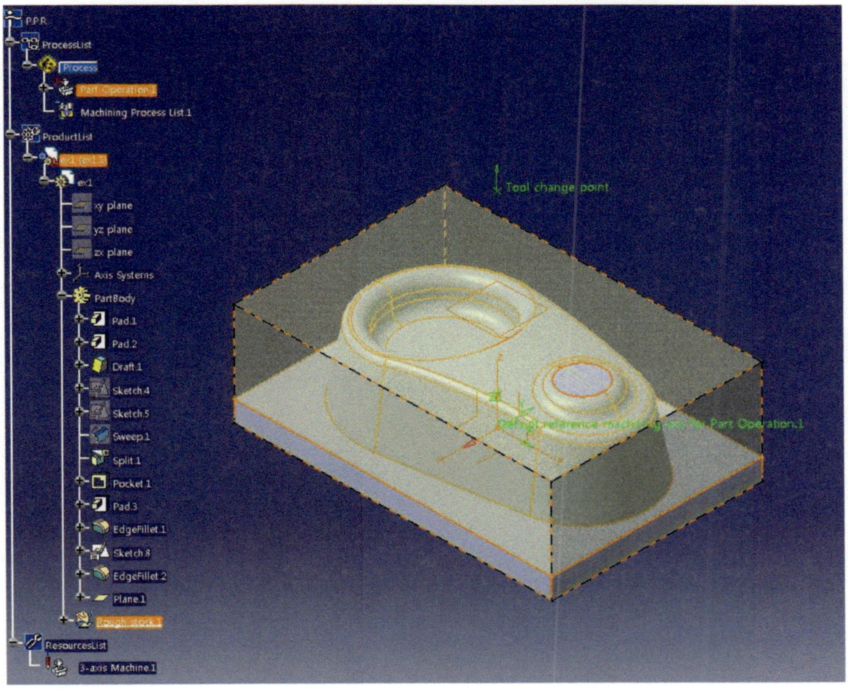

[19] Geometry 탭의 Safety Plane 아이콘을 클릭하고 XY Plane을 Offset 50한 Plane을 클릭한 후 OK를 누른다.

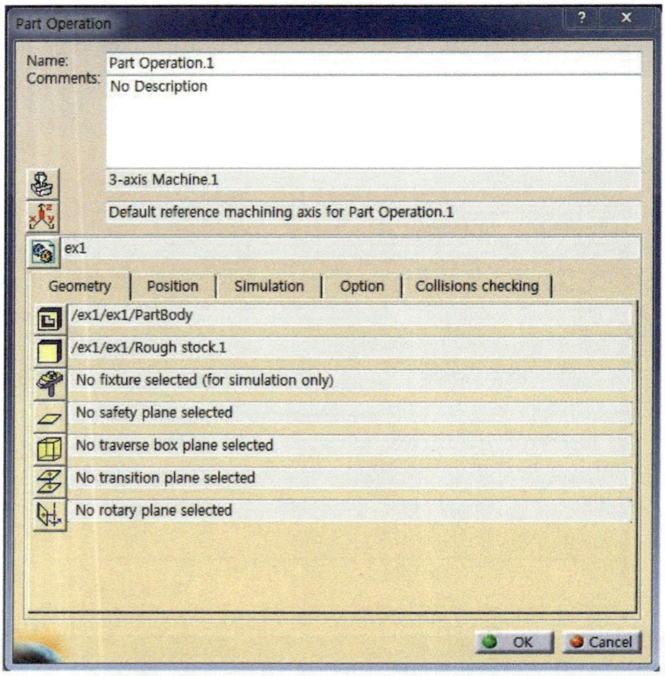

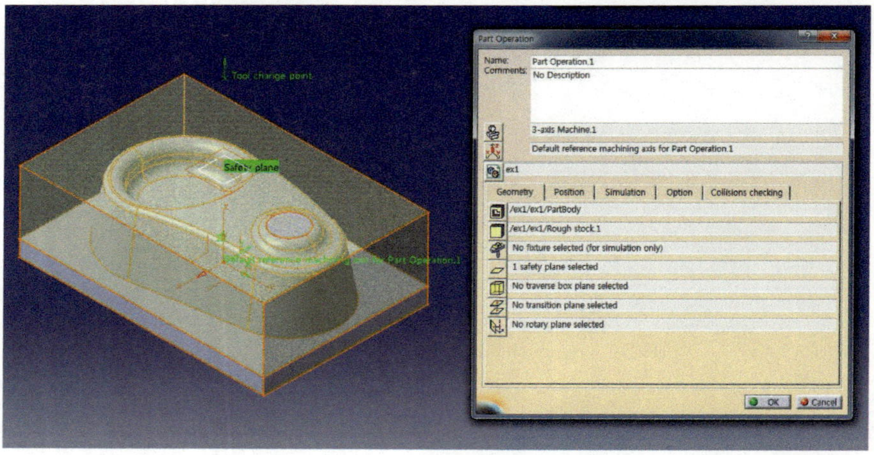

[20] 황삭가공을 위해 Roughing 아이콘을 클릭하고 **Specifications Tree → ProcessList → Process → Manufacturing Program1(재료가공)**을 클릭하면 Roughing.1(거친가공) 대화상자 Dialog Box가 나타난다.

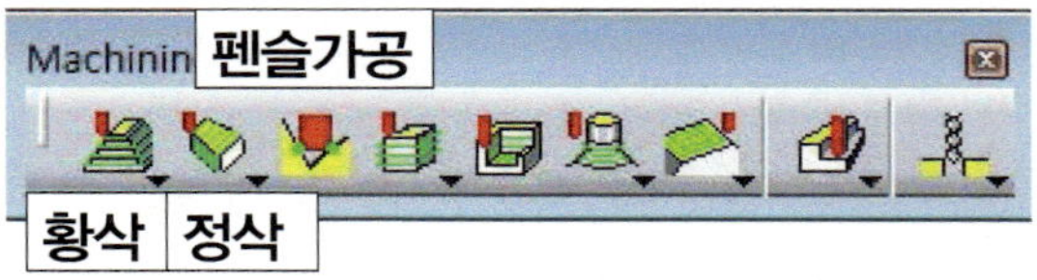

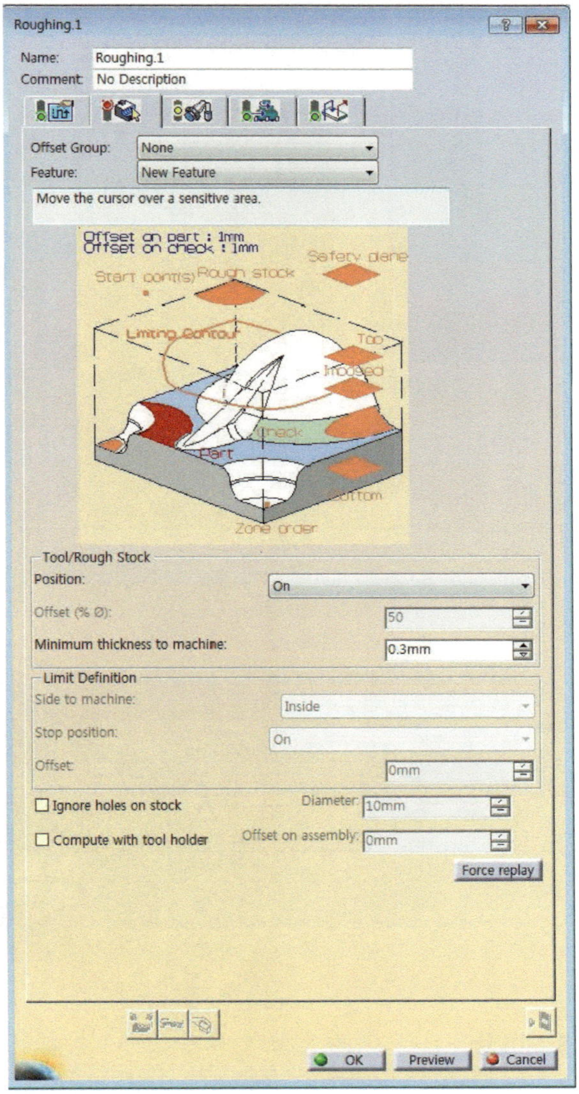

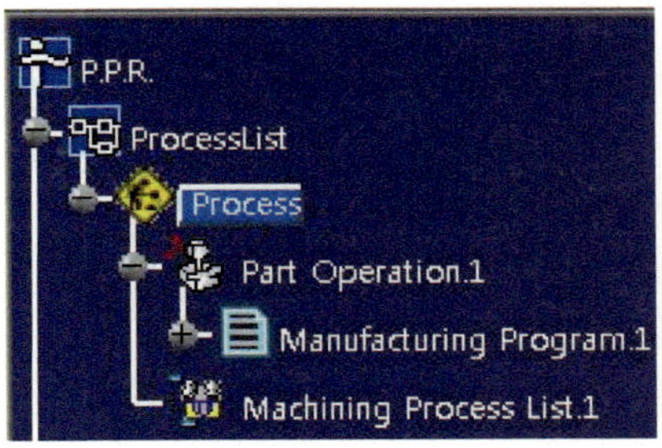

[21] Offset on part와 **Offset on check**를 각각 더블 클릭하여 **0.5**로 수정한 후 **OK**를 누른다.

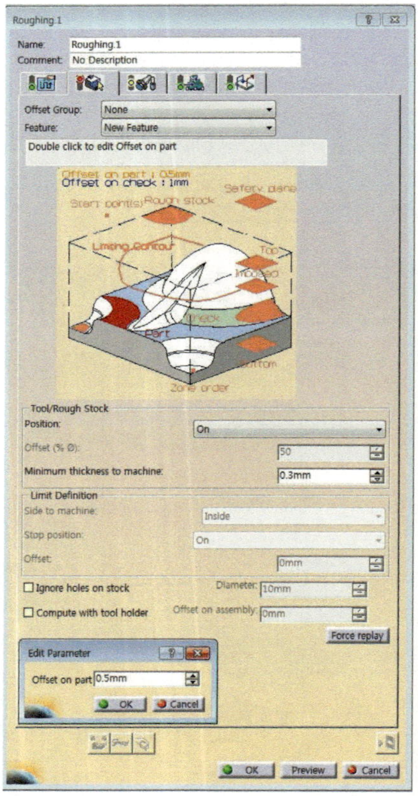

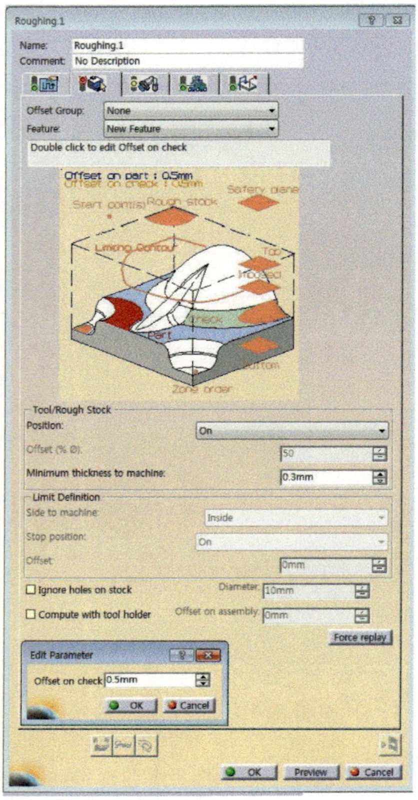

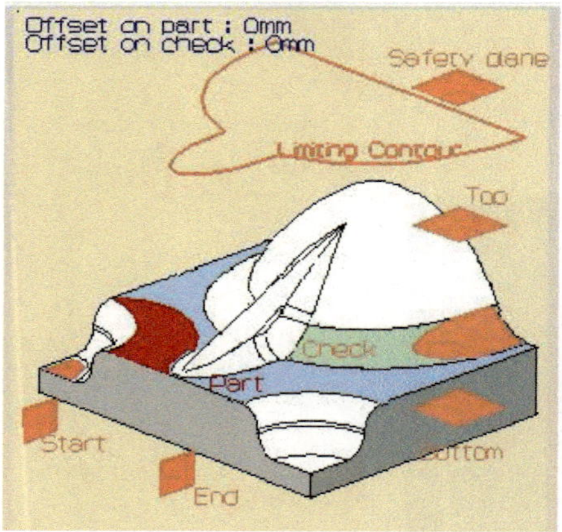

- Part(붉은색) - 트리 - Part Body - 더블 클릭(초록색)
- Rough Stock - 트리 - Stock - 더블 클릭(초록색)
- Safety Stock - 안전평면 클릭
- 바닥 - 모델링 바닥 클릭

[22] Safety plane을 클릭하여 XY Plane을 Offset 50한 Plane을 클릭한다.

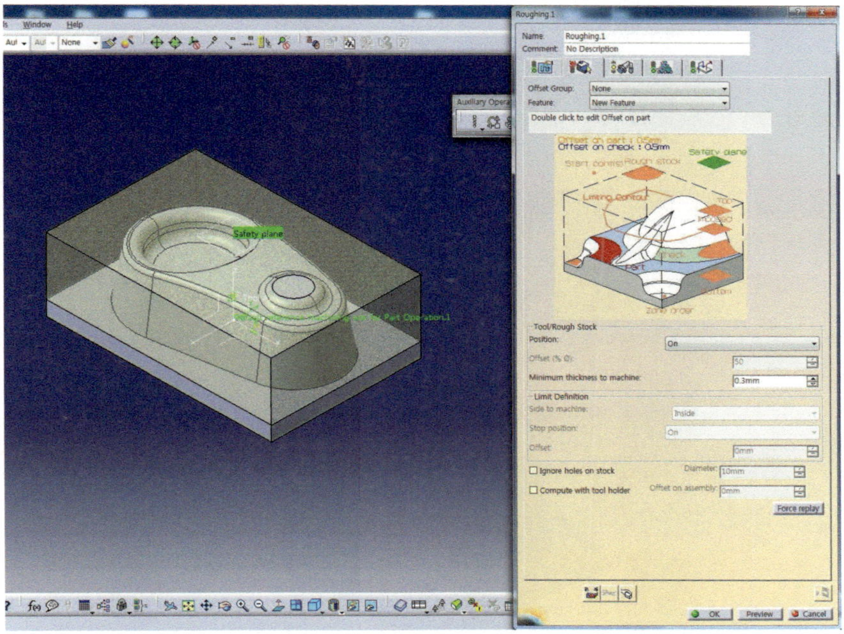

[23] 위의 그림과 같이 Part를 클릭하여 Specifications Tree의 ProductList(붉은색) → ex1 → ex1(트리) → PartBody를 더블 클릭한다.

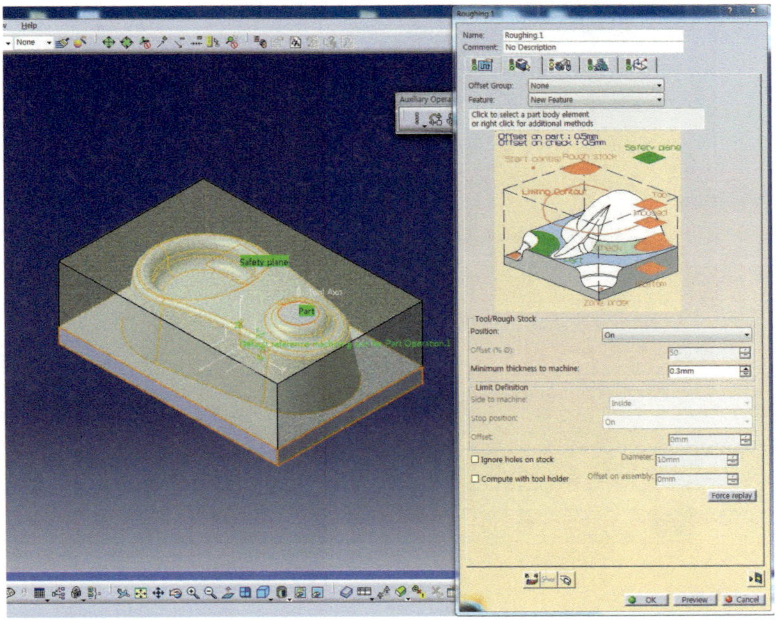

- 입체 - 파워 머시닝(황삭), 머시닝 슬로베니아(정삭)
- 붉은색 - 트리 - Part Body 더블 클릭

[24] 상단 부분의 탭들 중에서 첫 번째 탭을 클릭한다. Machining 탭에서 Tool path style의 역삼각형 표시를 눌러 **Spiral**을 클릭한다.

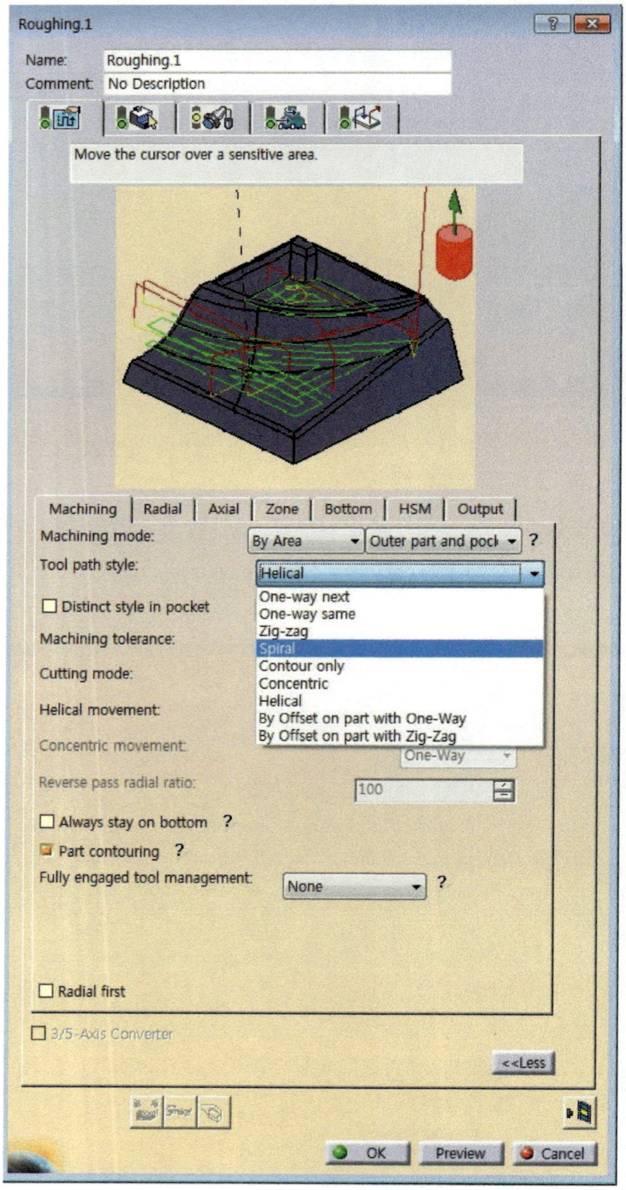

[25] Distinct style in pocket을 체크하고 역삼각형 표시를 눌러 Spiral을 클릭한 다음 Machining tolerance를 0.01로 입력하고 Radial 탭을 클릭한다.

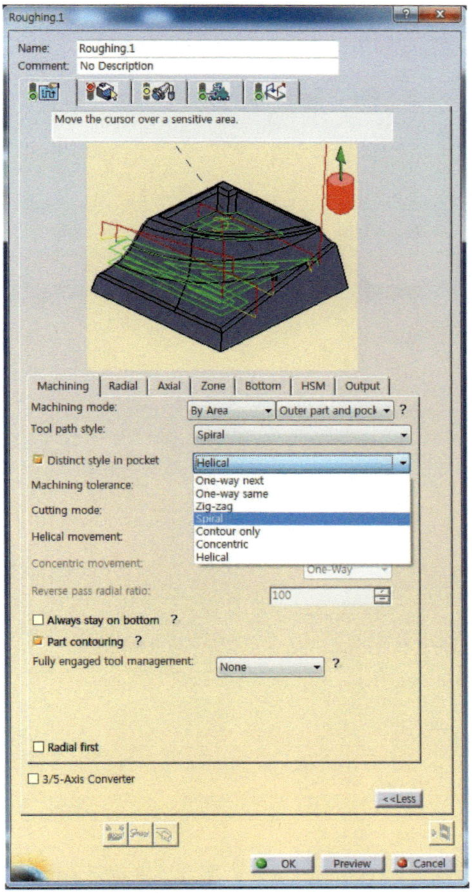

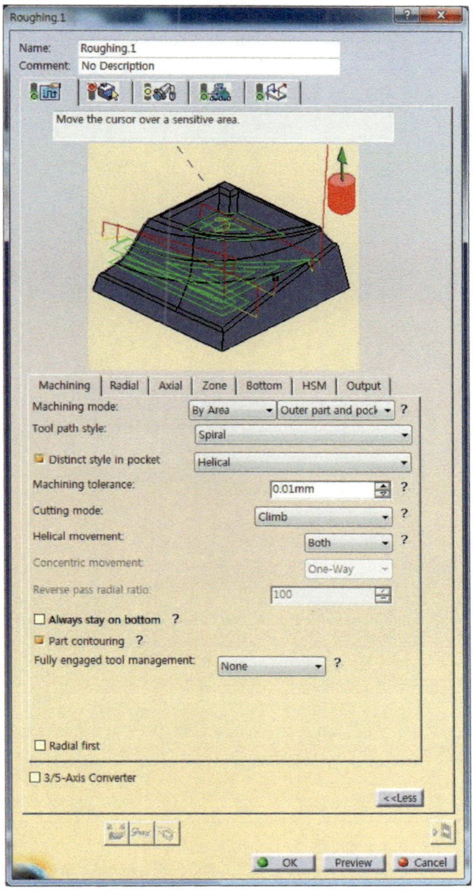

- Machining(황삭) - Spiral – Distinct Style in Pocket – Spiral – Machining Tolerance 0.01
- Tool path style – Spiral(공구 경로)
- Cutting mode – 절삭방법 – climb(하향 절삭)

[26] Stepover의 역삼각형 표시를 눌러 Stepover length를 클릭한 후 Max. distance between pass(경로간격)을 **5**로 변경한 다음 Axial 탭을 클릭한다.

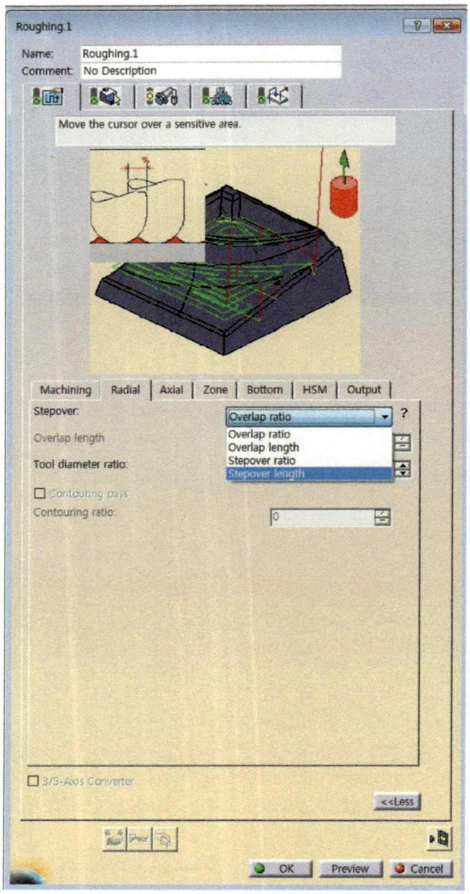

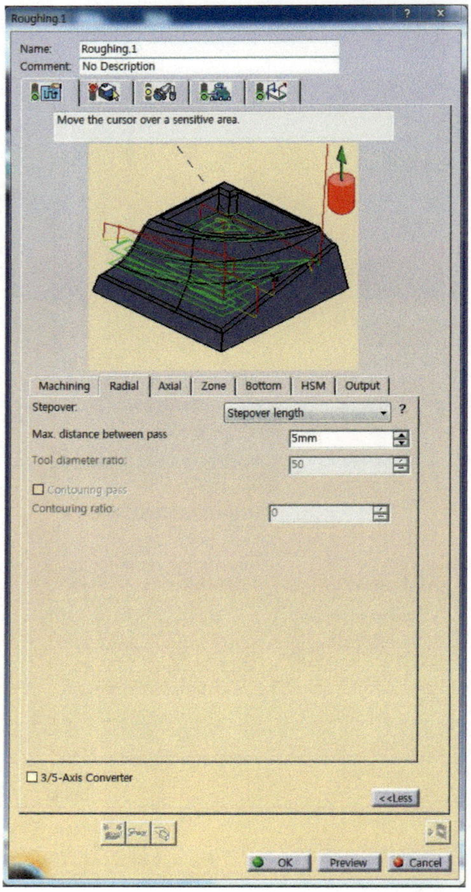

[27] Axial 탭을 클릭한 후 Maximum cut depth(공구 깊이)를 **6**으로 수정한 후 상단의 세 번째 탭을 클릭한다.

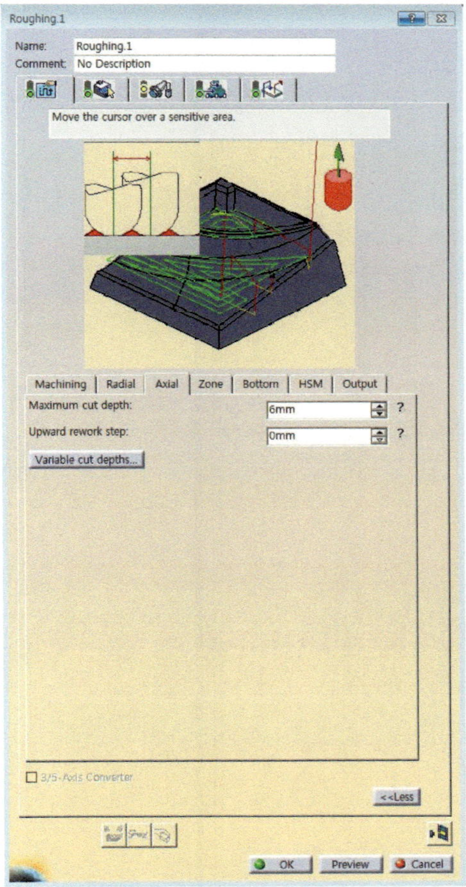

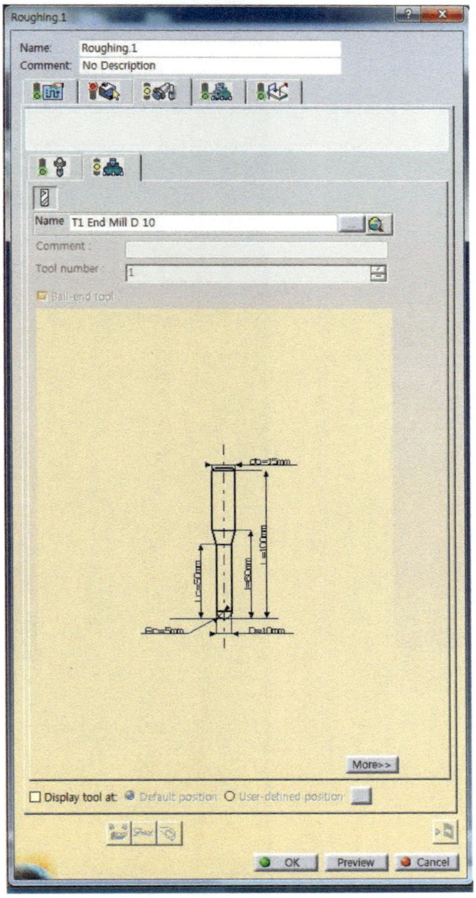

[28] Name에 **T1 End Mill D 12**로 수정하고 End Mill 아이콘을 클릭하여 활성화시킨다.

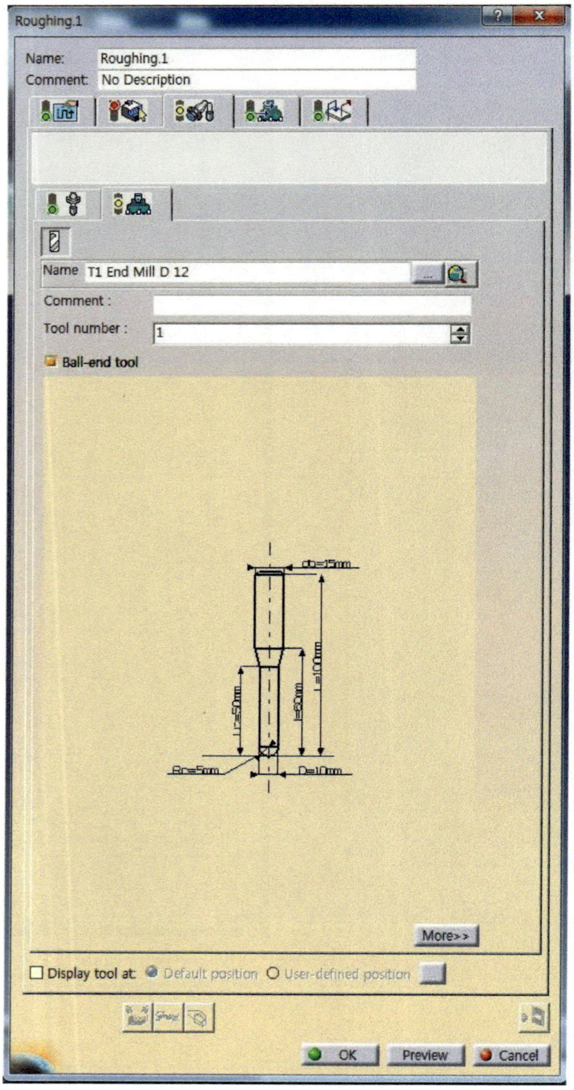

[29] Ball-end tool의 체크를 해제하고 공구 모형 안의 D 치수를 더블 클릭하여 12로 수정한 다음 RC 치수를 더블 클릭하여 0으로 수정한 후 전부 OK를 누른 다음 상단의 네 번째 탭을 클릭한다.

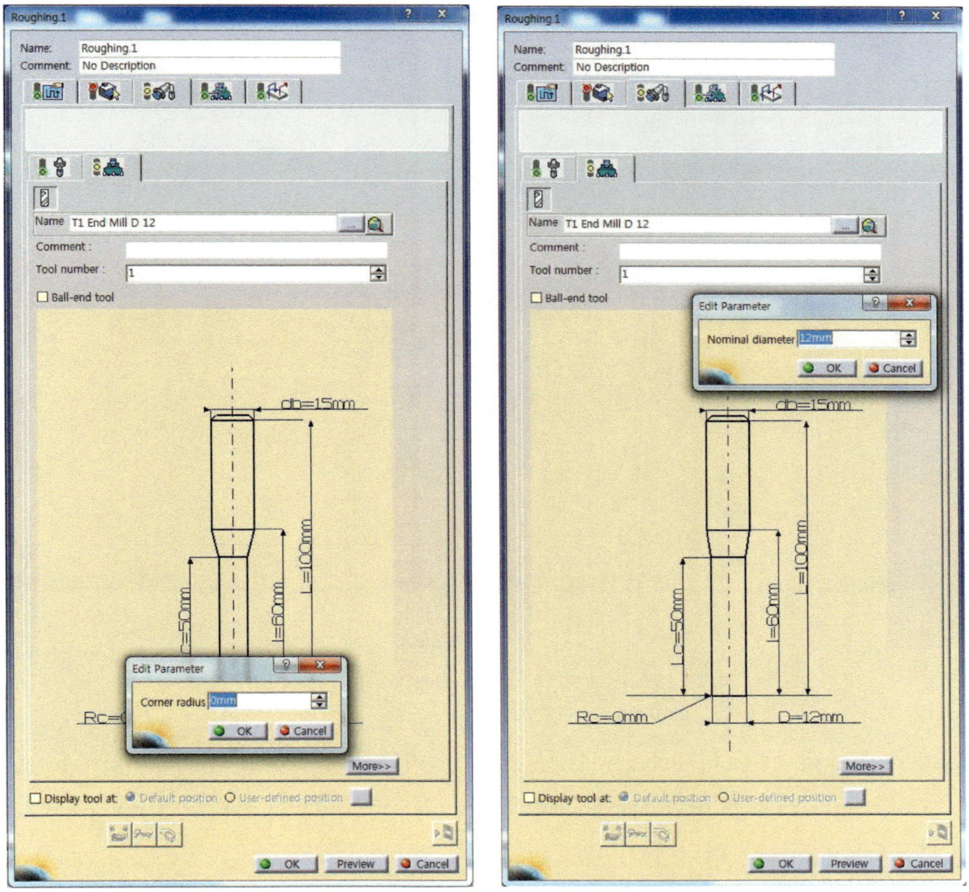

[30] Feedrate의 Automatic compute from tooling Feeds and Speeds를 체크 해제하고 Machining을 **100**으로 입력한 후 Spindle Speed의 Automatic compute from tooling Feeds and Speeds를 체크 해제한 다음 Machining에 **1400**으로 입력하고 **OK**를 누른다.

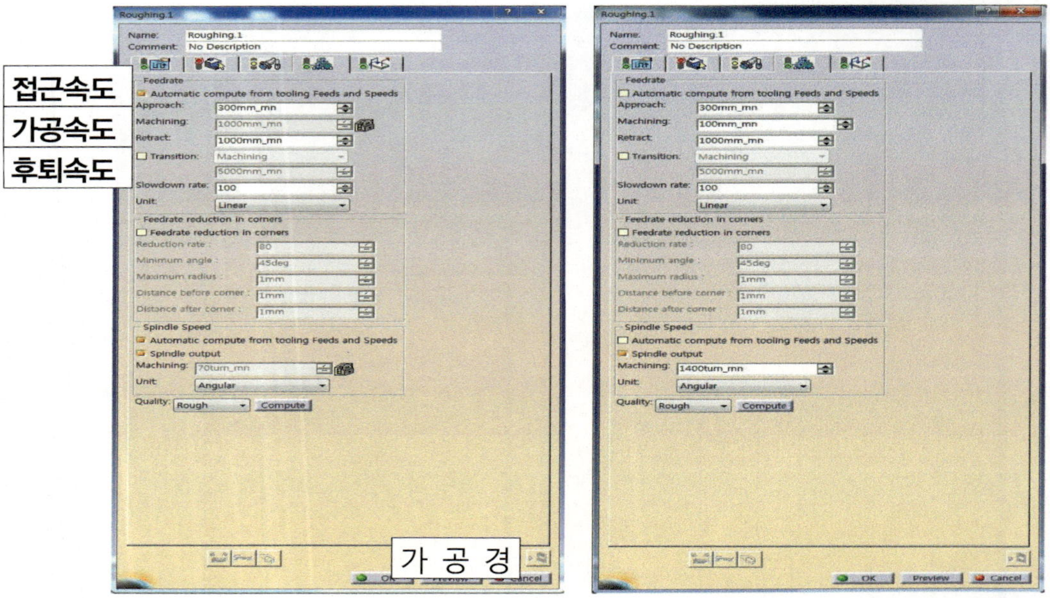

■ 툴 패스 리플레이 체크 - 영상기

[31] Specifications Tree의 ProcessList를 모두 + 버튼을 클릭하고 Machining operation의 Roughing을 클릭한 다음 Specifications Tree의 Sweeping을 클릭하면 Roughing 대화상자 Dialog Box가 나타난다.

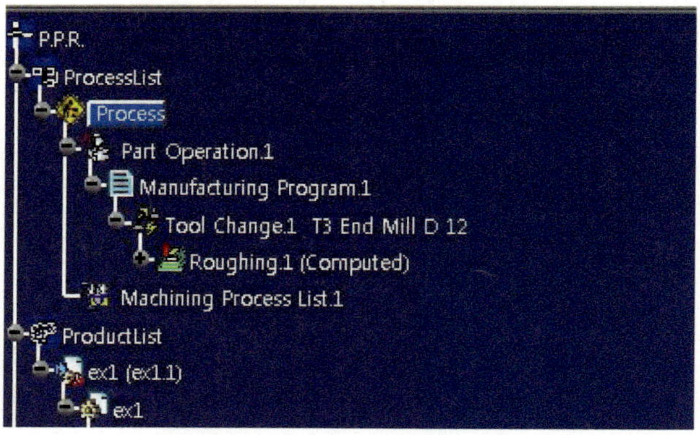

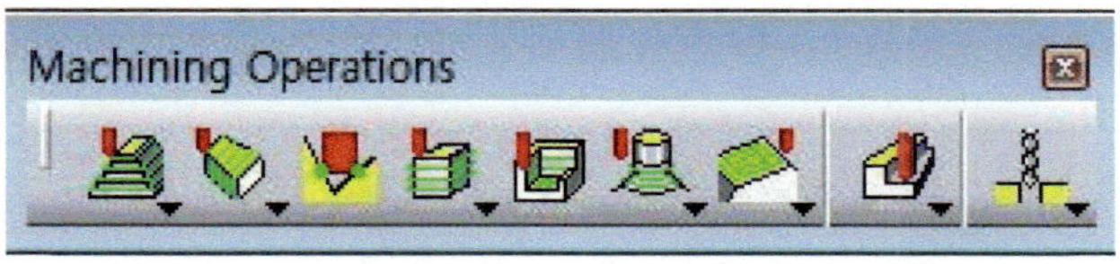
Machining Operations

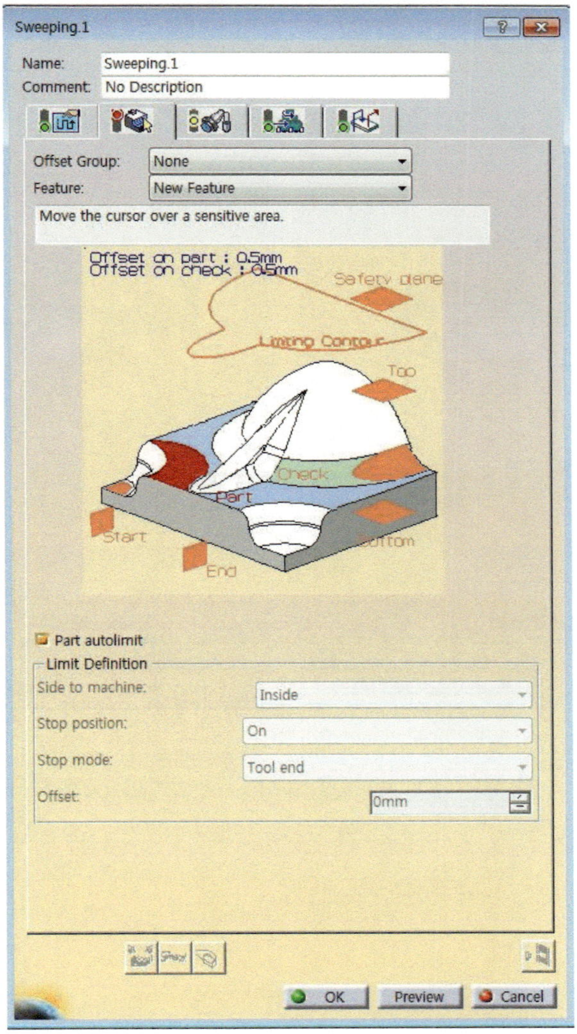
Sweeping.1
Name: Sweeping.1
Comment: No Description
Offset Group: None
Feature: New Feature
Move the cursor over a sensitive area.
Offset on part : 0.5mm
Offset on check : 0.5mm
Safety plane
Limiting Contour
Top
Check
Part
Start
End
Bottom
Part autolimit
Limit Definition
Side to machine: Inside
Stop position: On
Stop mode: Tool end
Offset: 0mm
OK
Preview
Cancel

[32] Offset on part와 Offset on check를 더블 클릭하여 0으로 수정한 후 OK를 누른다.

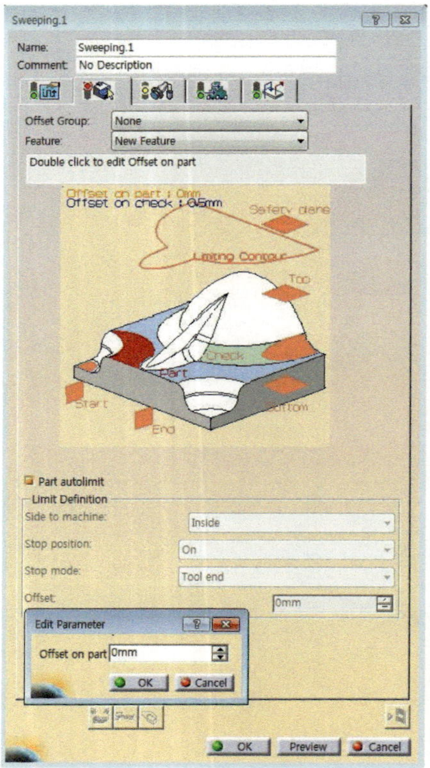

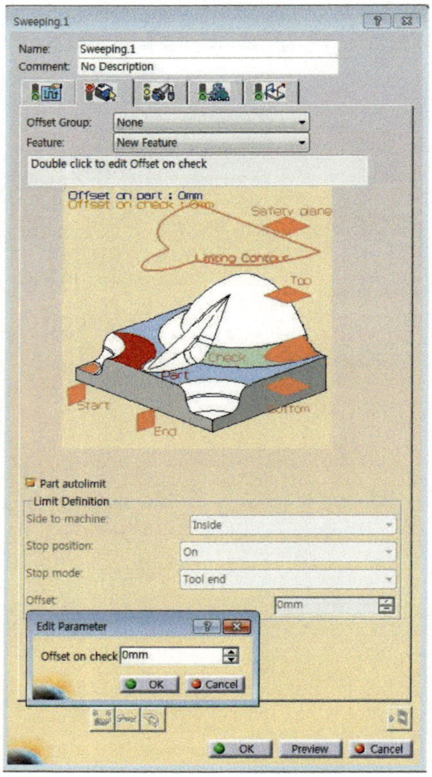

[33] Safety plane을 클릭하여 XY Plane을 Offset 50한 Plane을 클릭한다.

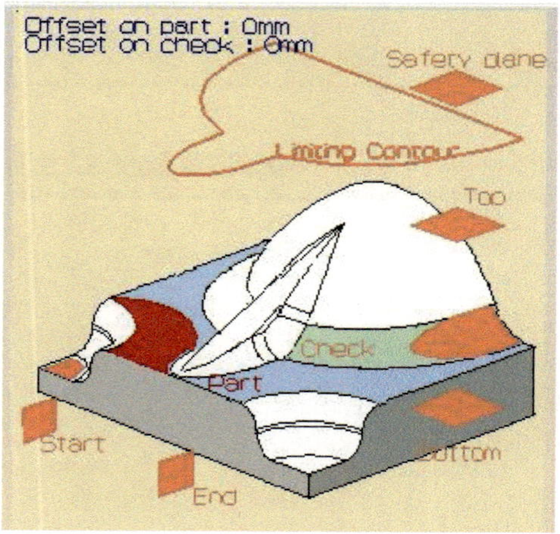

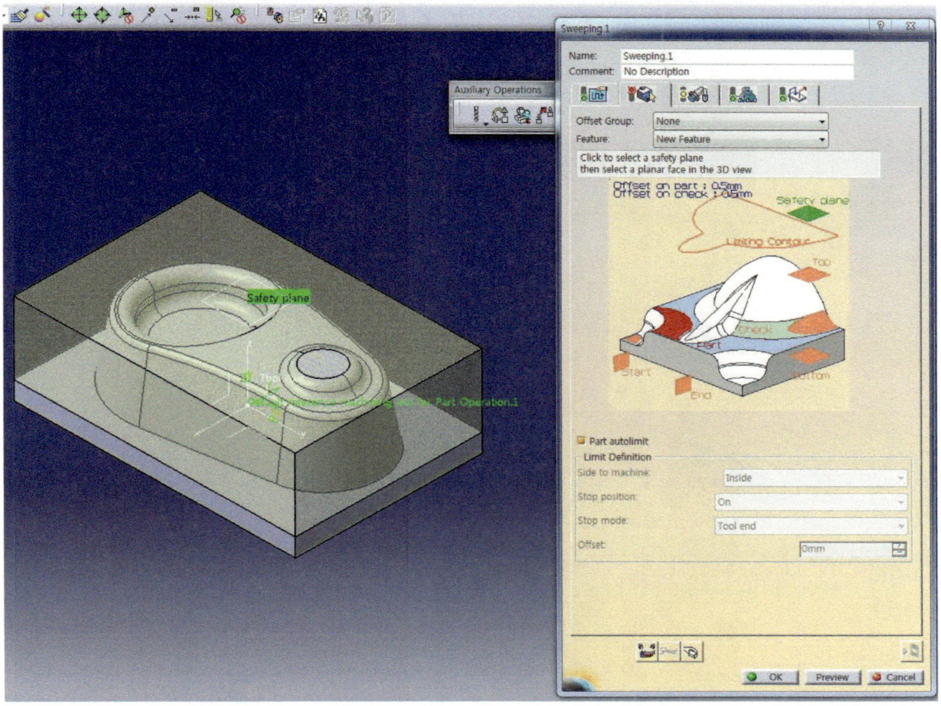

[34] 위의 그림과 같이 Part를 클릭하여 Specifications Tree의 **ProductList → ex1 → ex1 → PartBody**를 더블 클릭한다.

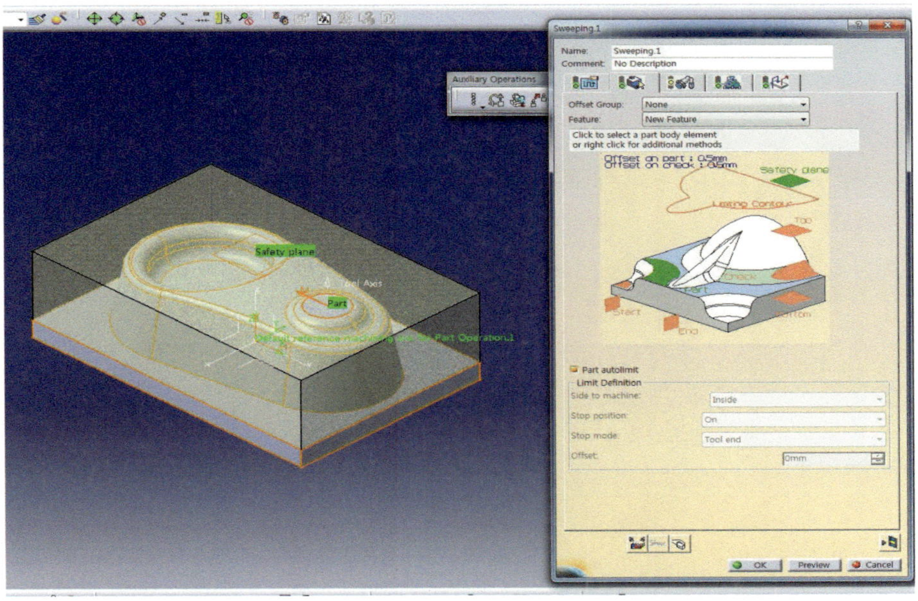

[35] 상단의 첫 번째 탭을 클릭한 후 Radial(경로 간격) 탭을 클릭하여 Max. distance between pass를 **1**로 변경한다.

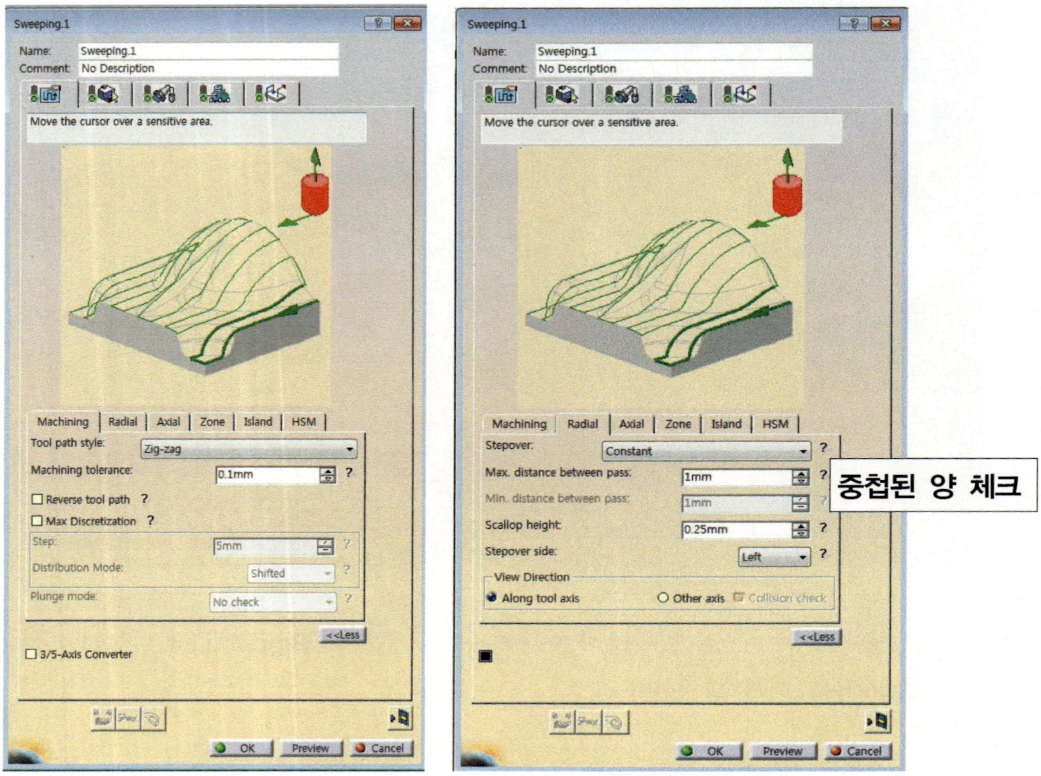

[36] 상단의 세 번째 탭을 클릭한다. Name에 **T1 End Mill D 4**로 수정하고 End Mill 아이콘을 클릭하여 활성화시킨다.

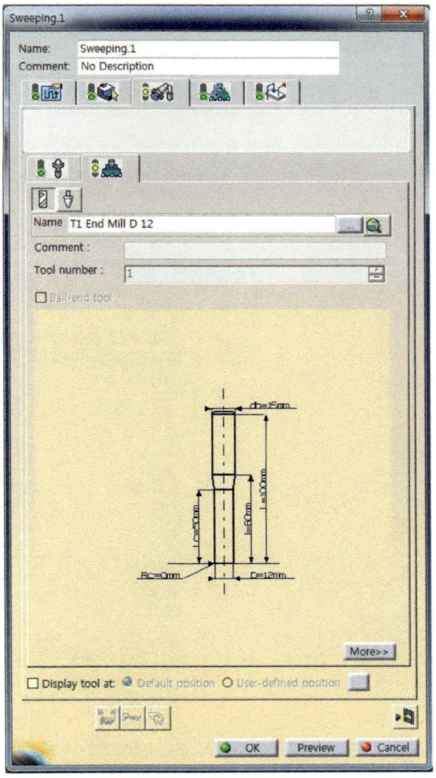

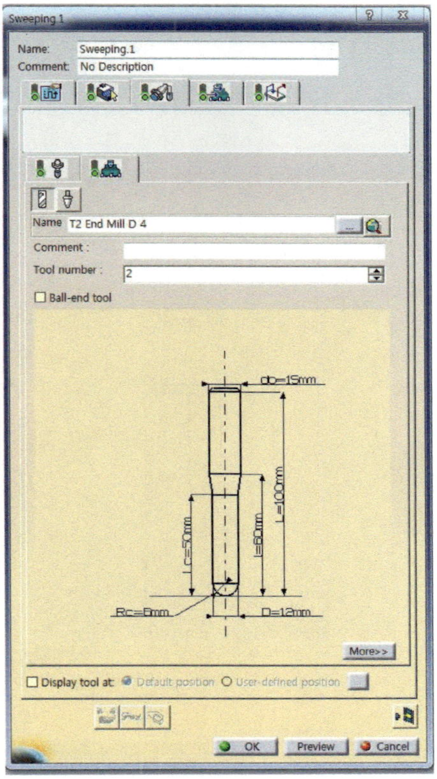

[37] Ball-end tool를 체크하고 공구 모형 안의 RC 치수를 더블 클릭하여 **2**로 수정한 다음 상단의 네 번째 탭을 클릭한다.

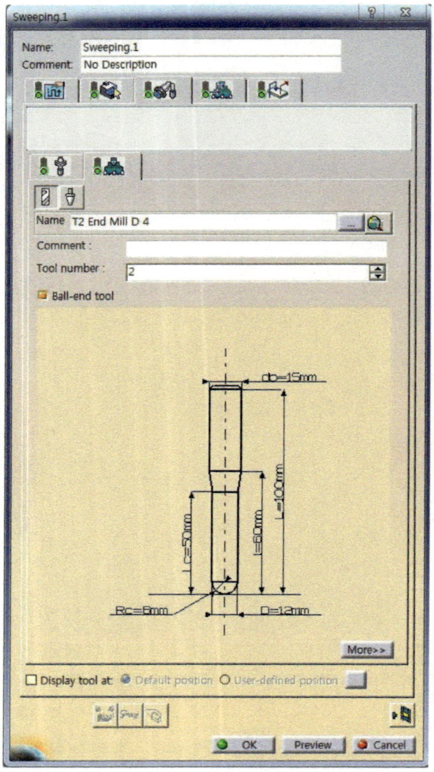

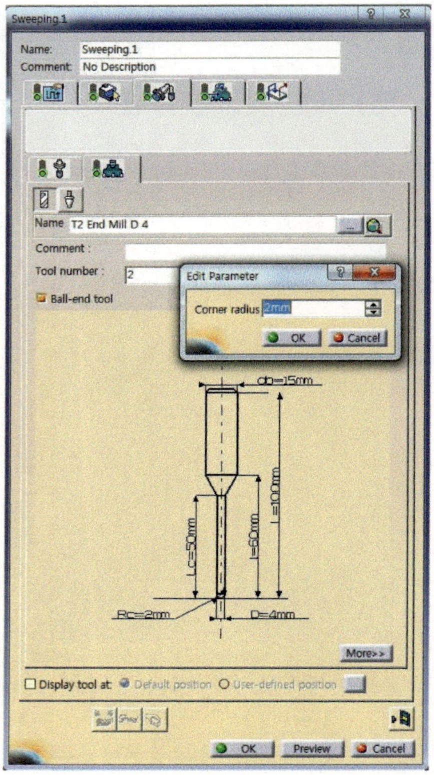

[38] Feedrate의 Automatic compute from tooling Feeds and Speeds를 체크 해제하고 Machining을 **90**으로 입력한 후 Spindle Speed의 Automatic compute from tooling Feeds and Speeds를 체크 해제한 다음 Machining에 **1800**으로 입력하고 **OK**를 누른다.

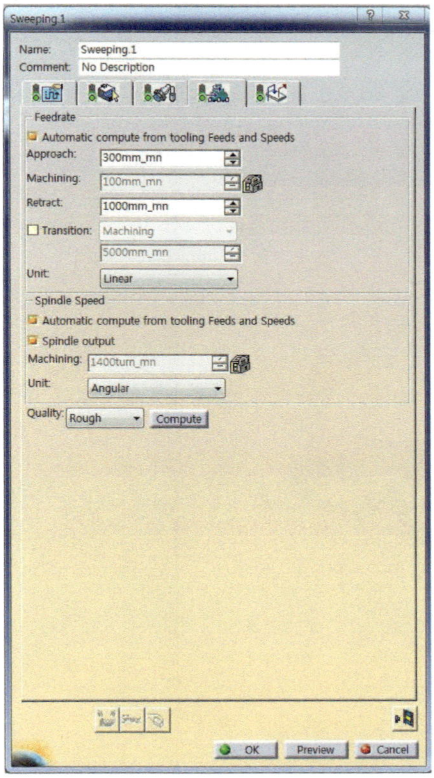

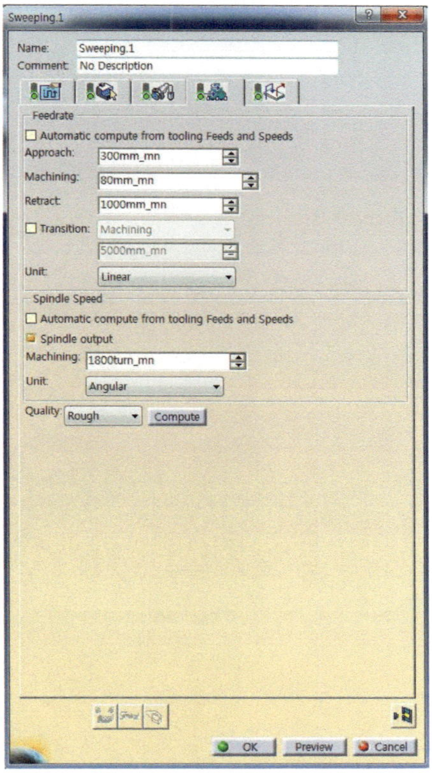

[39] Specifications Tree의 ProcessList를 모두 + 버튼을 클릭하고 Machining Operation의 pencil을 클릭한 다음 Specifications Tree의 sweeping을 클릭하면 pencil 대화상자 Dialog Box가 나타난다.

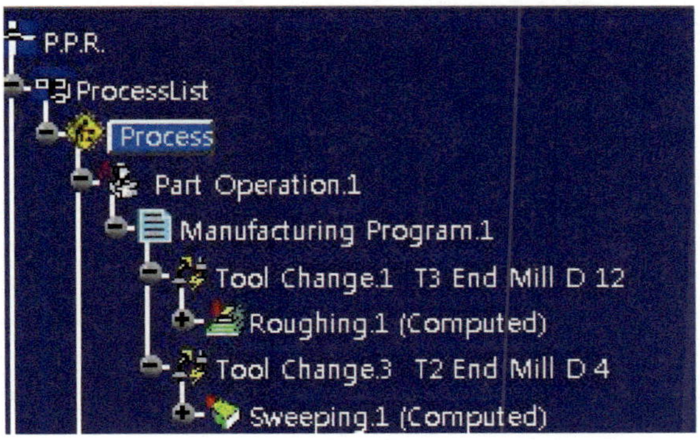

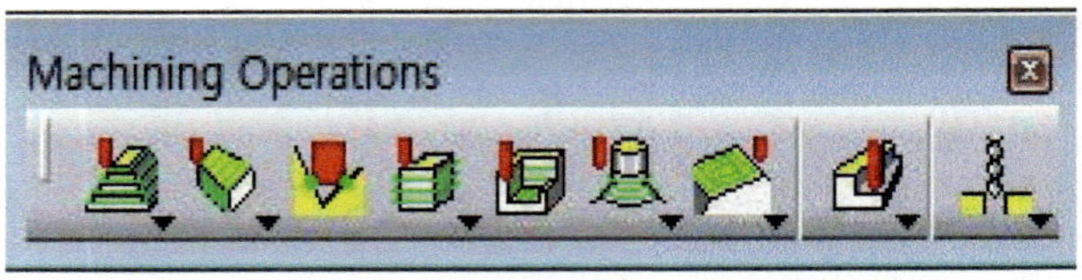
Machining Operations

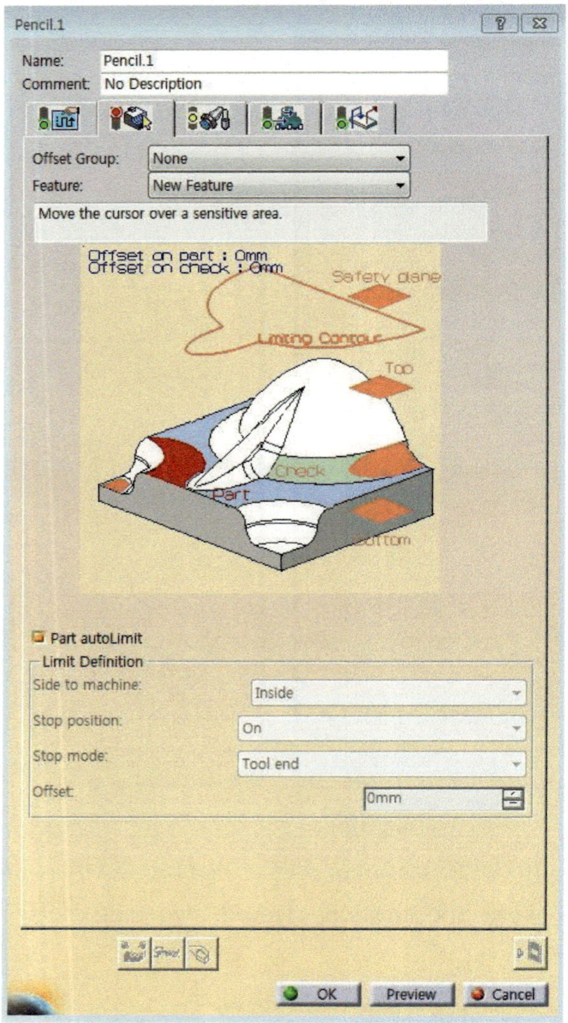
Pencil.1
Name: Pencil.1
Comment: No Description
Offset Group: None
Feature: New Feature
Move the cursor over a sensitive area.
Offset on part : 0mm
Offset on check : 0mm
Safety plane
Limiting Contour
Top
Check
Part
Part autoLimit
Limit Definition
Side to machine: Inside
Stop position: On
Stop mode: Tool end
Offset: 0mm
OK
Preview
Cancel

[40] Offset on part와 Offset on check를 더블 클릭하여 0으로 수정한 후 OK를 누른다.

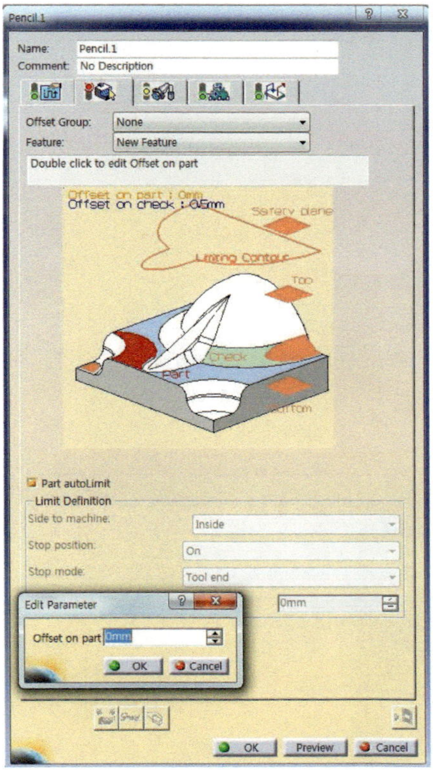

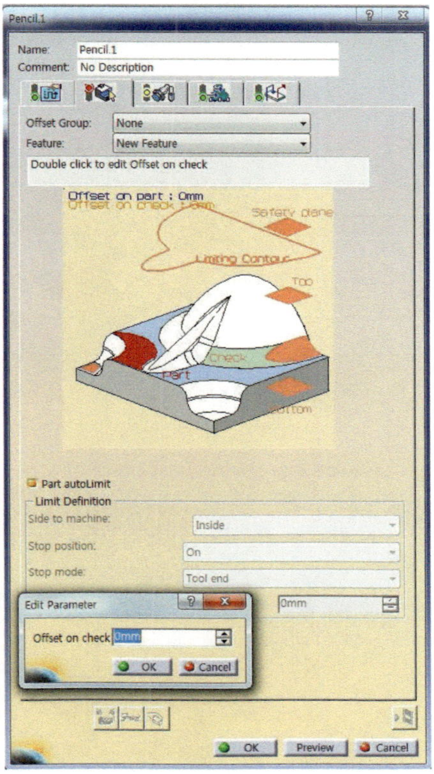

[41] Safety plane을 클릭하여 XY Plane을 Offset 50한 Plane을 클릭한다.

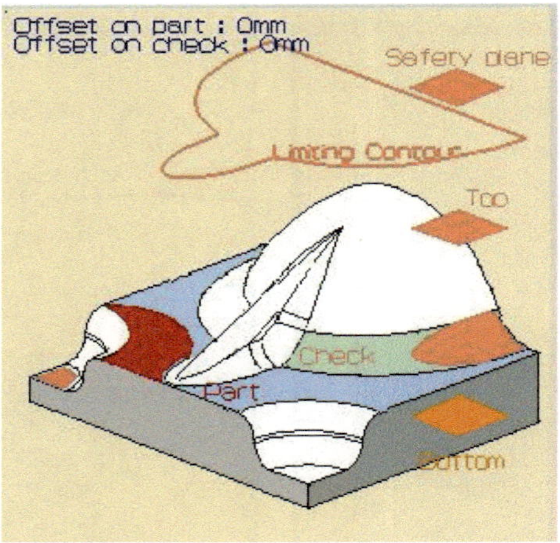

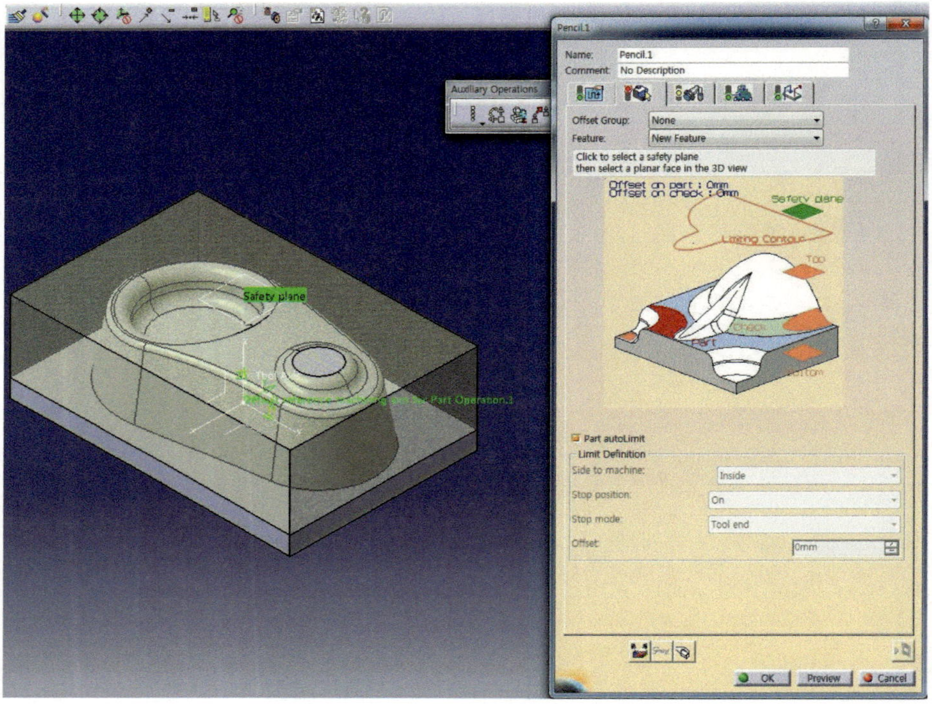

[42] 위의 그림과 같이 **Part**를 클릭하여 Specifications Tree의 **ProductList → ex1 → ex1 → PartBody**를 더블 클릭한다.

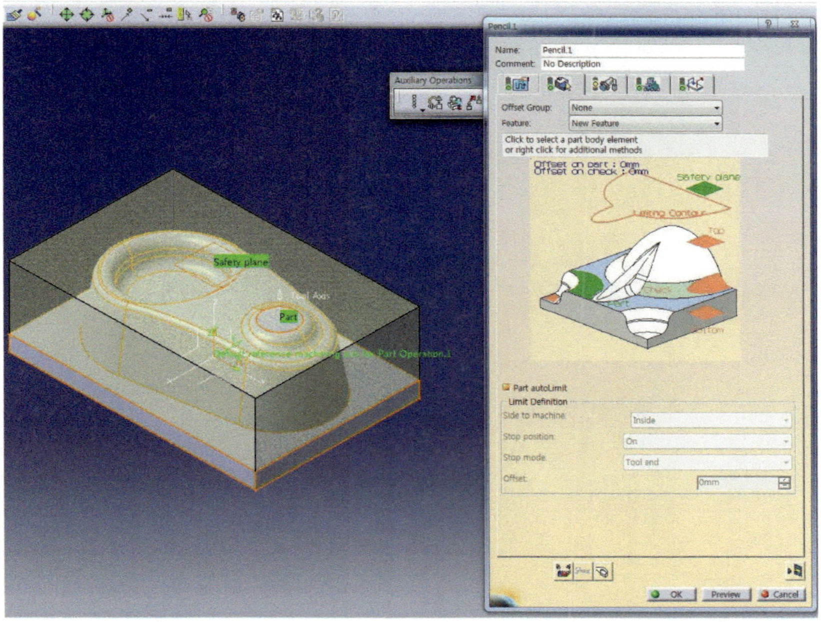

[43] 상단 부분의 탭들 중에서 세 번째 탭을 클릭하여 Name에 **T1 End Mill D 2**로 수정하고 End Mill 아이콘을 클릭하여 활성화시킨다.

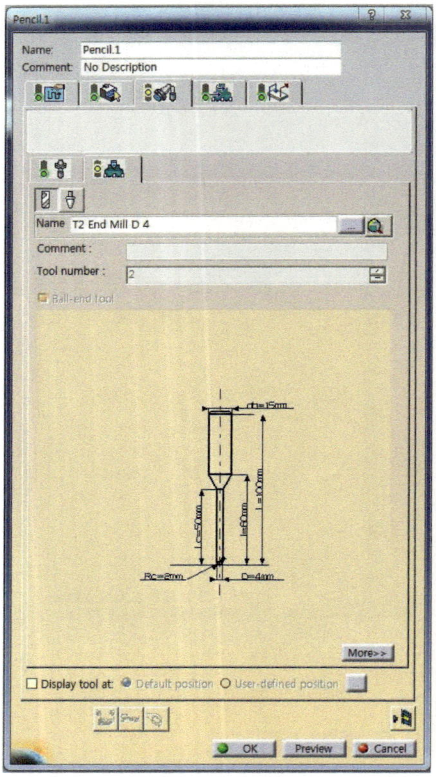

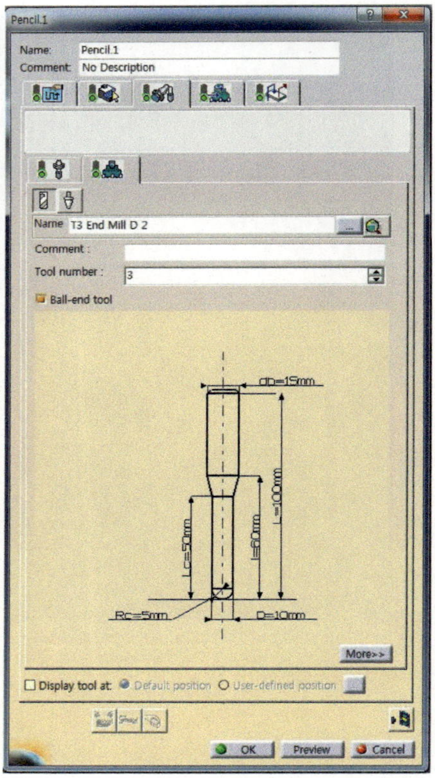

[44] 공구 모형 안의 RC 치수를 더블 클릭하여 1로 수정한 다음 상단의 네 번째 탭을 클릭한다.

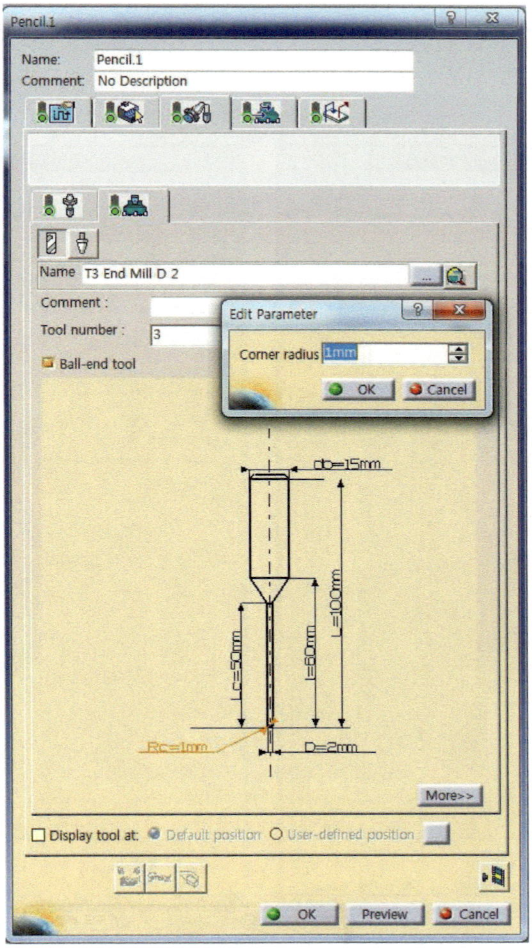

[45] 상단의 네 번째 탭을 클릭한 후 Feedrate의 Automatic compute from tooling Feeds and Speeds를 체크 해제하고 Approach, Machining, Retract를 모두 **80**으로 입력한 후 Spindle Speed의 Automatic compute from tooling Feeds and Speeds를 체크 해제한 다음 Machining에 **3700**으로 입력하고 **OK**를 누른다.

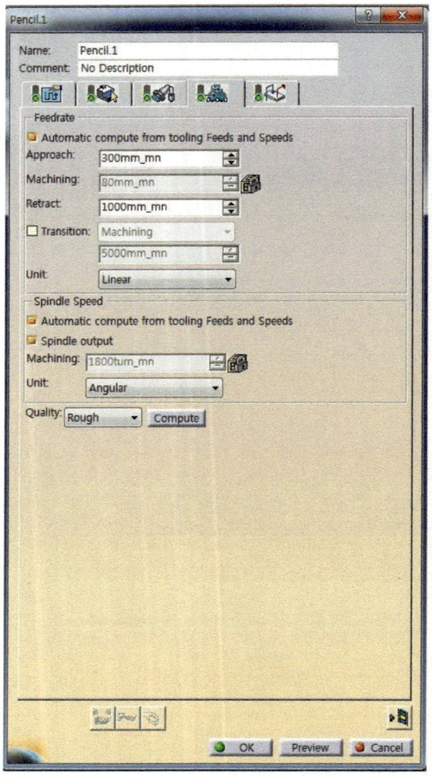

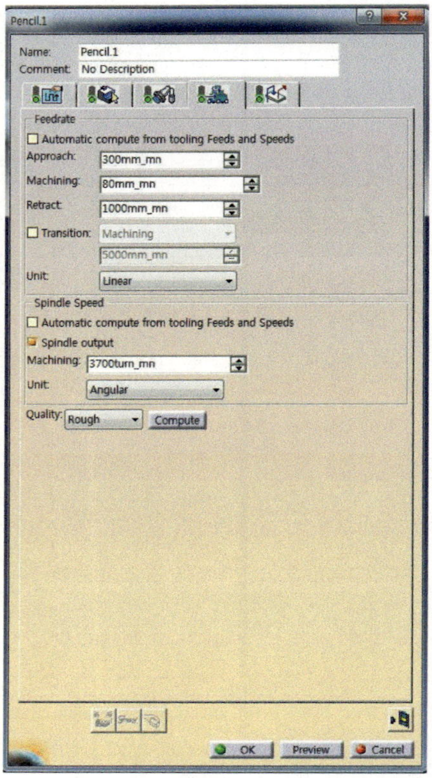

- 저장 - CAM 폴더 - 경로지정 - 저장
- 툴 패스 리플레이 체크

[46] 작업이 완료되었으면 process1로 저장한다.

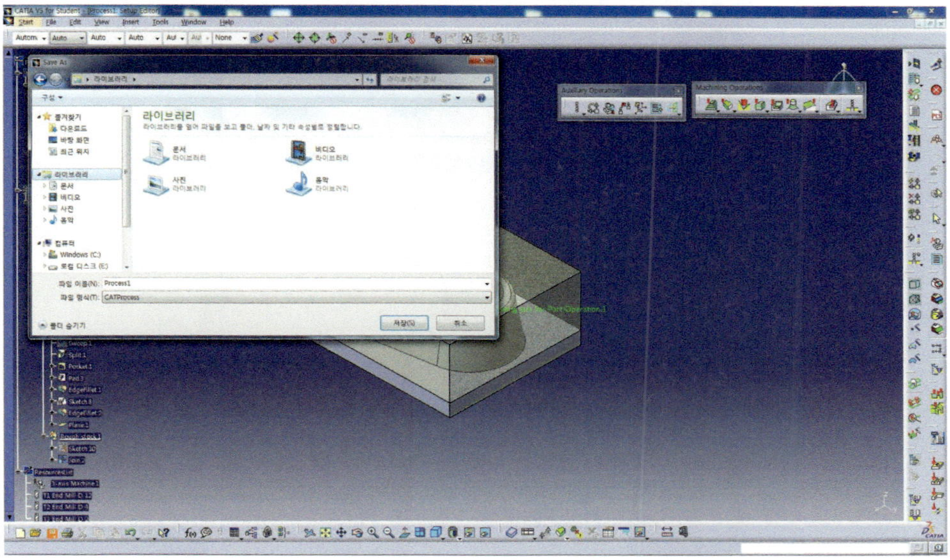

[47] NC Output Management Toolbar의 Generate NC Code in Batch Mode 아이콘의 역삼각형 표시를 눌러 **Generate NC Code Interactively**를 클릭하면 Generate NC Code Interactively 대화상자 Dialog Box가 나타난다.

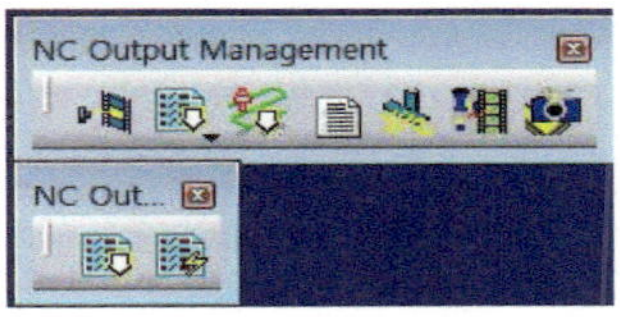

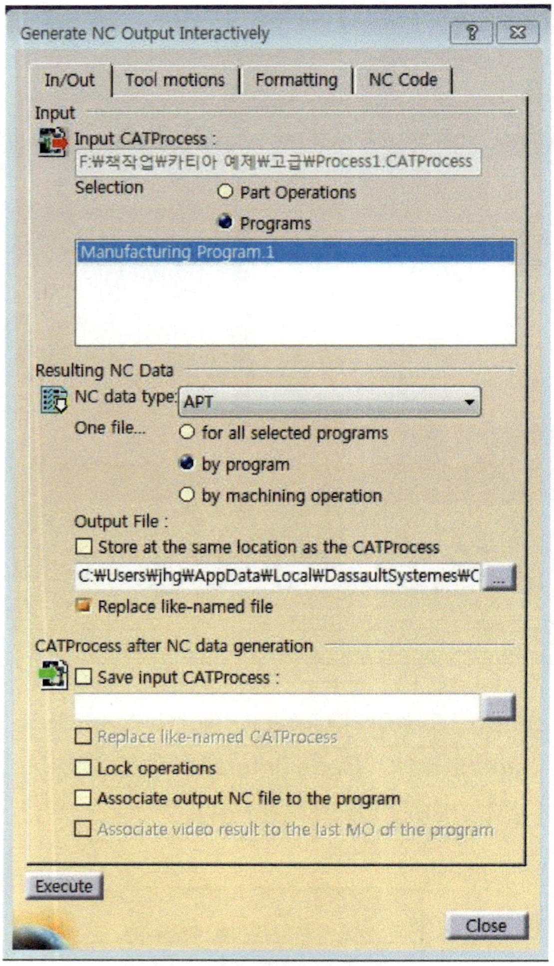
Generate NC Output Interactively
In/Out
Tool motions
Formatting
NC Code
Input
Input CATProcess :
F:₩책작업₩카티아 예제₩고급₩Process1.CATProcess
Selection
Part Operations
Programs
Manufacturing Program.1
Resulting NC Data
NC data type:
APT
One file...
for all selected programs
by program
by machining operation
Output File :
Store at the same location as the CATProcess
C:₩Users₩jhg₩AppData₩Local₩DassaultSystemes₩C
Replace like-named file
CATProcess after NC data generation
Save input CATProcess :
Replace like-named CATProcess
Lock operations
Associate output NC file to the program
Associate video result to the last MO of the program
Execute
Close

[48] Input의 Selection에 Part Operations를 체크하고 Resulting NC Data에 NC data type에 **NC Code**를 선택한 다음 One file에 by machining operation을 체크하고 Output File의 Store at the same location as the CATProcess와 CATProcess after NC data generation을 체크하여 저장경로를 지정하고 Replace like-named CATProcess와 Lock operations를 체크한다.

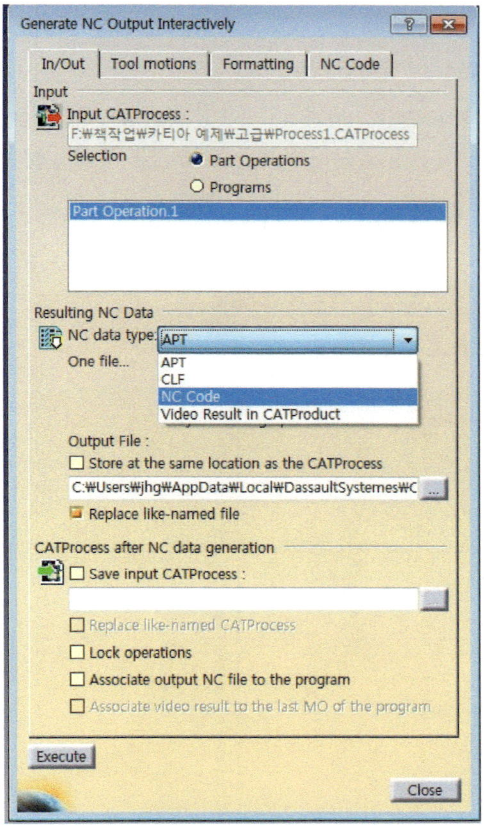

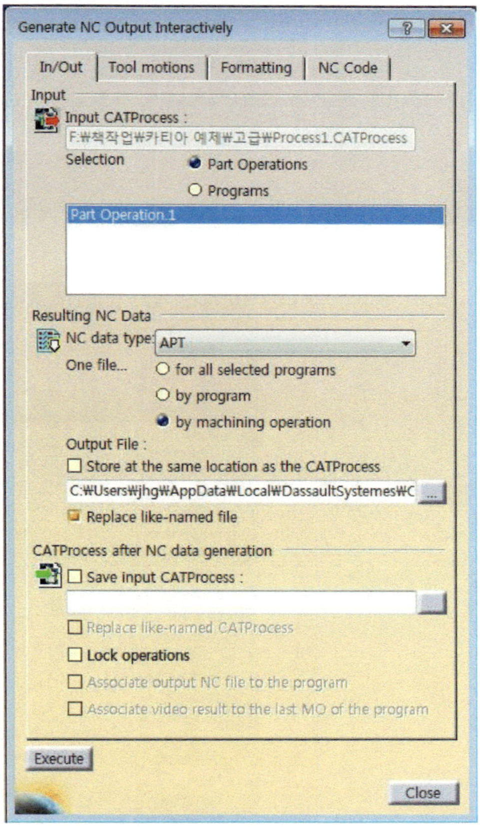

- Part Operations 체크
- NC Code 체크
- by machining operation 체크
- Output File의 Store at the same location as the CATProcess 체크
- Output File의 CATProcess after NC data generation 체크
- Replace like-named CATProcess 체크
- Lock operations 체크
- Tools(도구) - Options – General – Display – Performance(시각화) 0.2
  3D Accuracy(3D 정밀도) - 0.02

2D Accuracy(2D정밀도) - 0.02

- Select 아이콘

  Free Hand Selection Trap - 선지정 - 확인

  직사각형 선택트랩

- 재질 변경

  Pad 선택 - Apply Material - Metal - Aluminium - Ok - View - Render Style - Customize View - Material - Ok

[49] 상단의 NC Code 탭을 클릭하여 IMS Post-processor file의 역삼각형 표시를 눌러 **fanuc0**을 선택한 후 **Execute**를 클릭하고 대화상자들이 나타나면 **continue**를 세 번, **예**를 한 번, **확인**을 한 번 누른 다음 **Close**를 누른다.

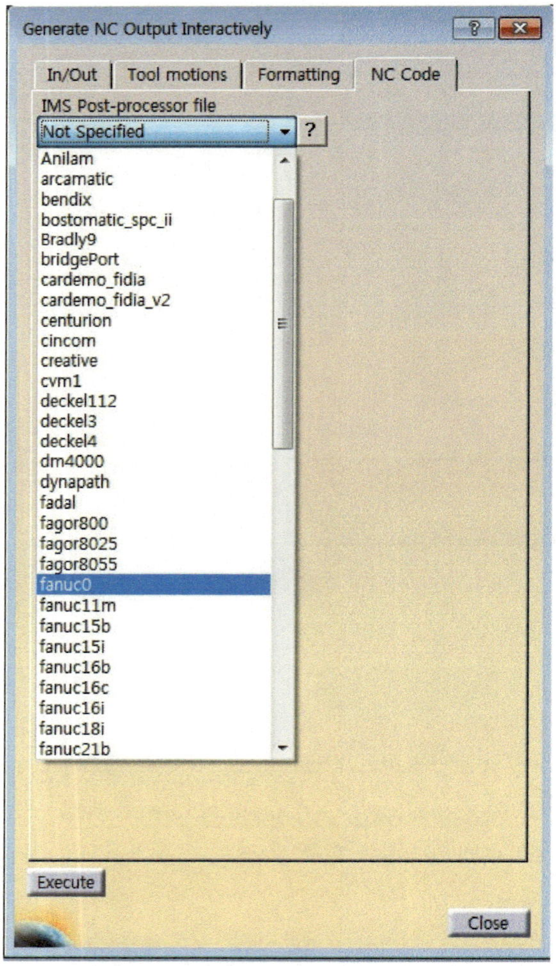

[50] 저장된 폴더에 가면 유형이 NC파일인 것을 메모장에서 열면 NC data들이 나타난다.

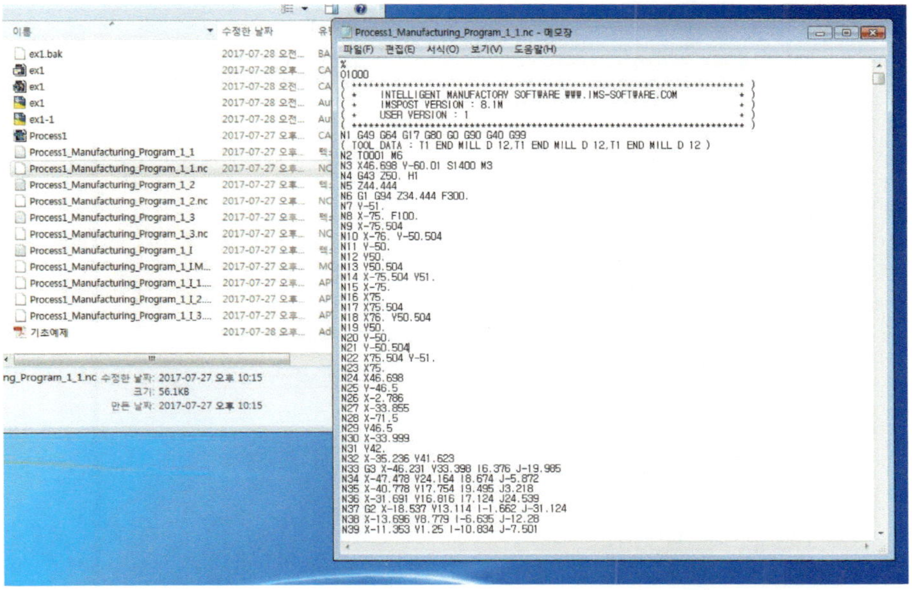

[51] 저장위치에 찾아가면 다음 그림과 같이 파일들이 형성되어 있으며 파일종류에서 보면 NC 파일 중 1번이 황삭, 2번이 정삭, 3번이 잔삭이다. 워드패드 및 메모장을 열어 이 파일을 1번부터 Open시킨다.

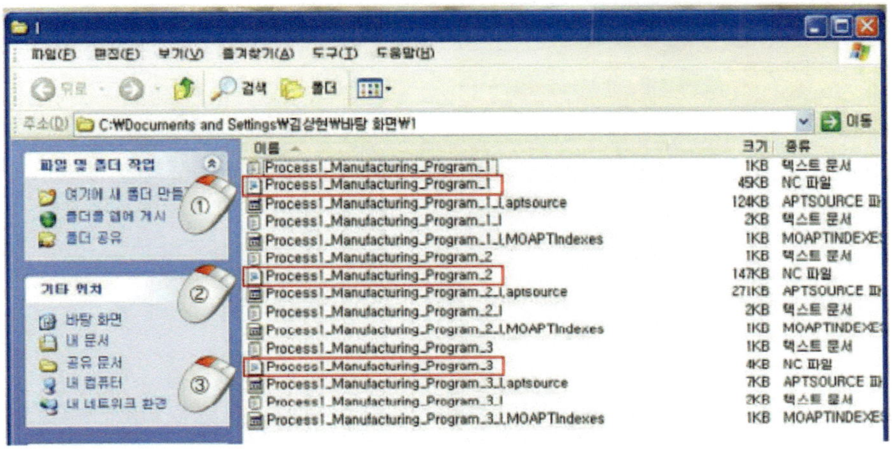

[52] Process1_Manufacturing_Program_1은 황삭이므로 절삭 지시서를 보고 N1, N2 항목을 화면과 같이 수정하고 저장 이름을 **01황삭.nc**로 저장한다.

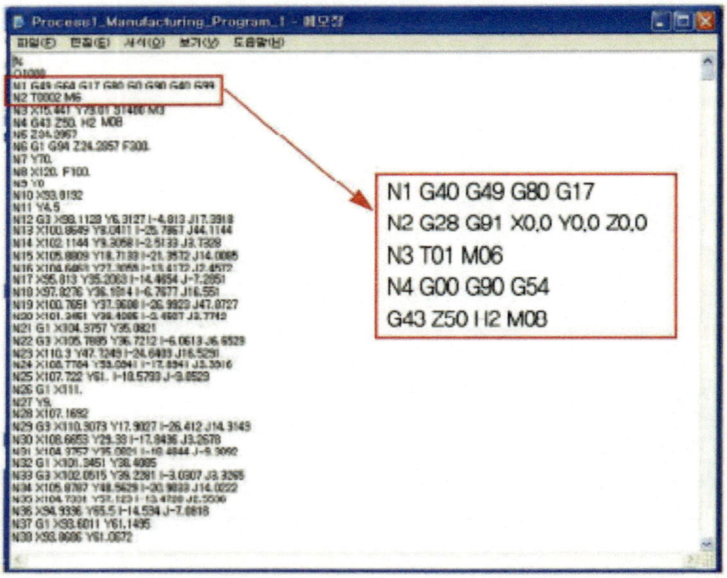

[53] 정삭과 잔삭도 동일하게 수정한다.

Process1_Manufacturing_Program_2는 정삭이므로 수정하고 01정삭.nc로 저장한다.

```
N1 G40 G49 G80 G17
N2 G28 G91 X0.0 Y0.0 Z0.0
N3 T01 M06
N4 G00 G90 G54
G43 Z50 H2 M08
```

Process1_Manufacturing_Program_3는 잔삭이므로 수정하고 01잔삭.nc로 저장한다.

```
N1 G40 G49 G80 G17
N2 G28 G91 X0.0 Y0.0 Z0.0
N3 T01 M06
N4 G00 G90 G54
G43 Z50 H2 M08
```

[54] 황삭, 정삭, 잔삭 가공 경로 Capture하는 방법 센터

황삭(Roughing) 가공 설정을 마치고 정보 입력 및 가공 경로 시뮬레이션을 실행하기 **Tool Path Replay** 클릭하면 다음과 같은 환경이 나타난다. 아래와 같은 순서로 가공 경로를 Capture 한다.

① 풀다운 메뉴의 Tools - ② Image - ③ Capture - ④ Capture 툴바의 Capture 아이콘 클릭

⑤ Capture Peview창이 나타난다 - ⑥ Save as 아이콘 클릭 - ⑦ 저장 경로로 지정할 수 있는 창이 나타나면 바르게 저장 경로를 지정한다 - ⑧ 저장 - 이미지 파일로 저장된다.

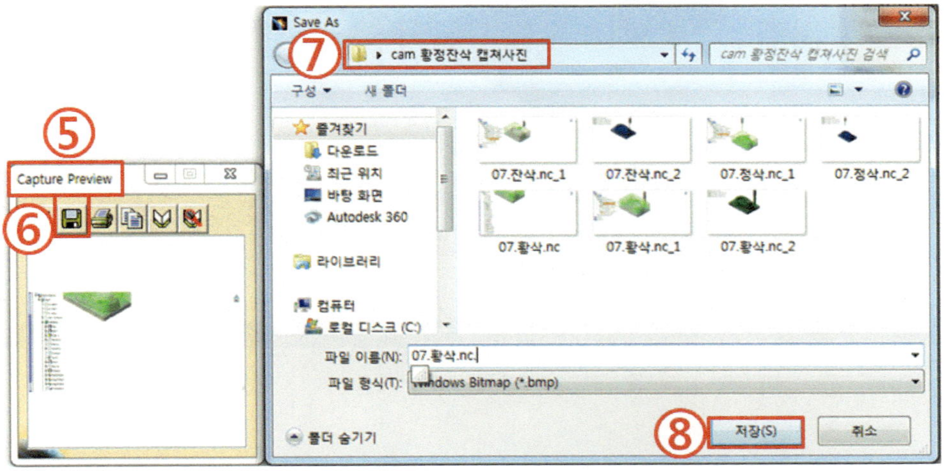

[저장된 이미지 파일] 가공 경로 시뮬레이션 전

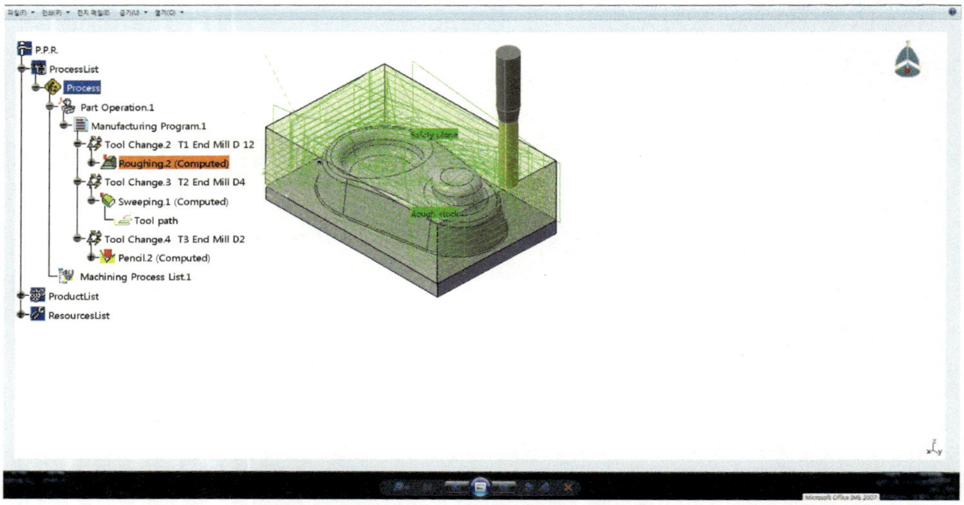

[저장된 이미지 파일] 가공 경로 시뮬레이션 후

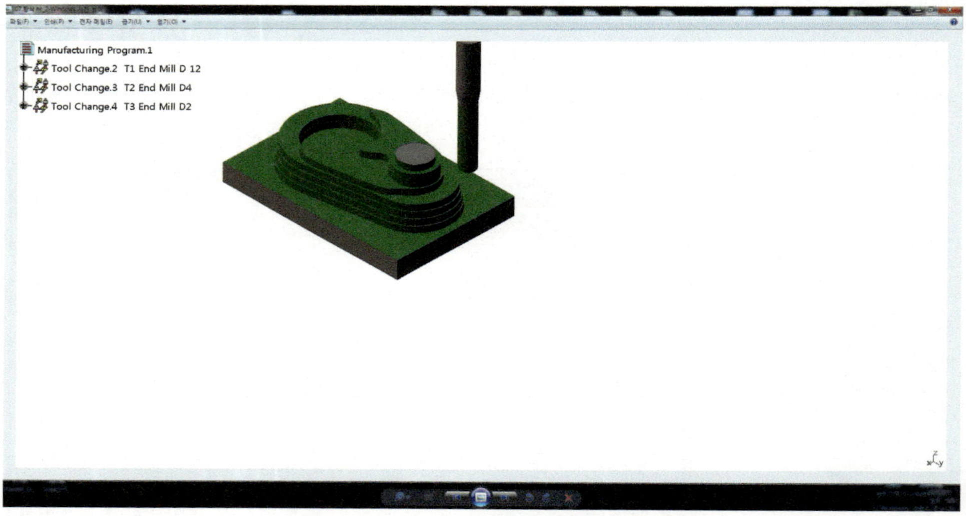

정삭, 잔삭 공정도 황삭 공정과 같은 방법으로 Capture 한다. 아래 그림은 각 공정별 가공 경로 작업을 Capture한 것이다.

<table>
<tr><th>가공 경로 시뮬레이션 전</th><th>가공 경로 시뮬레이션 후</th></tr>
<tr><td>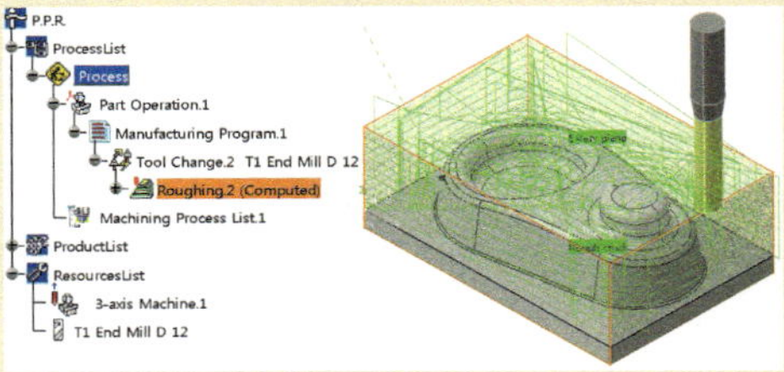
</td><td>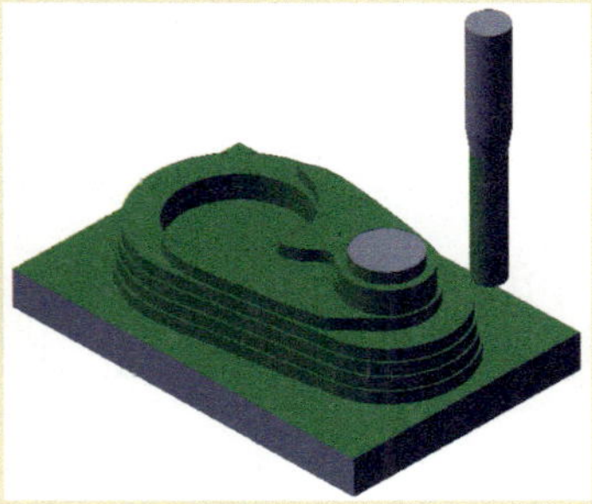</td></tr>
<tr><td>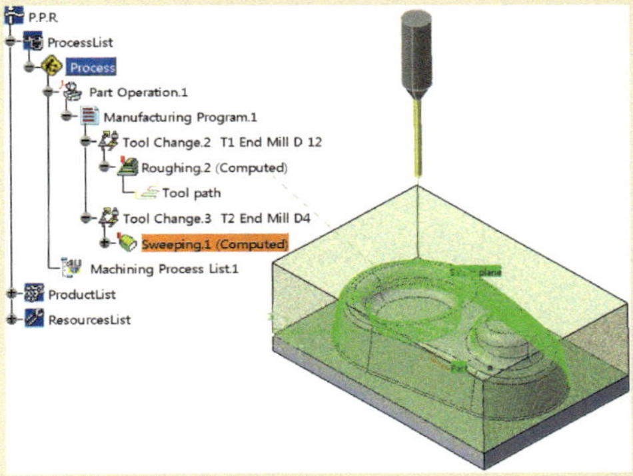
</td><td>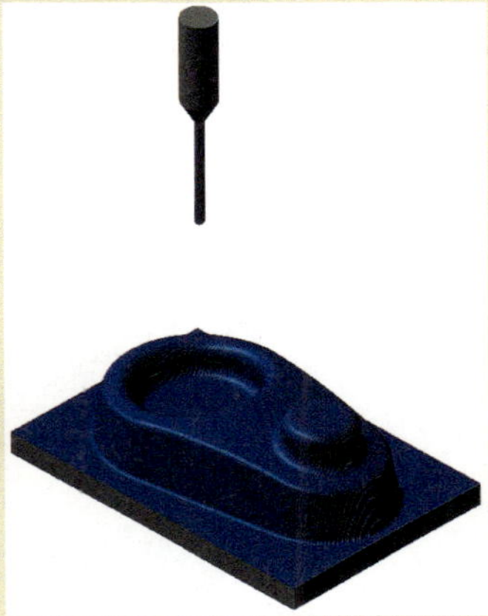</td></tr>
<tr><td>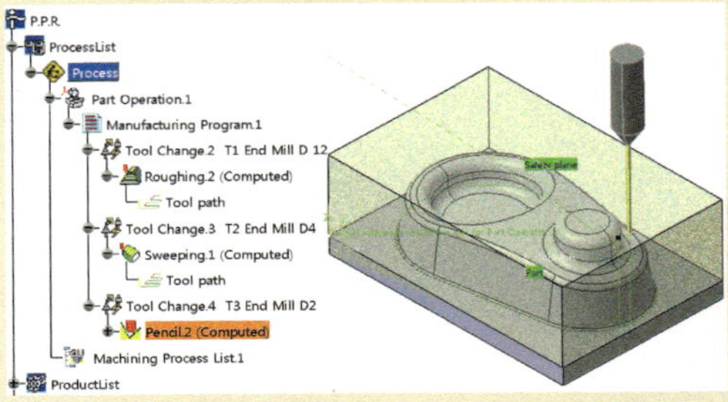
</td><td>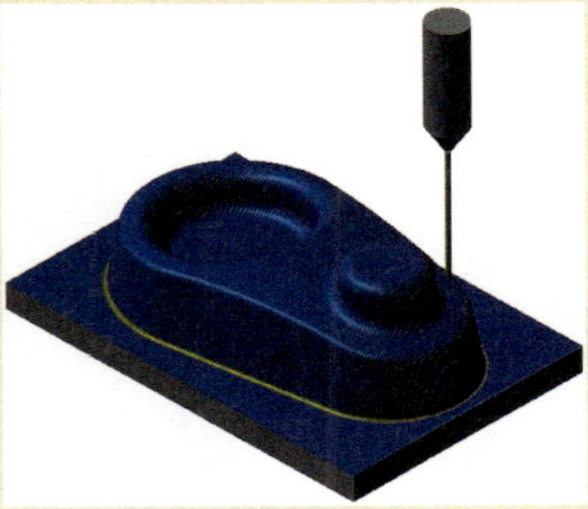</td></tr>
</table>

STEP 11

머시닝센터 실무 도면 작업

앞에서 작업한 3D모델링을 이용하여 2차원 도면을 생성하는 워크벤치이다. 도면의 규격에 준하여 Drawing View를 생성하고 치수, 윤곽선, 표제란, 주석, 도면기호 등을 포함한 도면작성을 간단하게 할 수 있다.

[01] ① Pull Down Menu의 Start 메뉴를 선택 - ② Mechanical Design 선택 - ③ Drafting을 선택한다.

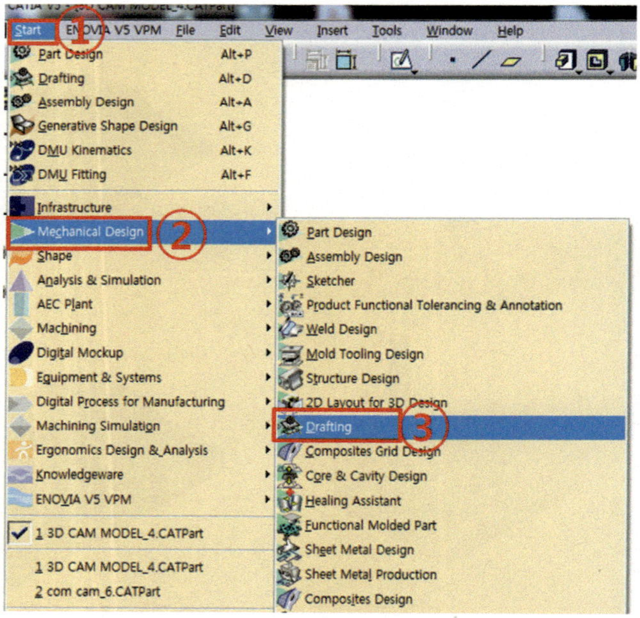

[02] 다음과 같이 New Drawing Creation이 생성된다. 도면규격이나 크기를 설정할 수 있다.

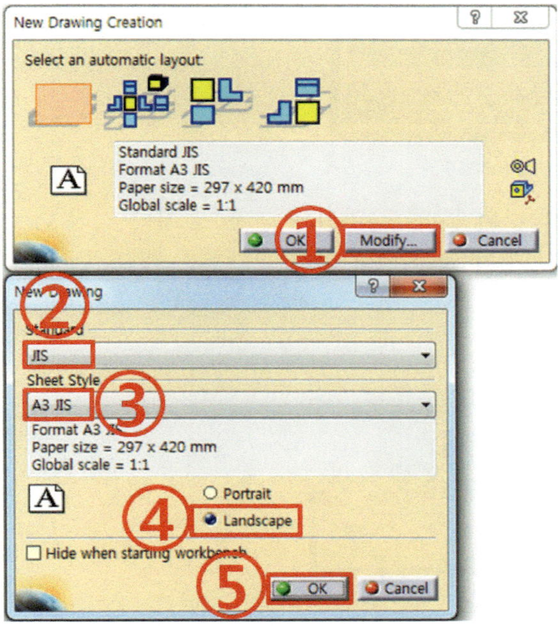

① **Modify...선택**
New Drawing 창이 열려 도면 사양을 설정할 수 있다.

② **Standard–JIS 선택**
도면 표준을 정의한다(3각법 적용).

③ **Sheet Style–A3 JIS 선택**
용지 크기를 설정한다.

④ **Landscape 선택**
도면을 가로로 배치한다.

⑤ **OK–OK**
연속해서 2번 OK 한다.

[03] 설정을 마치고 OK를 눌러 주면 다음과 같은 Drawing 도큐먼트가 실행된다.

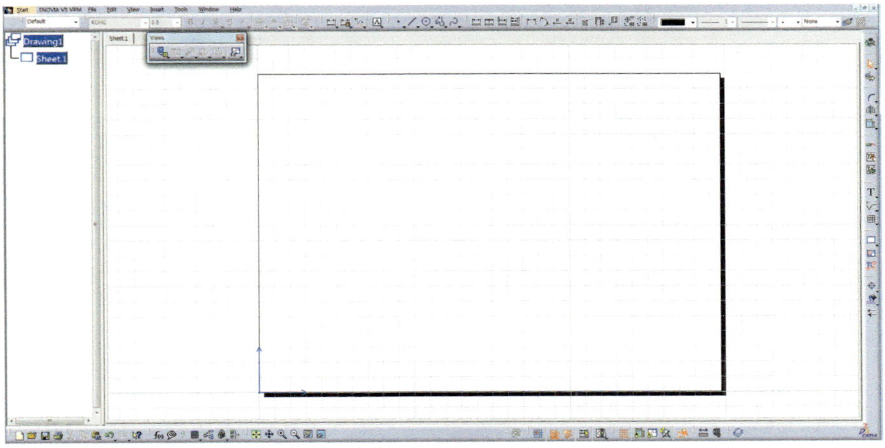

① Views 툴바 : 이 Toolbar의 기능은 3차원 모델링에서 투상도, 단면도, 상세도 등을 생성한다. 2D 도면 생성과정에서 제일 먼저 수행되는 작업 Toolbar이다.

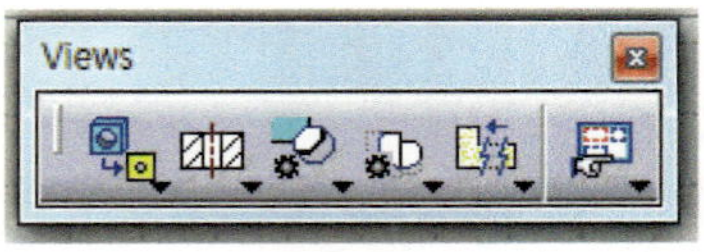

② Projection Sub Toolbar : Views 툴바의 하위 툴바로 3차원 모델링으로부터 직접 View를 가져오는 명령들이다. 2D도면을 만드는 과정에서 제일 먼저 진행된다. 특히 Front View 기능을 이용하여 정면도를 첫 번째로 결정한다.

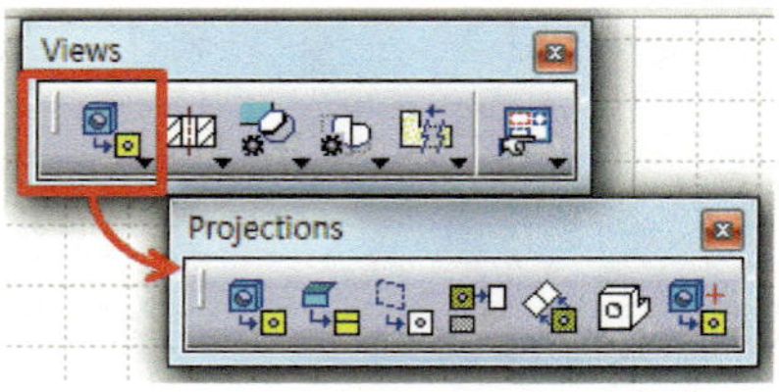

③ Projection Sub Toolbar의 Front View 아이콘을 클릭한다.

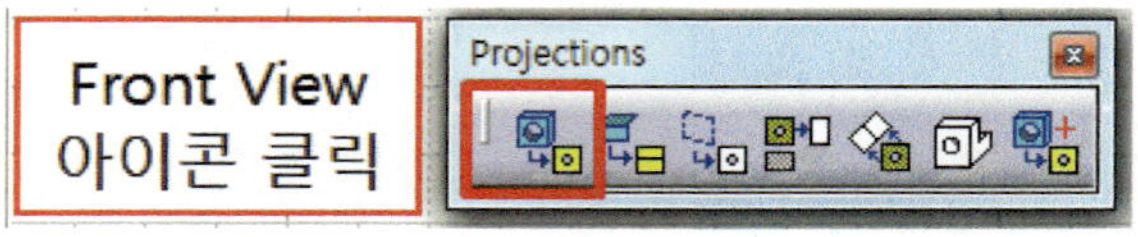

④ 키보드에서 Ctrl + Tab을 누른다. 다음과 같이 3차원 모델링이 있는 워크벤치로 전환한다.

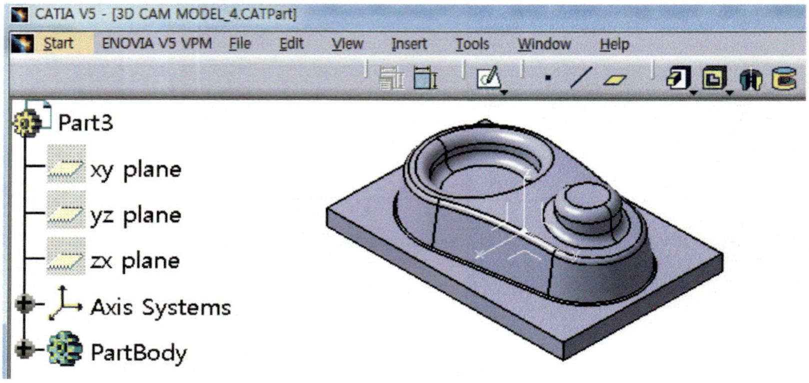

⑤ 정면도로 선택하고자 하는 면으로 마우스를 이동시켜 해당 면을 선택한다. 화면 오른쪽 하단에는 선택한 면을 미리보기로 보여준다. 즉, 2D도면으로 만들어질 배치방향과 형상을 미리 보여주는 것이다.

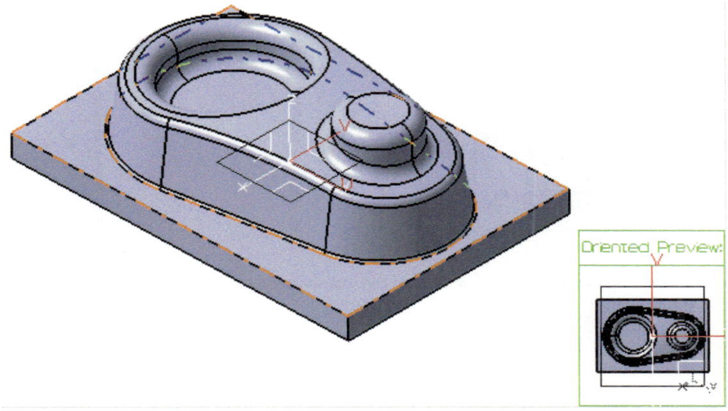

⑥ 화면이 다시 Drawing 워크벤치로 이동하면서 3차원 형상을 Front View로 가져온다.

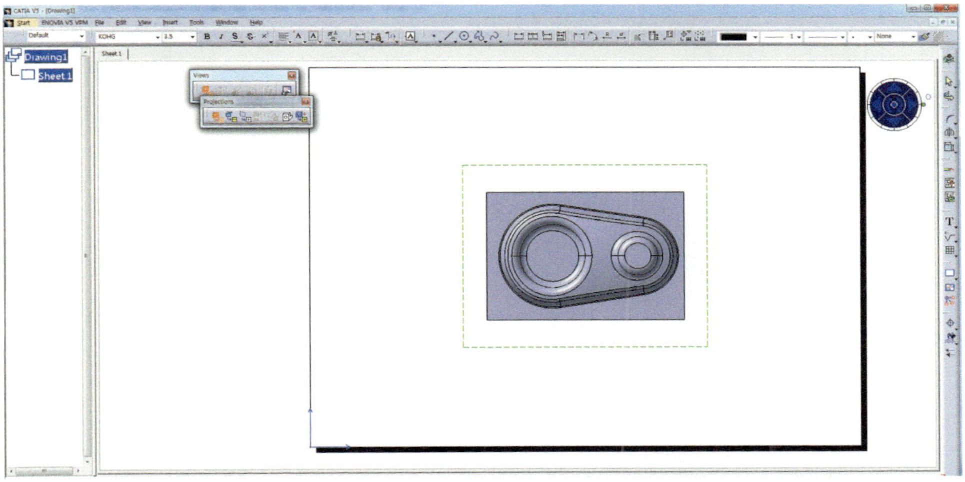

※ 참고

모델의 방향을 변경해야 할 경우 화면 오른쪽 상단의 Wizard를 이용하여 원하는 방향으로 모델을 배치할 수 있다.

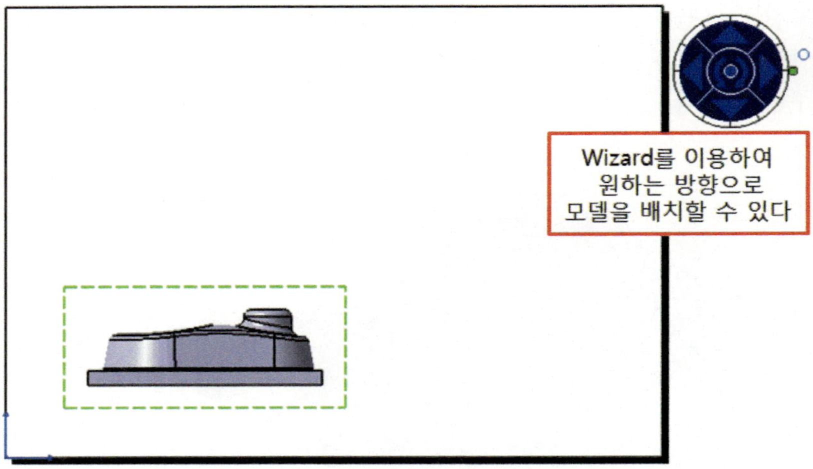

⑦ 모델의 위치를 결정한 후 빈 화면에 클릭한다. 2D도면으로 변환된다.

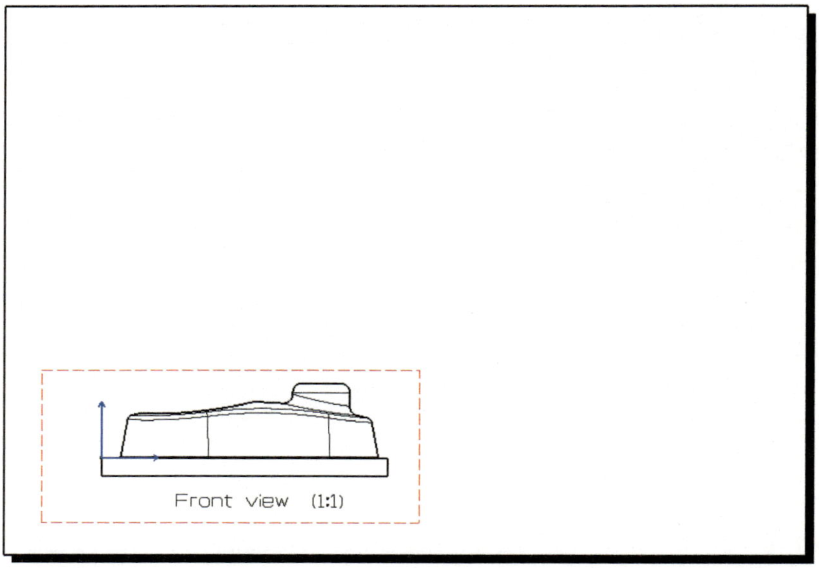

⑧ Projection 툴바의 Projection View는 정면도가 생성되면 이를 기준으로 평면도, 우측면도, 좌측면도, 저면도 등을 추가로 생성할 수 있는 기능이다.

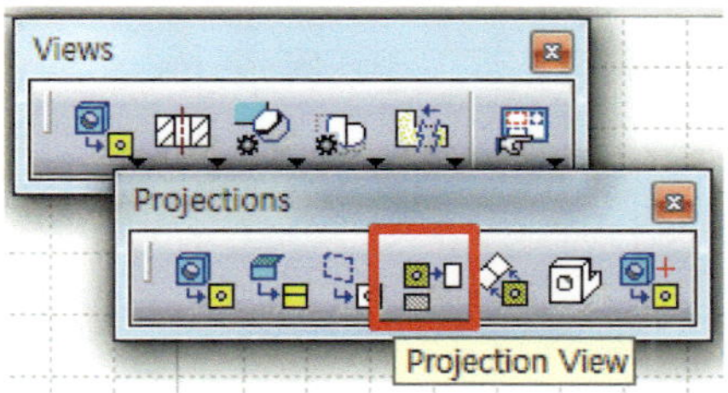

⑨ Projection View를 클릭 후, 정면도의 우측으로 마우스를 이동하면 우측면도, 좌측으로 이동하면 좌측면도, 위쪽으로 가면 평면도, 아래쪽으로 가면 저면도가 자동 생성된다.

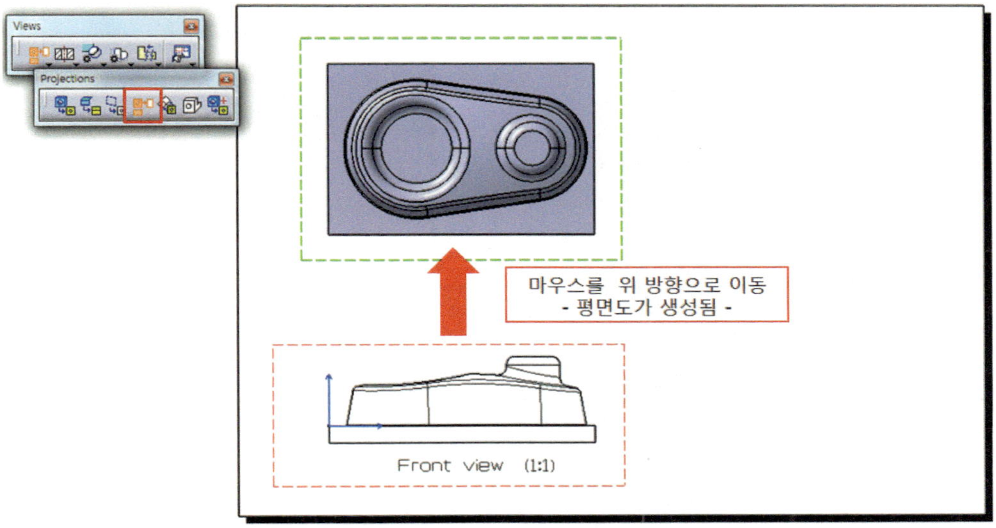

⑩ Front view 모델을 기준으로 마우스를 오른쪽으로 이동하면 Right view(정면도)가 생성된다.

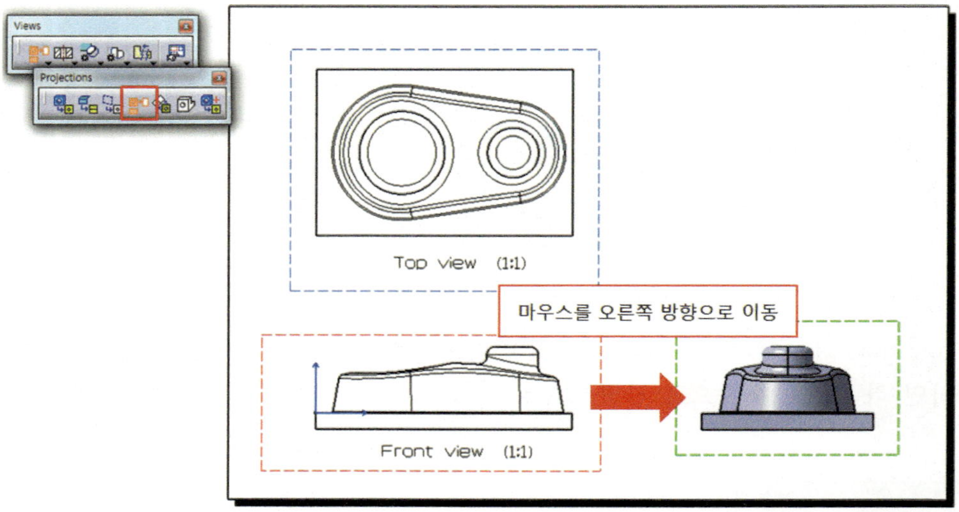

⑪ Views 툴바 - Projections 툴바 - Isometric View 아이콘을 클릭한다. 이 기능은 등각투상도를 생성하는 기능이다. 키보드에서 Ctrl + Tab을 누르면 3차원 모델링이 있는 워크벤치로 전환한다. 3D 모델을 클릭한다.

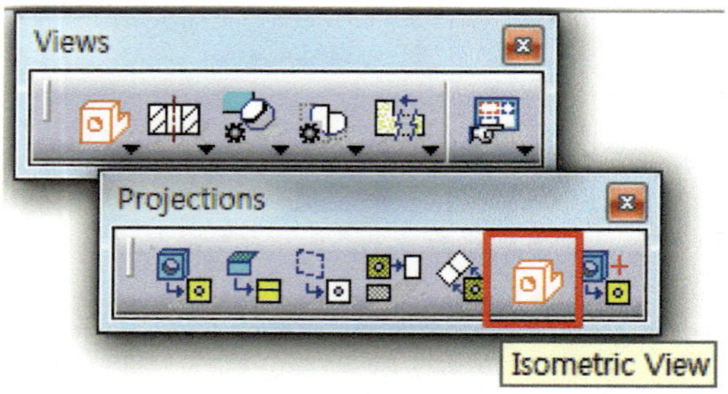

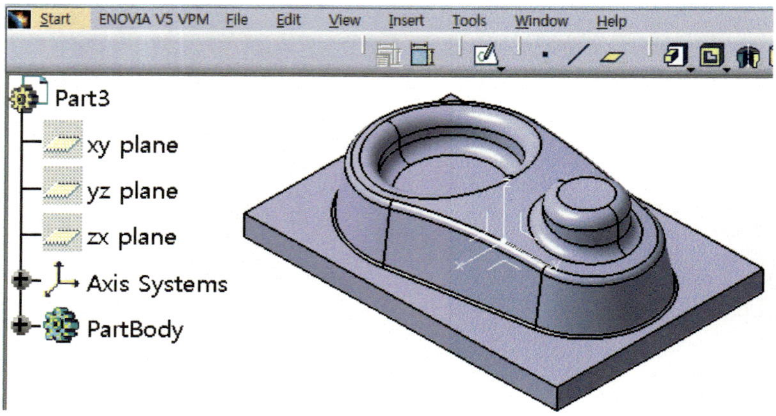

⑫ 화면이 다시 Drawing 워크벤치로 이동하면 모델의 위치를 결정 후, 빈 화면에 클릭한다. 2D도면으로 변환된다.

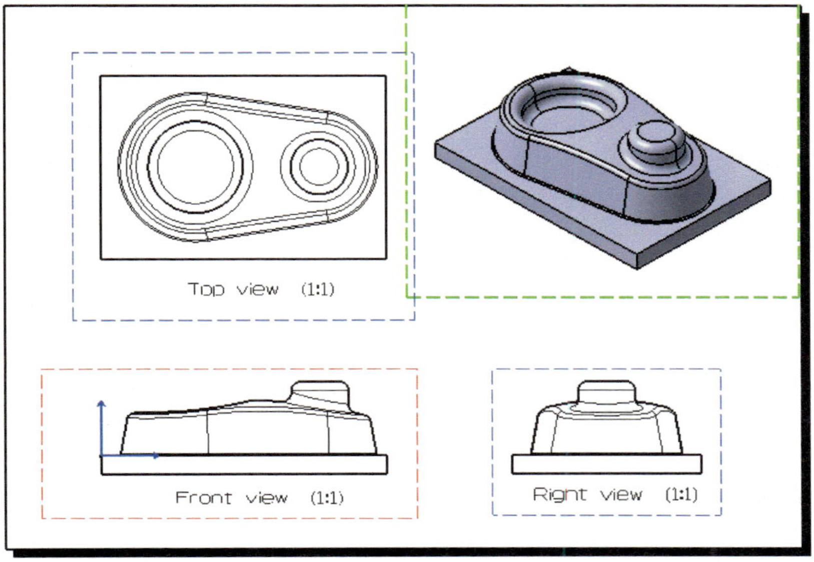

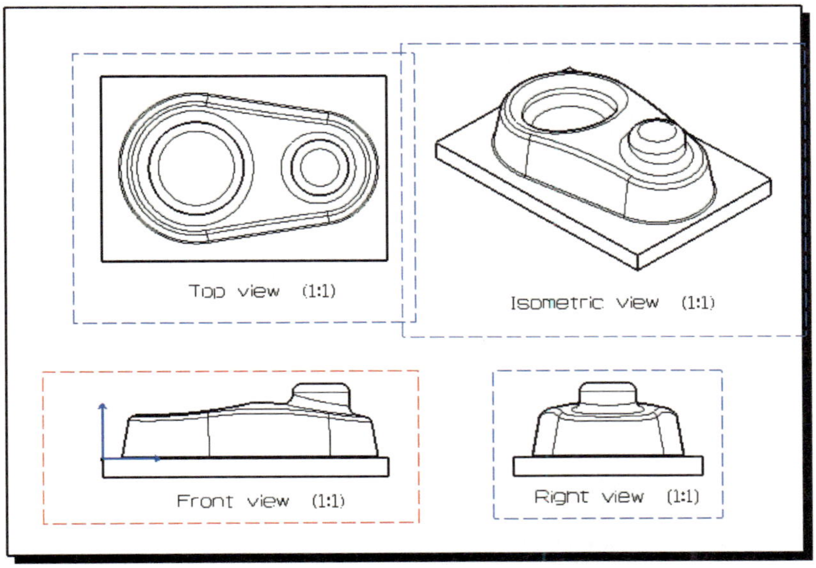

⑬ 등각투상도의 렌더링 표시법을 변경하기 위해 등각투상도의 Frame을 더블 클릭한다. Frame에 마우스 포인트를 가져다가 우클릭한다. 팝업창이 나타나면 **Properites**를 클릭한다.

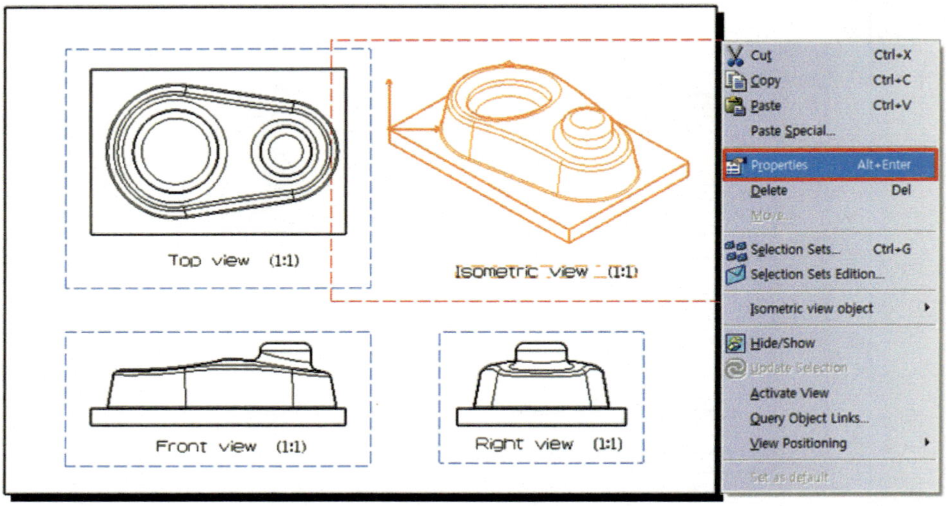

⑭ 등각투상도의 렌더링 표시방법을 다음 순서로 변경한다.

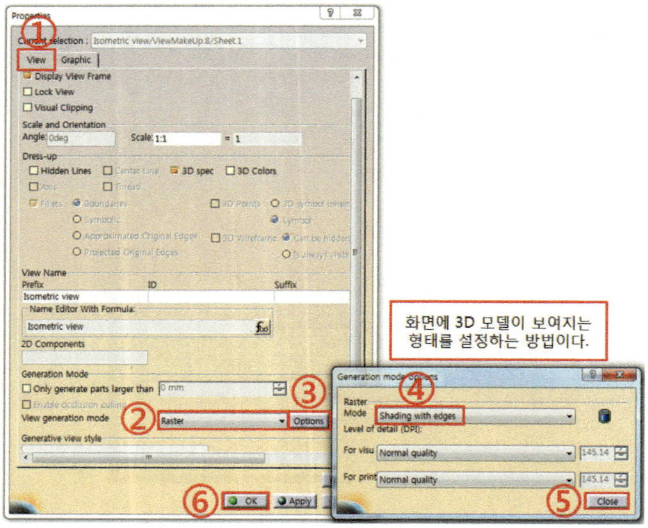

① View탭 클릭

② View generation mode
: Raster 선택
(70%로 객체 크기를 줄임)

③ Options 클릭

④ Raster Mode
: Shading with edges 선택

⑤ Close 클릭

⑥ OK

⑮ Visualization 툴바의 Display View Frame as Specified for Each View 아이콘을 클릭해서 모델의 Frame을 Hide시킨다.

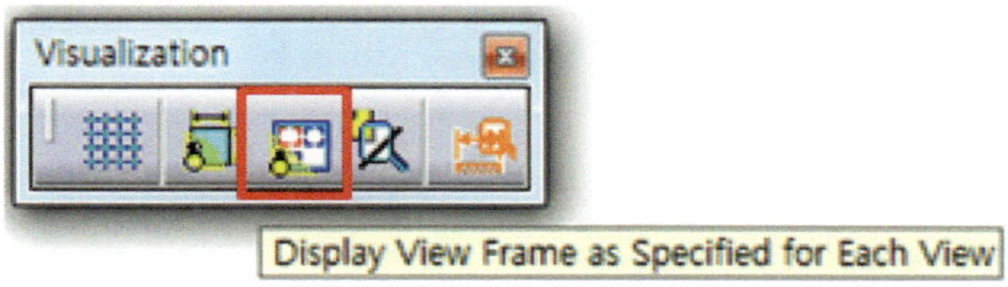

⑯ 다음 그림과 같이 2D도면을 완성할 수 있다.

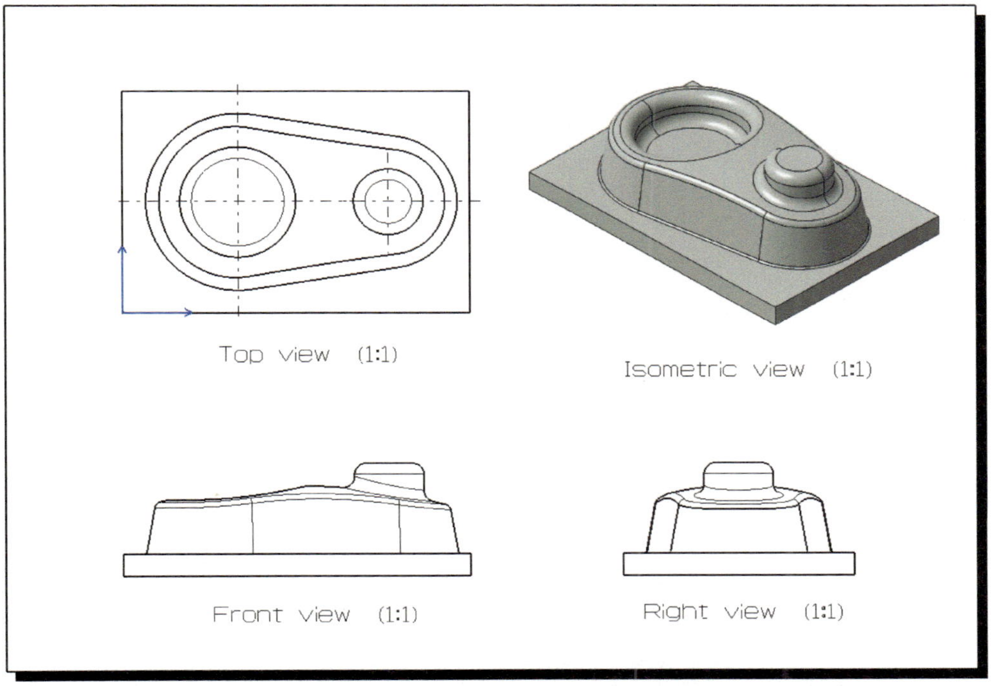

STEP 12

머시닝센터 실무 도면

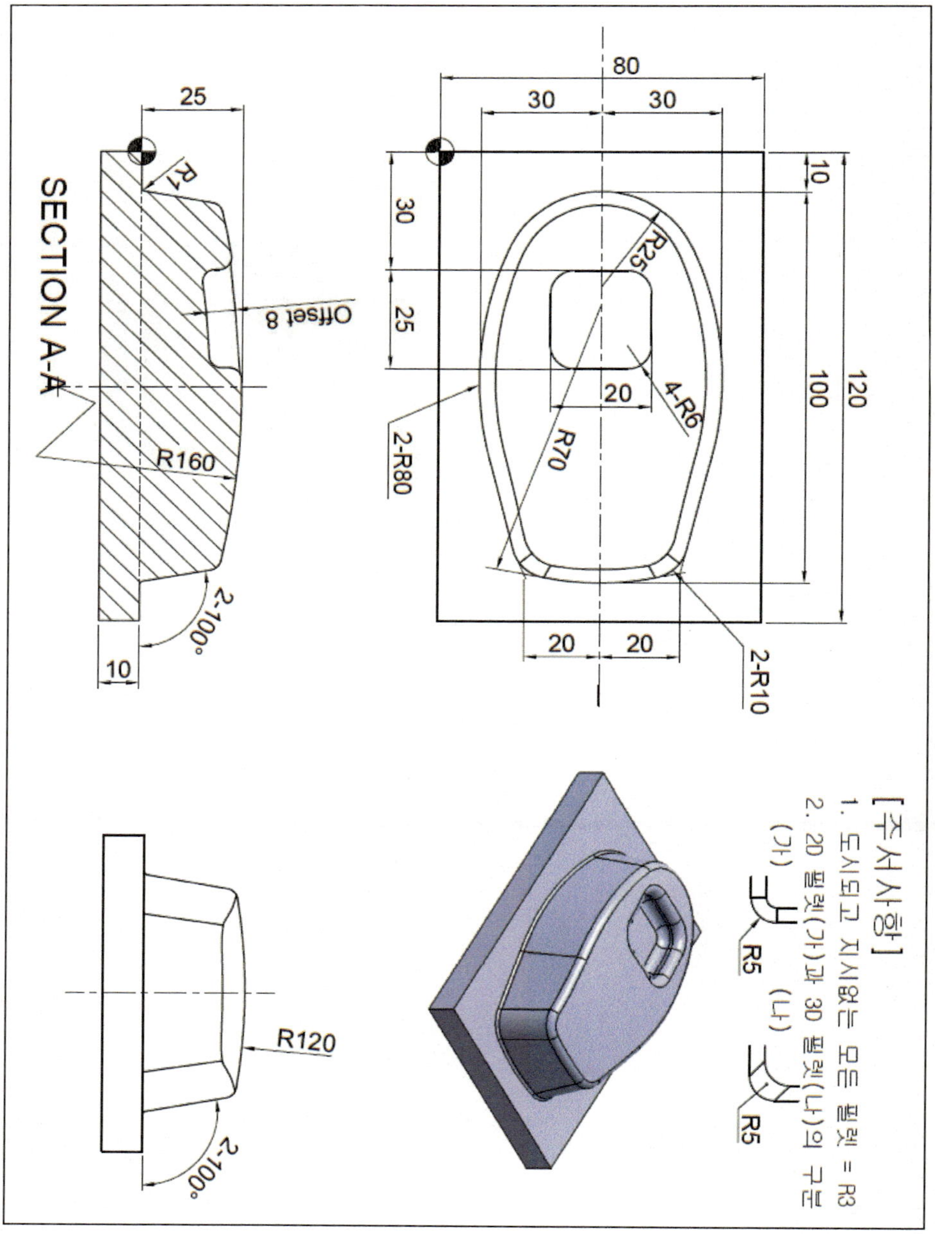

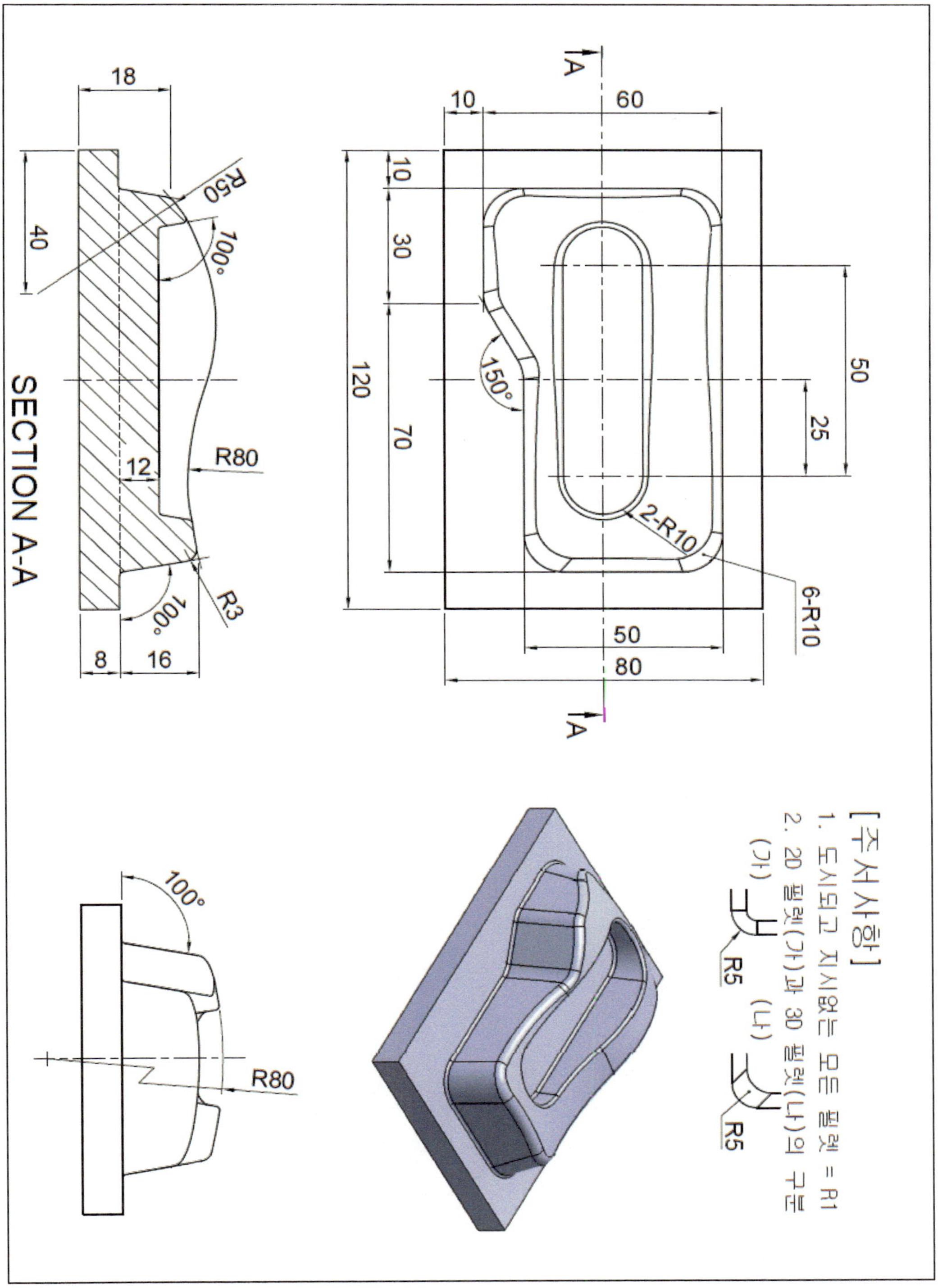

[주서사항]
1. 도시되고 지시없는 모든 필렛 = R1
2. 2D 필렛(가)과 3D 필렛(나)의 구분
(가) R5
(나) R5
SECTION A-A
A
A
18
40
R50
100°
12
R80
R3
100°
8
16
10
60
10
30
120
70
150°
50
25
2-R10
6-R10
50
80
100°
R80

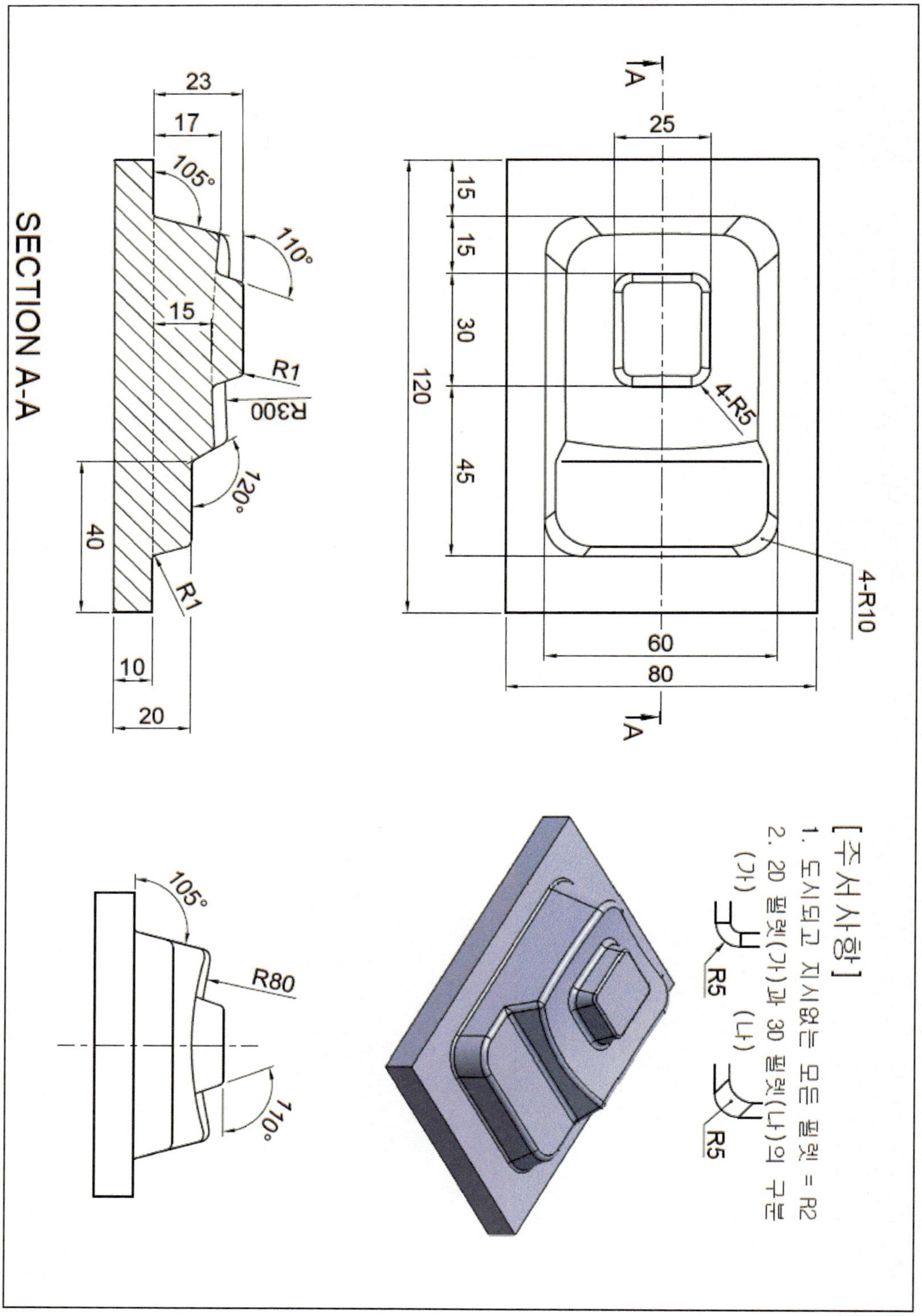
SECTION A-A
[주서사항]
1. 도시되고 지시없는 모든 필렛 = R2
2. 2D 필렛(가)과 3D 필렛(나)의 구분
(가)
(나)
R5
R5
23
17
15
105°
110°
120°
R1
R300
R80
40
10
20
25
15
15
30
45
120
60
80
4-R5
4-R10
A
A

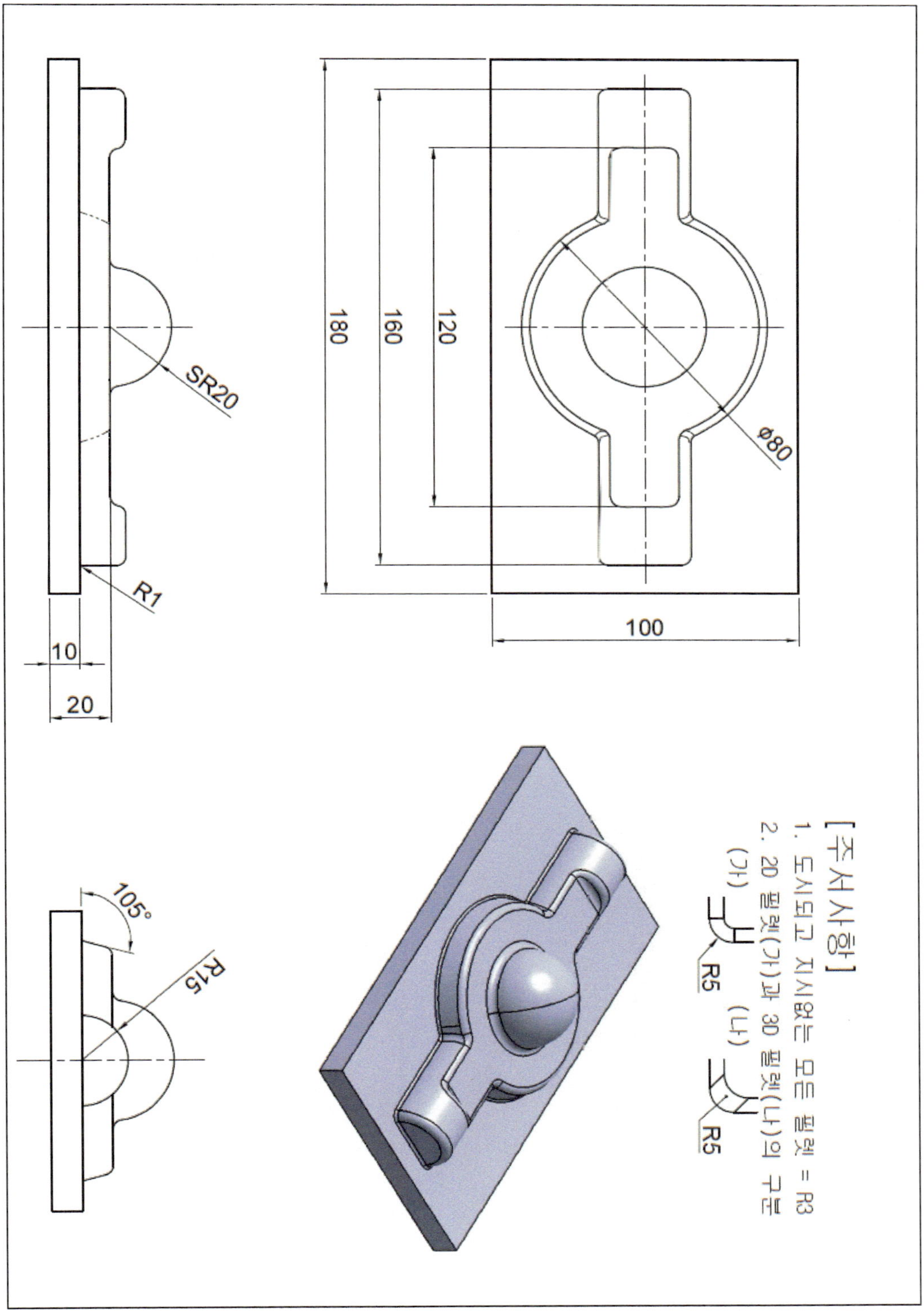
[주서사항]
1. 도시되고 지시없는 모든 필렛 = R3
2. 2D 필렛(가)과 3D 필렛(나)의 구분
(가) R5
(나) R5
180
160
120
100
ø80
SR20
R1
10
20
105°
R15

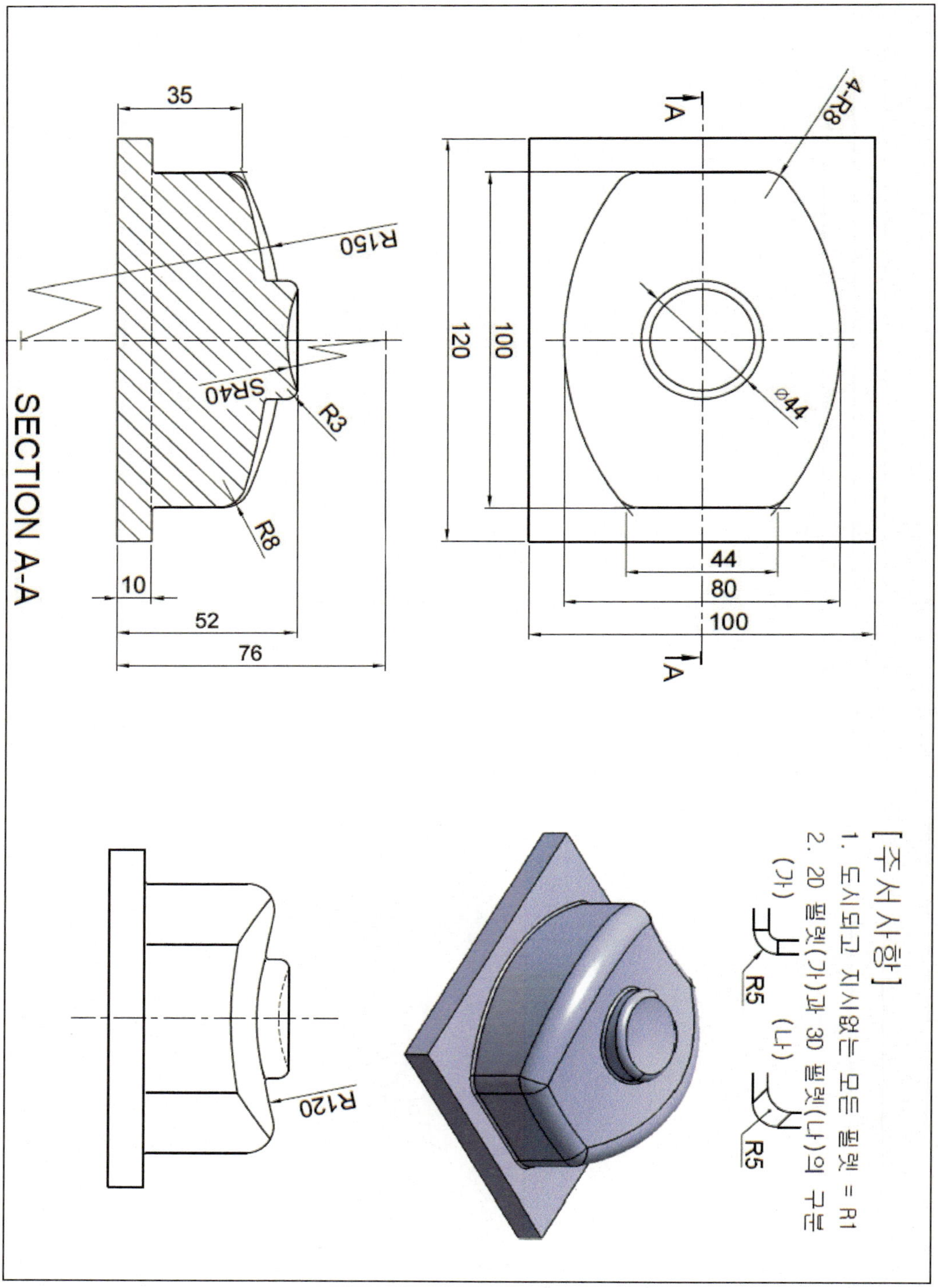
A
A
4-R8
120
100
Φ44
44
80
100
35
R150
SR40
R3
R8
10
52
76
SECTION A-A
[주서사항]
1. 도시되고 지시없는 모든 필렛 = R1
2. 2D 필렛(가)과 3D 필렛(나)의 구분
(가)
R5
(나)
R5
R120

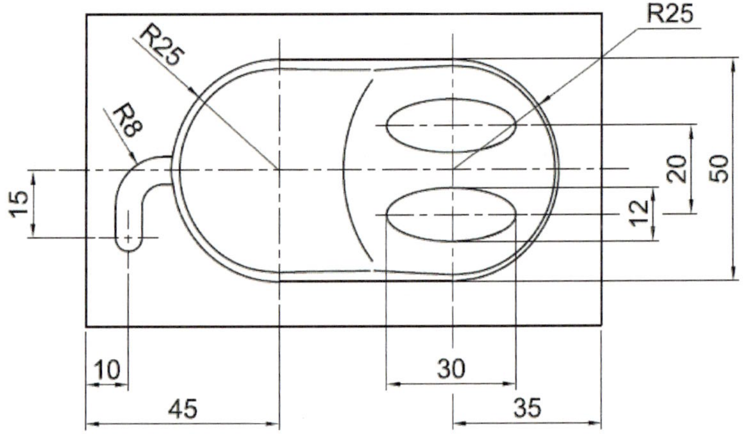

[주서사항]

1. 도시되고 지시없는 모든 필렛 = R3
2. 2D 필렛(가)과 3D 필렛(나)의 구분

(가) 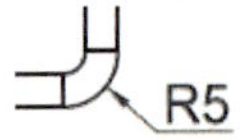

(나) 

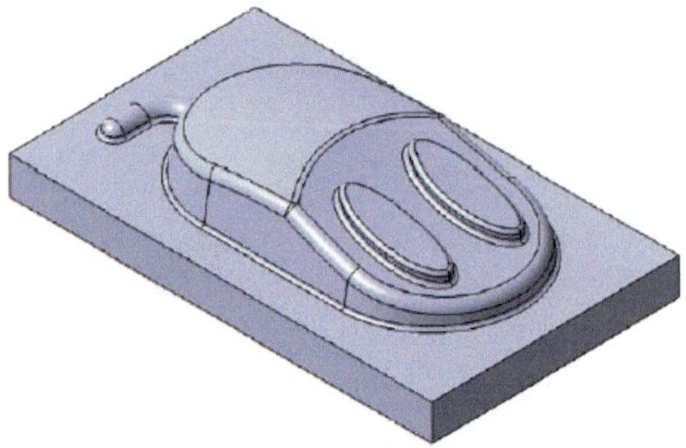

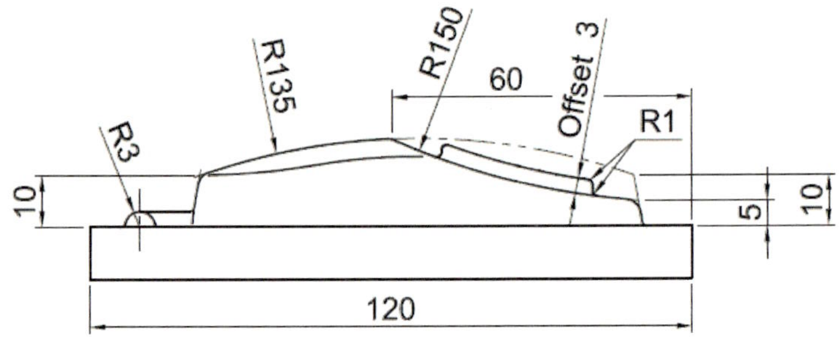

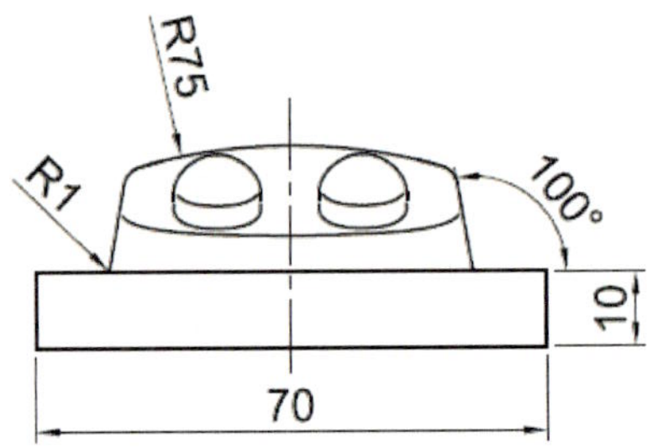

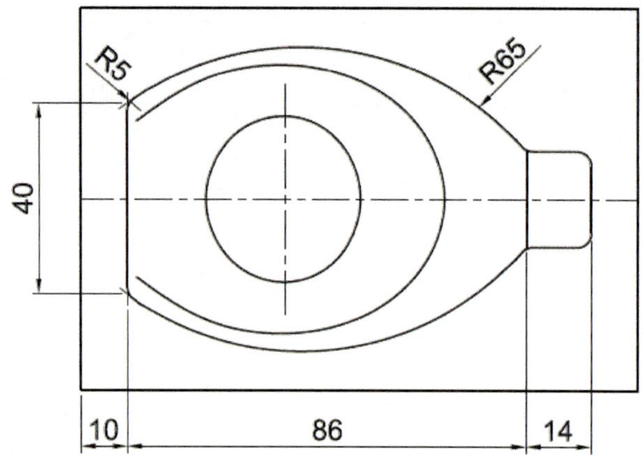

[주서사항]

1. 도시되고 지시없는 모든 필렛 = R3
2. 2D 필렛(가)과 3D 필렛(나)의 구분

(가) 

(나) 

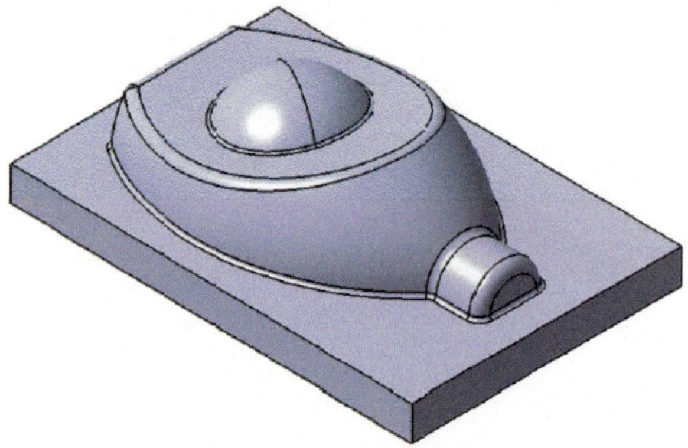

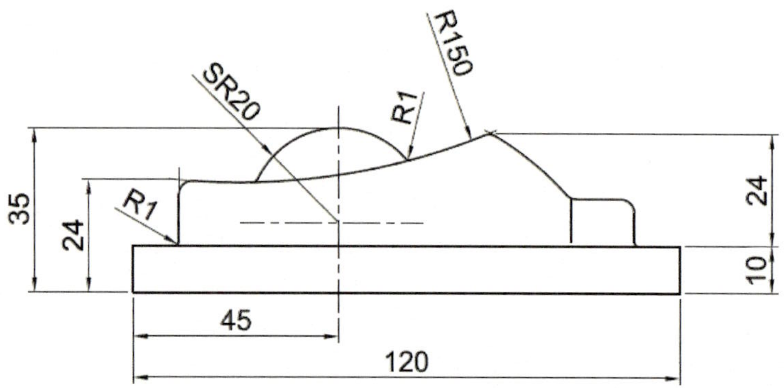

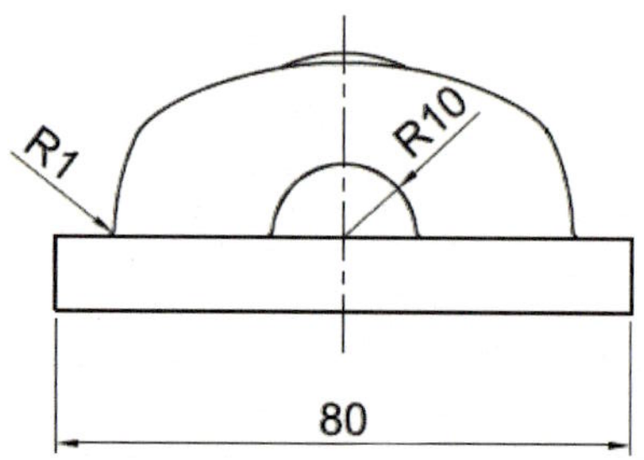

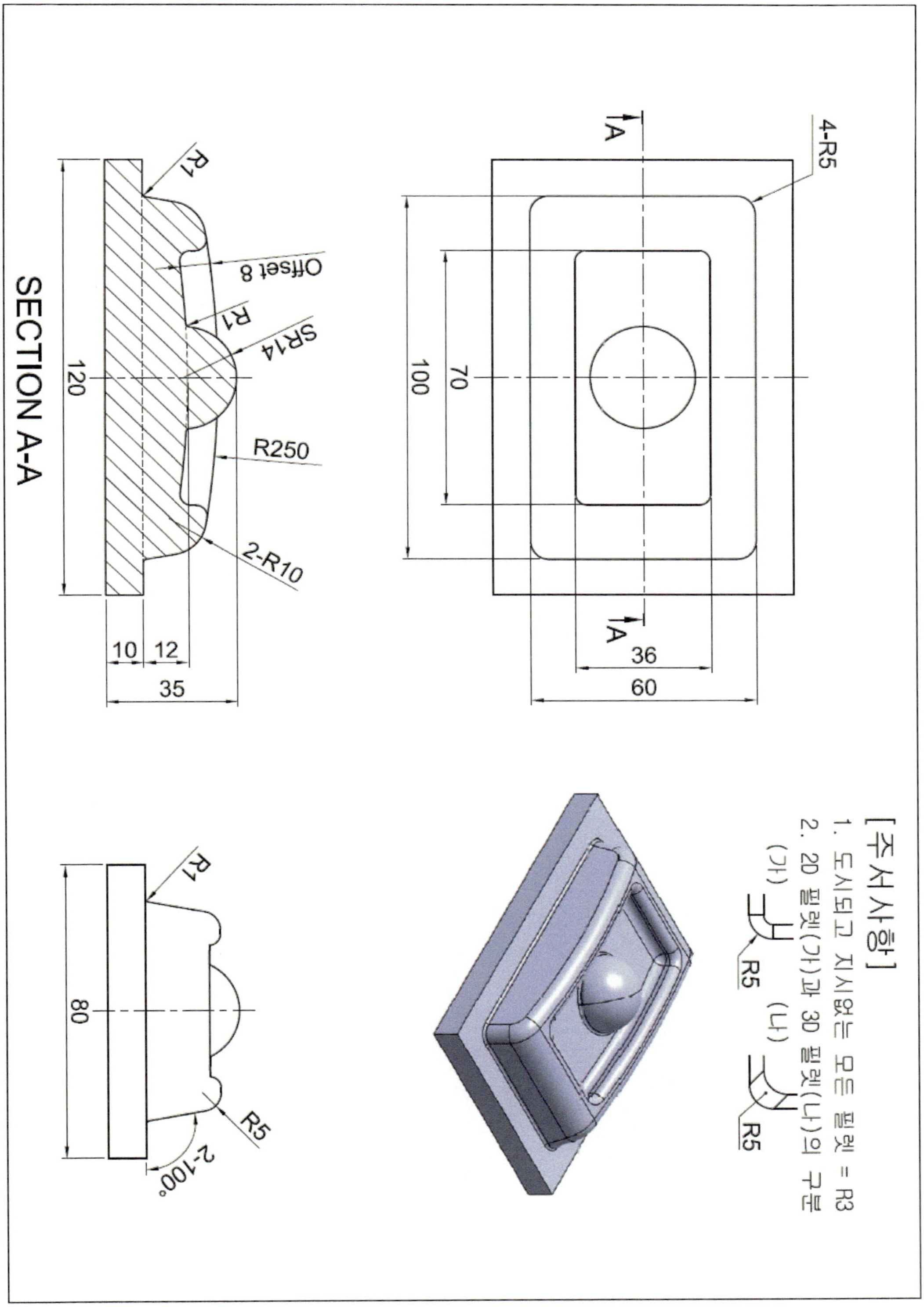
[주서사항]
1. 도시되고 지시없는 모든 필렛 = R3
2. 2D 필렛(가)과 3D 필렛(나)의 구분
(가)
(나)
R5
R5
4-R5
A
A
100
70
36
60
SECTION A-A
R1
Offset 8
R1
SR14
R250
2-R10
120
10
12
35
R1
80
R5
2-100°

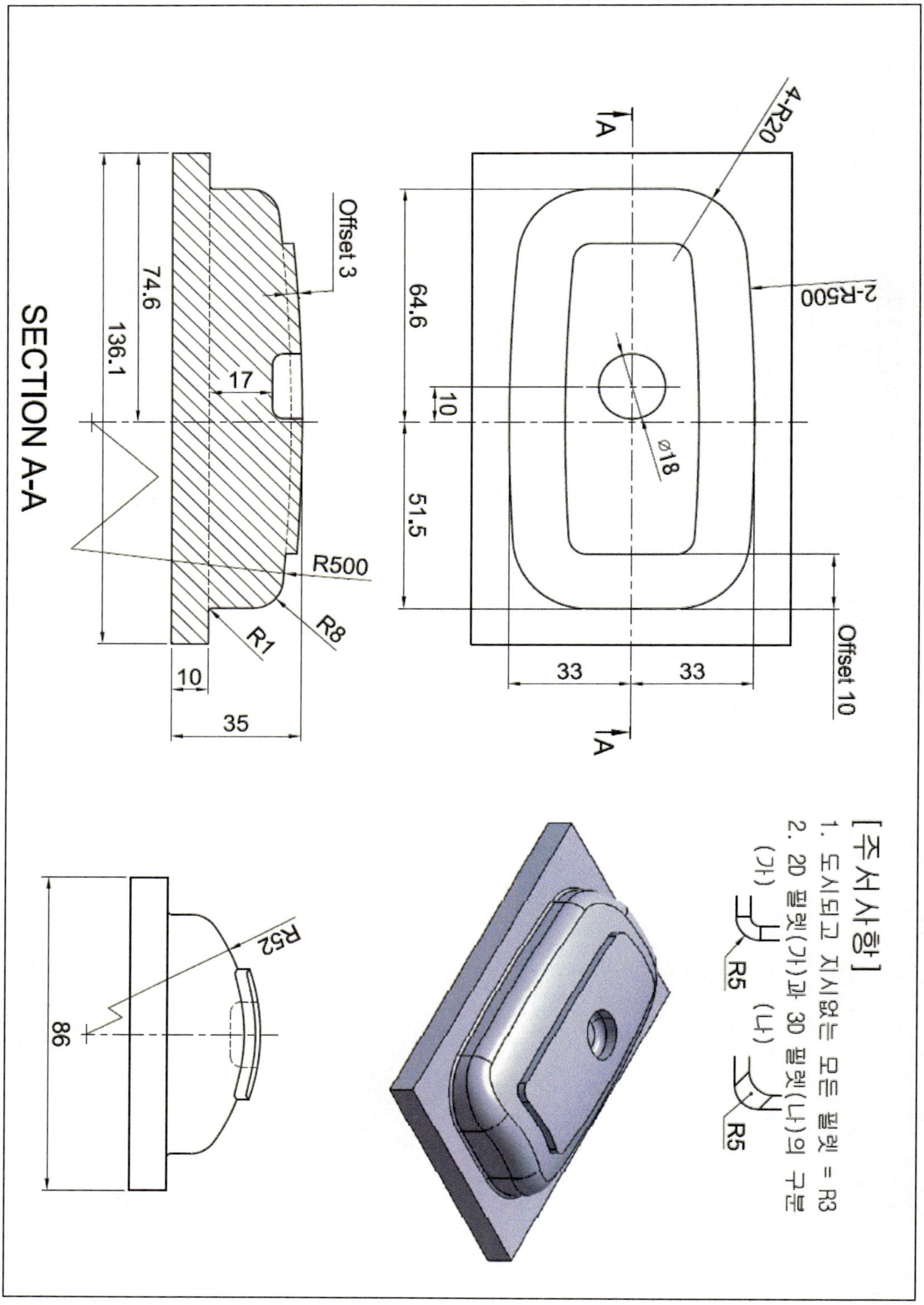
[주서사항]
1. 도시되고 지시없는 모든 필렛 = R3
2. 2D 필렛(가)과 3D 필렛(나)의 구분
(가) R5
(나) R5
4-R20
2-R500
A
64.6
10
⌀18
51.5
33
33
Offset 10
A
Offset 3
74.6
136.1
17
R500
R8
R1
10
35
SECTION A-A
R52
86

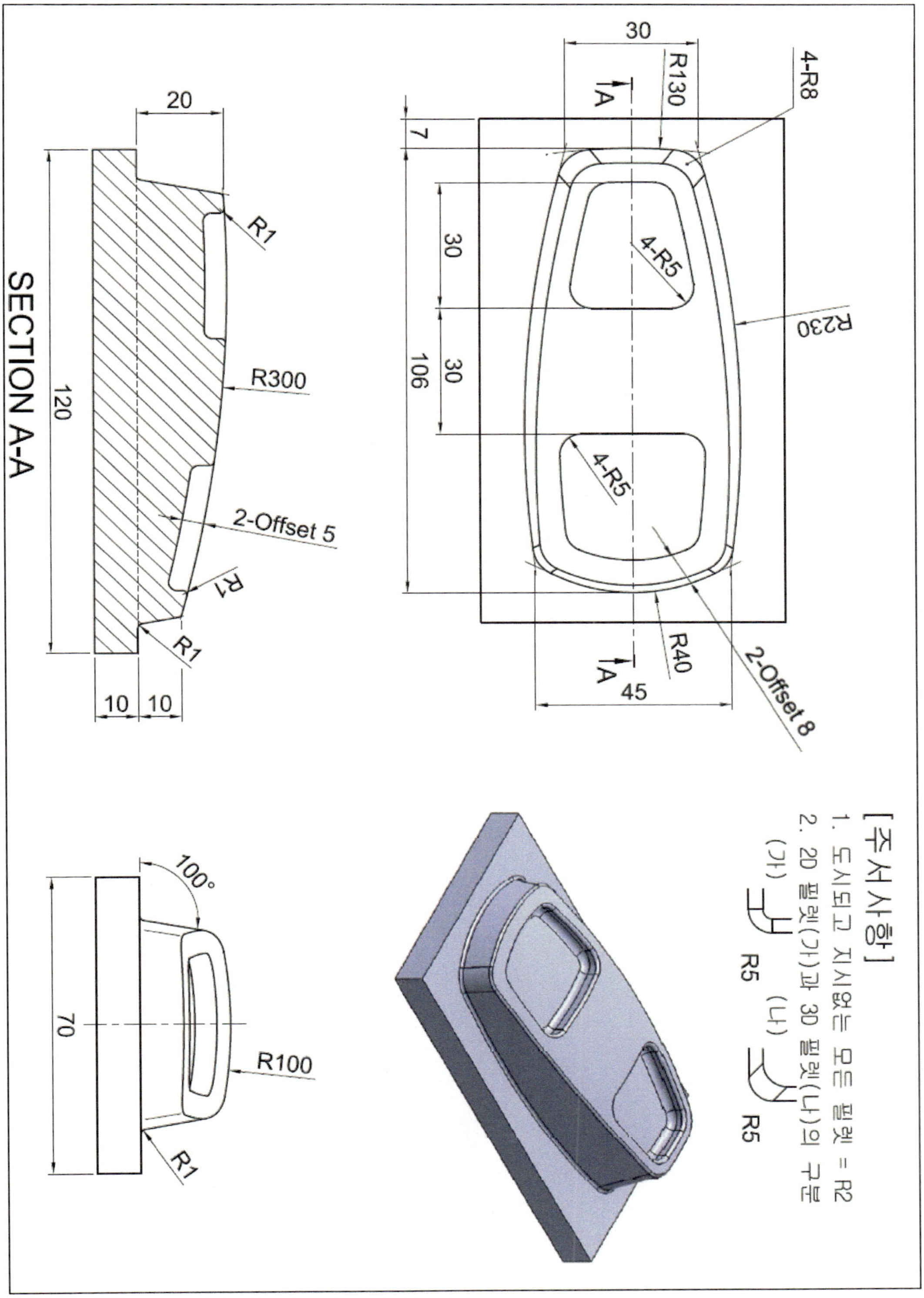
[주서사항]
1. 도시되고 지시없는 모든 필렛 = R2
2. 2D 필렛(가)과 3D 필렛(나)의 구분
(가)
R5
(나)
R5
SECTION A-A
30
R130
4-R8
7
30
30
106
4-R5
4-R5
R230
R40
45
2-Offset 8
A
A
20
R1
R300
2-Offset 5
R1
R1
120
10
10
100°
70
R100
R1

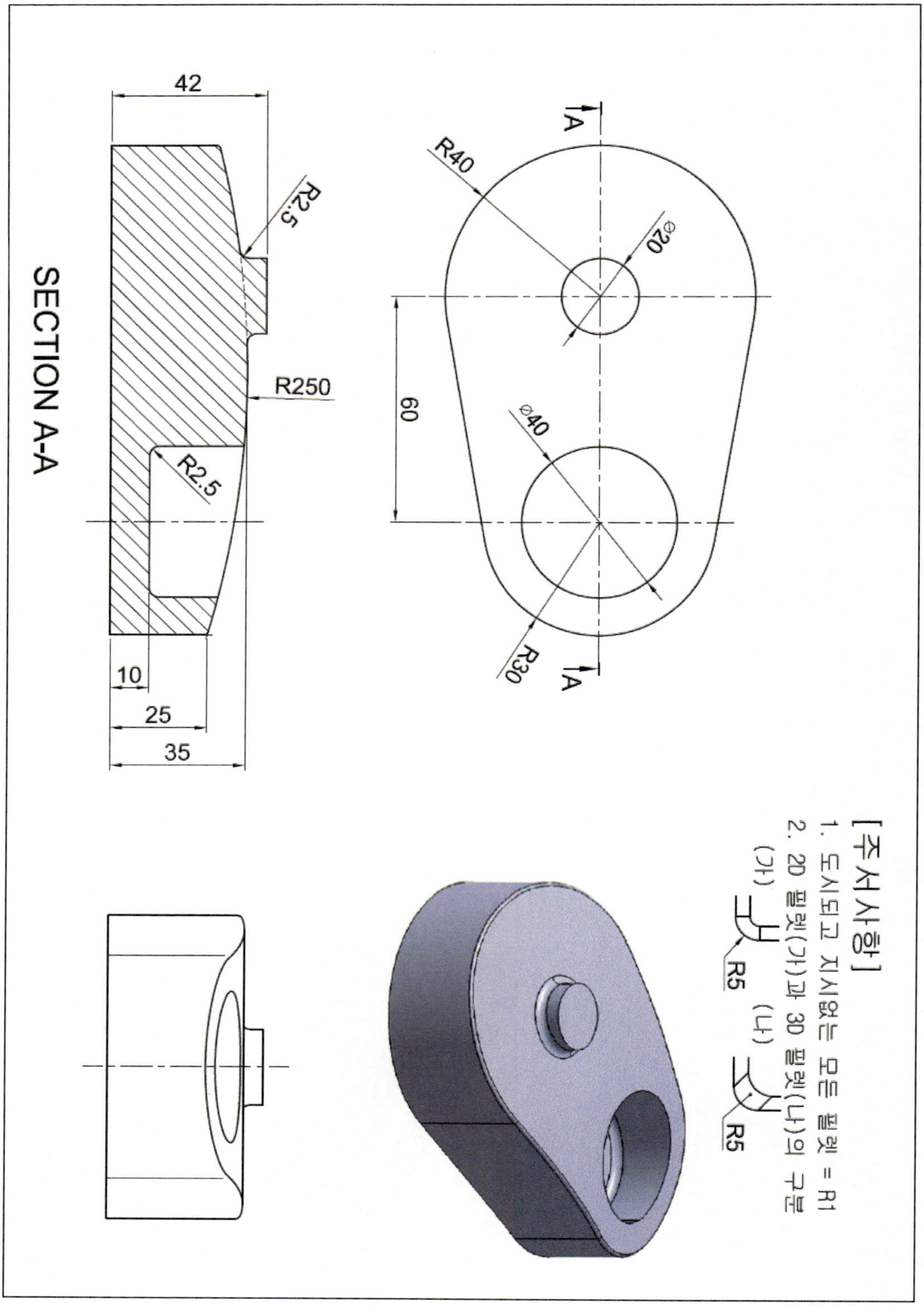
42
R2.5
R250
R2.5
SECTION A-A
10
25
35
A
R40
⌀20
60
⌀40
R30
A
[주서사항]
1. 도시되고 지시없는 모든 필렛 = R1
2. 2D 필렛(가)과 3D 필렛(나)의 구분
(가)
R5
(나)
R5

[주서사항]

1. 도시되고 지시없는 모든 필렛 = R1
2. 2D 필렛(가)과 3D 필렛(나)의 구분

(가) R5 (나) R5

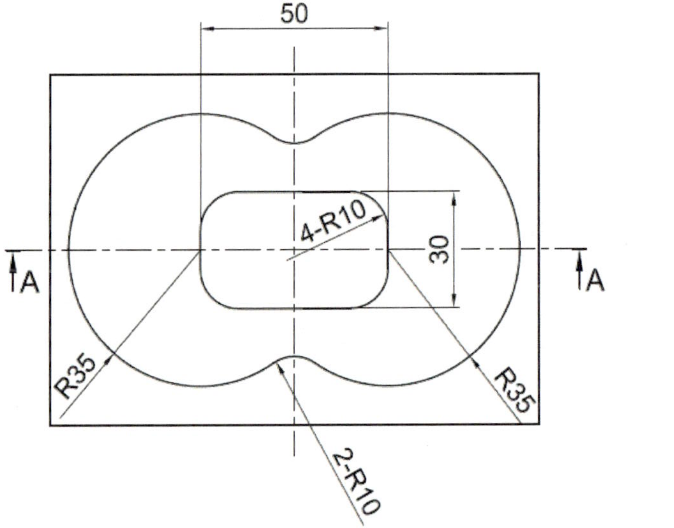

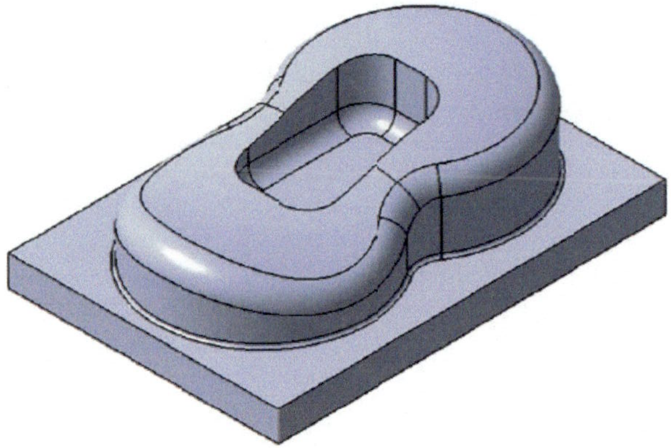

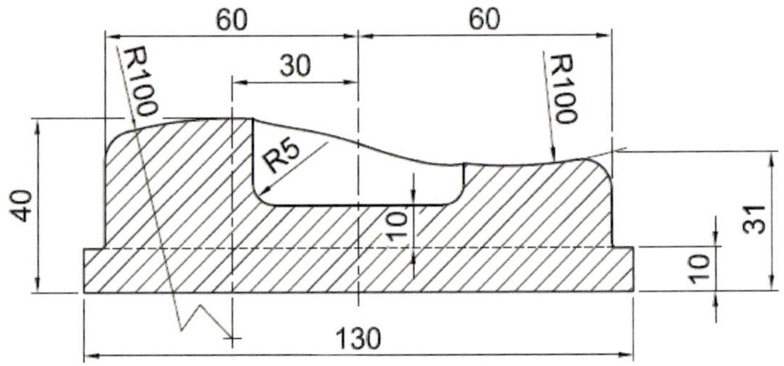

SECTION A-A

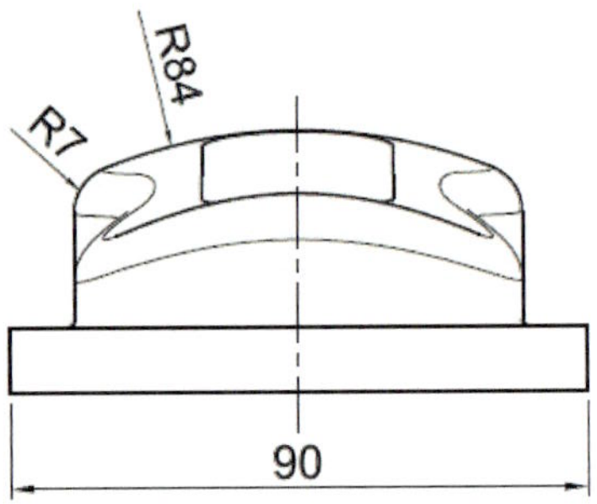

05

머시닝센터 /GV CNC 검증

STEP 13 | 시뮬레이터로 검증하기

STEP 13

시뮬레이터로 검증하기

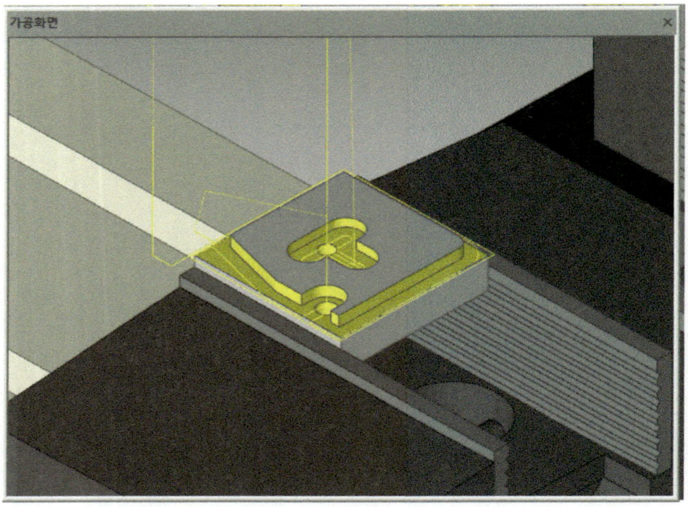

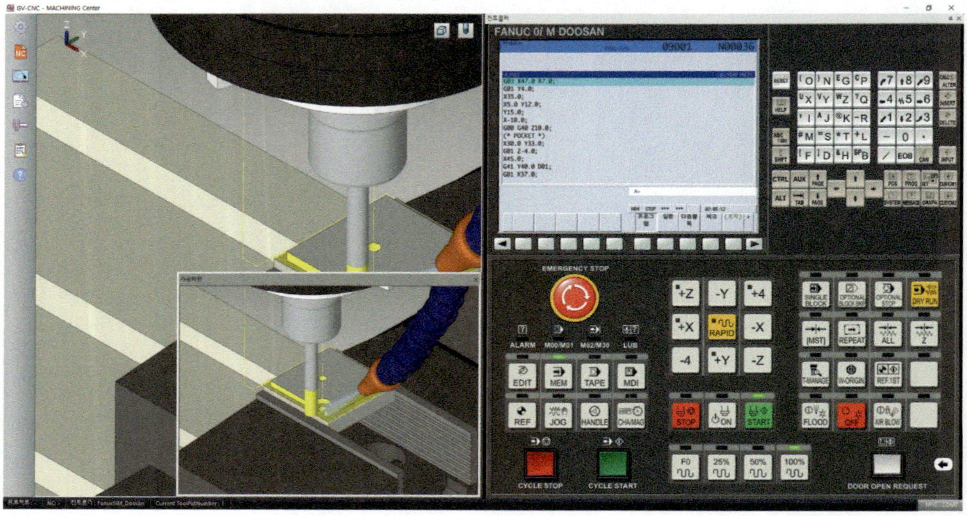

1. CNC 시뮬레이터 사용하기(GV-CNC) - 머시닝센터

[01] GV-CNC를 실행시킨다.

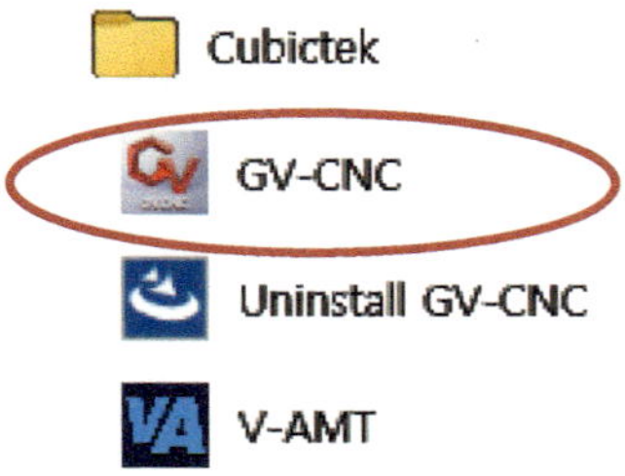

[02] NC Editor을 실행시킨다.

[03] Fanuc과 Milling을 선택하고 **확인**을 누른다.

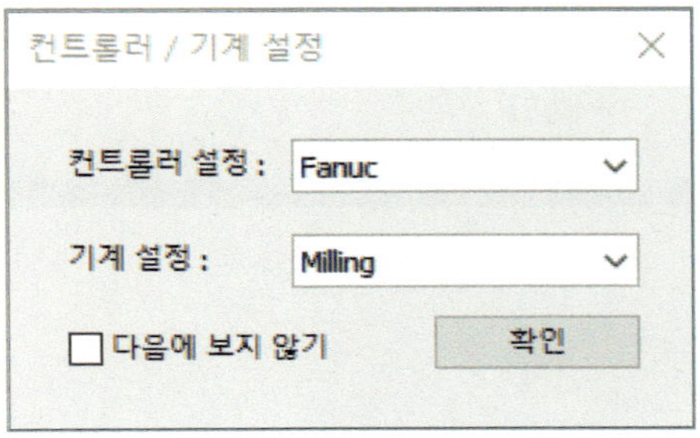

[04] NC 열기를 클릭하여 작업할 NC 코드를 불러온다.

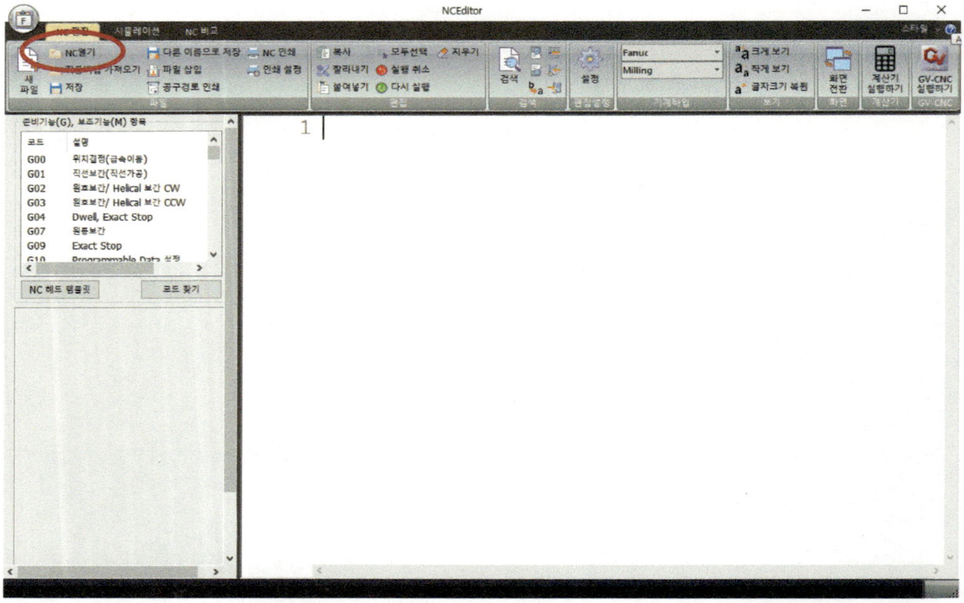

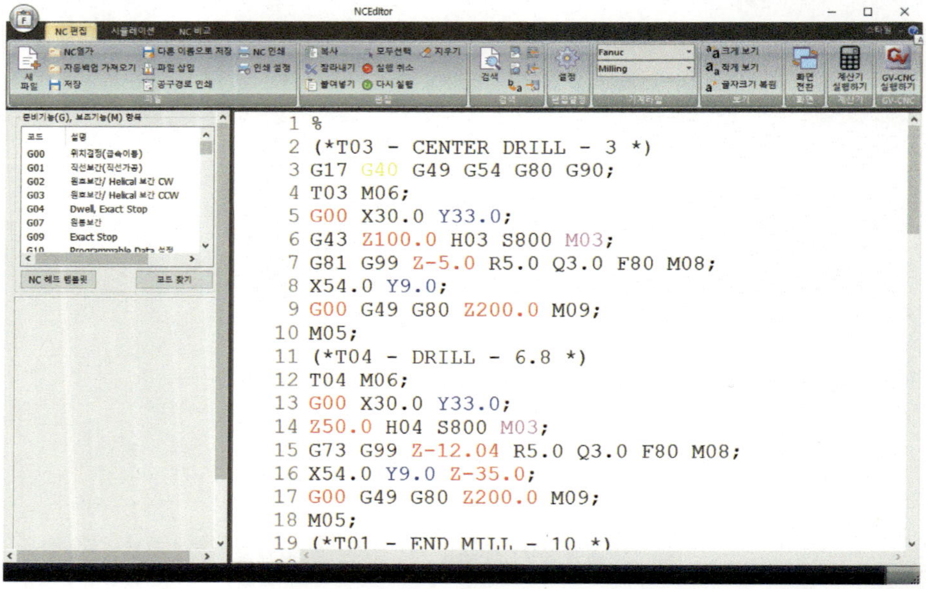

[05] GV-CNC 실행하기를 클릭한다. GV-CNC가 실행되며 NC Editor에 있던 NC 코드가 시뮬레이터 안의 기계에 입력되어 있다.

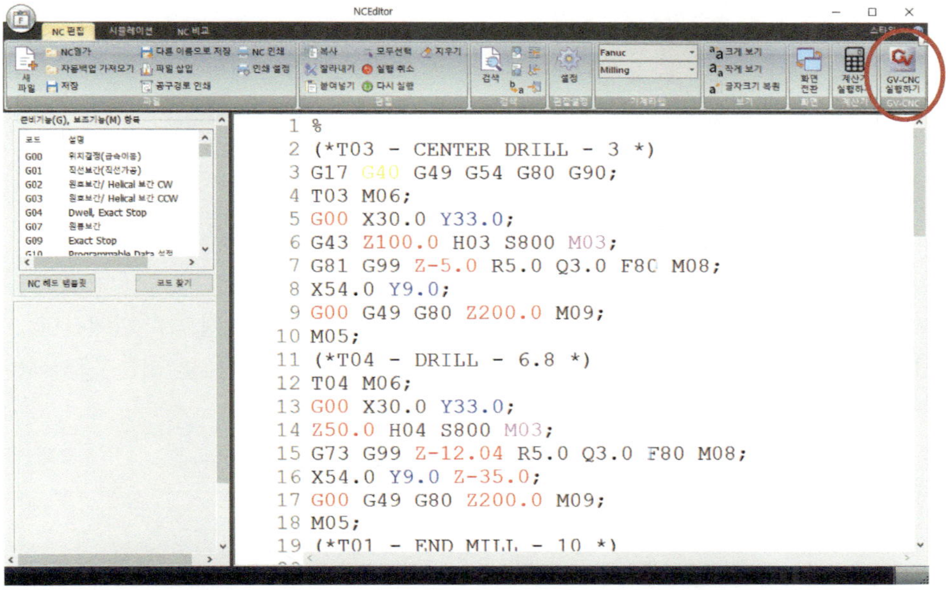

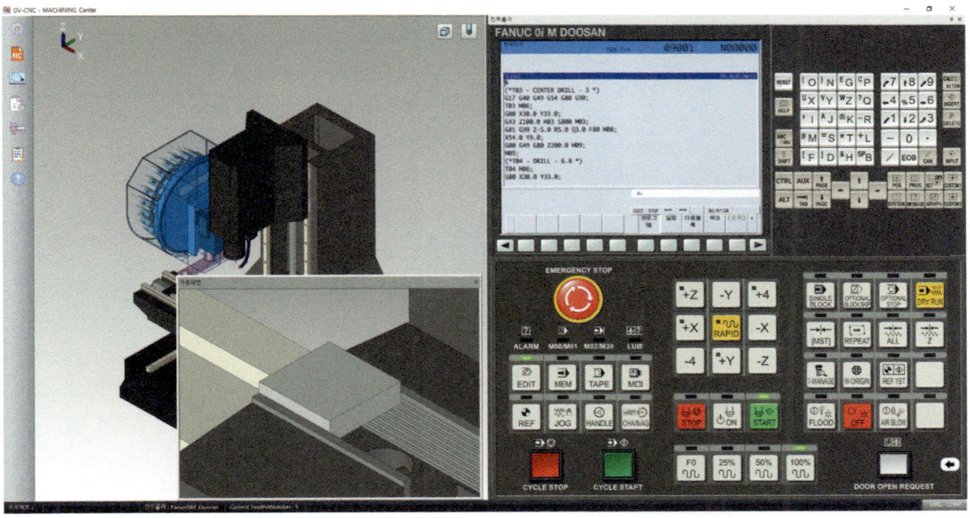

[06] 소재와 공구의 셋팅을 위해 좌측 상단의 설정을 클릭하고 **기계 설정**으로 들어간다.

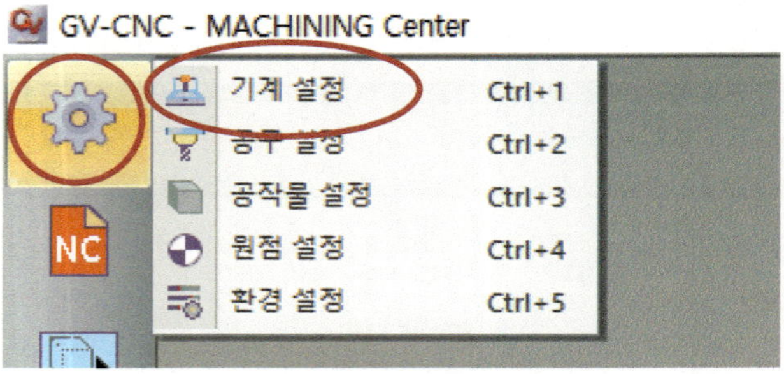

[07] 기계 설정은 별다른 수정사항 없이 바로 아래에 있는 공구 설정으로 넘어간다. 자기가 사용하는 컨트롤러와 맞추어도 되나 큰 차이는 없다. 수기가공으로 하는 경우에는 EOB 문법 체크를 선택하는 것이 좋다.

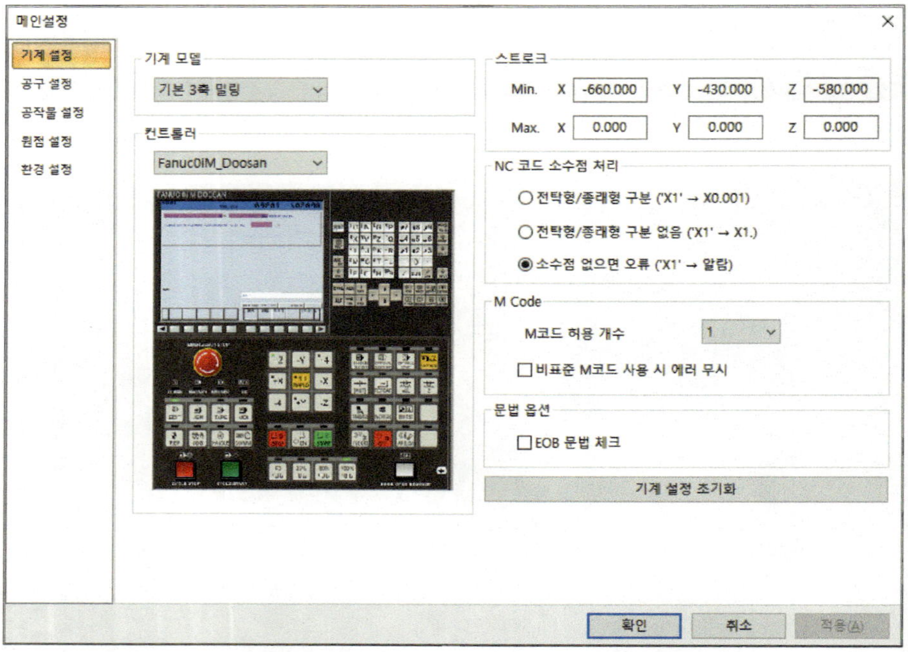

[08] 각 시험장에 맞추어 공구를 배치한다. 여기서는 공구번호 1번부터 5번까지의 공구를 아래와 같이 배치하였다. 원하는 번호에 다른 공구가 있으면 아래 제거 버튼을 눌러서 공구를 제거한 뒤 아무것도 없는 공구번호에 가면 공구를 선택할 수 있다. 모든 공구의 오른쪽 공구 정보는 날 직경(TD, 실기시험의 요구사항 참고)만 아래와 같이 변경하고 나머지는 수정할 필요가 없다. 기능사 실기에서 드릴은 직경 8mm이므로 아래 그림에서 4번 공구의 직경 값을 **8**로 변경한다. 공작물 설정으로 넘어간다.

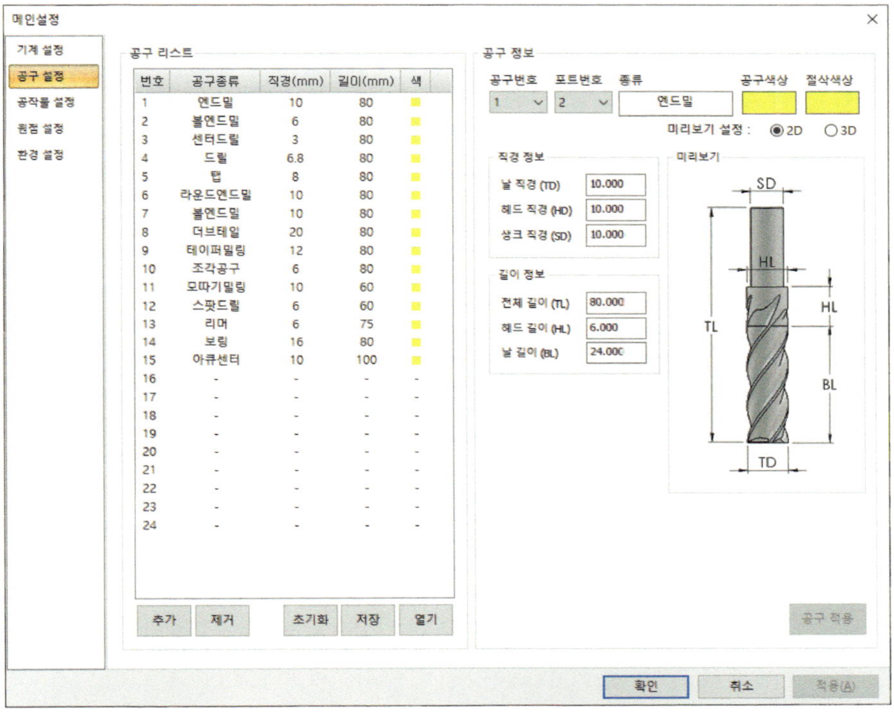

[09] 공작물 설정에서 공작물 크기는 기본적으로 직육면체가 선택되어 있다. 공작물의 치수를 입력할 때는 모델링 도면에 있는 치수를 넣어준다. 기능사는 70(X)×69(Y)×21(Z)로 입력하고, 산업기사는 70×70×28로 입력한다. 입력을 마친 뒤 **생성** 버튼을 누르고 원점 설정으로 넘어간다.

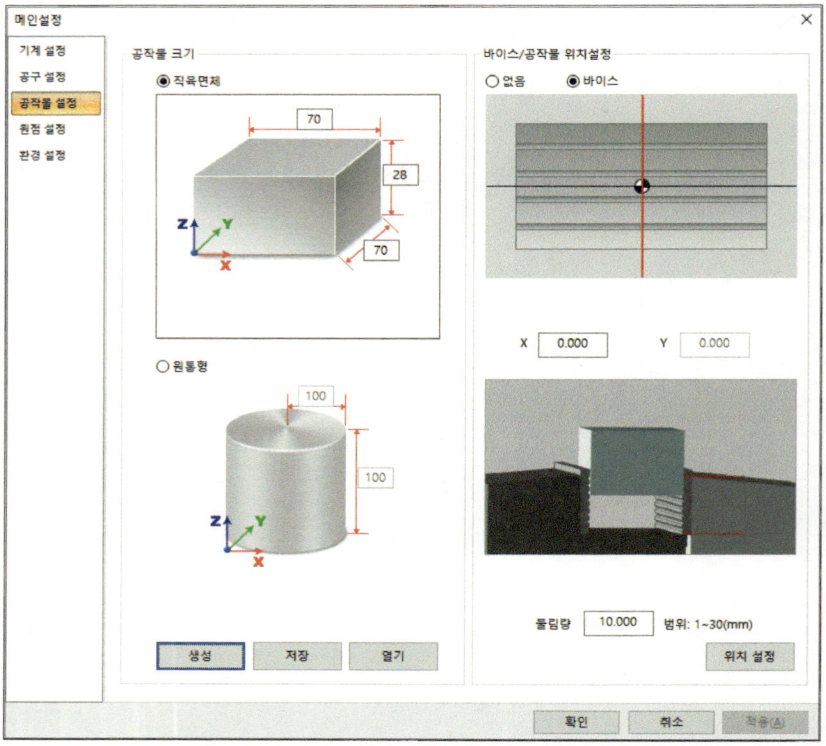

[10] 원점 설정에서 공작물 위 5개의 점 중에 왼쪽 아래에 있는 점을 아래 그림을 참고하여 클릭한다. 그 밑에 있는 기준공구가 제대로 선택되어 있는지 확인하고 그 아래에 있는 **값 복사** 버튼을 클릭한다. 이로서 모든 설정이 다 끝나서 메인설정 창의 맨 아래에 있는 **확인** 버튼을 클릭하고 창을 닫는다.

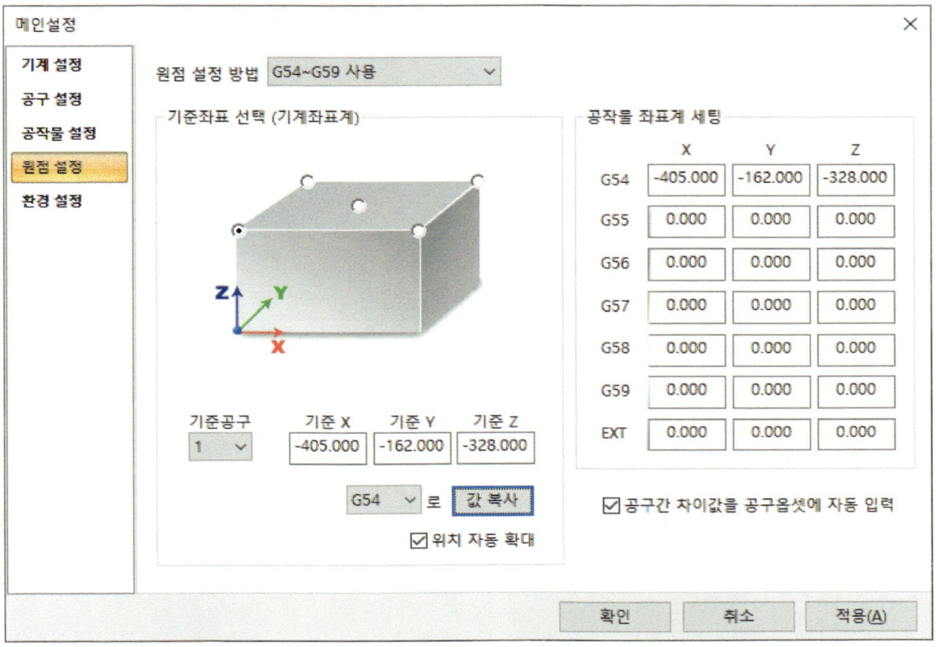

[11] 모드를 **MEM**으로 변경하고 **CYCLE START** 버튼을 클릭한다.

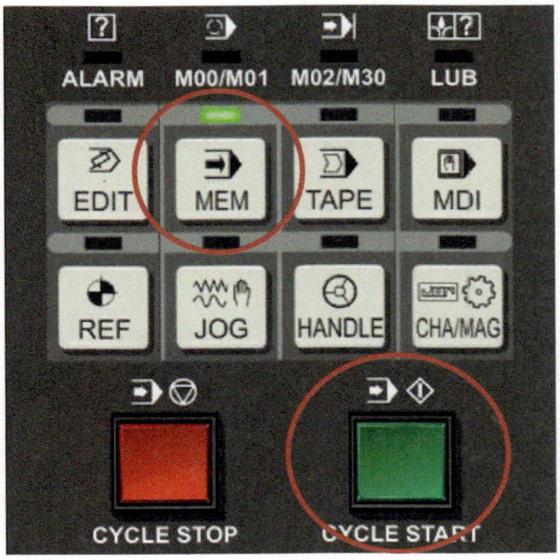

[12] 가공이 시작되고 시뮬레이션되는 과정을 보며 문제가 없는지 확인한다. 문제가 없으면 실제 기계에서의 가공으로 넘어간다.

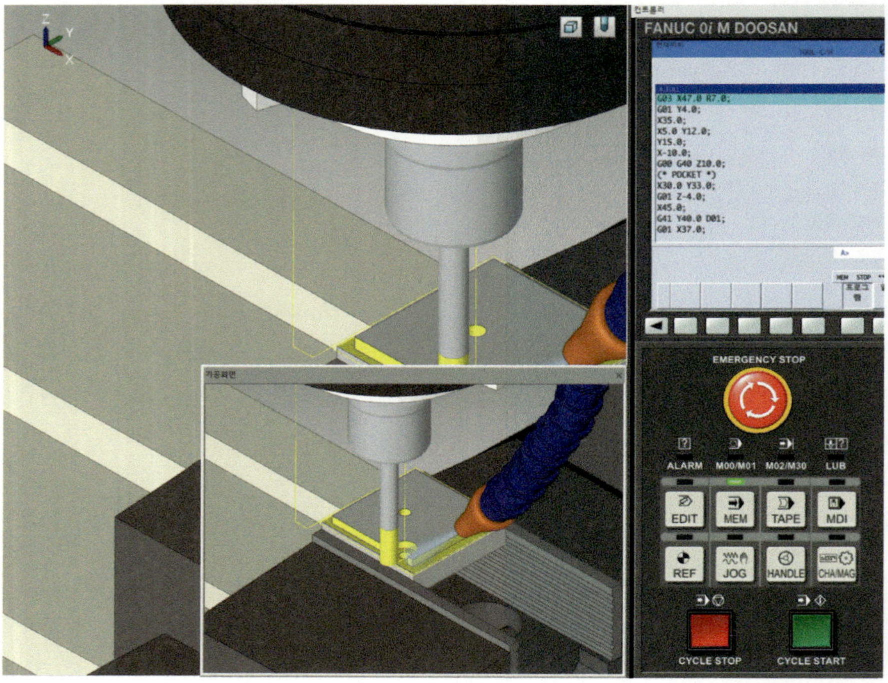

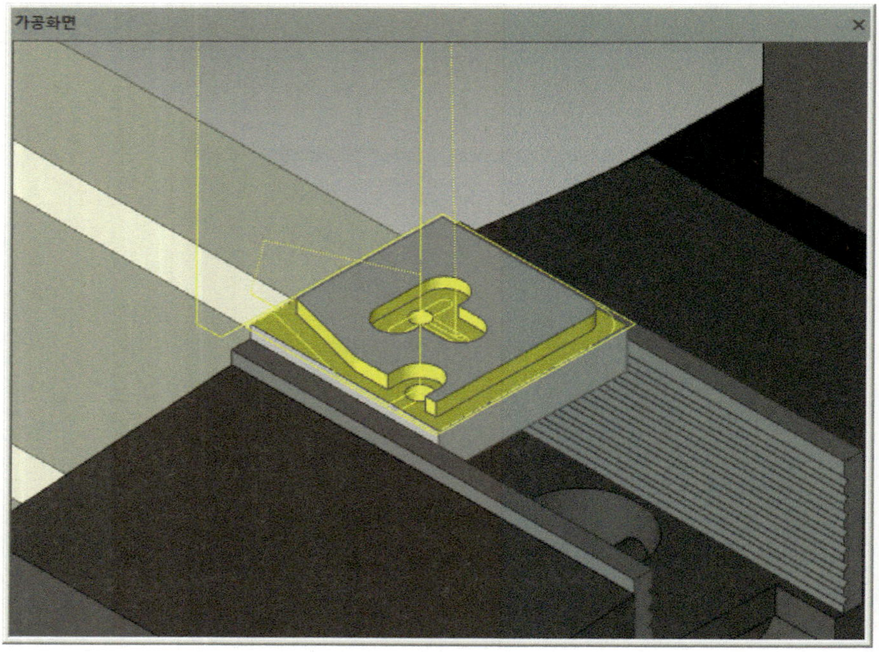

참 · 고 · 문 · 헌

- CATIA Version 5 Release 20 User's Documentation

- FANUC Series 0i-MODEL D Operator Manual(운용 매뉴얼)

- GV-CNC 사용자 매뉴얼(㈜ 큐빅테크)

- 위키피디아 영문판

· https://en.wikipedia.org/wiki/CATIA
· https://en.wikipedia.org/wiki/Dassault_Syst%C3%A8mes
· https://en.wikipedia.org/wiki/G-code

저자와의
협의에 의해
인지 생략

혼자서도 할 수 있다!!
CATIA CAD/CAM
머시닝센터 2.5D에서 3D까지

1판 2쇄 2024년 3월 8일

저 자	권대규 / 추원철 / 설상석
발행인	송광헌
발행처	복두출판사
주 소	서울특별시 영등포구 경인로82길 3-4 센터플러스 807호 (우) 07371
전 화	02-2164-2580
FAX	02-2164-2584
등 록	1993. 11. 22. 제 10-902 호

정가 : 32,000원

ISBN : 979-11-6675-378-7 93550

한국과학기술출판협회 회원사